과학의 통일
통일의 과학

과학의 통일
통일의 과학

초판 1쇄 인쇄일 2015년 9월 14일
초판 1쇄 발행일 2015년 9월 21일

지은이 안태용
펴낸이 양옥매
디자인 최원용
교　정 조준경

펴낸곳 도서출판 책과나무
출판등록 제2012-000376
주소 서울특별시 마포구 월드컵북로 44길 37 천지빌딩 3층
대표전화 02.372.1537　**팩스** 02.372.1538
이메일 booknamu2007@naver.com
홈페이지 www.booknamu.com
ISBN 979-11-5776-088-6(03400)

이 도서의 국립중앙도서관 출판시도서목록(CIP)은 서지정보유통지원 시스템
홈페이지(http://seoji.nl.go.kr)와 국가자료공동목록시스템
(http://www.nl.go.kr/kolisnet)에서 이용하실 수 있습니다.
(CIP제어번호 : CIP2015024686)

안태용 지음

과학의 통일
통일의 과학

TOWARDS THE UNITY
OF EVERYTHING THAT EXISTS

자연의 존재양식은 인간의 사유방식을 구축하고
인간과 생산물의 존재양식을 결정한다.

책나무

머리말

    나는 가족과 국가에 대한 사명감을 강조하는 유교적 분위기 속에서 살면서 초등학교 때 외운 국민교육헌장은 큰 감명을 주었다. 그래서 나와 가족, 사회를 위해 무언가를 해야 한다는 강한 집념을 가지고 있었다. 10대에는 노벨상을 세 번 정도는 받는 인생을 살아야겠다고 다짐하기도 했다. 그런 이유에선가, 서른 살이 되도록 꿈만 꾸며 궁핍한 현실에서 헤어나지 못해 심각한 허탈감과 패배 의식마저 가지기도 했다. 그러한 마음을 채우고자, 독서를 시작했고 전파과학사에서 발간하는 문고판에 빠졌다. 점점 더 빨려들어 가면서 '모든 자연과학은 하나로 통일될 수 있다'는 신념을 갖게 된다.

    그 후 10년을 헤맨 끝에 2001년, 내 이야기를 한 권의 책으로 엮었다. 가볍게 나눠 보기 위한 것이지만 사실은 말도 안 되는 것이었다. 인간 사고의 방정식에 따라 모든 인식대상을 대입함으로써 붕어빵을 구워 내듯 결과를 산출하는 것이다. 이렇게 모든 대상을 정리하면 전체는 하나로 통일될 것이라는 것이었다. 그럼에도 불구하고 목표는 커질 대로 커졌다. 모든 존재하는 것들을 통일해야겠다는 엄청난 목표를 세운 것이다. 이는 오히려 모든 이론(학문)을 통일하는 것보다 쉽게 느껴졌다. 한마디로, 기존의 모든 이론을 무시하고 새로운 틀을 짜는 것이었다.

통일의 목적은 전체적인 앎, 종합적인 앎, 보편적인 앎, 과학적인 앎을 얻음으로써 인류의 무궁한 생존을 위한 것이다. 이렇게 될 때 인류는 통일된 목표를 세우고, 이상향을 건설하고, 전쟁과 같은 극단적인 자기갈등을 줄일 수 있을 것이다. 더불어 생명 멸종의 주범인 소행성 충돌이 일어나기 전에 또는 태양계의 수명이 다하기 전에 우주를 향해 이주와 번성을 할 것이라는 지극히 순진한 그리고 공상과학과 같은 생각을 한다.
만일 인류가 협소한 지구에서 갈등을 겪다가 자기 기술로 멸종함으로써 후일 나타난 지적 생명체의 오락거리가 되어서는 안 될 것이다.

1990년대 말, 2벌식 타자기 대신에 시대에 맞춰서 486컴퓨터를 구입했지만, 경주 끝자락인 터라 인터넷 혜택 없이 살았다. 그러다가 3년이 지나 큰아들이 일곱 살 되던 해, 학교문제로 울산 끝자락으로 옮기면서 인터넷 세상을 만나게 됐다. 그러나 컴맹이었던 나는 이사 후로도 2년 동안 인터넷에 접근하지도 못했었다. 컴퓨터를 타자기와 게임기로 사용하다가 조금씩 인터넷 세상에 접근하던 중, 2004년 무덥던 어느 여름날 '통일과학'에 관한 내용을 발견하고선 충격에 휩싸였다. 역사적으로 오래전부터 있어 온 사상인데, 오롯이 나만의 혁신적인 발상인 양 십수 년을 흥분해 온 것이다.

지금도 여전히 나 혼자만의 세상 속에 갇혀 사는 것은 이전과 다를 바 없다. 특별히 전문적으로 공부할 조건도 되지 않는다. 전문가들처럼 체계적으로 연구하고 교류하고 자료를 수집하고 하는 것은 나로선 그야말로 딴 세상 이야기일 뿐이다. 오직 주관적인 체험과 약간의 자기학습을 통해서 나아갈 뿐이다. 학습은 3개월 할부로 구입한 '동녘'에서 펴낸 〈철학 대사전〉과 몇 종류의 백과사전을 띄엄띄엄 찾아보면서 이루어지고, 어쩌다 기분 내키는 대로 구입한 조금의 책과 인터넷 세상이 전부다. 뭘 어떻게 해야 할지도 모르면서, 나는 마음대로 상상의 날개를 펴고 마음먹은 대로 헤집고 다닐 뿐이다.

많이 알아서 책을 쓴 것이 아니라, 다만 뭔가를 해야겠다는 욕구가 강해서다. 책 내용을 보면 철학 같고, 자연과학 같고, 사회과학이나 기술서 같기도 하다. 일정한 제한이나 영역은 없다. 이 책은 그래야만 한다. 그래서 수준을 보면, 이론이라기보다는 잡다한 이야기에 가깝다. 내용을 보면, 세계의 모든 것을 통일했다.

한마디 더 덧붙이자면, 내 이야기에서 하나하나의 나무를 보기
보다는 전체로서의 숲을 봐 주기 바란다. 그래서 엉성한 내 이야
기를 시시콜콜 캐내서 혼내기보다 이 이야기에서 말하려는 통일
에 대한 전체적인 내용을 이해하는 데 주력해 주길 바란다.

2015년 2월 상안서재에서
안태용

Contents

PART
03 통일성

Unification of Science

World

Knowing

삶의 목적을 찾아서

인류가 행복하고 영원한 삶을 얻기 위하여
자연과 사회와 모든 학문을 포함하는
생산물을 통일시켜야 한다.

을 얻는다고 본다. 부분적인 한계를 극복했으므로 전체적인 앎을 얻을 것이고, 전체를 체계화시켰으므로 종합적인 앎을 얻을 것이고, 전체를 가로지르는 일반적 원리를 확보했으므로 보편적 앎을 얻을 것이고, 객관성을 실현했으므로 과학적인 앎이 될 것이다. 이러한 통일적 앎을 얻게 될 때, 인류가 영원히 생존하는 데 도움이 될 것이라 믿는다. 생명의 가장 중요한 목적은 '행복한 생존'이다. 고립적인 사고와 고립적인 삶, 자의적인 사고와 미신적인 행위로는 사정없이 변화하는 자연에 적응할 수 없다.

구체적으로 세계를 통일함으로써 얻는 통일적인 앎이란, 세계는 사물과 현상의 총체로서 양적·질적으로 다양한 물질의 구조형태·변화형태가 존재하는데, 이들에 대한 전체적이며 종합적이고 보편적이고 과학적인 앎이다. 통일적인 앎은 나누어진 것을 하나로 조직하여 전체가 유기적인 하나의 체계로 구성되면서 얻을 수 있는 효과이다.

우선 세계의 종합적인 앎[1]이다. 종합은 분석과 불가분의 관계를 지닌다. 세계에 대한 분석을 통해 요소에 이르고, 다시 요소들을 전체로 구성하여 체계를 인식하는 것이다. 세계는 단층(單層)적이고 수평적이 아니라 다층(多層)적이고 체계적이라는 사실은 곳곳에서 실증되고 있다. 물질의 계층성과 계층별로 존재하는 독자적인 원리, 생물과 사회의 계층성과 계층별로 존재하는 독자적인 원리 등이 그것이다.

전체로서의 체계는 질적으로 동일한 레벨의 한 체계로 이루어진 것이 아니라 계층체계로 이루어져 있다. 가령 우리 우주는 강한 상호작용을 하는 체계, 전자기력에 의해 상호작용하는 체계, 중력에 의해 상호작용하는 체계 등 여러 단계의 계층체계를 형성하고 있다.

자연에서 물질의 발전은 유기물질을 만들고 생명체를 진화시켰다. 그 결과, 최고로 복잡하고 이해하기 어려운 발전 산물인 인간과 그 사회가 나타났다. 이러한 인간의 사회체계에도 마찬가지로 체계의 체계가 형성되었다. 성애(性愛)를 매개로 남녀가 결합하여 사회의 가장 기초체계인 가족을 형성하고, 혈연애와 지연애 및 결사애를 매개로 마을과 회사, 클럽과 같은 소집단을 형성하고, 민족애와 국가애를 매개로 국가를 형성하고, 인류애를 매개로 인간 세계를 형성한다. 그래서 종합적인 앎은 세계의 요소와 그 체계이다.

전체적인 앎2)에 대해서도 가능하다. 전체는 부분과 관련된 개념이다. 전체는 질적으로 같거나 서로 다른 부분들이 독자성을 지니며 상호작용하면서 이루어진 하나의 연관체계에 대한 이해이다.

부분과 부분, 부분과 전체는 서로 다른 질적인 독자성을 가진다. 자연의 각 부분으로서 각 계층체계들, 인간의 사회와 각 조직 및 계층체계들 모두 각각의 독자성을 지닌다. 전체는 부분으로 이루어져 있고, 부분과 전체는 각기 독자적인 존재이다. 쿼크, 원소, 태양계, 은하계, 우리 우주, 세계 속의 개별 국가, 국가 속의 지방정부, 각종 단체 등이 그 예이다.

전체는 질적으로 같거나 서로 다른 부분들이 상호작용하여 하나의 연관체계를 이루는 집합이며, 부분은 전체성을 지니는 체계의 요소이거나 독자적인 하위체계다. 예를 들어, 태양계는 우리 은하와 관련하여 한 부분에 해당하지만, 태양을 도는 행성들과 관련해 볼 때는 전체가 된다.

특히 전체는 부분들로 이루어져 있지만, 단순하게 부분들을 한데 모아 놓은 총합(總合)에 불과한 것은 아니다. 부분 또한 전체 속에서 부분들 간에 아무런 연관관계를 맺지 않고 개별적으로 아무런 연관 없이 존재하는 것은 아니다. 예를 들어, 전체로서의 자동차는 동력 발생장치인 엔진과 방향을 조절하는 조향장치, 구조를 지지하고 하중을 지탱하는 차체와 바퀴로 구성된다. 이들은 서로 연관되어 있어, 엔진과 조향장치, 차체가 서로 작용을 주고받으며 빠르고 편하고 무거움에 대한 수고를 담당한다. 부분으로서의 엔진, 조향장치, 차체에서는 전체로서 자동차의 기능을 찾아볼 수 없다. 엔진은 동력을 만들지만 이동하지 못하고, 바퀴는 돌기는 하나 동력이 없이 이동하지 못한다. 이에 비해 전체로서 자동차는 이들의 결합체계로서 사람이나 화물을 목적지로 쉽고 많이 빠르게 운송할 수 있다. 그래서 전체적인 앎은 부분과 전체의 한계와 극복에 대한 것이다.

그리고 과학적인 앎3)이란, 객관적 앎을 의미한다. 객관적 앎은 알고 있는 지식이 객관적 실재와 견주어 보았을 때, 적합함을 의미한다.

과학은 비과학과 상관된 개념이다. 과학은 객관적으로 확인된 것이며, 비과학은 확인되지 않은 앎이다. 과학과 비과학은 오직 실재에 대한 인식내용이라는 점에서는 구별되지 않는다. 방법에 있어서도 전혀 차이가 있을 수 없다. 과학과 비과학의 차이는 이론적 · 경험적으로 오직 '확인' 과정을 거쳤는가의 차이다. 실재와 그 인식내용이 얼마나 일치하는가에 대한 검증과정을 거쳐 확정되는가이다. 확인은 한편으로는 가설이 실천에 의해 객관적 실재와 일치하는가를 검증하는 것이며, 한편으로는 가설 없이 객관적 실재에 대해 구조·성질·과정 등에 대한 무조건적 문의(問議)이다.

객관적 지식을 과학적 앎이라 하는 것은 지극히 당연하다. 하지만 객관적 실재에 대한 인간 의식의 반영이 어디 진(眞)을 목적으로 하는 과학으로만 반영되던가. 예술, 종교, 도덕, 주술, 기술, 인간과 사회까지도 객관적 실재에 대한 반영이다. 여기에서 중요한 것은 어떻게 이들이 모두 과학이 될 수 있는가이다.

생산물이 생산되는 과정을 들여다보면, 객관적 실재로부터 인간을 통해 생산물이 나온다는 것은 분명히 객관적 사실이다. 사물이 인간 의식의 다양한 영역을 통해 다양한 형태로 발산한다는 사실도 분명하다. 이럴 때 모든 생산물의 성격을 목표가 되는 가치별로 파악하여 체계적으로 규정해 줄 때, 그러한 객관적 분류작업은 과학적 성격을 지니고 있는 것이다.

결과물로써 확인된 객관적 지식만을 과학이라 하고 나머지는 비과학적이라 버려둔다면 전체에 대한 과학화는 요원할 것이다. 사이비과학이나 미신과 같은 인과관계가 확인되지 않는 개별 또는 집단이 가지는 주관적 확신의 결과물로서는 비과학임에는 틀림없다. 하지만 생산과정을 들여다보면, 그렇게 생산된 과정과 그렇게 된 이유가 밝혀지는 한 과학적인 것이 된다. 이 생산과정이 객관적이기 때문이다.

'과학적이 된다'는 의미가 모든 것의 통일이 비과학적인 영역들의 인식 내용을 적합하게 전환한다는 의미는 아니다. 그것은 전체의 않은 하나였다는 추측이 가능해진다.

 그러나 지금과 같은 또는 그 이상의 수준이라든가 지금의 모든 과제들에 대한 내용을 체계적으로 포함하고 있는 학문이 있었다는 증거는 아무데도 남아 있지 않다는 사실로 미루어 본다면, 개별학문이 전적으로 분화의 과정을 겪은 산물이라기보다는 체계화된 전체 속에 구체적인 영역이라는 의식도 없이 시대적 상황과 조건에 따라 발생되는 그때그때의 과제를 해결하기 위해 필요에 따라 생성되었다 함이 더 타당할 것 같다.

 그럼에도 불구하고, 이런 과학 간에는 내적 연관이 존재한다는 사실이다. 나는 이것이 인간에게 보편적인 사고방식은 물론, 자연의 존재양식에 따른 귀결이라고 생각한다. 이때 생산과정의 통일성을 말할 수 있다고 본다.

 즉, 학문은 인간의 진화역사와 함께 인식의 발달과정을 따라 점차 고대의 철학으로 이어지고, 인간 사회의 발달이 다양한 요구와 필요를 낳아 다른 학문과의 연관 없이 개별학문을 발생·발전시켜 왔다는 것이 내 생각이다. 만약 그렇지 않고 본래 전체가 하나로 완성된 체계적인 학문이 있었다면, 차라리 역사 속에서 그 증거자료를 찾는 편이 더 나을 것이다.

 이 세상은 어떻게 구성되어 있으며 어떤 원리로 움직이는가 하는 자연에 대한 질문을 주로 다루던 고대(BC6~AD6세기 전반)에 '철학'이라는 명칭이 학문 전체를 의미했는데도 과학의 통일에 대한 시도가 있었다. 즉, 데모크리토스의 원자론(유물론)에 대치되는 플라톤의 이데아의 철학(객관적 관념론)을 아리스토텔레스는 질료와 형상의 변증법(형이상학)으로 통일하려 한 것이다.

근세 프랑스의 데카르트(1596~1650)의해 구상되고 독일의 라이프니츠에 의한 보편수학(mathesis universalis, 普遍數學)도 과학의 통일을 의미하는 것이었다. 그리고 20세기에 급격한 자연과학의 발달은 물리학·생물학·화학 등 자연과학의 인식이 모두 물질의 공통분모인 원소 또는 그 이하에 이르면서 그 경계가 제거되고, 나아가 이들 학문이 생물물리학·생물화학·화학물리와 같은 융합된 학문으로 나타나 어떤 과제를 수행하면서 과학통일에 대한 심도 있는 관심을 불러일으켰다.

이런 현상은 내가 과학통일은 가능하다고 처음 느끼고 지금까지 오게 된 한 원인이다. 하지만 사회법칙과 물리법칙이 적용되는 영역이 따로 있고 서로 환원되지 않는다는 사실은 과학의 통일이 수평적으로 통일될 것이라는 신념에 제동을 건다.

이와 같이 과학통일에 관한 뚜렷한 흔적으로서 17세기의 라이프니츠가 있고, 그 후 1920년대에 등장한 빈 학파(논리실증주의)는 유명하다. 그 밖에도 개별 학문들 속에 침잠해 있는 수많은 방법이 제시되어 있으며, 또 수많은 부분적 시도가 존재한다.

과학통일은 주로 자연과학이나 수학 분야에서 나타난다. 인간이 이루어 낸 생산물은 매우 다양하지만, 전체에서 극히 일부인 학문, 학문 전체에서도 극히 일부의 학문에 관한 것들에 불과하다. 과연 이렇게 해서 학문 전체의 통일을 이루어 내는 데 얼마만큼의 시간이 들 것이며, 인간이 이루어 낸 모든 것을 통일하는 데에는 또 얼마만큼의 긴 시간이 들 것이며, 세계 전체를 통일하는 데는 얼마나 많은 시간이 들 것인가.

[1] 보편기호법4)

　라이프니츠(Gottfried Wilhelm Leibniz, 1646~1716)는 독일의 철학자로서 인간 사상의 기초를 찾아내어 인간의 모든 생각을 수학적으로 전개하려 했다. 데카르트의 생각을 이어받은 라이프니츠는 모든 학문의 개념을 분석하면 몇 개의 기본적인 요소만 남는다고 보고, 이를 수학적 기호로 바꿔서 기호로써 명제를 만들려고 한 것이다. 즉, 개념과 명제를 기호로 대치하여 이론체계를 만들려는 것이다. 그래서 모든 학문은 기호체계로서 보편학으로 통일되는 것이다.

　나는 인간 사상의 기초를 이렇게 생각했다. 라이프니츠가 의도하는 그 속뜻을 이해하기보다는 순간 떠오르는 발상이다. 인간 사상의 기초에는 아마도 자연을 대하는 인간의 일정한 어떤 사유방식이 있을 것이다. 이 일정한 사유방식은 인간이 이루어 내는 모든 것에 적용될 것이고, 그렇다면 일정한 사유방식으로 이루어진 모든 사유의 결과물로서 생산물은 과정적으로나 내용적으로 하나이므로 세계의 모두를 하나로 통일시키기란 그리 어려운 일이 아닐 것이다.
　이러한 의미에서 인간 사상의 기초, 즉 보편적인 인간의 사고방식은 방정식으로 나타낼 수 있고, 이 방정식에 대상을 대입하면 모든 것은 통일된 형태로 재편될 것이라는 생각이었다.

[2] 물리언어5)

　근세의 과학통일 사상은 데카르트에서 라이프니츠와 프레게 (1848~1925)를 거쳐 빈 학파(Wiener Kreis)로 이어진다. 빈 학파에 의한 언어를 통한 통일은 모든 학문의 개념이 최종적으로는 물리학의 개념만을 사용하여 정의할 수 있다고 하는 통일방법이다. 이러한 입장을 물리주의라고 하며, 논리실증주의자, 특히 초기의 루돌프 카르납(R. Carnap) 등에 의한 입장이다. 빈 학파를 창시하고 이끈 사람은 인식론자이며 과학 철학자인 모리츠 슐리크(Moritz Schlick)이다.

　빈 학파는 1920년대 빈에서 결성된 과학언어와 과학방법론을 탐구한 철학자, 과학자, 수학자들의 단체이다. 빈 학파는 이론의 형식에 관심을 가진다. 그리고 명제는 경험과 관찰에 근거한 것만이 의미가 있다고 한다. 이런 '검증가능성 원리' 때문에 윤리학 · 형이상학 · 종교 · 미학과 같은 이론은 무의미하다고 한다. 이렇게 되면 자연과학과 사회과학만이 제대로 된 학문이고 인문학은 그렇지 않게 된다.

　빈 학파는 보편적이고 이론적인 명제체계로서의 '통일과학'을 주장한다. 개별과학이 가지는 질적인 차이는 인정하지 않고 오직 물리언어만을 사용하여 명제체계를 만들어 모든 과학을 통일하려는 극단을 주장한다. 순수하게 언어의 차원에서 물리언어로 모든 개별과학을 치환하자는 것이다.

　카르납(Carnap)과 노이라이트(Neurath)에 따르면, 물리학의 언어가 과학적인 통일언어다. 모든 개별과학의 개념들이 어떤 물리적인 기본개념들을 근거로 도입될 수 있다고 한다.

베를린에서도 동종의 모임인 '경험철학회'가 결성되었다. 구성원
은 카를 헴펠과 한스 라이헨바흐, 두비슬라프, 그렐링이다. 1929년
에 '과학적 세계 이해'라는 선언서를 발표하고, 프라하에서 처음 모
임을 가졌다. 1939년 제2차 세계대전이 일어나면서 정치적 압박을
받자 해체되었으며, 영국과 미국으로 도피했다. 이는 과학통일의
사상이 미국과 영국으로 직접 확대되는 계기가 되었다.

[3] 공리6)

포괄적인 공리체계를 만들어 수학과 논리학을 하나로 통일하려는
것이다.

공리를 통한 학문의 통일을 '힐베르트계획'이라 한다. 힐베르트
(1862~1943)는 〈기하학의 원론〉에서 공리체계에 대한 이론을 만들
고, 이로써 학문을 공리화하려는 계획을 세웠다. 이 계획은 공리로
부터 추리된 정리들로 구성된 공리체계가 독립성, 완전성, 무모순
성을 가져야 한다는 조건을 만족시켜야 하는 것이다.

그러나 이러한 공리체계는 불가능하다는 것이 증명되었다. 즉,
공리체계는 무모순성과 독립성과 완전성을 가질 때, 비로소 수학과
형식논리학의 전 영역을 하나도 남김없이 공리화하려는 '힐베르트
계획'이 이루어질 수 있는 것이다. 이는 곧 공리화를 통하여 적어도
수학과 형식논리학의 통일을 이룰 수 있다는 말이 된다.

여기에서 '무모순성'은 어떠한 논리적 모순도 존재하지 않거나 그로부터 어떠한 모순도 도출될 수 없는 것을 말한다. '독립성'은 다른 공리들로부터 도출될 수 있는 명제를 공리로 가져서는 안 된다는 것이고, '완전성'은 해당 영역에서 참인 모든 명제가 주어진 공리로부터 실제로 도출될 수 있어야 한다는 것이다. 이러한 조건들 가운데 독립성과 완전성은 일반적으로 실현되기 어렵다는 것이 괴델에 의해 증명되었다.

결국 수학과 논리학의 통일에 대한 힐베르트의 계획은 1931년 오스트리아의 수학자이자 논리학자인 괴델에 의해 산산조각이 났다. 괴델의 정리는 수학의 어느 정도 적절하게 큰 부분에 대한 무모순성인 임의의 공리체계를 설정하더라도 반드시 증명될 수도, 부정될 수도 없는 명제들이 드러난다는 것을 증명하여 불완전하게 된다는 것이다.

[4] 통섭(統攝, consilience)

'통섭'7)은 미국의 생물학자 에드워드 윌슨(Edward O. Wilson, 1929~)이 사용한 '컨슬리언스(consilience)'를 그의 제자인 이화여대 석좌교수 최재천이 번역한 말이다.

통섭은 자연과학과 인문학, 사회과학을 연결하는 통합 학문 이론으로, 심리적 현상이나 문화적 현상, 생물학적 현상 등 모든 현상이 궁극적으로 물리적 기초에 잘 부합한다는 가설에 근거하고 있다. 그렇기 때문에 물리학적 현상으로 환원되어 차별성이 사라진 동질적 통일이 된다.

이처럼 통섭은 물리주의에 의한 통일을 이루는 것이므로 빈 학파의 주장과 상통하는 면이 있다. 다만, 빈 학파가 물리언어라면 통섭은 물리법칙이 될 것이다. 데카르트로부터 시작한 언어적 통일이 법칙의 통일로 전화(轉化)되었다.

모든 대상이 그러하듯 학문도 계층체계를 가지고 있고, 상대적으로 하위의 계층 학문 또는 일군의 학문은 독자적인 합법칙성을 가진다. 이때 이들을 포괄하는 상위의 학문은 하위의 학문을 포괄하는 상위의 법칙을 가지고 있다. 그러므로 학문의 통일은 학문 전체를 계층적으로 체계화시키고, 하위계층의 통일을 이루고 단계적으로 질적으로 상승된 상위 계층의 통일로 나가야 할 것이다. 물론 개별학문의 다양성과 독자성을 훼손하여서도 안 된다.

[5] 내 이야기

과학의 통일은 역사적으로 환원주의로 일관되어 왔다. 독자적이고 계층적인 사물과 현상을 가장 단순한 단일 레벨(level)의 근본적인 요소로 되돌리고, 이로부터 전체를 설명하려는 방법이다.

그러나 나는 삶의 주체로서 인간을 중심에 둔 가장 높은 레벨의 포괄적인 체계를 상정(上程)하고, 인간과의 관계 속에서 전체를 통일적으로 설명하는 구조주의적 방법을 채택하였다.

그래서 가장 포괄적이고 높은 레벨의 '통일체계'에 대하여 구조·성질·과정 등과 그 연관을 파악한다. 이때 인식된 통일적 앎은 인류의 중심가치를 확인시키는 한편 인간 활동의 지침이 되며, 학문 전체의 기본(基本)이 된다. 또 과학 통일의 문제도 자연스럽게 해결한다. 모든 것을 통일하는 통일과학인 내 이야기에서 넓은 의미의 통일을 이루며, 특히 모든 생산물의 보편적 생산과정과, 생산물의 구성요소인 생산목적·변형대상·적용기술의 체계에 의해 좀 더 심층적으로 통일을 이룬다. 물론 진을 목적으로 하는 학문 전체는 환원될 수 없는 가치의 계층체계에 의해 계층적으로 통일을 이룬다.

내가 이 이야기를 구상하고 전개한 때와 같이하는 참고문헌은 대체로 1980년대 후반에서 1990년대의 책들이다. 오래된 자료들이긴 하지만, 내 이야기를 전개하는 데에는 문제없다고 보고 참고한 그대로 소개한다. 나중에 TV나 새로운 책을 통해서 수시로 확인하긴 했지만, 구체적인 자료에는 차이가 있더라도 큰 틀의 기본적인 것에는 문제가 없다고 생각한다. 지금에 와서 보면 당시엔 특별한 지식이 지금에는 보편적인 지식이 된 것은 물론, 독자의 지식이 이를 능가하기 때문에 잘 이해해 줄 것이라 믿는다.

1) 종합적인 앎에서 종합의 개념은 〈철학대사전〉(한국철학사상연구회 엮어 옮김, 동녘, 1989)의 관련 항목에서 참고하기 바란다.
2) 전체적인 앎에서 전체의 개념은 〈철학대사전〉(한국철학사상연구회 엮어 옮김, 동녘, 1989)의 관련 항목에서 참고하기 바란다.
3) 과학적인 앎에서 과학의 개념은 〈철학대사전〉(한국철학사상연구회 엮어 옮김, 동녘, 1989)의 관련 항목에서 참고하기 바란다.
4) 보편기호법에 관한 설명은 〈철학대사전〉(한국철학사상연구회 엮어 옮김, 동녘, 1989)의 라이프니츠 항목에서 상세히 설명되어 있다.
5) 물리언어에 관한 내용은 〈철학대사전〉(한국철학사상연구회 엮어 옮김, 동녘, 1989)의 통일과학과 통일언어 항목을 읽기 바란다.
6) 공리에 관하여는 〈철학대사전〉(한국철학사상연구회 엮어 옮김, 동녘, 1989)의 공리 항목과 공리체계 항목은 〈수학: 양식의 과학〉(Keith Devlin, 허민 · 오혜영 옮김, 경문사, 1999)의 138쪽~143쪽에 걸쳐 설명되어 있다.
7) 통섭에 관하여는 〈통섭〉(에드워드 윌슨, 최재천 · 장대익 옮김, 사이언스북스, 2010)을 읽어 보는 것이 더 확실할 것이다.

Unification of Science

Knowing

World

통일체계

자연

인간

자연의 존재양식은 인간의 사유방식을 구축하고,
인간과 생산물의 존재양식을 결정 한다.

통일체계

생산물

상호작용

PART 02

내 이야기의 대상은 전체로서 '통일체계'이며, 구체적으로 그 요소들인 '자연'과 '인간(주체)', '생산물'이다. 이 세 가지 요소는 각기 존재양식에 따른 속성과 특성을 지니며, 상호작용을 통해 전체로서 하나인 '통일체계'를 형성한다.

없이 연관 지어 하나의 전체로 구성한다는 것은 내 생애의 기간과 지식으로서는 완결 짓기가 어렵기 때문이다. 내가 할 수 있는 것은 이 최종체계인 '통일체계'를 제시하고 윤곽을 제안하는 정도라고 보면 된다.

통일체계는 자연은 물론 인간과 인간이 이루어 낸 모든 생산물이 원리적으로 예외 없이 망라되어 있으며 본래부터 온전히 연관 지어져 있는 통일체다. 그리고 통일체계의 세 요소인 자연과 인간 및 생산물은 그 존재양식으로서도 통일되어 있으며, 또 상호작용하고 있으므로 생생하게 살아 숨 쉬는 체계다. 그렇기 때문에 끊임없이 운동하면서 다양한 생산물을 생산해 내고 있다. 또한 생산과정으로 본다면, 인간에 의해 이루어진 모든 생산물은 하나의 생산과정 속에서 통일되어 있기도 하다. 그렇기 때문에 그 과정과 내용도 통일되어 있다.

따라서 통일체계는 인간에 의해, 인간을 통하여 성립하는 체계다. 그렇다고 세계를 인간 중심적인 세계라고 주장하는 것은 아니다. 매개자로서의 인간은 자연과 생산물을 사랑으로 통일한다. 사랑은 근원적으로 물질이 가지는 '부족함'에서 유래하며, 그 충족의 방법으로 '의지적 상호작용'을 한다. 사랑은 인간이 만족(행복)을 추구하는 활동방법이다. 그래서 사랑은 한편으로는 상호작용이고, 한편으로는 상호작용을 이루는 조건이다.

내 눈에 보이는 가장 큰 세계는 '통일체계'이다. 철학이 객관적 실재인 자연과 인간과의 관계를 세계 전체로 파악하지만, 나는 객관적 실재인 자연과 인간 및 생산물의 관계를 세계 전체로 파악한다.

1) '통일체계'는 모든 대상을 체계(구조)적으로 통일하기 위해 고안한 것이다. 세계의 모든 대상을 포함하고 일거에 통일할 수 있는 방법은 나로서는 아래로부터 점진적이고 논리적으로 도출해 내는 것이 아니라 발명해 내는 방법밖에는 없다고 생각했다. 그렇기 때문에 통일체계는 길고 치밀한 사유의 과정으로 도달한 것이 아니라 집요한 내 갈망에 의해 어느 순간 갑자기 의식 속에 드러나고, 반복적으로 추궁하던 끝에 이것이야말로 모든 것을 체계적으로 통일할 최종의 것이라 가정한 것이다.

식은 객관성과 보편성을 띤다.

자연은 우리의 의식 밖에 존재한다. 자연은 물질적 세계를 말하며, 인간의 의식 외부에 스스로 독립적으로 존재하는 객관적 실재이다. 의식에 의해 존재하는 사랑, 아름다움과 같은 관념적인 것과는 다르다. 관념적인 것은 매우 개인적인 것이어서 누구에게나 보편성을 주장하지 못한다. 따라서 우리의 앎이 자연 속에 그대로 존재할 때, 그 앎은 객관성을 확보한다.

자연은 우리 인식의 참과 거짓을 판단 가능케 하는 실천적 기준의 장으로서 성격을 띤다. 자연이 합법칙성을 검증하는 장이라 함은 자연을 자기화함으로써 생존하는 인간에게 자연에 대해 이루어진 인식을 자연과 비교함으로써 그 인식의 적합성을 확인할 수 있다는 것이다. 우리의 인식이 자연과 다르다면, 그것은 잘못된 인식이다. 물론 검증의 장은 사회를 포함한다. 인문학이나 사회학의 실천의 장은 사회이다. 사회 속에서 얻어낸 인식은 사회 속에서 실천해 봄으로써 진위를 파악할 수 있다.

자연법칙은 시간불변성[2]을 갖는다. 이것은 자연법칙이 지속적으로 같은 조건하에서는 같은 결과를 드러낸다는 것이다. 자연법칙은 십 년 후에나 천 년 후에도 동일하다. 만약 그렇지 않고 수시로 바뀐다면 우리의 앎은 큰 의미가 없는 것이다. 그래서 자연법칙은 미래를 예측할 수 있는 조건을 가지고 있다. 이것은 자연이 인간에게 말하는 미래에 대한 약속이자 희망이다.

고전물리학이 결정론적이라면, 현대물리학이 확률론[3]적이라는 사실일 뿐. 고전물리학은 미래에 어떤 일이 일어날지를 확정해 준다면, 현대물리학은 미래에 일어나지 않을 일을 확정해 준다. 그래서 나머지는 얼마든지 가능함을 말해 준다. 고전물리학은 현대물리학의 극한값이다.

[1] 자연의 존재양식

자연은 어떻게 존재하는가? '자연은 물질로서 질량을 가지고 시공 속에서 운동한다.' 이것이 자연이 존재하는 양식이다.

자연은 곧 물질이다. 철학적으로 자연은 물질로서 인간의 감각 밖에 존재하는 객관적 실재다. 객관적으로 실재하는 물질은 시공간 속에서 질량이라는 성질, 운동이라는 성질로 나타난다. 자연은 곧 '물질=질량×시공간×운동'이라는 양식을 가진다. '물질'이라는 존재자는 '질량'이라는 현실적인 존재양태를 띠고, '시공간'이라는 존재형식에서 '운동'이라는 존재방식을 가진다.

존재자	존재양태	존재형식	존재방식
쿼크	색소전하량	게이지장	강한 상호작용
원자	전하량	전자기장	전자기 상호작용
천체	질량	중력장	중력상호작용

여기서 보듯이 자연의 계층체계에서 각 계층체계는 고유의 독자성을 가지고 각자의 시공에서 상호작용하며, 그 구조, 성질 및 과정과 그 법칙성을 가지고 있다. 또한 상대적으로 상위체계는 하위체

계로 그대로 이행(환원)될 수 없음을 보여 준다. 즉, 각 계층체계의 존재자들은 각기 독자적인 시공을 가지고 있으며, 각기 다른 존재 양태를 보이며, 각기 다른 매개자를 통해 상호작용을 한다는 사실을 확인할 수 있다.

〈1〉 자연

의식과 구별되는 의미에서의 자연은 의식의 외부에 의식으로부터 독립하여 존재하는 모든 다양한 형식의 사물들 및 현상들을 의미한다. 이런 의미로 사용될 때 자연은 철학적 개념인 물질과 동일하다. 물론 의식을 가진 인간이나 모든 생명체도 자연의 일부분이다.

인간의 의식과 물질과의 관계는 철학의 근본문제다. 물질과 의식 중 더 근원적인 것이 무엇이냐에 따라 유물론과 관념론으로 나뉘는데, 약 138억 년 전에 우주가 탄생되고 물질의 발전 역사 중에 약 38억 년 전에 지구상에서 생물이 탄생되고 진화하여 불과 20만 년 전에 현생의 인간이 나타났다는 사실로 볼 때, 유물론이 설득력을 가진다. 인간이 세상에 존재하기 전에 자연은 이미 존재하고 있었기 때문이다.

물질의 가장 중요한 속성은 운동4)이다. 운동과 분리된 물질이란 없다. 즉, 운동이 제거된 물질이란 없다. 비단 이것에만 그치는 것이 아니다. 물질은 '시공'과도 분리되지 않는다. 시공을 떠난 물질은 없는 것이다. 더 나아가 물질은 '질량'을 가진다. 우리 우주에서 질량 없는 물질 또한 없다. 물론 질량은 물질이라면 반드시 가져야 하는 것은 아니나 어떤 이유로 대칭성이 깨어지면서 얻어지는 것이며, 운동과 질량 및 시공은 물체의 운동을 다루는 역학(力學)에서 중요한 기본 요소다.

물질은 창조되거나 파괴되지 않는다. 다만 천이(遷移)할 뿐이다. 이것은 자연과학의 법칙에서 명백히 드러난다. '질량–에너지 보존 법칙'이 이를 보증한다. 또한 물질의 운동도 창조되거나 파괴되지 않는다. 즉, 물질의 운동은 멈출 수가 없다. 이것은 '영점에너지'라는 현상이 보증한다. 언제나 물질의 개별적 형태만 생겨나고 소멸할 뿐이다. 물질의 형태는 원리적으로 볼 때 무한하게 존재한다. 물질을 이루는 원소들의 상호작용이 원인이다. 끊임없는 이합집산과 물질의 영원함은 물질형태가 무궁무진함을 의미한다.

자연은 좁은 의미에서 우리 우주이며 물질이다. 화학적으로 물질을 이루는 최소 단위로서 분자를 구성하는 입자인 원소의 종류가 103종 이상이고, 동위원소를 포함하면 약 1,300종 이상5)으로 매우 다양하다. 또 원자를 이루는 소립자의 종류도 양성자·중성자·전자·매개입자 등 수없이 모습을 드러내고 있다. 현재 수백 종류에 이르며, 앞으로도 계속 발견될 것이다.

그런데 현대물리학에서 인정받는 소립자는 쿼크와 렙톤 및 그 반입자와 매개입자인데, 이 또한 다수의 종류가 있어서 의심을 떨칠 수가 없다. 자연이 사람의 생각과 같이 단순하게만 구성되어 있다는 것이 아님을 깨우쳐 가는 마당이지만, 더 이상 나눌 수 없는 궁극적인 입자가 다양하게 존재함이 필요 불가결하다는 합리적인 단정을 할 수 있기 이전에는 하나 또는 단지 몇 개만이 있어야 한다는 신념에 사로잡혀 있고 그럴 것이라는 가정을 하고 있다.

그렇다면 과연 '표준모델'6)이 궁극적인 입자들의 목록이라 말할 수 있는가? 여기에 대한 회의론자들은 더 기본적인 모델을 제시하고 있다. 더 기본적인 모델은 비록 흠이 있긴 하지만, 분명 현재의 표준 모델이 점점 높아만 가는 타당성에도 불구하고 궁극의 것이라고는 인정하기엔 아직 어렵다는 의미다.

'표준모델'은 경입자(렙톤), 중간자(메존), 중입자(바리온)와 매개입자(게이지 보존)로 구분되는 입자들 가운데 중간자와 중입자가 더 기본적인 입자인 쿼크로 구성되어 있다는 생각이다. 따라서 렙톤, 쿼크, 게이지 보존 및 이들의 반입자로 구성된 모델을 말한다. 여기에서 '모델'이란 최종적으로 확립된 이론이 아니라 더 본질적인 이론이 나타날 가능성이 있다는 뜻이다.

다음은 물질의 구성도이다. 관점을 바꾸면, 지금까지 물질을 분해해 온 분해도이다.

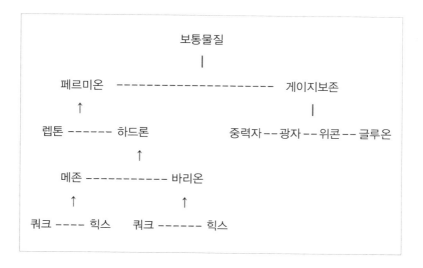

그렇다면 쿼크 입자는 어떤 것인가? 이것은 아직 발견된 적이 없다. 자유입자로서는 발견할 수도 없다. 표준모델에서 이처럼 쿼크로 구성된 입자족이 메존과 바리온인 하드론 입자와 렙톤인데, 전자를 포함하는 렙톤은 그 자체로서 더 이상 분해할 수 없는 기본입자로 다룬다. 바리온은 세 개의 쿼크로, 메존은 한 개의 쿼크와 한 개의 반쿼크로 구성된다.

이와는 달리 힉스입자는 독립된 입자로 발견되었다. 2013년 CERN(유럽 입자물리 연구소)에서 발견되고 노벨상으로 신뢰를 획득했다. 독립된 입자가 비독립된 입자와 결합한다? 그것도 하나의 하드론에 둘 또는 세 개씩?

쿼크는 '갇힘'7)이라는 특성을 가진다. 3분의 1의 전하를 가졌고, 자유입자에 대한 관측의 실패에 따른 결과다. 갇혀 있는 쿼크의 상호작용은 특이하다. 쿼크 사이의 힘은 서로가 멀리 떨어질수록 당기는 힘이 증가한다. 고무줄을 당길 때와 같다. 그래서 오히려 가까이 있을수록 그들은 서로 자유로워진다. 이러한 기묘한 성질을 '점근적 자유'8)라고 부른다.

쿼크와 쿼크 사이는 무제한으로 늘어날 수 있으며, 끈의 장력은 언제나 같다. 또 만약 끊어지게 되는 경우, 자석을 자를 때와 같이 깨진 곳에 다른 극이 발생하듯 쿼크와 반쿼크의 쌍이 다시 생긴다. 이와 같은 이유에서 자유입자로서의 쿼크를 직접 만나기란 불가능하다.

아직도 무엇이 물질을 구성하는 가장 기본적인 것인가에 대한 의

문은 해결되지 않았다. 지성인, 특히 과학자들은 '모든 것의 바탕인 오직 하나'를 찾고 있다. 그래서 소립자라 불리는 지금의 것들보다도 더 기본적인 입자가 있다는 몇 가지 모델을 말한다. 압두스 살람 등의 '프레온 모델'9), 파인만의 '파톤 모델'10), 하임 하라리의 '리숀 모델'11) 등이다. 이 모델들의 타당성은 제쳐 두고라도 이 모델들의 탄생이 의미하는 바는 쿼크 입자를 기본 입자로 받아들일 수 없다는 것이다.

물질은 분자에서 원자로, 그리고 더 작은 입자로 쪼개지는 성질이 있다. 그러나 이미 궁극의 입자를 바탕에 깔고 있으므로 분석의 끝은 당해 체계 내의 궁극의 입자를 찾음으로써 그 종지부를 찍는다. 현재 입자를 쪼개는 것, 즉 분석을 위해서 입자와 입자를 충돌시키는 방법을 사용한다.

그런데 충돌 시 입자들이 충분한 에너지를 가진 경우에 새로운 입자들의 생성도 가져오는데, 운동에너지가 정지질량으로 바뀌면서 복제도 일어나는 것이다. 어쩌면 분석의 끝이 닥쳐왔는지도 모른다. 어떤 장비의 도움도 없이 명확하게 눈으로 확인될 수만 있다면 얼마나 좋을까. 지금 고도의 측정 장비인 가속기가 동원되고 있다. 그러나 액체수소로 가득 찬 거품상자 안에서 그 궤적을 남기지 않을 경우, 측정의 가능성은 한계를 드러낸다. 암흑물질이나 원물질 같이.

우리 우주는 과거로 거슬러 올라가면, 무(無)의 세계로 들어가게 된다. 다른 말로 하면, 우리 우주는 무(無)의 세계로부터 떨어져 나왔다. 무(無)의 존재 그 자체는 우리의 인식 내에 들어오지 않으므로 그 존재를 직접 파악할 수 없다. 그러나 우리에게 드러내 보이는 가상양자 등의 상전이(相轉移) 된 부분만으로도 그의 존재와 성질을 간접적으로 파악할 수 있다. 무(無)도 물질의 다른 형태라는 것이고, 무(無)라고 하는 존재도 어떤 양으로 나누어질 수 있다는 것이다.

우리 우주를 이해하는 데에 미시적으로 근본입자를 추궁해 들어가는 방법과는 반대로 거시적으로 우주의 모습을 추궁하면서 확대해 가다 보면, 우리 우주는 과거에 한 점으로부터 출발해서 지금도 계속 팽창하고 있음을 알게 된다. 이로써 과거로 나아가다 보면 우리 우주는 한 점으로 압축되고, 급기야는 아무것도 없는 곳으로 사라지게 된다.

이럴 때 우리는 아무것도 없는 곳은 진정 아무것도 없는 곳이 아니라 그 무엇인가로 가득 차 있음을 인정하게 된다. 그리고 그곳이 우리의 감각 체계와 직접 상호작용하지 않으므로 단지 인식의 범위에 들어오지 않을 뿐임을 안다. 그래서 그곳에 무엇이 있다는 것을 안다. 이것을 '원물질'이라고 하자.

이렇게 우리가 아는 물질과 시간과 공간이 없는 그곳을 무(無)12)라고 부르면, 이 무(無)의 상태는 유(有)라는 존재를 하나 또는 그 이상을 턱하니 쪼개어 낼 수 있는 존재임도 인정할 수밖에 없다. 결국 유(자연)도 무(無)의 다른 한 형태이며 우리 우주의 물질적 속성을 그 모체인 무(無)도 가지고 있음을 예상할 수 있다.

현재 우리가 알고 있는 가장 큰 물체는 우리 모두를 포함하고 있는 우리 우주다. 이런 우리 우주 속에서 우리를 기준으로 해서 멀리 있는 은하들을 살펴보면, 모든 은하들이 멀어지고 있음을 알 수 있다. 빛의 파장이 적색 쪽으로 기울어져 있음이 확인된다. 자동차가 달려오면서 경고음을 내면 본래(정지 상태)보다 더 높은 음으로 들리고, 멀어지면서 내는 경고음은 본래보다 낮은 소리로 들린다(도플러효과). 이와 같은 이치로, 빛도 다가오는 존재에서 발산하는 것은 푸른색 쪽으로 치우쳐져 보이고, 멀어지면서 발산하는 빛은 붉은색 쪽으로 기울어져 보인다. 이와 같은 현상을 '적방편이' 또는 '적색편이'라고하며, 허블에 의해 발견되었다.

이 증거는 모든 은하가 우리로부터 멀어짐을 뜻하고 있다. 만약 이 은하들의 진행경로를 거슬러 올라가면 어떨까? 분명 한 점으로 모일 것이다. 현재로부터 점점 더 과거로 올라가면 우리의 우주는 모든 물질이 녹아 있는 극도의 뜨거운 불덩어리가 되고, 결국 양자론적으로 허용된 규모인 10^{-34}cm, 시간은 10^{-44}초가 된다. 시간도 공간도 에너지도 물질도 모두가 혼합되어 도무지 구별할 수 없는 존재로서 4차원의 끝이 없는 닫힌 덩어리이다. 그리고 그로부터 더 거슬러 올라가면, 에너지 장벽을 뚫고 지나간다. 무의 세계로!

이제, 양자론적으로 허용된 규모에서부터 시작하자. 대폭발(빅뱅)이 일어나고, 인플레이션이 일어나면서 공간이 팽창하기 시작했다. 우주의 퍼텐셜에너지가 낮은 방향으로 움직이기 시작한 것이다. 산 위의 돌이 위치에너지가 낮은 아래로 구르듯이 우리 우주의 퍼텐셜은 우주의 반지름이 커질수록 작아지므로 팽창하는 것이 곧 안정되는 상태가 된다.

무(無)에서 생겨난 엄청난 거품들이 부글부글 끓기 시작했다. 이 중 하나의 거품인 우리 우주는 빅뱅기, 인플레이션기, 반물질 소멸기, 핵자형성기, 원자핵 탄생기, 원자 탄생기, 은하 탄생기를 지나서 지금의 생명기에 이른 것이다.

이렇게 팽창하는 우주에 있어서 초고밀도의 우주 초기에 우주를 채우고 있던 복사가 우주의 모든 곳으로부터 마이크로파의 전자파로 '흑체복사'란 모습으로 확인되었다. 이것이 '우주배경복사'라고 하는 또 다른 이름으로 불리는데, 지금은 2.7K 정도의 스펙트럼을 갖고 있는 것으로 확인되었다. 이 존재는 우리 우주가 천 분의 일 크기의 시대적 증거이므로 우주가 팽창하고 있다는 증거이기도 하다.

허블은 우리 은하로부터 멀어지는 다른 은하들의 관측 결과들로부터 추론하여, 일정한 거리마다 일정한 비율로 후퇴하고 있음을 확인하였다. 이 관계를 '속도-거리 관계' 또는 '허블의 관계'13)라 하고, 여기서 도출된 하나의 상수가 '허블상수'다. 이 허블상수는 우주의 나이를 산출하는 데 사용하며, 허블상수 분에 광속을 하면 우주의 나이를 알 수 있다. 이때 허블상수의 값에 따라 우주의 나이가 달라지는데 현재는 138억 년의 값을 사용한다.

이상과 달리 다른 관점에서, 우리가 근본입자가 무엇이냐를 계속 탐구해 들어가면 가상양자들이 진공에서 스스로 생겨났다가 다시 진공14)으로 사라지는 것이 명백하게 확인된다. 빈 공간이 소립자의 공장인 것이다. 이러한 가상적 형태들은 실체들이 아니라 진공(원물질)의 일시적 상전이다. 이것으로 볼 때, 보통물질로서 우리 우주는 진공과 별개로 존재하는 것이 아니라 그 속에 일체로 존재하는 것이다. 이때 공간(진공)은 보통물질의 다른 상태이다.

우리는 쪼개는 방법과 우주를 뭉치는 방법을 함께 사용했다. 그런데 모두 무(無)의 세계로 침몰했다. 결국 '없음'에 이른 것이다. 우리 우주는 '없음'의 세계에 도달했다. 그런데 '없음'은 절대 '없음'이 아니었다.

빅뱅이론에 따르면, 우리 우주의 현재 파악된 물질의 양이 모두 합쳐 약 30%라고 한다. 나머지 70% 정도는 진공에너지이다. 진공에너지는 우리 우주를 팽창시키는 힘으로 작용하며, 30%의 물질을 상전이시킨 이전 상태의 원물질이다. 우리 우주는 하나의 세포처럼 생각하면 5%의 보통물질과 베라 루빈에 의해 발견된 25%의 암흑물질 그리고 70%의 진공에너지로 구성된 것이다. 우주가 계속하여 팽창하면, 진공에너지의 비율도 계속 늘어난다.

고전 역학의 진공은 물질이 존재하지 않는다고 판정된 상태를 말한다. 그런데 현대물리학의 양자역학적 진공15)은 에너지준위가 매우 낮고 안정된 상태며, 관측되지 않는 특별한 물리량을 갖는다고 한다. 그런데 그 일정한 양 이상의 에너지를 주면, 진공에선 플러스에너지를 가진 입자와 반입자의 쌍이 발생된다. 물론 그냥 두어도 생성되고 소멸되는 입자들을 관측할 수 있다.

이 입자들은 불확정성 원리로 인해 에너지 보존법칙을 무시하고 생성과 소멸을 반복한다. 그러나 우리 우주(세포) 속에 함께하는 물질의 서로 다른 상태의 물질로서 보통물질과 디랙물질(진공에너지=무=진공=원물질)의 상호작용이라면, 보존의 법칙은 문제되지 않는다. 보통물질과 가상양자의 출몰에서 두 상태는 하나의 커다란 계로서 보존되기 때문이다.

진공 즉, 공간이라는 존재는 모든 보통물질이 운동하는 존재형식(공간)이며, 무수한 입자들을 쪼개어 낼 수 있는 성질을 지닌다는 사실을 알 수 있다. 다시 말하면, 공간(진공)은 디랙물질로 가득 차 있으며 쪼개지는 성질을 가지고 있다. 이를 역으로 말하면, 마이너스 질량을 가진 입자인 '마이너스 에너지입자'(디랙은 이렇게 표현한다)들로 구성된 존재다.

우리의 세계는 보통물질이 공간 속에서 운동한다. 그런데 그 공간이 완전히 비어 있는 곳이 아니라 진공에너지로 가득 찬 곳, 즉 보통물질의 다른 상태인 원물질이 존재하는 곳이다. 이 속에서 보통물질이 운동하고 있는 것이다.

공간은 아무것도 없는 곳이 아니다. 무언가로 빈틈없이 꽉 차 있다. 그것이 보통물질의 원래 상태인 디랙물질(진공에너지)이다.

가상양자가 출몰하는 진공(공간)은 $2m_0c^2$의 에너지 갭 아래에 존재한다. 즉, 디랙의 물질은 $2m_0c^2$의 에너지 준위 아래에 존재하면서 보통물질과 다른 반입자로 출몰하며 보통물질의 운동에 관여하고 있다. 또 거시적으로 보면, 보통물질 사이로 스며들어 우주를 팽창시킨다. 또 잠잠한 물속의 꽃가루를 움직이는 브라운 운동처럼 소립자의 영점진동을 일으킨다고 나는 생각한다. 진공(원물질, 무 또는 진공에너지)과 보통물질은 서로 다른 상태의 물질로서 통일을 이루고 있는 것이다.

우리의 우주는 보통물질이 암흑물질에 의해 파전처럼 또는 피자(pizza)처럼 건포도를 넣은 빵처럼 생긴 은하가 꽉 들어 찬 둥근 투명막(膜) 속에 침투한 디랙물질(진공에너지)로 꽉 차 있는 모습이다. 이런 우리 우주가 다시 무한한 디랙물질(무, 진공에너지, 진공) 속에 떠 있는 것이다.

〈2〉 역학적 고찰16)

자연의 존재양식은 역학에서 명확하게 드러난다. 역학(力學, mechanics)이란, 물체 사이에 작용하는 힘과 물체의 운동과의 관계를 연구하는 학문이다. 뉴턴을 대표로 하는 고전역학과 아인슈타인을 대표로 하는 현대의 양자역학으로 대별된다. 여전히 고전역학은 유효하며, 양자역학은 고전역학을 보완한다.

고전역학에서는 지구상에서 단순한 낙하물체로부터 달의 공전이나 태양에 대한 지구의 공전과 같이 눈으로 분별할 수 있는 대상인 거시적인 물체의 운동을 다룬다.

고전역학은 물체의 가속도는 어떤 질량의 물체에 어떤 크기의 힘을 작용할 때 '힘/질량'이다. 물론 한 시각에 그 물체가 어떤 위치와 속도를 가지느냐로 기술된다. 이처럼 역학적 기술 요인은 질량과 힘, 위치와 속도, 시간이다.

이와 달리, 상대성이론에 따르면 에너지는 질량과 광속의 제곱의 곱과 같은 것이고, 위치는 공간에 표시될 수 있으며, 힘 또는 운동량은 질량과 속도의 곱이므로 결국 질량과 속도(운동), 시간과 공간으로 분석된다. 이것이 자연(물질)이 존재하는 양식이다.

고전역학은 1687년 출판된 뉴턴의 저작 〈프린키피아〉의 내용인 운동법칙(관성의 법칙, 가속도의 법칙, 작용-반작용의 법칙)을 기본으로 하며, 질량이 일정한 입자가 한 시각에 가지는 위치와 속도가 결정되면 과거와 미래의 운동을 알 수 있다고 보는 인과율(因果律)에 입각한 결정론적 해석이다.

이에 비해 양자역학에서의 입자는 이중성을 가지므로 고전역학과 같이 운동을 명확하게 기술할 수 없다. 이러한 양자역학적 운동은 어떤 질량을 가진 입자에 어떤 작용이 있을 때 슈뢰딩거방정식에 의해 풀이되며, 이 입자의 상태함수가 결정된다. 상태함수는 한 시각에 어떤 위치에 입자가 존재할 확률이다. 이 상태함수에 따라 해석을 하면 현상이 설명된다. 이때 슈뢰딩거방정식은 $(\mathrm{ih}]\delta\Psi/\delta t{=}\mathrm{H}\Psi)$이며, 여기서 해밀토니안(Hamiltonian)은 $-(h^2/8\pi^2\,\mathrm{m})\nabla+\mathrm{V}$이므로 구성성분을 풀어 보면 질량, 속도(운동), 시간, 공간으로 함축된다.

양자역학에 의하면 운동은 확률론적으로밖에 정해지지 않으며, 이 입장은 비록 현재 상태에 대하여 정확하게 알 수 있더라도 미래에 일어나는 사실을 정확하게 예측하는 것은 불가능하다는 입장이다. 한편으로 보면 오히려 혼란에 빠진 것이긴 하나, 다른 한편으로 보면 인생에 있어 커다란 희망을 주는 것이다. 하지만 예측할 수 없는 개인도 집단을 대상으로 탐구하면 확률적으로 예측이 가능해진다. 미래가 정확하게 결정되어 있지 않다는 것은 우리의 의지가 개입되든 개입되지 않든 현재는 별로 달라질 것 같지 않은 미래도 얼마든지 바꿔질 수 있다는 얘기가 된다.

물론 자칫 잘못하면 잘나가던 인생도 완전히 시궁창으로 빠질 수도 있다는 의미이기도 하다. 무엇보다 중요한 것은 절망적인 현재가 있다면 희망으로 바꿀 수 있는 여지가 전혀 없는 고전역학적 숙명론보다 훨씬 큰 긍정적 가능성을 가지고 있다는 것, 잘되고 있는 현재보다 더 잘될 수 있다는 것이다. 그래서 우리는 오늘도 꿈꾸며 살고 있다. 이런 물질에 대한 해석이 인생에 적용되는 이유는 자연의 존재양식이 인간의 존재양식을 결정하기 때문이다.

물질의 존재양식은 역학적으로 볼 때 '질량을 가지고 시공 속에서 운동을 하며 존재한다.'는 것이다. 달리 표현하면, 우리의 인식방법에서 우리의 우주를 구성하는 요소는 시간과 공간과 에너지(물질의 운동)다. 자연은 시간과 공간과 에너지의 일체이므로, 이들은 서로 분리되어서는 존재할 수 없다.

여기서 'E = mc²'은 보통 질량과 에너지는 같은 것이라고 한다. 분명 에너지는 물질에서 운동성을 빼고는 생각할 수 없다. 그렇다면 에너지는 한계속도(광속)로 운동하는 물질의 양이라고 하여야 한다. 에너지(E)는 질량(m)이 아니라 '물질의 운동량(mc²)'이다.

[2] 자연의 속성

자연의 속성, 즉 물질의 속성은 물질에 부속되거나 부가된 성질을 말한다. 이런 의미에서 물질의 속성은 질량과 운동이다. 운동은 영점에너지를 확인하게 되면 물질에 '부속된 성질'임을 확인할 수 있으며, 질량은 힉스이론에 따르면 '부가된 성질'이다. 특히 시간과 공간의 문제에서 우리의 역학적 인식방법에 따르면, 시공은 물질의 존재형식이며 물질과는 달리 독자적인 객관적 실재이다. 물질의 운동과 시공은 불가분의 관계로서 반드시 언급되어야 할 것이다. 자연, 즉 물질의 속성은 역학적으로 볼 때 질량, 시공간, 운동의 세 가지 요소이다. 자연의 속성은 자연의 존재양식이기도 하다.

〈1〉 질량
질량17)은 물질의 존재양태다. 질량은 유(有)의 세계에서 물질이 존재하는 특별한 모습이다. 물질은 본래 질량이 없다. 그래서 무

(無)의 세계에서 물질은 질량을 가지지 않는다. 우주가 탄생하고 나서 물질이 자발적으로 대칭성이 파괴되면서 나타난 것이기 때문이다. 질량은 힉스이론에 의해 뒷받침되며 나중에 부여된 것이다. 질량은 물질의 질서다. 콩물에 간수(힉스입자)를 뿌리면 그 속에서 응집이 생기는 것과 같다.

질량은 보통물질이면 모두 갖게 되는 속성이다. 그러나 질량은 물질이면 본래 가지고 있는 속성이 아니라, 어떤 원인으로 대칭성이 파괴18)됨으로써 얻게 되는 것이다. 보통물질에 질량이 생기면서 우주에 질서가 잡혔다. 그래서 동적 평형상태가 가능한 것이다. 질량으로 인해 물질의 운동이 자유운동에서 제약적인 질서 지어진 구속적 운동을 한다.

대칭성의 파괴는 단적으로 보통물질의 힘의 발생이다. 자석을 생각해 보자. 철편이 보통상태에서는 자기력을 띠지 않는다. 이것은 철편 속에 존재하는 분자자석의 방향이 아무렇게나 틀고 있기 때문이다. 이런 상태가 대칭상태다. 이를 강한 자기장 안에서 분자자석을 일정한 방향으로 정리하여 질서 잡으면(대칭성을 파괴하면), 자기력을 띤다. 국민들이 선거를 통해 대통령을 선출·지지하면, 대통령은 권력을 가지게 된다. 생산물이 가치를 가지는 것도 소비자가 그 생산물을 요구하기 때문이다. 이때 많은 사람이 요구하게 되면, 그 상대적 가치는 상승하게 되고 지불할 노력(값)이 증가한다.

질량은 상호작용하는 힘의 크기이다. 이것은 만류인력의 법칙에서 드러난다. 만류인력의 법칙은 모든 물체들은 두 물체의 질량의 곱에 비례하고 거리의 제곱에 반비례하는 힘으로 서로 작용한다.

$F=\dfrac{GM_1M_2}{R^2}$ 에서 두 물질이 질량의 크기에 상응하는 힘으로 상호작용함을 의미한다. 상호작용은 물질의 운동방식이며 변화의 방식이며 주고받는 힘을 의미한다.

질량은 운동을 제약한다. 아인슈타인의 상대성이론에 따르면 질량을 지닌 물체를 가속시켜서 광속으로 달리게 할 수 없다. 그렇다고 해서 빛의 속도 이상의 속도를 가진 존재를 부정하는 해석을 해서는 안 된다. 타키온과 같은 입자도 예견할 수 있으며, 상대성 이론이 이를 부정한다고 해석되는 것이 아니기 때문이다. 단지 질량을 가지고 있는 물체를 가속시키려고 에너지를 가하면, 속도를 증가시키는 데 사용되는 게 아니라 질량을 증가시키는 결과를 가져온다. 현재 초광속입자 후보가 자주 발표되고 있다.

또한 질량은 공간을 제약한다. 거대한 물체의 질량에 의해 공간이 휘어진다는 사실은 일식에서 드러났다. 공간이 휘어진 모습을 확인한 때가 1919년 5월의 개기일식 때다. 이때 일제 강점기였던 우리나라에서는 '대한독립'을 외치며 만세를 부르던 때다. 남들은 우주를 향해 바라보고 있을 때, 우리는 일제의 지배에서 벗어나려고 소리치고 있었다. 이 귀한 나라를 영원히 정의롭고 평화롭게 지켜 나가야 한다. 외적 교란에 대한 방어는 물론, 암(癌)적인 내적 교란에 대해서도. 뉴스를 보면 지금 대한민국은 외란이 없어도 내적 교란에 의해 망할 지경이다. 일제에서 벗어난 지 고작 70년 만에!

빛은 정지질량이 없으므로 주위에 중력이 센 태양이 있든 블랙홀이 있든 아무 상관없이 직진을 해야 한다. 그런데, 실제로 관측했을 때 그 주위를 지나는 빛의 진행이 물체 쪽으로 휘어졌다. 이럴 때 우린 어떻게 해석해야 할까? 공간이라 불리는 곳에 암흑물질이나 진공에너지조차도 없다면 공간이 휘어져 있어 빛의 진행이 구부러졌다고밖에 달리 말할 수 없다. 그때 태양의 일식 사진을 찍어 일식 전과 일식 때와 비교했더니, 별빛의 경로가 태양의 중력에 의해 1.7도 정도 휘어졌다는 사실을 발견했다. 최근에는 멀리 떨어진 우주에서 오는 퀘이사의 빛이 큰 질량체에 의해 중력렌즈 현상을 일으키는 것이 확인되었다. 만약 블랙홀일 경우는 어떤가? 공간이 바닥도 없이 빠진 모습이라는데, 빛은 그 수렁으로 빠져들게 된다. 이렇게 질량은 자기 주변의 공간을 찌그려 놓는 것이다.

은하나 더 무거운 질량 뒤에서 보면, 중력렌즈효과를 확인할 수 있게 된다. 광학렌즈와는 다르게 중심 쪽에서 많이 휘고 바깥쪽에서는 적게 휜다. 이러한 현상은 1924년에 물리학자 콜슨(Orest Chwolson)에 의해 처음 언급되었고, 1936년에 아인슈타인에 의해 계산되어 "아인슈타인 링"이라고도 한다.

이러한 현상들, 즉 질량이 운동을 제약하고, 질량이 시공을 제약하는 것은 물질의 존재양식으로서 질량과 운동 및 시공간이 서로 결속되어 있음을 의미한다. 결코 독립적으로 존재하지 않는다는 것이다.

그러면 질량이 발생한 시기와 장소, 메커니즘은 무엇인가?[19] 이러한 형태의 질문은 자연과 인간 및 생산물에서 두루 통한다. 권리 · 의무는 언제, 어디서, 어떻게 발생했나? 가치는 언제, 어디서, 어떻게 발생했나? 이런 질문은 통일체계의 세 요소에 그대로 적용되며, 질량과 권리 · 의무와 가치는 본래 물질과 인간 및 생산물에게 본래 있던 것, 즉 주어진 것이 아니라 물질과 인간 및 생산물에 의해 스스로 부여된(발생된) 것이다.

우리 우주는 무(無)에서 상전이로 생겨났다. 첫 번째 상전이는 10^{-44}초(빅뱅)에, 절대온도 10^{32}의 온도를 갖고, 직경 10^{-34} cm의 크기를 가진 우주였다. 곧, 원시의 힘으로부터 중력이 붕괴되었다. 즉, 중력이 모든 통일된 힘인 원시 힘에서 분리되어 자기의 성질을 찾았다.

그리고 그 후 10^{-36}초(인플레이션 발생)에, 10^{28}K의 온도와 직경 10^{-28} cm 크기 때에 두 번째 상전이가 일어나고, 강한 힘과 전자기−약력이 분리되었다. 이때 질량 0인 X 입자(우주의 초기에는 쿼크와 렙톤이 동일한 입자였다)가 양성자의 질량 10^{15}배에 달하는 큰 질량을 획득한다. 상전이로 인한 자발적 대칭성의 파괴가 일어났기 때문이다.

세 번째 상전이는 10^{-11}초에 일어났고, 온도는 절대온도 10^{15}도, 우주의 크기는 직경 10^{12} cm였다. 이때 전자기−약력이 전자기력과 약력으로 분화되어 현재의 네 가지 힘으로 존재하기에 이르렀다. 위크보존, 쿼크와 렙톤이 질량을 획득함으로써 물질이 질량을 갖게 되는 기원이 마련되는 것이다.

따라서 보통물질의 질량은 우주 발생 이후 10^{-11}초에(언제) 세 번째 상전이(어디서)에서 힉스기구(어떻게)에 의해 생긴 것이다. 이 힉스기구는 힉스입자가 있음을 말한다. 힉스입자는 질량이 없는 H^+, H°, H^-와 질량이 있는 H°의 네 종류가 있다. 그러면 힉스입자 중에 질량이 있는 H°는 어떻게 질량을 획득하는가? 도무지 힉스입자[20]란 무엇인가?

약력을 갖게 하는 위크보존에는 W^+, Z°, W^-가 있고, 전자기력을 갖게 하는 광자가 존재한다. 전자기력을 매개하는 광자는 대칭성이 파괴되지 않았으므로 광자의 질량은 0인데, 약력의 매개입자는 대칭성의 파괴로 인해 정지질량이 81GeV/C²인 W±와 93GeV/C²인 Z°가 된다. 질량이 있는 H°와 H⁺, H°, H⁻의 질량이 없는 힉스입자가 각각 W⁺입자는 H⁺입자와 W⁻는 H⁻와 Z°는 H°가 결합하게 되면, 힉스입자는 위크보존 입자에 흡수되어 그 존재를 드러내지 않고 위크보존 입자의 모습으로만 나타나며, 위크보존 입자들은 발목에 쇳덩이를 달아 놓은 노예처럼 자기의 최고 속도(광속)로 운동하지 못한다는 비유가 가능하다.

질량은 시간을 제약한다. 시간을 거슬러 올라가면, 한 찰나에 우주가 발생했다. 그때가 10⁻⁴⁴초였다. 시간의 시작이다. 그 후 우주는 방향의 법칙에 따라 진행되어 가고 있다. 다시 말하면, 시간은 한 방향성을 가지고 있음이 입증되고 있다. 한 고립된 계가 있다면, 그 계에선 엔트로피의 증가현상만이 있고 외부에서 에너지의 공급이 없이는 역방향인 엔트로피의 감소현상이 일어날 수 없는 것이다.

그렇다면 시간은 시종일관 같은 속도로 진행되는가? 시간은 국부적으로 빨리 갈 수도 있고, 또 반대로 느리게 갈 수도 있다. 이미 중력의 영향에 따라 시간의 변화가 있음을 살펴본 것처럼 중력이 강한 곳과 약한 곳이 있다면, 강한 곳이 약한 곳에 비해 느리게 간다.

이와 같은 시간은 영원한 것인가? 우리 우주의 탄생으로부터 시작된 시간은 우리 우주의 종말과 같이 사라질 것이다. 더 이상의 보통물질의 유효한 변화가 없는 상태에선 시간도 없다. 대통일 이론 (SU5)에서 바리온 수가 보존되지 않는 것이 의미하는 것은 보통물질의 소멸이다. 보통물질의 소멸은 현상을 더 이상 일으키지 않게 된다. 결국 보통물질의 소멸은 시간을 자연히 소멸시키는 것이다. 보통물질과 시간 및 공간은 동반성을 지닌다. 엄밀히 말하면, 보통물질의 공간인 원물질(진공에너지)은 그대로 있지만 더 이상 보통물질의 공간이 아니다. 이럴 때 보통물질의 공간은 객관적으로 존재한다.

〈2〉 운동

물질의 가장 중요한 속성은 '운동'이다. 운동과 분리된 물질이란 없다. 운동이 제거된 절대물질(특이성이 없는 물질)이란 없다. 물질의 운동은 현상의 총화로서 변화다. 단순히 공간에서의 이동뿐만 아니라 생로병사, 발전과 쇠퇴, 생각 자체에 이르기까지 모든 변화는 상호작용이고 과정이며 운동이다.

운동은 인식의 조건이다. 인식은 인간의 신경계가 나타내는 생리적 변화이며, 인식은 오직 외부의 시·공간적, 양적·질적 변화에 대한 뇌의 종합 활동이다.

운동은 온도다. 이상기체를 이용해서 동적기체 온도계를 보면, 압력과 온도 사이에 일정한 비례 관계가 있어서 압력이 '0'이 되는 가상적인 온도가 있음을 예상할 수 있다. 이를 '절대온도 0도'라고 하여 기준으로 삼은 것이 켈빈온도이고, 절대 0도는 섭씨로는 영하 273.15도가 된다. 결국 기체입자의 움직임이 전혀 없는 완전정지는 압력이 0으로 나타나며, 이때 계의 온도가 절대온도 0인 것이다. 사실 온도는 질이다. 이런 질을 양으로 변환시켜 인식한다는 것은 획기적인 사고의 전환이다.

양자역학에서는 온도가 계속 내려가면 입자의 운동이 둔해지다가 결국은 정지하는 것이 아니라 아무리 가만히 두려고 해도 부산하게 진동한다. 불확정성원리에 의해 입자의 존재 영역이 한 점에 있지 않고, 어느 정도의 범위에 있기 때문이다. 이를 '영점진동(영점에너지)'이라 한다.

갓 태어난 초극미의 우주도 양자론의 법칙에 지배되고 있다. 우주 공간이나 수치가 불확실하고 심하게 요동한다. 그러므로 운동은 절대성을 가진다.

절대온도 0도에 이르면, 도체는 전기저항이 사라지는 초전도 현상과 유체의 점성이 없어지는 초유동 현상이 일어난다. 영점진동은 막을 수 없다. 입자가 가지고 있는 에너지를 정확히 결정하면 입자가 그 에너지를 가지고 왔던 시간을 측정할 수 없고, 위치를 정확하게 결정하면 입자가 어느 정도로의 속도로 운동하고 있는가를 확정할 수가 없다. 결코 멈추지 않는 계에서는 온도를 절대온도 0도로 내릴 수 없다. 이론적으로 절대온도 0도를 가상적으로 둘 수 있지만, 실제로 절대온도 0도란 존재하지 않는다.

극미의 입자는 영점진동을 갖는다. 이것 때문에 입자가 매우 짧은 시간 내에서는 에너지 장벽을 뚫고 지나갈 수 있는 확률이 존재한다. 실제로 우리 세계에서 응용하는 것은 컴퓨터의 집적 회로를 지나는 전자를 이 터널효과로 제어한다. 결국 에너지 장벽이라는 것은 극미의 세계에선 영점진동이라는 양자론의 특유의 현상에 의해 그다지 장벽의 역할을 하지 못한다. 어쩌면 구멍이 숭숭 뚫린 망과 같은 형식적인 벽을 설치해 놓은 것과 같다. 왜냐하면 에너지보존의 법칙 때문에 장벽을 넘어서 갔다고는 할 수 없으므로 그 장벽에

리 우주가 필연적으로 하나 태어났다기보다 극히 많은 시도 중에 우연히 하나가 적합한 상태에 이르렀다고 볼 수 있다.

물론 생명체도 그렇다. 무작위로 형성된 수많은 화합물 중에 유기물이 합성되고, 다시 무작위로 수많은 종류의 바이러스가 만들어지고 그중 일부가 남고, 다시 무작위로 수많은 종류의 박테리아(세균)가 만들어지고 그중 일부가 남고, 다시 무작위로 수많은 종의 다세포생물이 만들어지고 그중 일부가 남고, 다시 각각의 종에서 무작위로 수많은 형태의 개체가 만들어지고 그중에서 생존조건이 맞는 개체는 살아남아 이어져 왔다고 할 수밖에 없는 것 같다. 또 생산물도 무작위로 수많은 종류가 만들어지고 그중 적합한 것은 계속 이어져 오고, 나머지는 사라지거나 개선되었다고 말할 수 있다.

물질적 세계는 여러 질적인 발전 단계들인 무기물, 유기체, 사회와 생산물로 이루어진 하나의 체계이다. 유기체의 영역에서 종의 발전으로부터 인류의 출현에 이르기까지 전 과정을 통해서 분명히 드러났듯이 이 거대한 영역 하나하나는 다시 그 나름대로의 발전 단계들을 거친다. 우주 전체는 발전 과정의 계층체계라 볼 수 있다. 핵자와 원자핵, 원자와 분자, 지구, 태양계, 은하, 생명체, 사회(계층적 인격이며 공간이다)는 모두 그러한 발전 과정들의 산물이다. 우주 속의 모든 물질적 사물이나 현상, 과정들은 다양한 방식으로 발전 과정에 작용하거나 그 과정의 산물이다.

우주진화론적으로 우주 속에서 진행되는 물질의 무한한 발전 과정은 진보와 쇠퇴, 가역과 비가역 과정의 통일이다. 따라서 더 높은 단계로의 발전은 우주 속의 유한한 물질적 체계나 영역에 대해서만 타당할 뿐 무한한 세계인 무(無) 전체에까지 적용되지 않는다. 무한한 세계 자체는 언제나 질적 동일성을 유지하고 있기 때문이다. 또 우주 그 자체가 발전하는 것이 아니라 다만 우주 내부에서 물질의 발전이 이루어지는 것이다. 물질이 그 단순한 형태에서부터 동물계와 같은 가장 복잡한 구조를 가진 인류 및 사회의 출현과 문화에 이르기까지 자연적으로 발전해 왔다는 사실은 반론의 여지가 없다.

물질의 한 체계가 거쳐 온 발전 과정은 기성(旣成)의 사실로 열역학적 법칙에 따라 번복될 수 없는 과정이며, 새로운 '부족함'을 안고 있는 새로운 성질의 상위 계층체계의 형성 과정이자 그 자체 내에서 상대적으로 안정된 관계들의 형성과정이다. 물질의 발전 과정은 전체적으로 비가역적인 과정이다.

우주 속에서 물질이 진화하는 과정에서 다양한 원소들의 생성은 지구와 같은 행성을 만들고 생명체를 탄생시킨다. 그중에서 인간의 탄생은 한 영역에 모여 살면서 마을을 이루고 마을이 모여서 국가를 이루며 국가는 인간세계를 이루는 과정으로, 양적인 증가는 질적으로 다른 존재로 이행한다. 지금까지 우주의 역사는 발전의 역사다. 발전이란 사물이나 현상의 변화 과정 속에서 전진적(前進的)인 경향을 말한다. 낮은 질로부터 높은 질로 이행하거나, 단순한 구조로부터 복잡한 구조로의 이행이 이루어지는 과정이다.

발전21)에 관한 생각은 인문과학에서 나타났다. 레싱(1729~1781)에 의해 종교에 규정됐고, 헤르더(1744~1803)에 의해 역사에 적용됐다. 헤르더에 의하면 역사의 발전은 경합 속에서 조화에 이르는 진보과정이었다. 그래서 헤겔(1770~1831)은 모순에서 운동과 발전의 원리를 파악하려 했다. 모순은 모든 운동과 생명의 원리이며, 어떤 것이든 스스로 모순을 가질 때 운동과 활동성을 나타낸다. 사유 과정과 자연 및 역사 과정이 상호 유사하며 동일한 법칙이 다양한 영역에서 타당하다고 했다.

나는 발전의 원천과 추진력은 물질에 내재하는 근원적 '부족함'에 있다고 믿는다. 근원적인 부족함은 상위체계를 형성하고, 상위체계는 새로운 부족함을 가지고 다시 상위체계로 이행하는 방식으로 발전한다.

마르크스와 엥겔스에 의해 나타난 발전에 관한 변증법적 유물론22)의 본질적인 내용은 세 가지 기본법칙을 통해 나타난다. 이 법칙들은 객관적 실재인 자연과 사회의 발전뿐만 아니라 사유과정, 즉 객관적 실재의 관념적 반영이자 사유를 매개로 인간의 의식 속에서 객관적 실재를 관념적으로 재생산하는 것까지도 규정하는 법칙이다. 첫째, 대립물의 통일과 투쟁의 법칙이다. 이것은 발전의 원천을 밝혀 주는 것이며, 둘째, 양적인 변화의 질적인 변화로의 전화법칙으로서 발전 과정 속에서 새로운 질이 생산되는 방식을 보여주며, 셋째, 부정의 부정의 법칙으로 발전의 방향과 결과를 제시한다. 발전이란 개념은 더 높고 더 복잡한 형태로 나아가는 방향성과 경향을 의미하기 때문이다. 그러나 우주론적으로 발전은 한계를 가진다.

이런 발전의 근원은 물질의 '부족함'에 있다. 세계를 구성하는 가장 기초적인 물질은 불안정(不安定)하다. 그래서 생명체도 불안정(不安靜)하다. 안정이란 일반적으로 일정한 상태를 유지하는 것, 한 상태를 계속하여 유지하려고하는 것, 화학적으로는 화학변화를 쉽게 일으키지 않거나 반응속도가 충분히 느린 상태를 말한다. 사회학적으로는 정치적으로나 경제적으로 그 체계가 일정한 상태를 유지하는 것이다. 생물학적으로 안정(安定)은 안정(安靜)이다. 육체적이고 정신적으로 편하고 고요한 상태를 유지하는 것이다.

세계는 근원적으로 불안정하기 때문에 세계는 안정을 향해 나간다. 안정은 만족이며 행복이다. 한 상태의 안정이 깨지면 다시 다른 상태의 안정을 취하고, 다시 안정이 깨지면 다른 상태의 안정을 찾아나서는 것이다. 이런 끊임없는 과정은 안정과 불안정의 무한히 연속적인 반복이다. 이것이 생명체에겐 안정과 불안정에서 심적 과정이 포함되어 있으며, 불안정은 불만족이고 불만족은 만족을 지향하는 것이다. 생명체에겐 불안정은 정신적이고 육체적으로 불편하고 혼란스러워 불쾌하고 흡족하지 않음이다. 즉, 부족함이다.

물질과 생명체의 불안정(不安靜, 不安定)은 성질과 구조적으로 만족하지 못한 상태(부족함)이다. 이런 존재자는 필연적으로 만족함으로 나아가는 것이다. 물질에게 만족함은 안정 상태이고, 생명체에게 만족함은 심신이 평안한 상태인 안정(安靜)된 상태로서 모자람이 없는 만족(滿足)이다. 물론 안정(安靜)과 만족(滿足) 사이에는 차이가 있다. 안정이 만족의 하한선이라면, 만족은 이를 능가하여 넉넉한 상태를 의미한다.

만약 물질이 안정된 상태라면 그 어떤 변화도 없을 것이다. 물질의 불안정성은 물질이 계층적으로 구조를 형성하고 발전시키는 원인이며, 나아가 생명체를 탄생시키고 진화시키는 것은 물론 사회의 형성과 발전의 원인이다.

진공과 무(無)가 같고 또 진공에너지와 같다면, 진공은 디랙이 말하는 마이너스질량을 가진 세계이고, 여기엔 마이너스질량을 가진 입자가 충만해 있는 가장 안정된 상태일 것이다. 이때 마이너스질량을 가진 무(無)와 양(+)의 질량을 가진 우리의 보통물질 세계는 $2mc^2$의 에너지 차이를 지닌 위치적으로 불안정한 상태다. 물론 무(無)의 상태는 충만하여 에너지 준위 상 더 떨어질 수 없는 안정된 상태라고 디랙은 말한다. 하지만 더 하위의 에너지 준위는 없다고 하더라도 진공 속에서 나타났다가 사라지는 가상양자들의 출몰은 완전히 안정된 상태로 보이지 않는다. 또 진공 속에서 나타난 전자는 양전자로서 우리 세계의 전자와는 다르다. 이들은 서로 만나면 쌍소멸 하는 불안정한 존재인 것이다. 그래서 무(無)에서 나타난 우리 우주는 다시 무로 돌아갈 수밖에 없다.

또 양(+)의 질량을 가진 보통물질의 세계(우리 우주)를 구축하는 최하위의 요소로서 쿼크도 3분의 1 또는 3분의 2의 색소전하를 갖는 존재로서 불안정하다. 그래서 이들이 관계형성(결합 또는 상호작용)을 하여 안정성을 획득하면 바리온이나 메존으로 상위의 체계를 형성하는데, 이때 새로운 불안정성으로서 전하가 1과 0과 −1이 되어 나타난다. 전하가 0의 경우는 중성자로서 핵 속에서 양성자의 반발력을 상쇄시킨다는 점, 같은 극성의 자석 사이에서 쇳조각이 이와 같은 역할을 한다는 점으로 비교해 보면, 중성도 완전히 안정되어 어떠한 외력에도 반응하지 않는다는 것은 아니다. 그래서 이런 차원에서 중성도 불안정하다.

이 전하의 불안정성을 해소하고 안정성을 찾으려고 원자체계를 형성하면 원자 자체는 전기적으로 중성으로서 안정성을 찾게 되지만, 원소체계는 구조적으로 궤도전자의 불비를 가짐으로써 상위의 불안정성을 유발한다. 이런 원소들이 화학적 결합으로 안정성을 찾아 분자를 형성하면서 궤도전자의 불비 내지는 불안정성을 해소하지만, 다음 계층의 중력상호작용에 따라 위치적으로 또 밀도 차이로 불안정성을 유발한다. 그래서 대류가 일어나고 행성의 궤도운동이 일어난다.

이런 물질의 구조(체계)적 진화의 과정에서 생명체의 탄생으로 넘어오면, 개체는 감정(정신)과 유전적 불안정성을 가진다. 개체의 자기 보존적 차원의 성적 불안정성은 가족을 만들고, 가족의 사회적 불안정성은 단체를 만들고, 단체의 불안정성은 국가를 만들고, 국가의 불안정성은 국제연합을 만드는 원인이 된다.

국제연합이라는 지구 인류의 최종체계도 여전히 내적 불안정성은 해소할 수 없다. 이것은 단위로서 국가의 군사적·경제적 등의 불균형이 원인이다. 물론 이를 해결하기 위해 국가동맹이나 국가연합이나 연방국가의 형태로 나아가긴 하지만, 우월한 상태를 유지하기 위한 경쟁 속에서 균형이란 찾을 수 없다.

이렇게 상대적으로 하위의 불안정성을 해소하면 상대적으로 상위의 불안전성이 유발되고, 그 상위의 불안정성을 해소하면 그 상위의 불안정성이 형성되는 연속적인 과정 속에서 우리 우주의 물질적인 진화가 일어나고 생명체의 진화가 일어나고 사회형성과 진화가 일어나고 생산물의 진화가 일어나는 것이다. 그렇다고 하더라도 여전히 불안정성은 남는다. 그래서 신(궁극의 원인이자 결과)의 존재 여부를 불문하고 인간에게 신이 필요한 것이다. 인간은 신을 도입하여, 상위의 불안정성을 적어도 인간의 심적 상태에서 종국적으로 해결한다.

존재하는 구체적이고 개별적인 존재는 부족함을 원인으로 하여 만족을 지향한다. 불안정이 안정을 지향하는 방법은 상호작용이다. 상호작용은 한 대상이 다른 대상에게 작용을 주고 다른 대상으로부터 작용을 받으면서 이루어진다. 이것은 모두 만족을 목표로 한다. 이런 상호작용에는 두 가지 형태가 있다. 둘 이상의 대상이 결합을 하여 안정성을 추구하는(상향 안정) 형태를 '고착적인 상호작용'이라 하며, 상호작용으로서 체계를 해체하는 하향 안정의 형태는 '파괴적 상호작용'이라고 한다.

고착적인 상호작용은 상호작용하는 대상들이 매개자를 통하여 상대적으로 하위의 불안정성을 해소하기 위하여 상위의 체계를 형성하는 것이고, 파괴적 상호작용은 상호작용하는 대상이 매개자를 통하여 현재의 체계를 파괴하고 상대적으로 상위의 불안정성을 해소하기 위하여 하위의 체계로 환원하는 것이다. 고착적 상호작용의 결과적 예는 가족, 단체, 국가, 국제연합, 핵자, 핵, 원자, 분자, 천체, 우주와 각종 복합적 생산물로서 기계와 기구 및 장치, 언어 등이다. 파괴적 상호작용의 예로는 물리학적으로 약한 상호작용, 화학적으로 일어나는 물질의 산화(산화는 다른 차원에서 보면 새로운 물질의 고착적 상호작용이기도하다)로서 녹의 발생으로 생산물의 파괴, 생물학적으로 소화나 부후(腐朽)를 들 수 있다.

인간은 근원적으로 부족한 존재다. 진화의 산물로서 인간의 정신과 육체는 자연을 자기화할 수 있는 데에 제약(부족함·한계)이 따른다. 이 '부족함'은 생리적인 결여나 불균형이 심리적으로 변형된 것과, 진화의 산물로서 이루어진 육체가 가진 대상을 자기화할 수 있는 조건에 대한 미비한 점이라는 두 가지로 구분한다.

여기에서 심리적인 부족함을 '결핍'이라 하고, 육체적인 부족함을 '결여'라고 한다. 그리고 결핍에 대한 충족의 요구를 '욕구'라고 하고, 결여에 대한 충족의 요구를 '필요'라고 한다. 필요와 욕구는 생산하지 않으면 안 되는 근거이다. 필요와 욕구는 만족을 향해 있다. 이것의 실천(상호작용) 형태가 포괄적인 사랑이다.

생산은 대상과의 연관을 맺을 것(상호작용)을 요구한다. 인간과의 의지적 상호작용과 인간 이외의 자연과 생산물과의 의지적 상호작용이다. 인간과의 의지적 상호작용을 '인격적 사랑'이라 하고, 자연과 생산물과의 의지적 상호작용을 '물질적 사랑'이라 한다. 사랑은 상호작용의 계층에 따라 다양한 성격을 띤다.

상호작용을 생명체에게 적용할 때는 사랑이다. 즉, 사랑은 상호작용의 다른 이름으로 생명체와 생명체, 생명체와 무생물체와의 관계에서도 성립한다. 사랑과 물질의 상호작용은 연관으로서 작용하는 본체에 따라 규정된 동일한 개념이다. 사랑은 감동으로서는 상호작용의 원인이며 힘이고, 실천적 메커니즘으로서는 연관이며 의지적 상호작용이고, 필요와 욕구로서는 생산의 조건이다.

사랑은 대상에 대한 '의지적 상호작용'으로서 자신의 불안정이나 부족 또는 추가적 충족을 향해 발산한다. 이것이 물질의 상호작용과 공통분모이고, 물질의 상호작용과 다르지 않음이다. 사랑과 물질의 상호작용은 불안정과 부족, 추가적 충족을 원인으로 안정과 만족을 추구한다. 그래서 물질의 불안정과 부족, 추가적 충족을 원인으로 하는 상호작용과, 정신의 불안정과 부족, 추가적 충족을 원인으로 하는 사랑은 근원적으로 인간에 부여된 것이고, 부여된 것의 부족을 해소하기 위해 추구하는 것은 만족(행복)이다.

역으로 만족을 구하는 원인의 총합을 '부족함'이라 규정할 수 있다. 앞서 언급한 물질적 성질로서 색소전하, 전하, 위치, 인간의 정신적·육체적 불안정이나 결여, 개체의 생리적 불비, 집단의 정치적·경제적 불안정성 등을 총괄하는 개념이다. 생물의 생체와 사회의 발전을 진화라 한다. 진화의 방향은 만족이다.

자연 현상을 지배하는 법칙에는 그 현상의 원인을 지배하는 법칙과 현상의 방향을 지배하는 법칙, 현상의 과정을 지배하는 법칙 및 현상의 결과를 지배하는 법칙이 있다.

자연현상을 지배하는 법칙은 통일체계에서 드러나는 자연과 인간 및 생산물도 자연으로서 존재하는 한 지배된다. 그러나 인간과 생산물은 질적으로 독자적인 체계를 가지고 있으므로 자연현상을 지배하는 법칙 외에 별도로 하위의 독자적인 지배법칙이 존재한다.

우선 현상의 원인을 지배하는 법칙이다. 자연현상이 일어나야만 하는 원인을 말한다. 이것을 '필요의 법칙'이라고 하자. 자연현상이 일어나야만 하는 원인은 근원적으로 '부족함'에 있다. 물질을 분석하면 쿼크에 이른다. 쿼크는 3분의 1 또는 3분의 2의 전하를 가지므로 온전하지 못하다. 이들이 결합하여 0과 +1, -1의 전하를 가지고 양성자와 중성자를 만든다. 이후 -1의 전하를 갖는 소립자와 결합함으로써 원자를 만든다.

원자는 전하가 0인데, 이는 전하로서 만족된다. 하지만 궤도전자의 결여가 나타나기 때문에 구조적으로 불안정 내지는 부족함을 지닌다. 설령 다른 원자와 결합하여 구조적으로 만족하게 되어도, 질량을 가지고 있는 한 위치에 불안정을 지닌다. 이런 식으로 전하와 구조 및 위치의 불안정 내지는 결여되어 있다. 그래서 안정을 찾으려면 추가분을 필요로 하므로 이를 '필요의 법칙'이라 한다.

다음은 현상의 방향을 지배하는 법칙이다. 자연의 현상이 어떤 일정한 방향으로 변화하고 있음을 말한다. 이것이 엔트로피 증대법칙(열역학 제2법칙)이다. 세계 전체는 비가역적인 현상이다. 우주가 탄생할 때 전체가 하나의 덩어리였으나 팽창하면서 퍼텐셜에너지를 낮추고, 그로써 우주의 온도가 내려가면서 우주 속에 구조가 생기고 끊임없이 붕괴되어 왔다. 언젠가는 양성자가 붕괴되면서 우리 우주는 현재의 물질 구조가 소멸할 것이라 한다. 결국 우주는 가장 안정된 상태로 이행하는 것이다. 138억 년 전, 어떤 원인으로 엄청난 에너지가 생겨나고 폭죽이 터지듯 한순간 찬란하게 존재하다가 부서지면서 다시 허공으로 사라진다(다시 원물질로 환원된다).

다음으로 현상의 과정을 지배하는 법칙이다. 이것이 보존법칙(열역학 제1법칙)이다. 변화의 전후에서 질량, 에너지, 전하량, 운동량, 렙톤 수, 바리온 수 등의 형태로 일치하는 것이다. 자연의 변화는 그 변화 형태를 막론하고, 보존법칙에 따른다면 어떠한 경우라도 허용된다는 것이다.

마지막으로 현상의 결과를 지배하는 법칙이다. 이것은 확률의 법칙이다. 세계는 고전역학이 주장하는 결정론적이 아니라 확률적이라는 것이다. 세계는 확률의 법칙에 의해 지배되고 있다. 보존법칙에 따르는 한, 어떤 결과가 나올지는 수많은 경우 중에 하나라는 것이다. 반드시 어떤 경우만이 나와야 한다는 결정론적인 것은 아니다.

〈3〉 시공간

인간의 인식체계에서 공간은 운동하는 보통물질의 기본적인 존재형식이다. 우선 물질과 공간은 불가분의 관계이다. 보통물질이 없는 공간은 없으며, 공간이 없이 보통물질의 운동은 존재하지 않는다. 이것은 절대적인 공간을 상정하는 것은 아니다. 보통물질의 공간은 그 무엇도 없는 곳이 아니라 물질의 다른 상태이기 때문이다. 공간은 사실상 보통물질의 원상태로서 원물질이다.

무(無)에서 상전이한 우리 우주에서 시간과 공간은 불가분의 관계이다. 시간이 없는 공간이 존재할 수 없으며, 공간이 없는 시간도 존재할 수 없다. 그러나 이 둘은 구별된다. 시간23)은 변화의 척도로서 1차원이며, 공간은 원물질의 상태로서 세 개의 자유도를 가지는 3차원 입체이기 때문이다. 시간은 일방향성만을 가지므로 되짚기 대칭성이 있다. 하지만 공간은 전후좌우 상하에서 다수의 대칭성을 가질 수 있다. 이러한 시공간은 보통물질로부터 분리하여 존재할 수 없고, 반드시 보통물질과 함께 나타난다.

자연과학에서 시간이란 현상의 경과를 기술하기 위해서 쓰이는 변수이다. 그래서 시간은 보통물질의 변화(운동)와 직결된다. 시간을 거슬러 올라가면 한 찰나에 우주가 발생했다. 그때가 초였다. 시간의 시작이다. 시간이 0으로부터 시작하는 것이 아니라서 특이하다. 이것은 처음 탄생한 우주의 지름을 빛이 통과하는 시간이다. 그 후 우주는 방향의 법칙에 따라서만 진행되어 가고 있다.

만일 한 고립된 계가 있다면, 그 계에선 엔트로피의 증가현상만이 있고 외부에서 에너지의 공급이 없이는 역방향인 엔트로피의 감소현상이 일어날 수 없는 것이다. 시간은 국부적으로 빨리 갈 수도 있고, 반대로 또 느리게 갈 수도 있다. 중력이 강한 곳과 약한 곳이 있다면, 강한 곳이 약한 곳에 비해 느리게 간다. 또, 속도가 증가되어도 시간은 늦어진다.

예를 들어, 뮤(μ)입자24)일 경우, 가속기로 가속시켰을 때 30배쯤이나 운동한 거리가 길어진 사실이 발견되었다. 결국 시간이 30배쯤 느리게 갔다는 결론이다. 이처럼 시간은 신축성을 갖고 있다.

이와 같은 시간은 영원한 것인가? 대통일 이론(SU5)25)에서 바리온 수 비보존(非保存)이 불러일으키는 것은 보통물질의 소멸이다. 보통물질의 소멸은 현상을 더 이상 일으키지 않는다. 결국 물질의 소멸은 시간을 자연히 소멸시키는 것이다. 보통물질은 스스로 자신이 왔던 무의 세계로 돌아갈 것이다. 이때 우주에서 발전이란 전반기에 해당하고 후반기에는 쇠퇴기라 규정할 수 있다.

공간이라면 3차원 유클리드 공간을 말한다. 물질이 존재하고 현상이 일어나는 장소로서 위치를 기술하는 테두리인 것이다.

이러한 공간도 본래 거기에 있었던 것이 아니다. 우리 우주의 시간을 거슬러 올라가면, 공간은 점점 작아져서 마침내 한 점에 도달한다. 양자론적으로 허용되는 최소의 직경이 10^{-34} ㎝이다. 과연 이 크기 내에서 어떤 현상이 일어나는지는 도저히 감이 오지 않지만, 이만한 자리를 차지하고 있다는 것이 그 중요한 의미다.

즉, 공간은 10^{-44}초에 직경 10^{-34} ㎝로 시작된다. 우리 우주를 하나의 세포와 같은 이미지로 보면 쉽게 이해할 수 있다. 세포 밖은 원물질로 가득 찬 무(無)의 세계이고 우리 우주가 존재하는 공간이다. 보통물질이 운동하는 공간은 보통물질의 다른 상태일 뿐, 절대 빈 곳이 아니다.

우리는 질량이 있는 주변에서 질량이 0인 빛이 휘어지는 현상을 흔히 '공간이 휘어졌다'고 해석한다. 만약 아무런 것도 없는 절대공간(어떠한 특이성도 없는 공간)이 단지 질량이 있다고 변형을 일으킬 수 있는가? 1978년 베라 루빈에 의해 밝혀진 암흑물질이 질량의 주변에서 밀도차이를 가짐으로써 빛의 굴절은 사막에서 신기루를 보듯이 봄날에 아지랑이를 보듯이 일어나고, 이런 상태의 보통물질과 암흑물질이 진공에너지(원물질)의 바다에 떠돈다.

[3] 자연의 특성

자연의 특성은 자연의 존재양식과 결부된다. 자연이 질량을 가지고 시공 속에서 운동을 한다고 하는 것이 단순히 여기에서 끝나는 것이 아니다. 우리가 살고 있는 자연은 구체적 형태들이 어떤 구조를 가지고 있고, 동일 조건에서 일정하게 반복된 운동을 하며, 우주의 역사에서 질적으로 고차적인 체계의 발전이 이루어지고 있다.

질량과 시공과 운동의 세 요소에서 이러한 객관적 현상의 근거를 찾을 수 있다. 우선 물질이 운동을 한다는 사실은 물질이 양적으로 한정되고 서로 분리되어 있으며, 질적으로 구별되는 구체적인 형태를 가지고 있지 않으면 안 된다. 왜냐하면 물질이 어떤 양으로 서로 분리되어 있지 않고 동일한 질로 무한히 연결되어 있다면 운동하는 실체도 있을 수 없기 때문이다.

현실적으로 운동은 우선 보통물질이 시공간을 이동한다는 사실이다. 또 운동은 변화를 의미한다. 어떤 양의 변화 어떤 질의 변화가 곧 운동이다. 또 운동은 카오스적인 난잡한 운동이 아니다. 질서를 갖는 상호작용이다. 하나의 대상이 다른 대상과 작용을 주고받음으로써 체계를 형성한다. 자연은 계층체계다. 강한 상호작용체계로서 핵자를 만들고, 전자기 상호작용체계로서 원자를 만들며, 생명체를 만들고 거시물체를 만든다. 중력상호작용체계로서 천체를 형성하여 종국적으로 우리 우주를 만든다. 운동의 방법으로서 상호작용 속에서 우주가 이루어지고 현상이 나타나는 것이다.

역학은 시공 속에서 보통물질의 질서 있는 운동을 파악하는 것이다. 질량, 시간·공간, 운동의 역학적 세 요소는 자연(보통물질)의 보편적 존재양식이며, 단적으로 보통물질의 질서 있는 운동을 인식할 수 있는 요소를 의미한다.

이런 이유로 자연은 양자성을 가지며, 체계성을 가진다. 그래서 자연의 특성으로서 양자성과 결속성에 대해서 이야기해 보겠다.

〈1〉 양자성(量子性)
양자성이란 자연은 무(無)를 포함하여 세계를 이루고 있는 보통물질이 일정한 한계를 가진 유한한 양(덩어리)으로 존재하는 것을 의미한다. 우선 우리 우주가 상전이 되어 나왔다는 사실에서 무(無)는 가분성을 지니고 있으며, 우리 우주 또한 원자나 분자, 지구와 달, 은하, 생명체의 개체와 집단 등으로 양적으로 한정된 존재들의 집합이라는 사실에서 증거를 가진다. 만약 물질이 서로 분리되어 있지 않고 무한하다면, 질적으로 균질한 상태로 죽 이어져 있어 양과 질이 있을 수 없고, 다양한 개별자들이란 존재할 수 없다. 시공간 또한 있을 수 없다. 그 속에서 운동(변화)이란 있을 수 없다.

또한 모든 사물은 유한한 과정을 지니게 된다. 어떤 상태의 역동적 연속인 과정은 하나의 어떤 상태의 발생으로 질적으로 동일성을 유지하면서 내적으로 변경되다가 새로운 질로 이행하게 되는 소멸의 과정을 거친다. 즉 '발생-변경-소멸'이라는 과정으로 이어지는 것이다. 변경은 질적으로 동일성 속에서의 변화이다. 또 유한한 시공간을 차지한다는 사실은 양자적 성질을 가진다는 것이다.

여기서 발생과 소멸은 아무것도 없는 상태에서 나타났다가 아무것도 없는 상태로의 이행을 의미하는 것이 아니다. 하나의 질이 다른 질로 이행한다는 의미이다. 소멸은 발생과 같은 시점에서 이루어지는 것으로서 앞선 질의 소멸은 새로운 질의 발생으로 이행하는 것이다.

(1) 양(量)

양은 사물과 현상의 크기, 부피, 수, 무게, 공간적·시간적 범위, 변화의 정도와 강도 등으로 나타난다. 양은 측정될 수 있다. 객관적 세계는 일정한 양으로 존재하며 측정될 수 있다. 그런 이유로 어떤 양은 실재적·관념적으로 분리·분석이 가능하며 역으로 종합이 가능하다.

자연에서는 다양한 소립자와 원자, 분자, 화합물, 행성, 행성계, 은하, 은하군, 우주와 같은 경우이고, 인간에게서는 개인, 가족, 집단, 국가, 세계와 같은 것이고, 생산물에서는 각종 도구, 의식주, 도시, 단어와 명제 및 이론, 각종 기호 등을 들 수 있다.

(2) 질(質)

사물이 상대적으로 지속성을 가지는 특성이다. 질은 사물의 본질이며 성질이다. 천부적인 성질, 태어날 때부터 가진 천성 또는 내용의 좋고 나쁨도 질이라고 한다. 일반적으로 감각기관을 통하여 받아들여진 사물의 특질로서 빛깔·형태·냄새·맛 등도 질이라고 한다. 물질이 가지고 있는 전하의 종류도 질이다. 질은 사물의 속성·가치·유용성·등급 따위의 총체이다.

질은 사물의 양태라고도 한다. 질 또는 성질이라는 것은 사물의 내적 운동, 즉 그 체계의 상호작용에 의해서 드러난다. 소금·설탕·글루탐산나트륨 등과 같이 물질이 가지는 성질에 따라 질이 규정된다. 컵·컴퓨터·망치·자동차 등은 서로 다른 유용성을 가지고 쓸모의 차이를 드러낸다.

집단의 성격도 질이다. 이것은 성립목적으로 드러난다. 한 집단이 정치집단이냐 혹은 혈연집단이냐, 영리집단이냐 아니면 지연집단이냐, 취미집단이냐 하는 것이다. 자본주의, 사회주의, 클럽 등과 같이 구성원의 운동방식에 따라 달라진다. 이때 가족이나 종친회와 같은 경우는 혈연집단에, 각종 제조사나 각종 판매사 각종 유통업체 등은 영리집단에 해당하는 것처럼 그 부류를 결정하는 것이기도 하다.

〈2〉 결속성

다음으로 결속성(結束性)이란 물질의 운동은 그 운동방식으로 볼 때 자신의 부족함을 원인으로 매개자를 통한 상호작용이라는 방법을 가지며, 이로써 상대적으로 하위계층의 부족함을 해소하는 상위의 만족된 계층적인 물질의 구조 또는 체계를 형성한다는 것을 의미한다. 나아가 구조 또는 체계는 그 속에 하나 이상의 대칭성을 띠게 되고, 이 대칭성은 인간이 자연의 미래를 예측하게 하는 데에 매우 유용하다.

기본적인 자연의 결속 형태는 다음과 같다. 쿼크와 쿼크가 글루온 이라는 매개자를 통하여 상호작용을 함으로써 핵자를 만들고, 핵과 전자가 광자를 매개자로 하여 원자를 만들고, 원자와 원자는 전자를 매개자로 하여(공유하여) 분자를 만들고, 우주의 거시적 체계들은 중력자를 매개로 하여 태양계를 형성하고 은하계를 형성하고 우리 우주를 형성한다.

결론적으로 자연은 다양한 양과 질로 이루어진 하나의 전체이며, 상호작용을 통해서 근원적 부족함을 해소하고 계층적으로 통일을 이루고 있다.

(1) 구조성

물질은 매개자를 통한 상호작용의 결과로서 어떤 구조(체계)를 형성하고 있다. 이 구조는 우주의 탄생과 함께 자연스레 이루어진 것으로, 138억 년의 과정을 통해 발전해 온 산물이다. 이러한 기나긴 과정 속에 특별하게도(우주 전체로서는 일반적이겠지만) 인간과 그들의 사회라는 구조에 이르렀다. 더 나아가 사이버네틱스(인공지능)가 인간에 의해 이루어지고 있다. 이것은 공상과학 소설(SF)처럼 인간에 의해 탄생하지만, 그 탄생의 연결고리인 인간을 제거하고 독자적으로 진보를 이루어 나갈 수도 있다.

① 체계의 체계

현재 우리 우주는 구조의 구조 또는 체계의 체계라고 말할 수 있다. 쿼크들의 구조인 핵자, 핵자와 핵자의 구조인 원자핵, 핵과 전자의 구조인 원자(수소의 경우 양성자 하나로만 핵을 구성한다), 원자들의 구조인 다양한 분자, 분자들의 구조인 거시물체로서 행성, 행성계, 은하계, 우리 우주, 인플레이션기의 다중 발생에 따른 우주의 우주(대우주)도 생각할 수 있다. 우주와 우주는 웜홀26)에 의해 연결되어 있다고 한다. 웜홀이 우주들에게는 매개자가 된다(중력자나 광자 등의 입자로 매개되는 우주 내의 체계와는 다르다는 게 희한하다. 나는 거대한 생명체 내의 기관과 기관을 연결하는 혈관을 상상하게 되고 인간은 초극미의 바이러스쯤으로 보인다).

과연 우리 우주를 구성요소로 하는 상위의 우주를 '대우주'라고 하고 대우주를 구성요소로 하는 우주를 초우주라고 하면, '초우주'는 있는가 하는 데에는 아직 조금도 인식의 범위가 확장되지 못했다.

아래 도표는 우주의 계층체계에 생물의 진화과정을 혼합하고, 다시 생물의 진화과정 속에서 도구의 진화를 접목해 본 결과물이다. 현재 우주는 우주의 우주인 대우주 체계를 말할 수 있으나 그 이상은 아직 근거가 없다. 만약 양파껍질과 같은 계층체계를 상정할 수 있다면, 다음 도표와 같을 것이라고 본다.

```
----------------------------------------------------------

      ?         ?            ?          ?           ?
      ↑         ↑            ↑          ↑           ↑
      ↑         ↑         인간 -- 인공지능체계 ----- 3차 도구
      ↑         ↑            ↑          ↑
      ↑         ↑         영장류         ↑
      ↑         ↑                        ↑
 (웜홀 체계?)  대우주      포유류          ↑
      ↑         ↑                        ↑
      ↑     우리 우주 ·   파충류          ↑
      ↑         ↑                        ↑
      ↑      은하계       양서류          ↑
      ↑         ↑           ↑            ↑
      ↑       은하       어류----- 2차 도구
      ↑         ↑           ↑            ↑
      ↑      행성계       피낭류          ↑
      ↑         ↑           ↑            ↑
 (중력 체계)   행성    단세포생물         ↑
      ↑         ↑           ↑            ↑
      ↑       분자 ----- 바이러스 --- 1차 도구(생체)
      ↑         ↑
 (전자기력 체계) 원자
      ↑         ↑
      ↑       핵자
      ↑         ↑
 (강한 힘의 체계) 쿼크
      ↑
      ?      쿼크 --- 힉스

----------------------------------------------------------
```

생물의 발생에 대한 근거는 분자 수준에서 찾을 수 있으며, 종의 진화 과정을 거쳐 현재 최고 수준의 인간에 이르렀음을 알 수 있다. 다시 학계의 연구결과로 본다면, 파충류에서 특히 조류(까마귀)에서 2차 도구를 사용한다는 사실이 밝혀졌으며, 포유류나 영장류를 거치는 가운데 도구의 발달이 이루어졌을 것이다. 인간이라는 존재가 나타남과 동시에 도구가 사용되기 시작한 것이 아니라 그 이전의 단계에서 서서히 이루어졌을 것이라는 분석이다. 2차 도구를 사용하는 경우는 파충류 수준에서 명확히 확인되었으나, 1차 도구인 생체를 통해 어떤 일을 하는 데 부리는 꾀나 솜씨는 모든 생물에서 나타나는 보편적 현상이라고 볼 수 있다. 바이러스에 이르기까지.

　이는 동물의 진화 과정에서 어류 단계의 어류에서 쉽게 관찰된다. 지형지물을 이용하여 피신하거나 산란한다. 더 나아가 보호색을 띠거나 어설프지만 집을 짓고 산란을 한다. 여기서 적극적으로 잠자는 동안 떠내려가지 않기 위해 풀의 끄나풀을 물고 잠을 자거나, 작은 돌을 물어 담을 쌓아 산란을 하는 경우도 도구를 사용하는 것이다. 역시 어류에서도 도구를 사용한다고 인정할 수 있다. 도구라는 개념을 몸에 지니는 정도의 크기로서만 생각하면 이해가 어려워진다. 특히 유기체의 생체 또한 도구이다.

　도구는 인간에 의해 새로운 국면을 맞이하고 있다. 단순히 인간의 도구 수준을 넘어 자체적으로 진화하는 양상을 가질 수 있는 조짐이 나타난다. 컴퓨터의 영역에서 그렇다. 공상과학영화는 거기서 그칠 것 같지 않다. 물질의 진화는 생명체를 파생시켰고, 생명체의 진화는 새로이 자발적 운동을 하는 기계체계를 파생시키고 있다. 이것이 생산물이다. 언젠가 인간이 만든 인공지능체계가 다시 그들의 생산물을 만들어 내는 시대가 도래할 것이다.

1차 도구는 생체와 자연물이고, 2차 도구는 공간적·양적·질적으로 변형된 기계(동력발생장치+동력전달장치+작업장치)·기구(움직이는 요소가 없는 것)·장치(움직이는 요소가 있는 것)와 같은 생체의 연장으로서 보충하거나 보완하는 것들을, 3차 도구는 인공지능체계가 자기의 판단으로 만든 도구라고 규정해 보자. 이들 모두는 인간을 위한 것이라는 전제를 가진다. 하지만 미래 어느 시점에서 인공지능 체계가 인간으로부터 독립하고 인간은 멸종할 가능성이 높다. 인간이 인공지능체계로 이행하는 매개자 역할을 한 것이다. 이런 결과는 내가 이 글을 쓰는 목적과는 맞지 않는다. 혹시라도 인공지능체계가 멸종한 인간을 유희적 소재로 삼는 일이 생기지 않도록 하는 것이 내가 이 글을 쓴 목적에 부합한다.

우주는 무한한 양파껍질 구조라고 생각하고, 이에 대해 연구한 사람이 있다. 〈티끌 속의 무한 우주(사계절출판사, 1994년)〉의 저자 정윤표는 원자의 반지름과 은하의 반지름, 전자와 태양 반지름, 원자핵 반지름과 은하핵 반지름 등 모두 10^{30}의 상수가 있다는 것이다. 만약 이것이 사실이라면 우주의 계층체계는 10^{30}배로 증가한다는 것이다. 나는 이들의 비교가 어떤 신뢰성을 가진 적절한 관계가 성립할 수 없다는 생각을 한다. 다만 이런 생각을 하고 처음으로 근거를 찾아봤다는 것에 매우 큰 가치를 부여할 수 있다.

적절한 비교라면, 글루온으로 매개하는 체계와 광자가 매개하는 체계, 중력자로 매개하는 체계에 대한 계층적 관계에서 나올 수 있다고 본다. 즉, 강한 힘으로 결합된 체계와, 전자기력으로 매개되는 체계 및 중력으로 매개되는 체계의 비교라면 적절한 관계가 아닐까 본다. 이들은 질적으로 서로 구별되는 계층체계이기 때문이다. 예를 든다면 '핵자 : 원자 : 우주'라고 할 수 있다. 만약 이들의 관계에서 어떤 일정한 비율(규칙성)이 존재한다면, 다음 계층의 우주(대우주)의 크기를 짐작하는 데 도움이 될 수 있을 것이다. 불행히도 규칙성을 발견할 수 있는 충분한 계층도 아니고 우주의 크기는 지금도 팽창하고 있어 비교 대상이 될 수 없지만 말이다.

② 상호작용27)

물질의 특성을 이루어 내는 운동방식은 상호작용이며 구조형성원리, 부족함의 해소원리, 행복추구의 원리이다. 우주의 계층체계는 상호작용의 결과인 것이다. 또 상호작용은 과정을 이루어 내며 성질을 드러낸다. 그리고 상호작용에는 반드시 매개자를 요구한다. 그렇다고 상호작용이 반드시 이와 같은 고착적인 상호작용만을 의미하지는 않는다. 상호작용에는 파괴적 상호작용도 있다. 이것은 위콘으로 매개되는 약한 상호작용이 한 예가 될 것이다.

상호작용은 개별자들의 연관이면서 동시에 양적이고 질적이며 공간적 운동이다. 또, 물질의 상태이면서 동시에 물질의 변화 과정이다.

자연의 상호작용에는 강한 상호작용과 약한 상호작용, 전자기 상호작용 및 중력 상호작용이 있다. 이런 상호작용이 인간에게 적용될 때 '사랑'이라 한다. 사랑은 인간이 다른 모든 대상에 의지적으로 작용함을 말한다.

이와 같이 과정은 끊임없이 '발생―변경―소멸'이라는 수없는 대칭성을 영속적으로 만들어 낸다. 이로써 우리는 발생한 모든 것은 내적 변경을 거쳐 소멸되고 다시 다른 질로 이어짐을 알게 된다. 우리의 인생이 지금 상태로 영원할 수 없고 우리의 우주가 현 상태로 영원하지 않다는 것도 겪어 보지 않고도 알 수 있다.

1) 인식의 개념은 〈철학대사전〉(한국철학사상연구회 엮어 옮김, 동녘, 1989)의 인식 항목에 잘 설명되어 있다.

2) 시간불변성의 개념은 〈소립자를 찾아서〉(Y.네이먼 · Y.커시 지음, 김재관 · 신현준 옮김, 미래사, 1993)의 167쪽 하단에 간단히 설명되어 있다.

3) 현대물리학이 확률론적이라는 내용은 〈소립자를 찾아서〉(Y.네이먼 · Y.커시 지음, 김재관 · 신현준 옮김, 미래사, 1993)의 161쪽~164쪽에 잘 설명되어 있다.

4) 운동의 개념에 대해서는 〈철학대사전〉(한국철학사상연구회 엮어 옮김, 동녘, 1989)의 운동 항목에 변증법적 유물론의 입장에서 잘 서술되어 있다.

5) 원소의 종류와 수는 〈최신 이화학대사전〉(김학제 · 성백능 · 김기수 · 조병하 편집, 법경출판사, 1986년)의 부록에서 확인한 것이다. 다양하게 존재하는 동위원소들을 보면, 원자의 형성은 양성자와 중성자 및 전자를 충분하게 바가지에 담고 마구 흔들었을 때 마구잡이로 이루어지는 것 같다. 이렇게 형성된 어설프거나 잡종들은 시간을 두고 기다리면 붕괴되고, 안정되게 가지런히 이루어진 것만 남는 것 같다. 이 보다 하위의 체계인 소립자들도 표준모델의 기본적인 쿼크들을 충분히 넣고 마구 흔들면, 그중에서 안정된 양성자와 중성자가 생성되고 다른 불안정한 것과 잡종들은 나타났다가 사라지는 것 같다. 다시 상위의 분자들에게서도 같다. 수많은 종류의 분자가 생성되는 것은 원소들을 충분히 담고 마구잡이로 흔들면 가능한 모든 경우의 분자가 생기는 것 같다. 그렇다면 우리 우주와 같은 경우도 수많은 경우 중에 우연히 안정된 하나의 것이리라. 이와 동일한 이치로, 오직 이런 세계가 존재할 수 있는 것은 마구잡이 중에 극히 희박한 경우 중에 하나이지, 어떤 절대적인 존재가 꼼꼼한 작업을 거쳐 이 하나를 완성하는 것은 아니다. 무수히 많은 거품 중에 하나가 이런 세계를 우연히 이루어 내는 것이다. 그렇다면 인플레이션기에 나타난 다중우주는 모두 살아남기보다 그중 하나 내지는 몇 개의 경우만 남았을지도 모른다.

6) 표준모델은 〈쿼크에서 코스모스까지〉(레온M.레더만 · 데이비드N.슈램 지음, 이호연 옮김, 범양출판사, 1993)의 103쪽~147쪽에 걸쳐 상세하게 설명되어 있다.

7) 갇힘이라는 개념은 〈쿼크에서 코스모스까지〉(레온M.레더만 · 데이비드N.슈램 지음, 이호연 옮김, 범양출판사, 1993)의 124쪽에 설명되어 있다.

8) 점근적 자유의 개념은 〈쿼크에서 코스모스까지〉(레온M.레더만 · 데이비드N.슈램 지음, 이호연 옮김, 범양출판사, 1993)의 132쪽에 상세히 설명되어 있다. 점근적 자유는 인간

사회 속에서도 존재한다. 무법천지에서는 어느 누구도 안전하고 보장된 자유는 없다. 하지만 법률을 통해 구속하게 되면 비록 폭은 좁아져 있지만 허용된 부분에서는 자유를 갖게 된다.

9) 프레온 모델에 대해서 〈쿼크에서 코스모스까지〉(레온M.레더만 · 데이비드N.슈램 지음, 이호연 옮김, 범양출판사, 1993)의 181쪽에 간략하게 설명되어 있다.

10) 파톤모델은 〈쿼크: 소립자의 최전선〉(난부 요이치로 지음, 김정흠 · 손영수 옮김, 전파과학사, 1992)의 192쪽에 설명되어있다.

11) 리숀모델에 대해서는 〈소립자를 찾아서〉(Y.네이먼 · Y.커시 지음, 김재관 · 신현준 옮김, 미래사, 1993)의 320쪽에 간략히 설명되어 있다.

12) 무의 개념은 〈블랙홀 우주〉(뉴턴 하이라이트, 계몽사, 1994)의 10쪽~15쪽 사이에 이미지로 형상화되어 있고, 37쪽~41쪽에 걸쳐 비렝킨과의 대담형식으로 되어 있다.

13) 허블관계는 〈자연과학개론〉(장회익 외 2인 지음, 한국방송통신대학출판부, 1984)의 135쪽~140쪽에 실려 있다.

14) 진공에 대한 개념은 〈진공이란 무엇인가〉(히로세 타치시게 등 지음, 문창범 옮김, 전파과학사, 1995)에서 잘 설명되어 있다. 그런데 나는 진공과 무(無)와 진공에너지를 동일한 대상으로 취급한다. 그리고 이것이야말로 보통물질과 암흑물질의 이전상태, 원재료로서 원물질이라 생각한다. 보통물질과 암흑물질로 이루어진 우리 우주는 무(無)에서 상전이한 것이며, 무(無)는 보통물질과 암흑물질이 없는 진공과 같은 곳이며, 진공은 비어 있는 곳이 아니라 진공에너지로 가득 차 있는 곳이라고 이해한 것이다. 또 보통물질인 우리 우주와 상전이하기 전의 상태인 무(無)에서 우리 우주가 분리되어 별개로 존재하는 것이 아니라 무(無) 속에 존재하는 상태라고 이해한다. 그러므로 당연히 보통물질 사이에 무(無)또는 진공 또는 진공에너지라 불리는 존재가 침투해 있는 것은 당연하다.

15) 양자역학적 진공에 대해서 〈새로운 과학과 문명의 전환〉(F. 카프라 지음, 이성범 외 1인 옮김, 범양사, 1993)에서 상세히 다루고 있다. 신비스럽기도 하며 불교도 적이기도 하다.

16) 역학적 고찰에 대한 것은 〈자연과학개론〉(장회익 외 2인 지음, 한국방송통신대학출판부, 1984)의 47쪽~70쪽에 이르는 3장에서 잘 다루어져 있다. 나는 뭔가는 모르겠지만 이 부분에 대한 감동이 짙게 남아 있다.

17) 질량에 대한 개념은 〈질량의 기원〉(히로세 다치시게 지음, 임승원 옮김, 전파과학사, 1996)에서 다루고 있다. 또 질량의 정의는 〈이화학 대사전〉(전제학 외 3인 편집, 법경출판사, 1986)의 관련 항목에 나타나 있다.

18) 대칭성의 깨짐에 대하여는 〈쿼크에서 코스모스까지〉(레온M.레더만 · 데이비드N.슈램

지음, 이호연 옮김, 범양출판사, 1993)의 143쪽에 설명되어 있다.

19) "질량은 언제, 어디서, 어떻게 발생했는가?"에 대해서는 질량의 발생을 언급하는 책이면 공통질문이다. 그중 한 책으로 〈질량의 기원〉(히로세 다치시게 지음, 임승원 옮김, 전파과학사, 1996) 200쪽~205쪽에 상세히 설명되어 있다.

20) 힉스입자에 대해서 상세하게 설명된 자료가 없다. 힉스입자는 단일입자인가, 아니면 복합입자인가? 세계엔 본래 질량이 주어진 입자란 없다. 그렇다면 질량이 어떻게 부여된 것인가? 언젠가 인터넷상에서 양전자와 전자가 충돌하여 사라지기 전에 인플레이션에 의해 공간이 급팽창하는 바람에 사라지지 못하고 굳은 것이라는 내용을 본 적이 있는데, 이때 발생된 에너지가 질량이고 힉스입자는 굳어 버린 양전자와 전자쌍인가? 모호한 설명은 난무하나 이에 대한 구체적 설명은 어디서도 자료를 찾아볼 수 없다. 노벨상까지 받았다는데 자료는 없다.

21) 발전의 개념은 〈철학대사전〉(한국철학사상연구회 엮어 옮김, 동녘, 1989)의 관련 항목에 잘 나와 있다.

22) 변증법적 유물론의 개념은 〈철학대사전〉(한국철학사상연구회 엮어 옮김, 동녘, 1989)의 관련 항목에 잘 나와 있다.

23) 시간에 관하여는 〈상대성 이론〉(뉴턴 하이라이트, 계몽사, 1994)에 잘 설명되어 있다.

24) 뮤 입자에 관하여는 〈상대성 이론〉(뉴턴 하이라이트, 계몽사, 1994)의 107쪽에 실려 있다.

25) 대통일이론에 관하여는 〈쿼크에서 코스모스까지〉(레온M.레더만 · 데이비드N.슈램 지음, 이호연 옮김, 범양출판사, 1993)의 180쪽에 잘 설명하고 있다.

26) 웜홀에 관하여는 〈우주의 토폴로지〉(마에다 게이이찌 지음, 김영진 옮김, 대관서림, 1992)의 134쪽~138쪽의 린데의 우주와 호킹-콜만의 우주를 보면 된다.

27) 네 가지 기본적인 상호작용에 관하여는 〈질량의 기원〉(히로세 다치시게 지음, 임승원 옮김, 전파과학사, 1996)의 117쪽~136쪽에 걸쳐 잘 나와 있다. 특히 〈자연과학개론〉(장회익 외 2인 지음, 한국방송통신대학출판부, 1984)이 주된 근거자료다. 그 외 많은 물리학 책에서도 빠짐없이 설명되고 있다.

28) 대칭성에 대한 개념은 〈철학대사전〉(한국철학사상연구회 엮어 옮김, 동녘, 1989)의 대칭 항목과, 〈수학: 양식의 과학〉(Keith Devlin 지음, 허민 · 오혜영 옮김, 경문사, 1996)의 313쪽에서 시작하는 제5장 대칭성과 규칙성을 추가하고, 〈쿼크에서 코스모스까지〉(레온M.레더만 · 데이비드N.슈램 지음, 이호연 옮김, 범양출판사, 1993)를 확인하면 좋겠다.

인간은 자연의 산물이다. 우주가 생겨나고 그 속에서 물질이 발전하여 현재의 우주 구조를 만들고 생명체를 만들었다. 생명체로서 인간은 무엇보다 삶의 주체다. 자연을 비롯하여 심지어 인간 및 생산물을 대상으로 다양한 목적에 적합한 다양한 기술을 적용하여 제 생산물을 창출한다.

인간은 자기 자신을 인식의 대상으로 삼는다. 인간도 탐구대상이다. 통일체계에서 드러나듯이 인간은 그 체계를 구성하는 요소이면서 하나의 대상이다. 인간은 인식의 주체이기도 하지만 인식의 대상이 되기도 하는 것이다.

대상으로서의 주체는 한편으로는 자연발생적인 자연의 일부이지만(자연으로서의 대상) 인간의 의식이 교육을 통해 반영되었다는 사실에서 사회적 인간은 생산물이다.

인간은 주체다. 통일체계에서 주체다. 통일체계는 인간에 의해 이루어지는 세계의 압축된 도식이다. 만약 인간이 없다면, 인간중심체계인 통일체계는 성립하지 않는다. 통일체계에서 인간은 생산의 주체요, 소비의 주체이다. 그리고 생산물로서 자연으로써 생산과 소비 및 인식의 대상이기도하다.

통일체계 속의 인간은 주체로서 주체성과 자유를 가지고 실천을 통하여 목적 지향적으로 자연과 사회(계층적 인격) 및 생산물을 물질적 · 관념적 · 행위적 · 인격적으로 자기화하는 구체적이고 현실적인 사회적 존재다.

주체성1)은 계층적 인격으로서의 인간이 필요와 욕구를 충족시키기 위한 자유로운 실천에서 드러나는 자주적인 능동성(能動性)을 말한다. 자아를 의식하고 자신의 재질과 역량과 긍정의 가능성 위에서 인내를 가지고 노력을 가해 목적을 실천해 나가는 인간성이다.

자유2)는 사회적 인격으로서의 자유와 자연으로서의 자유를 생각해 볼 수 있다. 사회적 인격으로서의 자유는 사회제도 속에서 권리−의무의 관계에 따라 발생되는 구속으로부터의 자유를 말하고, 자연으로서의 자유는 인간이 자연의 일부로서 자연법칙의 구속으로부터 자유를 말한다. 이러한 구속으로부터의 자유는 적합한 인식을 통해서만 확보할 수 있다. 자유는 마음대로 선택할 수 있는 것이다.

[1] 인간은 자연의 산물이다

인간3)은 생물학적으로 동물계 − 척색동물문(脊索動物門 · Chordata)

― 포유강(哺乳綱·Mammalia) ― 영장목(靈長目·Primate) ― 사람과(Hominidae)에 속하는 생물로 지구에서 발생하고 진화했으며 최초의 생명 형태로부터 하나의 뿌리로 연결된다. 인간이 속한 동물계는 식물계 및 균계와 함께 녹조류, 편모충류, 점균류 등의 원생생물계에 뿌리를 두고, 원생생물계는 남선균, 점액세균, 진정세균 등의 모네라계에 이어지며, 모네라계는 최초의 세포형태로부터 진화한다. 그러므로 인간이 독자적으로 외계에서 진입한 생명체라는 근거가 없는 한 지구의 원생생물계와 모네라계에 이르고 최초의 생명 형태인 원세포에 귀착한다.

원세포는 당시 지구상에 존재하던 무기물질로 구성된다. 이렇게 무생물로서의 생원소인 무기물질에 이르는 과정은 138억 년 우주 역사 속에서 물질의 진화역사를 잘라 버리고 생각할 수는 없다.

현재의 모든 생물 개체나 종의 차원에서 끊임없이 이어지는 과정으로서 과거로 거슬러 올라가면 시원생물에 이르고, 더 나아가면 무기물로 질적 전이하고, 더 거슬러 올라가면 빅뱅에 이르고 터널(터널효과)을 통과하여 이윽고 무(無)의 세계에 이른다. 우리는 세대를 거듭하면서 이러한 긴 과정을 거쳐 지금에 이르렀지만, 생명체의 역사 38억 년을 지구상에서 발생하여 지금에 이르도록 진화해 왔다고 가정하면 우리의 과거는 파노라마처럼 펼쳐진다. 그리고 물질의 상태변화라는 관점에서도 극적이다.

또 생명체는 전체로서 하나의 체계로 통일을 이룬다. 이것은 우주 탄생 후 100억 년 동안 진화해 온 무기물질인 원소들 중에 질소와 일산화탄소와 물이 시안화수소와 포름알데히드로 결합되고 시안화

수소가 아데닌으로, 포름알데히드가 리보오스로 진화한다. 다시 초신성의 폭발에서 생성된 인과 수소와 산소가 결합된 인산이 함께하여 뉴클레오티드로 나아가고 다시 더 복잡한 리보핵산(RNA)으로 진화한 후, 다시 디옥시리보핵산으로 발전한다(DNA). 그리고 세포막에 DNA를 품은 원핵세포에서 미토콘드리아가 결합하고 핵막을 형성한 진핵세포에 이른다. 그리고는 다세포 생물로 진화하여 현재의 동물과 식물과 균류가 분화되었다.

그래서 이러한 단계적 진화과정에서 그대로 남아 있는 전신(前身)의 형태들은 지구생물계에서 모네라계와 원생생물계, 식물계, 동물계, 균류계의 5계를 이루면서 생명의 다양성을 확보한다.

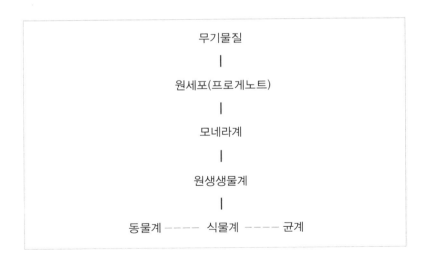

〈1〉 물리학적 진화4)

10^{-44}초에 우주가 무(無)의 세계에서 돌연히 자발적으로 탄생했다. 우주내부에서 이루어지는 시공과 물질의 구별이 없는 상태에서 상

전이로 에너지가 풀려 나오고 빅뱅이 일어났다.

10^{-36}초에 엑스(X)입자와 반엑스($\overline{X}$)입자가 대량으로 만들어졌다. 그 후 엑스입자와 반엑스입자가 쌍소멸하고 남은 엑스입자가 부서져서 쿼크와 렙톤과 이들의 반입자가 생겼다.

10^{-5}초에 우주엔 쿼크−하드론 상전이가 있어 이로써 쿼크가 둘 또는 세 개씩 모여 하드론인 양성자와 중성자를 만들었고 3분 후에야 비로소 양성자와 중성자가 결합해서 원자핵이 만들어졌다.

현대 소립자물리학은 여섯 종류의 쿼크와 여섯 종류의 렙톤과 힉스입자가 게이지입자에 의해 물질을 만든다.

우주가 급격히 식자, 수소와 헬륨 등 가벼운 원소가 만들어졌다. 그 후 오랜 시간 동안 수소와 헬륨이 태양과 같은 항성의 덩어리로 집중되고, 그 속에서 핵융합을 시작하여 수소가 헬륨으로, 헬륨이 더 무거운 원소로 점진적으로 만들어졌다.

별 속의 핵융합은 계속되고 태양과 같은 크기의 별은 적색거성으로 바뀐다. 그리고 그 내부는 온도가 높아져 헬륨은 짧은 시간 동안 베릴륨이 된다. 다시 베릴륨은 헬륨핵과 충돌하여 탄소가 되고, 탄소도 다른 헬륨 원자핵과 융합해서 산소로 진행된다.

더 무거운 별 속에서는 탄소핵들이 융합되어 네온과 마그네슘을 만들어 낸다. 계속하여 실리콘을 비롯하여 더 나아가 황을 만든다. 실리콘은 다시 원자핵이 가장 단단한 철이 된다. 무거운 별의 죽음은 초신성 폭발로 나타나고, 이 열 덕분에 무거운 철의 핵융합이 가능해지면서 금이 되고 납이 되며 우라늄이 된다.

현재 원소들은 천연에 존재하는 92종과 인공적으로 만들어 낸 원소를 포함해 약 103개 이상의 종류가 있다. 원자는 분자로 있을 때 더 안정할 수 있어서 다양한 물질을 만들고, 이후 물질의 덩어리는 중력에 의해 점점 집중되어 별을 만들고 은하를 구성하고 초은하단을 구성하는 등 어떤 구조를 지니는 밀집현상을 보인다. 그래서 우리 우주는 전체를 볼 때 축구공 모양의 그물구조(망사구조)가 된다.

우주의 진화과정 속에서 태양이 생성된 지 5억 년 후인 약 45억 년 전에 지구가 태어난다. 지구는 자연에 존재하는 거의 모든 원소를 가지고 있는 것으로 보아, 초신성의 잔해를 포함하는 우주의 모든 진화과정에서 생성된 물질들이 모여 이루어졌을 것이다. 이런 잔해들이 아주 작은 행성체들로 원시지구에 충돌하면서 지구 내부가 뜨거워지고, 마그마의 바다를 이루고 대기를 형성한다.

이런 지구가 차츰 식으면서 원시지구는 바다에서 화학적 합성을 한다. 화학적 합성은 상태변경자를 포함할 경우 자발적으로 쉽게 이루어진다. 외부에서 번개나 소행성의 충돌 때 발생하는 에너지가 주어진다면 더 큰 질적 전이를 할 수도 있다. 그렇게 생명체는 탄생할 수 있다.

〈2〉 화학적 진화5)

우주가 태어나고 물질이 소립자에서 핵자와 원자, 원자가 무거운 원자로 진화하면서 수많은 분자로 이행하는 가운데, 원시지구에서는 무기물로부터 유기물이 스스로 합성되었다. 이러한 화학적 진화는 메테인(methane)·물·이산화탄소·암모니아로 진화하고 이들이 다시 아미노산으로 진화한 후 다시 단백질로 진화되었다.

이와 같이 간단한 유기물이 복잡한 유기물로 진화한 다음, 거친

원시바다에서 자발적으로 한 형태의 세포가 발생하고, 시원생물(원핵세포)과 원생생물(진핵세포)의 과정을 거쳐 올챙이 같은 피낭류(被囊類)의 유생단계를 지나 어류의 형태로 살다가 다리가 발생하는 양서류 단계에서 육상생활에 적당한 파충류의 단계를 거쳐 젖 먹는 포유류로, 다시 영묘한 우두머리인 영장류로, 다시 호미니드에 이어 지금의 인간에 이르렀다.

우주 탄생 100억 년이 지나서야 비로소 지구에 생물이 태어나 38억 년의 진화 끝에 인간이 나타나고 그 인간은 우주의 일부분이면서도 우주 전체를 인식하기 시작한다.

인류는 원시지구의 환경에서 태동하기에 이른다. 원시지구는 오늘날과는 매우 다른 성질을 가졌는데, 특히 지구 내부는 매우 뜨거웠던 것으로 생각된다. 지구의 원시대기는 지구의 내부에 포획되어 있던 휘발성 원소의 일부가 빠져나와 형성된 것으로 추정된다. 원시대기는 메탄, 암모니아, 수소, 이산화탄소, 헬륨, 수증기 등으로 구성되어 있었다. 화산활동으로 지구 내부에서 지표로 방출된 수증기가 대기 중에 머물러 있다가 응축되어 비로 내려서 바다를 비롯한 수권(水圈)이 형성되었다.

하늘에서는 운석이 떨어지고 강한 자외선이 쏟아지며 벼락이 치고 화산분화 등이 이루어지는 원시지구의 대기 중에서, 바닷속에서, 무기물이 유기물로 되는 화학진화가 진행되었다. 생명체에 필요한 유기물이 자발적으로 끊임없이 만들어지고, 바다는 유기물로 뒤덮인 스프가 되었다.

프로게노트(Progenotes)6)는 최초의 세포를 말한다. 이는 활발하게

통일체계

대사하는 콜로이드 집합체로부터 자기 증식하는 원세포가 생겨난다는 가정 하에서 이루어진다. 최초의 세포인 프로게노트는 DNA를 가지고 있고, 초기의 사건에서 되는 대로 모아진 인트론(intron)[7]을 가지고 있다.

인트론은 원핵생물에는 없고 진핵생물이 진화과정에 필요했기 때문이라고 추측된다. 그러니까 유전자 배열에는 유전정보를 가지고 있는 엑손부분과 유전정보가 없어 단백질을 만들지 못하는 인트론(개재배열) 부분이 있다. 당연히 유전정보가 없는 인트론은 복제과정에서 효소(스플라이세오솜)에 의해 제거(RNA짜깁기)된다.

원시의 세포막과 원시의 핵, 원시의 미토콘드리아의 결합으로 원시세포가 형성되었다. 생명체의 탄생은 곧 생존할 권리(생존권)의 탄생이다. 아직 폭력적인 권리만 있고, 권리의 다른 한 부분인 의무는 분화되지 않았다.

초기의 세포에는 운동성이 없었다. 그러나 원시적인 감각(내적반응)은 물론, 희미하지만 좋고 나쁜 정도의 감정은 있지 않았을까 생각한다. 그리하여 빈약하지만 정신이 발생되었다. 스프 같은 상태의 먹이가 충분한 환경에 존재하는 원시세포에서는 아직 분명한 의지나 사유가 분화 발생하기에는 이른 것 같다. 먹고 먹히는 관계에서 아무런 감정도 없다는 것은 생명체가 아니다.

먹고 먹히는 관계에서 충분히 많은 세대가 지나면서 바다는 유기물이 적어져서 맑아지고, 살기 위해 포식자를 쫓아가거나 도망가거나 반격(저항권의 발생)을 가하기 위한 정신의 영역에 원시적인 사유와 의지가 발생했다. 그리고 많은 세대가 지나면서 자기 몸을 변화시키는데 기여했으며 운동성을 확보하는 유전자의 변이나 형태를 촉발했을 것이다. 편모나 섬모 그리고 위족 등을 통해 운동성을 확보한 것이다.

이는 물리 운동에 대해 서로 다른 운동을 할 수 있는 자유(자유는 선택의 문제이지만 선택은 운동을 조건으로 한다)를 확보했다는 점과 사유를 발생시킬 원인을 가지고 있는 점에서 의미가 있다. 쫓고 쫓기는 가운데 포식자와 피식자(被食者)의 사이에서 효과적으로 잡고 피하는 방법을 찾게 될 것이다. 이것은 사유 없이는 불가능하다.

원생생물에서 최초 성(性)의 발생은 이성(異性)에 대한 사랑을 탄생시킨다. 그러나 이보다 먼저 원생생물이라고 해도 동종이 모여 살고 동종을 포식하는 것을 삼가는 것이 보편적이다. 만약 그렇지 않다면 한 종(種)이 유지·발전되는 것은 불가능할 것이다. 그렇다면 성의 발생 이전의 생물 단계에서 이미 인류애와 같은 동종애(同種愛)는 발생된 것이다. 즉, 사랑의 역사는 원생생물에서 이미 시작된 것이라고 할 수 있다.

시생대에서 원생대에 이르는 시기는 우리 우주가 무(無)에서 탄생하는 것과 같이 혁신적이다. 무기물질의 상전이가 이루어지고 생명이 탄생하면서 정신이 '감정-사유-의지'로 단계적 발생(분화)이 이루어지고, 자연권으로서 생존권(모든 권리의 모체다)이 발생하고, 물리 운동을 이용하는(물리법칙은 거스를 수 없다) 자유가 발생하고, 사랑의 역사가 시작되는 자연의 혁신기이다.

물론 내친김에 더 올라가서 원시의 세포 형성도 그들이 서로 소화하지 않고 결합하여 하나의 상위체계를 형성한다는 것도 사랑 없이는 불가능하다.

⟨3⟩ 생물학적 진화8)

인간은 영장류의 역사에서 플레시아다피스를 머리에 놓고 처음으로 원원류와 갈라지고 신세계원숭이, 구세계원숭이, 긴팔원숭이, 오랑우탄, 고릴라, 침팬지와 차례로 갈라졌다. 사람과의 기원은 최대 500만 년 전까지 거슬러 올라갈 수 있다.

최초의 인류는 약 250만 년 전의 오스트랄로피테쿠스이며, 아프리카에서 탄생하여 살았다. 이후 전기구석기시대의 손재주 있는 사람으로 호모하빌리스에 이어, 똑바로 선사람 호모에렉투스를 이어 중기구석기시대의 지혜 있는 사람인 호모사피엔스, 그리고 20만 년 전 후기구석기 시대에 출현한 현재 인간의 조상인 슬기 있는 사람 호모사피엔스 사피엔스로 이어진다.

오스트랄로피테쿠스(Australopithecus)는 아프리카의 탄자니아와 인도네시아의 자바 섬에서 발견되는데, 250만 년 전부터 50만 년 전까지 살았다. 오스트랄로피테쿠스는 두 다리로 걸어 다니면서 지상 생활을 했다. 수상생활(樹上生活)에서 지상생활로의 변화는 위험한 환경에 대처하는 능력이 획기적으로 발전했음을 의미한다. 오스트랄로피테쿠스의 화석과 함께 석기가 나오는 것으로 보아, 도구를 사용했다고 추측할 수 있다. 물론 그전부터 도구의 사용은 분명하다. 단지 가공물이냐 아니냐의 차이일 뿐이다. 진화론적으로 파충류가 어류로 거슬러 올라가도 그러한 생명체들이 도구를 사용하고 있음은 보편적이다. 물고기의 습성이 과거와 동일하다면 말이다.

그런데 두뇌의 크기는 현대인의 반에 불과했다. 비슷한 시기에 살았던 화석 인류로 진잔트로푸스와 파란트로푸스가 있었다. 이들 화석 인류도 두 발로 서서 걷고, 도구를 사용했던 것으로 보인다. 그렇다면 비슷한 시기 또는 같은 시기에 여러 종류의 인간 유형이 존재했던 것으로 추측할 수 있다. 또 지리적 · 유전적으로 완전한 격리가 없었다면, 서로 다른 인간의 유전적 결합도 가능했을 것이다. 실제로 여성으로만 이어지는 현생인류의 유전적 형질로 볼 때, 최초 7종의 인간이 드러난다는 연구결과도 있다.

오스트랄로피테쿠스에서 진화한 호모 에렉투스(Homo erectus)는 다시 두 가지 종류로 나누어졌다. 하나는 1891년 자바 섬에서 발견된 피테칸트로푸스 에렉투스이고, 다른 하나는 1928년경에 중국 베이징에서 발굴된 시난트로푸스 페키넨시스이다. 피테칸트로푸스 에렉투스는 '자바 원인'으로, 시난트로푸스 페키넨시스는 '북경 원인'이라고도 불린다. 이들은 50만 년 전부터 20만 년 전까지 살았던 것으로 여겨지는데, 원시적인 석기와 불을 사용했던 흔적이 보인다. 이들 두뇌의 크기는 오스트랄로피테쿠스와 현대인의 중간 정도이다.

호모 사피엔스(Homo sapiens)는 네안데르탈인과 크로마뇽인으로 구분된다. 네안데르탈인은 두개골의 크기가 현대인과 비슷할 정도로 진화된 인류로서, 40만 년 전부터 20만 년 전까지 살았다. 이들은 수렵 생활을 하면서 종교의식을 거행했었다. 크로마뇽인은 40만 년 전에서 1만 5천 년 전까지 살았던 인류인데 현대인과 큰 차이가 없다. 석기 · 창 · 활 등과 같은 무기를 사용하고 가죽 털옷을 입었다. 이들은 수렵 생활을 하면서 종교의식을 거행하고, 매머드 · 물소 · 들소 따위의 동물 그림들을 동굴 벽에 그려 놓는 등의 예술 활동을 즐겼다.

호모사피엔스 사피엔스(Homo sapiens sapiens)는 후기구석기 문화를 창조한 현생인류의 직접 조상이다. 약 20만 년 전에 아프리카에서 나타난 흑인은 호모사피엔스처럼 예술 활동을 한 것은 물론, 호모사피엔스보다 더 정교한 도구를 만들어 사용했다. 그 후 10만 년 정도 지나 흑인에서 백인이 분화되고, 다시 5만 년 정도 지나 황인이 분화되어 현재의 세 인종이 전 지구에 분포되어 다양한 문화를 창조·발전시키면서 저마다 유토피아를 향해 나아가고 있다.

흑인의 분포지역이 비교적 더운 적도 부근에 밀집해 있다면, 백인은 북쪽으로 치우쳐진 유럽이나 아메리카에 밀집해 있고, 황인은 그 중간쯤과 고지대에 분포되는 특징이 나타난다. 이것은 평지에서 고지로 생활터전을 확장하면서 멜라닌이 침착한 정도의 피부색과 그 작용의 영향으로 보인다. 다시 관점을 바꾸면, 기후가 피부색이나 외모를 결정한다고 할 수도 있다. 글로거의 법칙이나 베크만의 법칙, 알렌의 법칙이 이를 뒷받침한다. 즉, 인간이 분포한 지역에서 자외선의 양이 피부색을 결정한다면, 분포지역의 온도는 몸집과 신체 외부기관(팔과 다리, 귀 등)을 결정하는 것이다.

사람과에 속하는 모든 구성원을 '호미니드(hominid)'라고 하는데, 호미니드의 기원은 약 400만 년 전의 오스트랄로피테쿠스 아파렌시스로 시작한다. 호미니드의 역사 가운데에서 인간은 완전히 서서 걷게 되고 이로써 앞발이 손으로 바뀌었다. 수상생활에서 지상생활로 바뀌고 앞발이 손으로 독립하는 것은 꼬리의 기능을 무력화시켜 꼬리가 사라졌고(마이오세: 6~2천3백만 년 사이) 어떤 이유로 체모가 거의 빠졌다(홍적세: 약200만 년 전). 이로 인해 기생충의 서식지가 사라지긴 했지만, 다른 한편으로 추위와 위험에 취약해졌다.

그래서 먹는 것과 집 이외에 추위와 안전을 위해 입을 것을 마련하는 것은 인간에게 더 많은 노동을 요구하고 자유를 제약했다. 현대에 있어 입을 것은 단순히 추위와 피부의 보호 및 안전을 의미하지 않는다. 신분과 재력은 물론, 매력의 표현 수단이기 때문에 이를 유지하기 위해 더 많은 노동이 요구되고 자발적으로 자신의 자유를 박탈하고 있다. 그래서 스스로 소외되고 있다.

특히 이 시기에 인간 정신은 감정과 의지를 넘어서는 확고한 사유방식을 구축하게 되고, 나아가 현재에는 언어의 사용으로 이론적 지식을 갖게 되었다. 앞으로는 어떨지는 모르겠지만, 인간이 기계를 발전시키는데 전력을 다하는 것으로 보아 유전적 능력의 향상을 이루어 어떤 초능력을 발휘하기보다는 고도의 기계장치를 몸에 장착하거나 몸속에 이식시킴으로써 '장치인간'으로 나아갈 것으로 예상된다.

이것은 유전자를 발달시키는 것보다 오히려 시간적으로 더 유리하다. 장치적인 신체는 나중에 우주의 다른 곳에 이주해 살아가는데 더욱 쉽게 새로운 환경에 적응할 수 있도록 돕기 때문이다. 온갖 뛰어난 기계장치 속에 인간의 뇌와 생식기 등 꼭 필요한 기능만 내장하면 될 수 있기 때문이다.

[2] 인간의 존재양식

계층적으로 존재하는 인격은 존재양식에 의해 통일을 이루고 있다. 존재양식은 '존재자=존재양태×존재형식×존재방식'이다.

존재자	존재양태	존재형식	존재방식
국가	주권	세계	외교행위, 통치행위
단체	권리	국가	법률행위, 경영행위
자연인	권리	국가·단체·가정	법률행위, 사실행위

〈1〉 인간의 존재양식

인간은 어떻게 존재하는가? 인간이 존재하는 사회적인 상태는 어떤 모습인가?

인간이라는 존재자는 권리·의무를 가지고 사회 속에서 행위를 하면서 존재한다. 인간은 집단을 형성하면서 대칭성이 파괴되고 그 집단 내에서 필연적으로 일정한 권리와 의무를 가지고 일정한 역할을 수행하는 가운데 유기적으로 연속적으로 존재한다.

인간은 사회를 이루고 그 속에서 일정한 권리와 의무를 지며, 언어와 도구를 만들고 사용하면서 인간과 인간, 인간과 자연, 인간과 생산물 간에 의지적으로 상호작용하면서 생존활동을 한다. 또 생활에 필요한 고도의 수단을 생산하기 시작하면서 다른 생물과 차별화되었다. 노동을 통해 생활수단을 생산하기 위해 언어를 사용하고, 언어를 통해 다른 인간과 효과적으로 상호작용하면서 다양한 목적을 가진 집단을 형성하고, 예술과 문화와 정치와 경제를 창출하는 사회적 생산물(사회적 인간)로 재탄생된다. 인간이 본질적으로 물질이며 물질로부터 발전한 생물학적 존재라는 사실도 분명하지만, 자연적 존재로서 교육을 통해 재탄생하고 사회를 만들고 다시 사회로부터 영향을 받는 생산물로서의 존재임에도 분명하다.

점점 사회가 조직화되고 산업화될수록 개인들은 자연과 직접 대결하면서 의식주를 해결하기보다는 사회의 유기적 조직 속에서 상위의 인격체를 만들고, 세포와 같이 분업화된 일정한 역할을 수행하며 상품인 노동으로 의식주를 교환하게 된다. 이러한 사회와의 상호작용 속에서의 인간은 자연의 산물이라기보다는 사회적 산물로써 재생산되어 살아가게 된다. 우리나라와 같이 첨단 산업사회에서는 자연으로서의 인간을 탈피하고 완전히 산업적 생산물이 되어 버렸다.

인간은 사회적 동물이다. 인간은 개인으로서 존재하고 있지만, 개별적으로 존재하고 있는 것이 아니라 언제나 타인과 연관되어서 존재하고 있다. 개인은 사회 속에서만 존재할 수 있으며, 사회에 의해 만들어진다.

이것은 양육을 받지 못하고 자란 아동인 야생아(野生兒, feral child)의 예를 들면 더욱더 명확해진다. 전설과 같은 야생아에 대해서 J.M.이타르와 A.L.게젤의 기록은 유명하다. 야생아의 기록은 심신이 발달하는 성장기에 사회의 중요성을 극적으로 말해 주는 것이다. 인간이 늑대 사회에서 자라면서 늑대의 교육을 받으면, 심신은 늑대가 될 수 있다.

〈2〉 법적 고찰

인간의 존재양식은 개별 인간이 소속되어 활동하고 있는 국가를 사회의 한 단위로 규정하고 보면 그 국가의 헌법과 법률에 의해서 명확하게 드러난다.

우리 헌법(1987년 개정)의 구성을 보면 전문과 본문으로 구성되며,

본문은 총강과 기본적 인권 및 통치구조로 이루어져 있다. 우리 국민은 전문에서 저항권을 본문에서 행복추구권 등, 평등권, 자유권, 사회권, 청구권, 참정권과 국방, 납세, 환경보전, 근로, 교육의 의무를 규정하고 있다. 즉, 존재양태로서 권리와 의무를 가지고 있음을 명확히 규정하고 있다. 이 모든 권리는 포괄적인 생존권으로부터 파생되어 나온다.

이때 권리와 의무는 그 자체로서는 실현되지 않으며, 항상 구체적인 법률에 의해 그 사회 속에서 인간 행위의 등에 업혀 이루어진다. 인간의 행위는 그 의지에 의해서 속박당하지 않은 상태에서 이루어진 판단과 결정으로 나타나는 행동이다. 이러한 행위 그 자체는 철학적으로, 일반적으로 운동이며 인간 행위에 있어 본질적인 것으로 자유를 바탕으로 한다.

이에 인간의 존재양식을 규정하면, 인간은 개인 또는 집단으로서 권리 · 의무(존재양태)를 가지고 사회(존재형식) 속에서 자유로운 행위(존재방식)를 하는 존재다.

구체적으로 이러한 사회적 인간(개인이나 집단)의 계층적 인격이 존재하는 양식을 살펴보면, 생명체로서의 인간이 한 사회 속에서 권리 · 의무를 가지고 자유로운 행위를 하면서 생존해 나가고 있다. 이것은 세계 각국의 헌법과 법률에 다소 차이는 있지만 명백하게 규정되어 있다. 집단을 형성하는 순간, 그 속에서의 개인은 대칭성의 파괴로 권리와 의무가 발생한다.

권리와 의무는 구체적인 인간 행위에 의해 실현된다. 그리고 자유가 이 바탕이 되어야 한다. 자유에는 신체의 자유와 사회경제적 자유 그리고 정신적 자유가 있다. 신체의 자유 또는 신체 활동의 자유는 모든 사람은 법률에 의하지 않고는 신체의 구속을 받지 않는 것을 말한다. 이 자유의 보장은 역사적으로 1215년 영국의 대헌장(Magna Carta)에 있지만, 일반화된 것은 경제적 조건이 형성된 시민혁명 이후의 일이다. 자유도 먹을 것이 있을 때나 가능한가? 우리나라 박정희 대통령도 국민의 민주화운동에 대해 먹을 게 없는데 무슨 자유냐고 했다고 한다.

우리 헌법 제12조는 '신체의 자유와 자유의 증거능력'에 관하여 규정하고 있다. 자연적 존재로서의 인간의 자유는 물리법칙 이외에 어떠한 제약도 없는 절대적인 것이다. 그런데 사회를 구성하여 상호작용하며 살아가면서 구성원 간에 권리와 의무로 결속되고 속박되었다.

사회적 인간으로서 가지는 권리와 의무는 타인과의 연관관계를 형성하고 서로 굴복시키고 구속된다. 사회 속에서 인간의 본질로서 자유는 권리와 결합되어 서로 구분할 수 없는 질적으로 변화된 상태로 나타난다. 자연 상태로서의 자유는 자연과의 관계에서 상대적인 것이지만, 사회 속에서는 타인과의 관계로서 상대성을 지닌다.

자유라고 하는 것은 모든 생명체에게 제거될 수 없는 것이다. 만약 자유를 제약하는 것이 아니라 제거한다면, 이는 곧 죽음을 의미하는 것이다. 생명체에게 자유는 물질의 운동과 같다. 즉, 자유는 실천에 앞서 이루어지는 의지적 판단과 선택으로서 생명체 활동의 일부이다. 운동 없는 물질은 존재할 수 없고, 활동 없는 생명체는 사체일 뿐이다. 자유는 제약될 수는 있어도 제거될 수 없는 한계를 지닌다.

[3] 인간의 속성

인간의 권리 · 의무는 물질에 있어 질량과 같다. 권리 · 의무와 질량은 본디 인간과 물질에 있던 것이 아니라 인간과 물질에서 대칭성의 파괴로 자발적으로 부여된 것이다. 즉, 본래 그 존재자가 가지고 있던 것이냐(주어진 것), 아니면 후에 새로운 원인에 의해 가지게 된 것이냐(부여된 것)를 따진다면 부여된 것이라는 의미다.

그러니까 질량은 물질에 의해 자발적으로 부여된 것이며, 권리 · 의무도 인간에 의해 자발적으로 부여된 것이다. 가치도 객관적으로 주체와 자연과의 사이에서 자발적으로 발생한다.

권리 · 의무와 질량은 인간 또는 물질에 본디부터 있던 것은 아니라는 사실이다. 즉, 나중에 자발적으로 발생한 것이다. 그렇다고 해서 인간에 의해 만들어지고 지켜질 것을 서로 약속하는 것은 아니다. 초국가적이고 전 법률적으로 발생하는 것이다.

즉, 권리 · 의무를 인간이 부여한 것이라는 의미는 아니다. 다만 인간들에 의해 서로 확인되는 것이다. 시대적으로 권리 · 의무는 인간 활동의 변천과 같이하여 구체적으로 확인되어 왔다. 이런 의미에서 권리는 천부적이다.

주어진 것	그 어떤 것에도 근거하지 않고 존재하는 것	예) 운동하는 물질뿐
부여된 것	개별적인 것들의 관계 속에서 스스로 발생하는 것	예) 질량, 권리 · 의무, 가치 등
부여한 것	인간에 의해 만들어진 것	예) 모든 생산물

인간은 개별 인간으로만 존재하는 것이 아니다. 그러므로 국가 내에서 법으로 인정된 집단이나 이에 준하는 집단 그리고 임의적으로 발생하는 집단도 있으며, 이들을 포함하여 국가 자체도 인격체(인간)다. 통일체계에서 인간 또는 인격이란 자연으로서의 개별 인간만을 의미하는 것은 아니다. 양적·질적으로 일체로서 활동하는 존재를 의미하며 가족, 단체, 국가, 유엔 등이다.

이럴 때 인간은 자연인과 가족, 단체 및 국가와 유엔을 구체적으로 말할 수 있다. 권리(존재양태)에 대한 이야기는 자연인의 권리, 단체의 권리, 국가의 주권 정도만 언급될 것이다. 국제연합(UN)은 아직 미완성된 인류 전체로서의 인격으로, 지구생명체가 전체로서 유기적으로 활동하는 집합체다. 이 인격에 대해서는 우주의 다른 생명 집합체와 상호작용하는 속에서 구체적으로 드러날 것이다. 어떤 존재의 질은 다른 존재와의 관계 속에서 명확하게 드러나기 때문이다.

〈1〉 권리·의무

질량이 대칭성의 자발적 깨짐에 의해 생겨난 것이라면, 권리도 대칭성의 깨짐에 의해 발생한 것이다. 물론 생산물의 가치도 마찬가지다. 질량과 권리·의무 및 가치는 질서의 발생과 결부된 힘이다. 물질과 인간, 생산물에 어떤 질서가 발생하면서 생겨난 양적·질적 개념이자 실재로서 힘인 것이다.

권리·의무가 인간과 인간과의 상호작용에서 발생하고, 가치는 인간과 사물 간의 상호작용 속에서 발생하고, 질량은 물질과 물질 간의 상호작용 속에서 발생한다. 그렇다면 인간이 없다면 권리·의무나 가치는 없고, 물질이 없다면 질량도 없다. 그래서 질량이나 권리·의무 및 가치는 본래 주어진 것도 아니고 인간이 부여한 것도 아니며, 순전히 관계 속에서 스스로 부여된 것이다.

특히 질량과 권리·의무 가치가 발생하는 순간부터 물리시공과 시공사회, 시장 속에는 어떤 질서가 발생한다는 사실은 매우 중요하다. 질량과 권리·의무가 발생하기 이전에는 혼돈, 즉 카오스의 세계이다. 다시 말해, 완전한 대칭의 세계라고 할 수 있다. 우주가 탄생하고 질량이 발생하기 이전의 시공, 인간이 탄생하고 권리·의무가 발생하기 이전의 세상이 그러하다. 이를 다른 관점에서 보면 권리의 발생, 질량의 발생, 가치의 발생은 활동으로서 자유의 제약이다. 카오스를 완전한 자유라고 한다면 질서는 그것의 억제(상대적 자유)임에 틀림이 없다.

질량의 발생, 권리·의무의 발생, 후에 말하겠지만 생산물에서 가치의 발생도 질서를 발생시키는 원리가 된다. 통일체계 요소들의 존재양식에서 존재양태는 이처럼 모두 스스로 부여된 것이며, 이로써 존재자들에게 질서가 발생한다.

권리·의무는 그 자체로서는 대칭성을 파괴하지 않는다. 이것은 인간이 사회규범과 결합함으로써만 가능하다. 법적 강제력 없이 권리는 아무런 힘을 갖지 않는다. 마찬가지로 생산물이 가치를 가질 수 있는 것은 '만족'과 결합되기 때문이다. 만족은 필요와 욕구가 해소된 결과로서 인간행위를 강제한다.

권리는 법력설이 의미하듯이 법의 힘에 의해 대칭성이 파괴된다. 권리는 강제력으로서 법과 인간이 결합함으로써 스스로 부여된 것이다. 물질이 힉스입자를 먹고 질량을 획득하듯이 인간은 법을 먹고 권리를 획득한다. 이로써 사회는 질서를 이룬다.

　질량은 물체의 운동을 제약한다. 권리도 인간의 행위를 제약한다. 더불어 가치도 생산물의 통용을 제약한다. 반대로 관점을 바꾸면, 질량이 특정한 운동을 보장한다. 권리·의무도 인간의 특정한 행위를 보장한다. 생산물의 가치도 특정한 통용을 보장한다. 반대급부로서 다른 가치를 지불할 수 있는 자만이 필요와 욕구를 충족시킬 수 있다.

　질량이 시공간을 제약한다는 사실로, 권리와 가치도 시공사회와 시장을 제약한다는 것을 알 수 있다. 물질의 질량이 크면 그 주변으로 공간이 찌그러지기 때문에 그 주변에서 물체의 운동이 휘어진다.

　그렇다면 계층적 인격의 권리가 크면 이 인격의 영향을 받으므로 주변의 많은 인격들이 제약을 받게 될 것이다. 또 큰 도시로 먼저 좋은 길이 나고 사람이 집중되며, 그로부터 문화가 형성되고 전파된다. 또 큰 국가의 힘에 의해 작은 국가들의 외교가 집중된다. 생산물의 경우에도 가치가 크면 소비를 위한 통용에서 많은 제약을 받게 된다. 이를 감당할 수 있는 소비자의 접근은 어려워지며, 이 소비자의 위상은 높아진다.

(1) 권리·의무란 무엇인가?

　이것은 인간이 집단생활을 하기 시작하면서 상호작용 속에 나타나는 구성원의 존재양태이다. 남녀가 결합하여 가족을 이루면, 남녀의 성적·신체적 조건, 환경 등 부여된 조건에 따라 역할이 조정되며 그로써 존재양태가 드러난다.

천부인권설(theory of natural rights, 天賦人權說)에 따르면, 권리는 인간이 태어나면서부터 자유롭고 평등하며 행복을 추구할 수 있다. 루소가 그 대표자다. 자유, 평등, 행복의 추구는 초국가적이고 전(前)법률적이다. 우리 헌법에서도 천부인권에 바탕을 두고 제10조에서 "모든 국민은 행복을 추구할 권리를 가진다."고 규정하고 있다.

권리는 근원적으로 추상적인 것이 아니라 현실적인 것으로 가장 포괄적인 생존권이며, 생존권은 38억 년 전의 생명의 발생과 동시에 모든 생명체에게 동시에 '부여된 것'이다. 인간이 사회를 이루고 사는 지금, 인간의 생존권은 구체적으로 평화롭고 자유롭고 평등하게 행복을 추구할 권리로 확인되고 실현되어야 한다. 생존할 권리가 초국가적이고 전 법률적이지만 구체적 실현은 사회 속에서 제도를 통해 이루어지는 것이 현실이다(권리-법체계). 권리를 실현하려고 할 때, 항상 법이 전제가 된다. 이때 구체적인 권리는 확인된 것이다.

그리고 권리는 항상 의무를 포함한다. 이것은 인간이 인간과 상호작용 속에서 나타나는 존재양태이기 때문이다. 가게에서 물건을 구입할 때 물건을 요구할 권리가 있으면 당연히 상대방의 요구에 따라 대금을 지불할 의무를 진다. 반대로 상대방은 물건을 지급할 의무를 지는 반면 대금을 요구할 권리를 가진다. 권리는 나의 요구이고 의무는 상대방의 요구이다. 그래서 권리·의무는 일체의 양면이다.

구체적인 권리는 사회 속에서 추상적으로 동일한 개인의 균형이 깨지고(대칭성 파괴) 질서(규범)가 발생함으로써 자발적으로 부여된 것이며, 역사의 발전과 함께 어떻게 얼마나 보호할 것인가의 확인과정이다. 권리에는 인간의 권리만이 있는 것이 아니다. 물리적 운동을 초월한 운동(물리법칙을 초월한다는 뜻은 아니다)을 하는 생명체 전체에 존재한다. 진화 역사를 거슬러 올라가면, 최초의 하나의 세포에 이른다. 진화 과정에서 나타나는 생명체들에겐 생존의 욕구가 있으며, 이 생존의 욕구는 자신이 스스로 누구의 간섭도 받지 않고 충족시켜야 할 의무이자 권리이다.

이제 인간이 자신의 생존권을 지키기 위해 인간을 넘어서 모든 생명체에게 권리를 확인하는 경향이 나타나고 있다. 물론 그 관점이 인간 중심적 사고방식으로, 인간에게 필요하니까 보호하는 것이지만 말이다. 살아 있는 모든 것에는 적어도 포괄적으로 생존권과 생존권을 지키기 위한 투쟁권이 존재한다. 모든 종교에서도 생명체의 존귀함을 말하고 있다. 그러나 인간이 육체를 가지고 있는 한, 다른 생명체나 자연에 가하는 폭력은 인간의 생존을 위해서 불가피하다.

인간에게 권리가 있다면, 그들에게도 권리가 있다. 또 의무가 있다. 인간의 생존이 중요하다면, 마찬가지로 그들의 생존 또한 중요하다. 인간의 생존 보장이 인간에게만 한정된다면 인간의 생존은 보장될 수 없다. 전체는 하나의 시스템이며, 시스템의 파괴는 전체의 파괴가 되기 때문이다.

권리는 권력을 형성한다. 가족을 넘어서는 큰 규모에서는 대표하는 핵심 인격에게 구성원의 권리 중 일부가 평화롭게 이양되는 형식으로 정당한 권력이 발생하며, 이 권력에 의해 구성원에게 다시 일정한 권리가 보장된다. 만약 개인의 권리를 보장해 주는 정당한 권력이 없다면 개개인의 권리는 보장되지 않는다. 오직 폭력만이 난무할 것이며, 물리적 힘을 쓰는 개인이나 집단으로서의 강자만이 정당성 없는 권력을 가질 것이다. 권리란 타인을 굴복시킬 수 있는 힘으로서 그 집단의 제도에 의해 인정(정당성)된다. 이에 대해 의무는 정당한 권리에 대한 요청의 자발적 이행(굴복)이다.

권리는 집적(集積)적이다. 권리는 질량과 같이 누적된다. 즉, 권력은 그 수에 의해 비례한다. 하나의 권리는 한 명의 인간과 같다. 한 사람은 하나의 권리로서 열 사람은 열 개의 권리의 집합이다. 즉, 사람의 수에 비례하여 권리는 가산적으로 증가된다. 사회 속에서 조성되는 여론이나 때때로 개최되는 대규모 집회는 이것의 실증이다. 다수의 여론이나 대규모 집회는 정책결정을 수정할 수도 있다.

권리는 힘이다. 대칭성이 파괴되어 한 곳으로 집중(지지, 흠모, 요구 등)되면 분자자석의 정열에 따라 자기력이 발생하듯 권력이 발생한다. 특정 지도자에 대한 지지, 특정 연예인에 대한 흠모, 특정 상품에 대한 요구는 권력과 인기와 가치를 발생시켜 실행력(장악력)을 가지게 한다.

권리·의무는 인간 행위를 제약한다. 즉, 권리는 질서이다. 권리는 권력을 형성하고 권력은 구성원의 무제한적 자유를 제약한다. 무제한적 자유는 무제한적 억압이다. 이것은 역사적으로 입증되었다. 버지니아 권리장전으로 권리를 제약하면서 비록 자유의 폭은 줄었지만, 일정 범위 내에서는 확실하게 자유는 보장되었다. 이것은 쿼크의 접근적 자유와도 같다. 쿼크의 운동이 증폭되면 될수록 불안정성이 증가하고 파단이 되나 운동의 범위가 좁아지면서 자유롭고 안정적으로 되는 것이다.

(2) 권리·의무는 언제, 어디서, 어떻게 생겼나?

원시적인 사회는 성(性)을 매개로 자연발생적으로 생겼다. 자연환경은 자원의 편중으로 인해 어느 곳이나 인간 삶을 풍족하게 만들어 주지 않기 때문에 완전한 자급자족은 이루어질 수 없고, 이로 인한 생활의 궁핍은 다른 집단을 약탈하고 지배하는 가운데 약탈자의 집단이 권력집단으로 드러나게 되고 이들에 의해 집단은 통제되면서 확대된 원시사회가 시작된다. 모든 권리는 약탈적으로 한곳에 집중되어 권력이 되고, 구성원에게는 거의 의무만이 존재한다. 이처럼 자연스럽게 균형이 깨진 고대사회에서는 노예가 발생한다. 그리고 계층적 신분사회가 도래한다.

역사를 돌아보면, 권리·의무가 인간 사회의 발달 과정 중 어느 한 시점에 나타난 것은 아니다. 인간 이전의 진화과정에서 이미 집단생활을 하면서부터 권리와 의무가 극도로 편중된 극단의 형태로서 존재해 왔음을 알 수 있다. 권리·의무는 타자와의 연관관계에서 나타나므로 집단생활을 하는 다른 생물을 찾아보면 비교할 수 있다.

집단생활을 하는 사회성 곤충이라면 예외 없이 벌(Bee)과 개미(ant)를 대표적인 사례로 든다. 개미의 화석은 신생대(新生代) 초기로 6천만 년 전이라고 한다.

벌과 개미는 출생부터 신체적 기능에 따라 역할이 정해져 있다. 그런 이유로 계급이나 신분이라고 하기보다는 생체기능의 분할이라 볼 수 있다. 유전자 측면에서도 개개의 벌이나 개미가 다른 개체라고 하기는 어렵다. 산란을 주된 역할로 하는 여왕벌과 여왕개미, 수정에 필요한 수개미나 수벌, 먹이를 공급하는 일개미나 일벌, 그 외에도 벌의 생활상에 따라 추가적인 역할을 담당하는 별도의 개체가 존재한다. 병정개미가 필요한 경우도 있으며, 일개미나 여왕벌이 필요 없는 경우도 있다.

개미나 벌의 경우를 유전자의 측면에서 보면, 한 사회 전체가 암수한몸인 동물의 한 개체에 상당하는 것으로 생각할 수도 있다. 개개의 개체들의 합이 신체 각 부분이 개별적으로 영구적인 역할을 담당하면서 한편으로는 전체가 협력하여 통일적으로 항상성을 유지하는 것과 같이.

그러나 곤충의 사회를 인간의 생체구조나 사회와 직접 비교할 수는 없다. 따라서 그 사회는 제대로 된 사회가 아니다. 제대로 된 사회는 독자적으로 주체성과 자유를 가진 개체나 단체가 현재 사회의 불합리한 점을 끊임없이 지적하고 극복하면서 계급의 변동이 가능하며, 저마다의 기준에 모두가 행복해지는 유토피아를 향하여 행진하는 것이다. 행복이 권리로서 부여된 것인 한, 유토피아를 향한 행진은 인간의 운명이다.

사회에 대해 좀 더 진정한 연구를 위해서는 곤충이 아닌 영장류에 관심을 두어야 한다. 이것은 인간의 가장 가까운 과거의 살아 있는 시대적 화석이기 때문이다. 실제로 영장류는 집단생활을 하고 있으며, 인류 사회의 기초적인 연구에 관심을 받고 있다. 이는 인간이 가까운 과거에 영장류들의 삶의 방식을 거쳐 온 이유로, 인간 사회의 권리·의무에 대한 연장선상에서 발전 과정을 시사해 주기 때문이다.

시간을 현재에 가까운 올리고세(4,500만~2,300만 년 전) 중반으로 이끌어 오면, 구세계원숭이(Old-World monkey)가 있다. 포유류-영장목

(靈長目)-긴꼬리원숭이상과에 속하는 원숭이의 총칭인데, 대표적으로 머카크원숭이(Macaca: macaque monkey), 비비(Papio: baboon), 랭구르(langur), 코주부원숭이(Nasalis: proboscis monkey) 등이 있다. 그 후 긴팔원숭이에서 오랑우탄, 고릴라, 침팬지를 거쳐 인간에게 이르는 과정에 있는 동물들의 사회상은 인간의 사회구조 원리를 이해하는 데 도움을 줄 것이다.

인간 진화의 훨씬 전 단계인 영장류의 생활상에서 권리·의무는 극도로 편중된 형태로서 집단생활을 시작한 인간 진화의 전 단계에서 발생했다는 사실이 어렴풋하게 드러난다. 이런 정도의 권리·의무가 오랫동안 이어져 오다가 인류 역사상 처음으로 1215년 영국의 권리장전(Magna Carta)에서 문서로 기록된다.

우리가 바라던 현대적인 권리·의무는 영국에서 1215년에 존(John) 왕의 잘못된 정치(失政)에 견디지 못한 귀족들이 런던 시민의 지지(권리의 집약은 권력이다)를 얻어 왕과 대결하여 템스 강변의 초원(러니미드)에서 왕에게 승인하도록 한 귀족조항을 기초로 작성되었다. 인민의 권리를 옹호하는 내용으로 일관된 대헌장은 적법한 판결에 의하지 않고서는 인민의 재산권과 자유권 등을 침해할 수 없음을 명문화하고 있다. 여기에서 문서로 한다는 것, 객관화한다는 것은 매우 중요하다. 강력한 행동지침이 되기 때문이다.

권리는 자유와 불가분의 관계를 가지고 있기 때문에 자유를 위한 투쟁의 역사에서 비로소 명료화된다. 딱 잘라서 인류의 역사상 권리는 군집생활에서 현대적 조직생활을 하는 가운데 절대적 권리를 가진 자와 절대적 의무를 가진 자와의 갈등 속에서 이루어지는 형평성에 대한 투쟁의 결과물이다. 즉, 신분사회의 계급 갈등이 이루어

낸 결과이다. 물질의 운동만이 동적 평형을 원하는 것은 아니다.

　권리 · 의무는 극도로 편중된 신분사회형태로 오랫동안 이어져 왔다. 고려 최충헌의 사노비 만적(萬積)의 말처럼 '씨'가 따로 있는 것도 아닌데도, 절대권을 가진 왕을 중심으로 한 귀족들의 전횡(專橫)은 끊임없이 하층민의 사회운동이나 양심 있는 귀족들에 의해 변화를 촉구받았지만 쉽사리 조정되지 않았다. 과거 인구밀도가 낮고 교육을 받지 못한 천민이나 노비들의 결집력에는 한계가 있었기 때문이다. 이는 동양이고 서양이고 정도의 차이는 있을지언정 본질적으로 같았다. 아직도 정도의 차이만 있을 뿐, 전근대적인 사회는 세계 곳곳에 존재한다.

　근본적으로 모든 권리는 자연권인 생존권과 항거권(투쟁권)으로부터 발생한다. 인간이라면 누구에게나 살기 위한 자연적(주어진) 권리가 있다. 그리고 생존권의 위협에 대해 맞서 싸울 권리가 있다. 이 생존권과 항거권은 법 이전의 것이므로 법규범에 명시할 필요도 없다. 하지만 사회가 조직화되면서 자유 · 평등 · 평화를 유지하면서 생존권과 항거권을 모두가 골고루 유지하려면, 그 시대에서 요구되는 권리와 의무를 구체적으로 명시하지 않으면 안 된다. 이런 의미에서 권리는 생존권과 항거권의 분석적 해석으로서 시대적 요구에 맞게 구체화되어 발생하고 변경되고 소멸된다.

　법은 곧 질서다. 질서는 상호작용한 결과로서 권리 · 의무에 의해 발생 한다. 독자적으로 작동되는 전체로서의 인간이 관계 속에서 형성된 스스로 제어될 수 없는 힘에 의해 법을 제정한다는 것은 무질서한 사회에(대칭성) 질서를 부여한다는 의미이고, 전체로서의 인간 스스로 자발적으로 대칭성을 파괴한다는 의미이다.

　권리와 의무는 평등과도 밀접한 관계성을 지닌다. 모든 인간은 법 앞에 평등하다는 말이 있는데, 이를 절대적 평등이라 해석해서는 안 된다. 현실적으로 대등하지 않은 무능력자들(미성년자, 한정치산자, 금치산자 등)은 상대적으로 불평등관계에 있기 때문이다. 법은 이들의 권리를 강화시키거나 의무를 면제하는 방법으로 일반인과의 균형을 유지시키려고 한다.

　자유와 평등은 물론이고, 평화도 매우 중요하다. 이 세 요소가 인간이 활동하는 공간으로서 사회에 조화롭게 이루어진다면, 이것이야말로 지상낙원의 기반이 될 것이다. 이렇게 될 때 개별 인간의 행복도 이루어질 것이다. 자유 · 평등 · 평화 · 행복이 가득한 곳, 희망의 나라로 나아갈 수 있다.

　나는 현실적이면서 추상적인 권리(법전에 구체화되지 않은 권리)로서 생존권인 권리 자체는 천부적인 것이라 믿는다. 모든 생명을 가진 존재에겐 물어볼 필요도 없이 의심의 여지도 없이 생존할 권리가 있는 것이다. 자기의 생존권을 지키기 위해서 모든 유기체들은 모든 환경과 투쟁할 수밖에 없다. 이럴 때 모든 유기체에겐 생존권과 불가분의 양면으로 필연적으로 항거권도 천부적인 권리라 할 수 있다.

　유기체의 역사는 생존권을 지키기 위한 항거권 행사의 역사다. 그래서 추상적이고 포괄적인 권리로서 생존권과 불가분의 투쟁권(항거권)은 모든 유기체에게 천부적인 것이며, 이 권리는 태어나면서 갖게 된다. 근원적으로 진화 역사상 생명체의 탄생과 동시에 부여된 것이다. 그렇다면 권리는 생명체의 탄생과 동시에 발생한다. 인간의 모든 구체적 권리는 자연권인 생존권으로부터 구체적으로 분화된다. 우리 헌법도 해석상 그리고 실질적으로도 인정한다.

권리는 항상 법률(제도)을 전제로 하여 나타난다. 즉, 권리는 법률에 의해 구체적으로 명료하게 되고 정당성을 확보한다. 이러한 구체적인 권리는 어떤 집단이 겪어 온 역사와 시대에 따라 규정되며, 미래를 예견하여 미리 규정될 수 없다. 구체적인 권리는 역사 속에서 확인될 기회를 갖기 때문이다. 그러나 급변하는 현대 사회에서는 적어도 동 시대의 법 감정을 즉시 반영할 필요가 있으며, 성문법주의 하에서는 이를 보정하기 위해 국민참여재판제를 비롯하여 세계적으로 다양한 배심제가 시행되고 있다.

권리가 천부적인 것이라는 것, 하늘로부터 주어진 것이라는 것은 인간이 이 권리의 정통성을 확보하기 위한 방법적 성격이 강하다. 실제로는 생명체가 생존하기 위해 필연적으로 관계 속에서 저절로 존재하는 것이다. 따라서 아직도 인간은 있지도 않은 신으로부터 또는 절대자로부터 홀로서기를 못했음을 의미한다. 이런 예는 내각제를 채택하고 있는 나라에 그대로 남아 있다.

내각제를 채택하고 있는 나라에서는 실질적으로는 국민으로부터 부여받은 것이지만, 하늘로부터 권력을 부여받은 왕이 있고 이로부터 임명된 수상이 정치를 한다는 형식을 취하고 있다. 하물며 전제군주제를 폐지한 경우에도 총리 위에 형식적인 정통성의 근거(대통령)를 만든다. 인간은 아직도 신의 존재 여부와는 상관없이 별개로 신(神)을 필요로 한다.

지지부진하던 권리·의무의 편중성에 대한 시정은 우리나라의 경우 갑오개혁(갑오경장: 1894~1896년)이다. 자존심과 주체성을 보호하기 위해서 동학운동의 결실이라고 할 수 있겠지만, 갑오개혁은 영국과 같이 자주적인 개혁이 아니라 일본의 침략 의도에 따른 타율적 개혁이다. 김홍집의 주도 아래 세 차례에 걸쳐 이루어진 개혁은 근대화를 마련하는 계기를 형성하고 '홍범 14조'라는 우리나라 최초의 헌법적 성격을 띤 결과물을 내놓는다.

　한 체계(조선)의 내적 평형상태가 자발적으로 붕괴되어 질적 변화로 이행해야 함에도 불구하고 위정자나 양반계급의 부동적 양심은 주체적 개혁을 어렵게 만들고, 하물며 야욕을 가진 외세의 억압에 붕괴되는 과정에서 이루어진 변화는 개혁이라고 하기는 창피하다. 이로써 수천 년의 신분사회는 막을 내리고, 일제의 약탈 도구로 조선에 철도와 같은 기간시설이 일부 이루어졌다.

　이러한 수치스런 과거가 불과 얼마 전 일인데, 요즘 뉴스가 조선 붕괴시기의 내부 상황과 비슷한 양상을 보이는 것 같아 많이 불안하다. 1945년에 외부의 힘으로 일제에서 벗어난 지 이제 얼마가 되었다고!

　투쟁의 과정에서 회복한 권리와 자유란 무한한 것일 수 없다는 것을 인간은 인식한다. 시민계급이 절대자로부터 빼앗긴 기본권을 돌려받을 때, 지나친 권리의 행사와 지나친 자유의 향유에 따른 부작용에 대해서는 인식하지 못했다. 지나친 권리의 행사나 지나친 자유의 향유는 오히려 제약과 같다는 것을 경험적으로 인식하고 난 후, 균형 잡힌 조정을 꾀하기 시작한다.

　1776년 버지니아 권리장전에 의해 미국은 최초로 시민권을 제약하고 정의의 원리를 구축한다. 그래서인가? 미국의 민주주의는 세계의 모범이 되었다. 현재 우리나라 민법도 공공복리의 원리가 최고의 원리로 자리를 잡고, 신의성실의 원칙과 권리남용 금지의 원칙을 민법에 규정함으로써 지나친 권리를 제약하고 있다.

권리 자체(생존권과 투쟁권과 같은 자연권)는 생명의 탄생과 같이 이루어졌지만, 진정한 권리는 자발적인 의무를 포함하는 것이다. 영장류를 거쳐 인간으로 분화되고 오랜 기간 동안에도 동물적 행태를 못 벗어나고 있다가 기원전 1750년경 함무라비법전 등에 획기적으로 기록되고 있으며, 1215년 영국의 권리장전(Magna Carta)에서 처음으로 절대자와의 관계에서도 문서로 기록되고 장족의 발전을 하게 된다.

인간 사회의 규범제정은 보편적인 현상으로서 동서양과 고금을 막론한다. 우리나라 고조선(기원전 2333~108년)에도 '8조법금(八條法禁)'이 있다. 고대 바빌로니아의 함무라비법전(기원전 1750년경)은 최초의 성문법으로 알려지고 있다.

그렇다면 추상적이고 포괄적인 생존권으로부터 나오는 구체적이고 정당한 권리는 기원전 1750년경을 전후로(언제), 고조선과 고대 바빌로니아 등 전 지구적 영역(어디서)에서 보편적으로, 전체로서 인간이 자발적으로 법규범을 제정함으로써(어떻게) 발생했다고 말할 수 있다.

(3) 자연인, 가족, 단체의 권리9)

우리 헌법에서 구체적으로 규정하는 권리와 의무는 평등권, 자유권, 생존권, 청구권, 참정권, 납세의무, 국방의무, 교육의무, 근로

의무, 환경의무 등이 있다. 이 권리·의무는 포괄적이고 전 법률적인 생존권과 투쟁권으로부터 구체적으로 분화된 것이다. 물론 투쟁권은 더 포괄적인 생존권으로부터 나온다.

이 열 개의 권리·의무에 대해 계층적 인격에 따라 어떻게 얼마나 실현되는지를 표로 정리하였다. 물론 인격의 형태에 따라 적용범위가 다르다. 또 매우 후한 평가임도 밝힌다. 각종 권리·의무가 전체 인격에게 전면적으로 충분하게 적용되어야 한다면 △의 수는 훨씬 많다. 기회의 제공에만 그치는 것이 아니라 실질적으로 평등한 적용이라면 아직도 요원하다.

권리·의무	자연인	가족	단체	국가
평등권	○	○	○	○
자유권	○	○	○	○
생존권	○	○	○	○
청구권	○	○	○	○
참정권	○	△	△	○
납세의무	△	○	△	○
국방의무	△	△	△	○
교육의무	○	○	△	○
근로의무	○	○	○	○
환경의무	○	○	○	○

평등권(Equal right, 平等權)은 모든 국민이 가지는 국가에 대해 요구할 수 있는 공권이다. 자연인으로서의 국민은 당연한 것이고 법인이나 법인격 없는 단체와 국제법상 상호주의 원칙이 적용되는 외국

인이나 단체도 포함된다. 그럼에도 불구하고 능력에 따라 신분에 따라 상대적 평등은 합리적이라 판단한다. 능력이 뛰어난 사람에게 더 나은 대접을 하고, 맡은바 하는 일이 각기 다른 신분에 따라 특권과 제한을 부여할 수 있다. 대통령과 국회의원, 정당, 공무원 등이다.

가족의 경우, 법률상 인간(인격체)으로 권리 · 의무를 규정하고 있고, 가족을 단위로 하는 영역에서는 당연히 평등권을 갖는다. 우리 민법은 3장 4절(제826~833조)에서 부부간의 동거의무, 일상가사 대리권, 채무의 연대책임, 생활비용 등에서 하나의 인격으로서 또 상대방에 대한 권리 · 의무에서 공동주체로 분명히 하고 있다.

또 결혼형태로서의 가족이 아니라 '인구주택 총 조사' 규칙에서는 '가구'라는 개념을 사용하여 주택정책수립에 사용한다. 이때 구성원의 수가 많고 적음에 상관없이 한 명이라도 1가구를 구성하고 있다고 인정된다. 그 외에도 나라의 행정방침 등 행정상의 공지사항을 알리기 위한 반상회의 경우도 가구를 단위로 하는 등 사실상의 문제에서 권리 · 의무의 주체로서 인정되고 있다고 판단된다. 주민등록법이나 지방세법, 향토예비군설치법 등에 따르면 세대를 구성하고 세대는 주거와 생활상의 공동운명체로 규정하고 일정한 의무를 지게 한다. 이와 같이 가족은 권리 · 의무의 주체로 규정하는 한, 차별은 인정되지 않는다.

단체의 경우는 법인으로서 다른 법인과의 관계에서 또 법 앞에서 평등권을 가진다. 자연인과 마찬가지로 법적 권리 · 의무의 주체로 규정되어 있기 때문이다.

그렇다면 국가라는 존재의 인격에서는 어떨까? 국가는 자연인이나 가족 및 단체의 활동영역과는 달리 그 활동 영역이 국제사회이다. 그렇기 때문에 국제사회 속에서 규정될 수밖에 없다. 이 평등권의 문제는 UN헌장(국제연합헌장 2조 1항)에 규정된다. "기구는 모든 회원국의 주권평등 원칙에 기초한다." 이 규정에 의해 모든 국가는 인구나 인종, 경제능력, 정치형태나 종교나 문화형태, 크기 등에 상관없이 동등함을 규정한다.

인격으로서 국가의 권리는 헌법상 보장되는 국민(자연인, 가족, 단체)의 권리와는 다른 차원의 것으로 자연인, 가족, 단체와 별도로 말한다. 세계(국제연합)로서 인격체는 우주의 다른 천체에 존재하는 최고체계의 인격체와 상호작용할 때 구체적으로 드러날 것이다.

자유권(自由權)은 국가로부터 자연인으로서 개인, 가족, 단체로서의 인격이 법률의 범위 내에서 간섭을 받지 않고 자유롭게 행동할 수 있는 기본권을 말한다. 이런 자유는 무제한적 자유에 대해 '상대적 자유' 또는 '점근적 자유'라 부를 수 있다.

자유권이 초국가적(超國家的)이고 전 법률적(前 法律的)인 자연법상의 권리냐, 아니면 입헌주의적 헌법에 의한 실정법상의 권리냐에 관하여는 학설이 대립하고 있다. 내가 볼 때 이것은 사회를 구성하고 있는 구성원들 간에서 침해에 따른 권리의 보장성을 기초로 본다면 실정법상의 권리이기는 하나, 발생적으로 보면 생명 역사에서 최초의 생명체가 운동성을 가지는 순간부터 존재하는 자연적인 것으로서 초국가적이고 전 법률적이다.

즉, 권리 자체는 자연권으로서 부여된 것이지만 법률에 의해 구체적으로 규정되고 강제력에 의해 보장되는 확인된 것이다. 따라서 어떤 입장으로 보든 자유권은 보장되어야 하며, 발생의 차원에서 이 권리는 초국가적이고 전 법률적인 것으로 어떠한 이유로도 부정되어서는 안 된다. 출생신고가 안 되었다 해서 생존할 권리가 없다고 해석되어서는 안 되는 것이다.

또 관점을 바꾸면, 자유와 권리를 분리해서 볼 수 있다. 자유 자체는 초국가적 전 법률적인 부여된 것으로서 생명의 속성 자체이다. 그러나 사회 속에서 인격들의 상호작용 속에서만 드러나는 구체적인 권리의 문제는 시대적 상황과 조건에서 구체적으로 확인된 실정법상의 문제이다. 따라서 구체적으로 드러나는 다양한 권리는 시대적으로 요구되는 해석(확인)에 따른 구체적 법률상의 권리이다. 그렇다고 부여한 것이란 의미는 아니다.

개인에게 자유란 일반적으로는 남에게 구속되거나 무엇에 얽매이지 아니하고 자기 마음대로 할 수 있는 행위이다. 법적으로는 법률의 범위 내에서 자기 마음대로 하는 행위를 말한다. 자연적 존재로서 보면, 물질의 객관적 법칙의 범위 내에서 의도하는 대로 활동하는 것을 말한다.

인격이 그 자유로운 영역에 관하여 국가권력의 간섭 또는 침해받지 않을 권리가 자유권이라면, 개인이나 가족 및 단체는 이 권리를 누릴 수 있다. 물론 국가도 세계 속에서 다른 모든 국가나 상위의 인격으로서 국제연합에 대하여 간섭이나 침해받지 않을 권리를 가진다.

생존권(生存權)에 관해서 헌법 제34조는 사회보장 등에 관하여 국가의 책임을 규정하고 있다. 이 권리는 1919년 바이마르헌법에서 최초로 도입된 권리이다.

인간다운 생활 또는 생존을 위하여 필요한 여러 조건을 확보할 권리이므로 자연인이나 가족 및 단체는 국가에 대하여 이 권리를 가진다. '국민기초생활보장법'에 따른 보호, 고용증대와 적정임금을 받도록 배려할 것과 최저임금제를 실시, 균등하게 교육을 받을 권리, 건강하고 쾌적한 환경에서 생활할 환경권과 쾌적한 주거생활에의 권리, 혼인과 가족생활은 개인의 존엄과 양성의 평등과 보건에 관하여 국가의 보호를 받게 되어 있다.

국가의 경우도 국제연합에 대하여 이 권리를 갖는다. 평화적 생존권으로서 1978년 국제연합인권위원회 총회에서 열린 '평화적 생존의 사회적 준비에 관한 선언'에서 "모든 국가와 모든 인간은 인종, 신조, 언어 또는 성의 여하를 불문하고 평화적 생존의 고유의 권리를 갖는다."고 규정하였다.

청구권(請求權)을 수익권이라고 한다면, 일정한 행위 또는 급부 기타 공공시설의 이용을 국가에 대하여 요구할 수 있는 적극적 공권이다.

재판청구권, 청원권, 형사보상청구권, 국가배상청구권, 손실보상청구권, 범죄피해자구조청구권, 위헌법률심사청구권, 헌법소원심판청구권 등과 같이 특정한 사법행위나 행정행위를 요구하는 권리, 각종 사회 보험료의 지급을 청구하는 것과 같은 금품의 급부를 요구하는 권리, 국가에 대하여 양로원·고아원 등과 같은 공적설비의 이용을 요구하는 권리 등이 이에 속한다.

이 권리는 국민이 국가에 대하여 요구하는 권리로서 자연인뿐만 아니라 법인이나 법인격 없는 단체가 요구할 수 있다. 그러나 문제는 '가족이란 인격으로 요구할 수 있는가?'이다.

주민세의 경우, 세대를 기준으로 부과되는 것이라면 세대도 납세 의무를 지는 것이다. 특정하여 개인에게 과세한다고는 하지만, 실질적으로 세대에 부과하는 것이기 때문이다.

물론 가족으로서 가족의 구성원에 대한 침해 등과 같이 일정한 경우에는 법정대리인으로 청구권이 가능하다. 가령 의료보험법에서 가족의 구성원이 피보험자의 가족이라는 지위에서 청구할 수 있다.

국가의 경우도 유엔에 설치된 국제사법재판소에 제소 가능하며 관련 기관에 청원 등을 할 수 있다.

참정권(參政權, political rights)은 대표민주제에 의하는 것을 원칙으로 한다. 국민의 대표자는 국가기관을 구성하며 국가기관은 국민으로부터 신탁받은 국가권력을 행사하게 된다. 따라서 참정권은 국가기관의 구성원(공무원)을 선출하는 권리가 핵심이다. 이것은 자연인으로서 가지는 권리로, 대통령과 국회의원 및 지방의원, 지방자치단체장 등 공무원선거가 이에 해당한다.

가족이나 단체를 단위로 하는 투표권이란 없다. 즉, 가족이나 단체의 처지를 반영하려는 투표권은 없다. 하지만 집회결사의 자유로서 정치문제(정책결정)에 대한 집회 및 결사를 통하여 소수 의견을 표현하거나, 압력단체를 구성하여 정치에 참여하는 것도 가능하므로 가족이나 단체도 참정권이 보장된다고 볼 수 있다.

국가는 국제연합에 직접 참여하여 국제평화와 안전의 유지 등에 관하여 의사 결정에 영향력을 행사할 수 있다.

납세의무(納稅義務)는 1789년 '프랑스 인권선언'에서 납세의 의무를 규정한 이후로 모든 국가에서 이를 규정하고 있다. 조세는 국가의 활동에 필요한 경비를 충당하기 위해 국민에게 일방적·강제적으로 부과하는 모든 경제적 부담이다.

조세는 개인과 법인에게 부과되는 것이 원칙이나 주민세는 형식적으로는 세대주 개인에게 부과되지만 그 가족에게도 공동의무를 부담케 하므로 '가족세'라 할 수 있다.

납세의 의무를 지고 있는 납세의 주체는 모든 국민을 의미하는데, 여기에는 자연인과 법인 모두가 포함된다. 그러나 종교인이나 종교단체는 과세대상에서 제외된다. 그래서 모든 국민에게 납세의무가 있는 것은 아니다. 외국인의 경우, 조세의 과세대상이 되는 활동을 하거나 재산을 소유하는 경우에 납세의 의무를 지는 것으로 되어 있으나 조약 또는 치외법권에 의해 부담이 면제될 수도 있다.

국가의 경우에도 납세의 의무가 있다. 이것은 국가를 구성원으로 하는 국제연합에 납부하는 의무분담금으로, 조세의 성격을 띤다. 의무분담금은 GNP와 1인당 국민소득 등 경제규모를 기초로 산정되며, 분담금을 미납할 경우에는 투표권을 박탈하고 있다. 그러나 강제징수방법과 같은 권력행사는 없다.

국방의 의무란, 법률이 정하는 바에 따라 모든 국민은 외적(外敵)의 공격에 대해 국가를 방어할 의무를 진다. 우리나라는 국제평화의 유지에 노력하고 침략적인 전쟁을 부인하고 있지만(헌법 5조), 아직도 우리나라는 침략자를 격퇴하는 자위의 전쟁과 침략자를 응징하는 제재의 전쟁을 할 필요가 있다.

현대전은 총력전이기 때문에 현역 복무자뿐만 아니라 전 국민이 나서야 한다. 직접 공격이나 간첩활동에 대응하고 군 작전에 협조하며 전시에 군 노무에 응해야 한다. 그렇기 때문에 여성을 포함한 개인뿐만 아니라 상위의 인격으로서 가족은 물론, 단체의 경우도 간접적으로 국방의 의무는 있다.

국가의 경우도 유엔헌장 51조에 개별적 또는 집단적 자위권을 가지고 있다. 제51조에서는 아래와 같이 명시하고 있다. "이 헌장의 어떠한 규정도 국제연합회원국에 대하여 무력공격이 발생한 경우 안전보장이사회가 국제평화와 안전을 유지하기 위하여 필요한 조치를 취할 때까지 개별적 또는 집단적 자위의 고유한 권리를 침해하지 아니한다. 자위권을 행사함에 있어 회원국이 취한 조치는 즉시 안전보장이사회에 보고된다. 또한 이 조치는 안전보장이사회가 국제평화와 안전의 유지 또는 회복을 위하여 필요하다고 인정하는 조치를 언제든지 취한다는 이 헌장에 의한 안전보장 이사회의 권한과 책임에 어떠한 영향도 미치지 아니한다."

교육의무(教育義務)는 헌법 31조에서 규정하고 있다.

우선 '모든 국민은 능력에 따라 균등하게 교육을 받을 권리를 가진다.'고 하는 것은 '교육의 기회균등'의 원칙에 따른 것으로 주로 경제적 이유나 지역적·시간적 이유로 현실적으로 교육을 받을 수 없을 때에 국가에 요구하는 권리이다. 이 원칙을 실현하기 위해서는 광범위한 무상교육제도, 학비보조제도, 급비제도, 장학제도는 물론, 학교를 지역적·종별적으로 공평하게 배치할 것, 직장인의 수학을 위하여 야간제·학점인정제·독학제 및 원격교육 기타 특수한 교육방법을 개발할 것 등 일련의 적극적 수단이 필요하다.

둘째, '모든 국민이 그 보호하는 자녀에게 적어도 초등교육과 법률이 정하는 교육을 받게 할 의무진다.' 이 의무는 국민의 교육 수준을 향상시킴으로써 국민의 능력향상, 국력의 향상, 인류 문화의 발전에 이바지한다는 목적을 가지고 있다. 우리나라는 2005년 교육기본법 개정으로 중등교육이 무상으로 이루어지고 있으며, 고등학교는 2017년부터 시행한다.

셋째, '의무교육을 무상으로 한다.' 이것은 당연하다. 유상이라면 의무교육이 아니다.

넷째, '국가는 평생교육을 진흥해야 한다.' 급변하는 사회 속에서 또 수명의 연장, 불의로 상실된 기회를 되살리고, 새로운 지식과 불비한 내용 등에 대해 재교육 또는 보수교육을 실시함으로써 능력을 유지하고 향상시키며, 은퇴 없는 삶을 유지하게 하기 위함이다.

이와 같이 교육의 권리와 의무는 개인과 가족, 단체 및 국가도 의무적으로 또 자율적으로 지고 있다. 교육의 의무는 근로의 의무와 같이 상위 인격에 부여된다.

근로의무(勤勞義務) 또는 근로권은 '안톤 멩거(1841~1906)' 이래 유력한 사회사상으로서 독일의 '바이마르헌법'에서부터 채택되었다.

헌법 제32조는 근로할 권리와 의무 및 국가유공자의 기회우선에 관하여 규정하고 있다. 근로권이라 함은 노동을 할 능력이 있는 자가 생계 및 자아성취를 위해 노동할 기회를 사회적으로 요구할 수 있는 권리를 말한다. 실제로는 노동을 할 능력을 가지고 있으면서도 취업할 수 없는 자에 대해서 국가 또는 공공단체가 최소한 보통의 임금으로 노동의 기회를 제공하고(공공근로사업), 만약 그것이 불가능할 경우에는 상당한 생활비를 지급할 것을 요구하는 권리(생계보조비)라고 할 수 있다.

가족의 경우 헌법 제32조 6항에서 예시하듯이 명백하며, 근로의 권리·의무는 노동조합을 구성하여 실현할 수 있으므로 단체에게도 부여된 권리이다.

이와 같이 근로의 권리와 의무는 국가로부터 개인은 물론 가족 그리고 단체에게 주어진다. 무엇보다 이 권리가 잘 실현되는 것이야말로 최대의 복지다. 자아를 성취하는 기회이며 건전한 행복을 추구하는 방법이기 때문이다. 단지 먹을 것을 던져 주는 복지정책은 경제발전을 저해하며 퇴폐적인 사회를 만들거나 인간을 사육하는 것이 된다. 따라서 양질의 근로 기회는 유토피아를 향한 기틀이다.

헌법 제35조는 환경의무(環境義務)에 대하여 규정하고 있다. 폐기물관리법, 공유수면 관리 및 매립에 관한 법률, 환경정책기본법, 해양환경관리법 등에서 개인에게는 쓰레기 무단투기금지, 가정에서는 감량화, 기업체는 방지시설의무, 국가와 지방공공단체에도 부과되는 의무이다.

이 환경권의 관리 요인에는 소음, 열·빛 등의 전자기파, 진동, 분진, 매연, 오폐수, 폐기물 등 인간 삶에 나쁜 영향을 미치는 모든 것이 포함된다. 이 환경에 관하여는 권리이자 의무를 지닌다. 건강하고 쾌적한 환경에서 생활할 권리이자, 이를 보존하고 개선할 의무이다. 개인이나 가족은 물론 단체나 국가에 까지도 부과되는 의무이다. 이는 해양법에 관한 해양환경의 보호와 보전(국제연합협약

1982. 4. 30.) 등에 의하여 부여된다.

(4) 주권(主權, Sovereignty)

주권은 국민과 영토와 함께 국가를 성립시키는 한 요소이며, 국가가 존재하는 존재양태이다. 국가는 가족이나 단체의 상위의 인격체로서 주권을 가지고 세계 속에서 외교행위를 한다. 이때 국가는 세계 속의 다른 국가와 동일한 지위를 가지며 국제법상 어떠한 다른 국가의 권력에도 복종하지 않는다.

대한민국의 주권은 헌법 제1조 2항에서 "대한민국의 주권은 국민에게 있고 모든 권력은 국민으로부터 나온다."고 규정되어 있다. 이것은 국가의사의 최종결정권자이자 근원을 의미한다. 국민 전체는 양적으로 하나로서 국가를 의미하고, 국가는 주체성과 자유를 가진 한 존재자로서 대외적으로 배타성과 독립성을 가진다는 의미이다. 주권은 단체의 상위의 인격으로서 국가의 권리이다.

주권 개념은 16세기 프랑스 봉건영주들과 왕의 대결에서 왕을 지지하기 위해서 장 보댕(1530~1596)이 만들었다. 이후 존 로크(1632~1704)와 장 자크 루소(1712~1778)는 국가권력은 국가와 시민과의 계약에 의해 시민들이 권리를 국가에 위임했다는 이론을 세웠다. 그래서 영국은 봉건주의에서 민족주의로 이행되었고, 1776년 미국독립선언서에서 인민주권주의로 발전한다. 이어 주권은 1791년 프랑스 헌법에서 규정되었다. 주권은 유기적으로 조직된 상위의 인격체인 국가가 가지는 것이다.

토머스 홉스(1588~1679)는 주권은 힘이라고 주장했다. 그래서 국제관계는 힘의 실현장으로 변했다. 그 후 헤이그 회담(1907)으로 전쟁

수행지침을 제정한다. 또 국제연합의 전신인 스위스 제네바의 국제연맹은 전쟁수행권리를 제한했다. 또 파리협정(1928,부전조약)은 국제분쟁의 해결책이나 국가의 정책수단으로서 전쟁을 일으키지 않을 것을 약속했다. 그리고 현재 최고의 인격체인 국제연합(UN)은 국제연합헌장에 국제적 분쟁은 세계 평화와 안전 그리고 정의가 위험에 처하지 않는 방식으로 평화로운 수단에 의해 해결해야 하며 회원국에게 국제관계에서 무력에 의한 위협이나 무력사용을 금지하는 명령을 추가했다.

 그 후 세계 각국은 자국의 주권을 제약하는 법체계를 자발적으로 만들기 시작했다. 우리나라에서도 국제법은 국내법과 같은 지위를 차지하고 있다. 절대적이고 무제한적인 주권 개념은 더 이상 인정될 수 없다. 국제적으로 상호의존도가 증대되고, 국제관계가 힘의 정의라는 원리에도 제한이 되었다. 그래서 평화를 유지하기 위해 필요한 만큼 자신의 주권을 상위의 인격체인 UN에 이양하게 되었다.

 이처럼 자연스럽게 세계는 점점 하나로 긴밀히 조직화되어 가고 있다. 세계가 평화적으로 통일될 날이 머지않았다. 모든 국가는 전쟁포기 헌법을 만들고 군사통솔권을 UN에 양도할 날이 다가오고 있다. 주권을 분할하고 세계적 조직에 따름으로써 하나가 되어야 한다. UN은 세계정부의 화신이 되어야 한다. 그렇게 하여 세계는 정의(자유, 평등, 평화)와 복지의 실현으로 행복을 추구해야 한다. 유토피아는 지구에서 인간이 살아서 실현해야 할 인류의 중심가치로서 궁극적 과제이다.

 인간의 긴 역사 속에서 유토피아는 종교를 통해서 사회운동을 통해서 문학을 통해서 전 영역에 걸쳐 피를 토하면서도 끊임없이 표출되어 왔고 이 목표는 인간의 유전자 속에 명확히 게제(揭載)되어 있다. 또 역사의 흐름은 이렇게 단계적으로 이행하여 왔으며 앞으로도 계속해서 이행할 것이라는 확신은 항상 유지되어 왔다.

국가의 권리는 국가 간에 이루어지는 권리와 국내의 국민(자연인·가족·단체)과의 관계에서 이루어지는 권리로 나누어 볼 수 있다.

이런 관계에서 국가 간에서는 자연인과 같이 모든 권리와 의무가 변형된 형태로 존재한다. 아직 세계정부가 이루어지기 전이지만, 이런 것이 발전되고 세계정부가 선다면 최소한 우리 헌법의 권리·의무에 관해서 또 주권에 관해서 최고의 인격인 세계정부의 하위 인격이 가져야 하는 제한적인 권리의 규정은 불가피하다.

국가가 세계의 동등한 구성원으로서 외교와 국내 통치에서 가질 수 있는 국가 대 국가의 관계에서 성립되는 평등권과 자유권, 국방의무(영토수호권), 환경의무, 유엔 등 국제회의에서 이루어지는 세계 정치적 성격의 회의(참정권), 그에 따른 수익권, 요구할 수 있는 국제적 사회권, 유엔 등 회원으로서 납부해야 하는 분담금(납세의무), 국제사회에 제공해야하는 부조(扶助)적 복구 노동력 제공(근로의무), 인류의 공동 번영을 위해 후진국에 제공되는 교육의 지원(교육의무) 등이 이루어지고 있다.

〈2〉 행위

행위는 넓은 의미로서는 인간의 포괄적 목적활동으로서 사회 속에서 존재하는 방식이다.

(1) 행위의 규정

행위란 계층적 인격이 하나 또는 다수의 의사가 합치되어 의식적으로 가치실현을 목적으로 하는 생체적 운동이다. 이런 행위는 인간뿐만 아니라 모든 유기체에서 볼 수 있는 현상이다. 그러나 인간에게만 한정하기로 한다.

행위의 주체는 개인이기도 하지만 가족이나 각종 단체, 그리고 국가와 국제연합과 같은 인격이다. 이들은 항상 유기체로서 어떤 목표를 향해 있다. 먹고 자고 입고 배설하고 치장하고 사랑하는 일상적인 행위, 법률효과를 발생시키기 위한 법률행위, 주권 국가 간의 공권적 관계의 조정을 위한 외교행위, 자연의 합법칙성을 인식하기 위한 과학적 행위, 인류평화를 위한 국제연합의 조정행위 등이다.

(2) 행위의 성격

존재방식으로서 사회 속에서 이루어지는 인간(계층적 인격)의 행위를 살펴보면, 법률적 행위이며 사실 행위이며 외교행위, 통치행위, 자연적 행위(일상행위) 등이 있다. 행위는 인간의 정신작용이 신체적으로 표현된 것을 말한다. 이것을 법인이나 국가에 이르기까지 확대하면, 그 구성원들의 의결내용이 외부로 나타나는 것을 말한다.

인간의 존재방식은 가장 포괄적 표현으로 행위이다. 장소적 이동은 물론이고, 정적인 상태를 포함하는 목적에 의한 움직임과 정지이다. 행위는 의도적 움직임뿐만 아니라 반사적 움직임도 포함한다. 왜냐하면 반사적 움직임은 반복적 훈련에 의한 선 행동 후 인식이기 때문이다.

우리의 의도와 행동은 뇌의 활성이 일어난 후 6초 정도의 차이가 나타난다고 한다. 즉, 어떤 의도를 하기 위해 뇌의 활성이 있고, 그 결과로서 행동이 있음은 논리적으로 타당하다. 뇌의 활성과 행동이 동시에 일어나는 것이 아니라, 뇌의 활성이 일어난 후 6초 후에 행동이 이루어진다는 것이다. 상당히 긴 간격이다.

이때 의도된 일정한 행동을 반복적으로 훈련하게 되면, 어떤 상황에 대한 대처가 인식하기 전에 이루어진다. 즉, 상황의 발생이 있고 뇌의 활성화와 시간적 간격이 최소화된 거의 동시에 행동이 일어날 수 있다는 것이다. 이렇게 함으로써 사건 발생과 거의 동시에 반응이 이루어져, 위험에 대해 폭넓게 대처할 수 있다. 눈 깜박임도 이의 한 형태라고 할 수 있다.

행위는 인간의 속성이다. 행위 없는 인간 없고, 인간 없는 행위도 없다. 행위는 생체의 내부 또는 외부의 자극에 대한 판단과 결정에 따른 반응이기 때문이다. 이러한 행위는 심리학, 사회학, 윤리학, 예술, 경제학, 법학 등에서 인간 삶의 중요한 인식대상이다.

인간 행위의 동인(動因)은 사랑이다. 행위가 가능한 것은 필요와 욕구를 충족시키기 위한 것이다. 사랑은 존재자의 부족함에 의해 발생하는 만족을 추구하는 작용이다. 사랑의 마음이 발생하는 순간, 마음은 한곳(대상)으로 집중(사로잡힘 또는 현혹)되고 이를 향해 움직임(행위)으로써 대칭성이 깨어진다. 사랑은 행위를 가능케 하는 힘이며, 인간의 관계에서 대칭성 파괴의 원인이자 원리이다. 사랑이 관계를 맺는다는 차원에서는 상호작용이고, 관계를 맺게 하는 조건이라는 차원에서는 매개자다.

행위는 연관이다. 개인과 개인의 상호작용, 개인과 집단의 상호작용, 집단과 집단의 상호작용이다. 사랑은 계층적 인격형성의 원리다. 결혼, 조직결성 등이 그 예라 할 수 있다.

　행위는 일반적으로 유기체의 사회적 운동(활동)이다. 즉, 인간의 존재방식이다. 행위는 문화의 변화, 개인 습관의 변화이다. 인간의 개별행위가 집단에서 어떤 통일성을 가질 때 유행이 되고 관습이 되고 문화가 될 수 있다. 그리고 개인의 행위가 반복적일 때 습관이 될 수 있으며 행위가 효율적이고 능률적일 때 기술이 될 수 있다.

　인간 육체의 어떤 부분을 의도적으로 사용할 때엔 진화의 계기가 될 수 있다. 손(앞다리)을 사용하기 위해서 뒷다리로 몸을 지탱하는 데 쓴다면 서서히 직립보행이 가능해지고, 앞다리는 독립되어 손이 될 수 있다. 물고기의 지느러미가 육지에서 활동하는 데 사용된다면 훗날 다리로 진화할 수도 있다. 앞다리를 손으로 사용하고 뒷다리로 몸체를 지탱하는 데 사용하여 생활하는 개체가 오랜 기간 그 자손에게 그 기술을 전수해 오는 과정에서 후성적 유전형질의 변화로 직립이 가능해질 수 있다.

　이런 과정(진화의 역사)에서 같은 조상으로부터 다른 종이 나타날 수 있다. 야생아의 경우에서 보듯이 인간(늑대소녀)은 아직도 팔이 앞다리로 사용되는 데 별로 부족함이 없다.

　인간의 행위(Conduct, 行爲)란 개별 인간인 주체 및 집단적 인간인 주체들이 자연환경과 사회 환경 및 자기 자신에 대하여 가하는 의식적이고 목표 지향적이며 합목적적인 작용을 말한다.

　우선 행위는 철학적으로 행동과 다른 말로 분명한 목적이나 동기를 가지고 판단과 선택, 결심을 거쳐 의식적으로 실행하는 인간의 의지적 언행이다. 행동은 생물이 외부로부터의 자극에 대응하여 여러 가지로 활동하는 동작을 나타내는 것으로, 행위와는 다르다. 또 법률에서는 법률상의 효과 발생의 원인이 되는 의사(意思) 활동을 말하며, 심리학에서는 환경에서 유발되는 자극에 대하여 반응하는 유기체의 의식적 행동을 말한다. 또 활동의 개념으로는 생명체로서 생명현상을 유지하기 위하여 하는 포괄적인 목적 행동이나 작용을 말하기도 한다.

사회 속에서 인간의 행위는 선악이 있으며, 선을 추구한다. 선은 당 시대가 요구하는 인간상이며 기준이다. 인간의 인식에 있어서 참인지 거짓인지에 대한 기준은 자연과 사회에 대한 실천이다. 이 실천을 통해 인식과 실재를 비교하여 참과 거짓을 구별한다.

이와 같이 인간 행위도 사회에 대한 실천을 통해 선악이 구별되지만, 당 시대가 요구하는 상황과 조건에서 선악의 표준은 교육을 통해 각인된다. 그리고 집단 내에서 묵시적으로 승인 또는 법률적 규정으로 일탈을 제재함으로써 선악을 실제로 구별한다. 하지만 짐승과 같은 강자의 원리에 따르는 방법은 제거되어야 한다.

실천(practice, 實踐)은 자연이나 사회에 작용하여 그것들을 변혁시키려고 하는 인간의 의식적·능동적 활동으로 생활의 장(場)에서 실제로 행위를 하는 일이며, 생산적 실천, 사회적 실천, 정치적 실천, 도덕적 실천, 종교적 실천, 예술적 실천 등 적용하려는 영역에 따라 구분할 수 있다. 실천은 내게 있어 적용이다.

인간의 존재방식은 동작을 요소로 하며, 행위의 집합을 활동이라 규정한다. 동작의 집합이 행위이고, 행위의 집합이 활동이다. 행위는 하나의 구체적 목적을 가지고 있고, 활동은 포괄적 목표를 가지고 있다. 동작은 하나의 목적을 실현하는 절차적 움직임의 한 단계이며 하나의 요소다. 그래서 동작은 단어에 해당하고, 하나의 의미를 갖는 움직임이다.

행위는 활동의 부분을 구성하며, 단일한 하나의 사회적 목적을 가지고 있다. 그래서 행위는 문장과 같이 완결된 내용을 나타내는 최소 단위이며, 활동은 종합적이고 포괄적인 목적을 수행하는 것으로 행위들의 집합으로 이루어진다. 정치활동, 문화활동, 봉사활동, 연구활동, 놀이 등과 같이 하나의 포괄적으로 구체화된 목적을 이루어 낸다.

(3) 행위의 계층

행위는 하나의 목적을 실현하는 동작들의 집합이다. 이에 비해 동작은 하나의 목적을 실현하는 데 필요한 요소로서 하나하나의 의미 있는(목적 실현에 유효한) 움직임이다. 또 활동이란 종합적인 목적을 실현하기 위한 행위들의 집합이다.

비교하자면, 하나의 완성된 문장이 행위에 해당하고 이를 구성하

과학의 통일 통일의 과학

는 단어가 동작이며 하나의 이야기가 활동이라 할 수 있다. 예를 들어 〈백조의 호수〉라는 작품이 춤으로 실현된 완결된 활동인데 이때 이를 완결 짓는 하나의 생각이나 감정을 표현하는 하나의 목적이 완결된 연결 동작이 행위이고 행위를 구성하는 요소로서의 움직임이 동작이다. 물론 하나의 동작이 하나의 행위를 구성할 수도 있다.

(4) 행위의 분류

행위란 계층적 인격이 하나 또는 다수의 의사가 합치되어 의식적으로 가치실현을 목적으로 하는 생체적 운동이다. 이런 행위는 인간뿐만 아니라 모든 유기체에서 볼 수 있는 현상이다. 그러나 인간에게만 한정하기로 한다.

행위는 크게 인간관계를 목적으로 하는 행위와 사물변형을 목적으로 하는 행위로 나눌 수 있다. 다시 인간관계를 목적으로 하는 행위는 법률효과를 목적으로 하는 행위와 그렇지 않은 일상행위로 나눌 수 있고, 사물변형을 목적으로 하는 행위는 생산행위와 소비행위로 나눌 수 있다. 소비는 포괄적으로 문화활동과 같다.

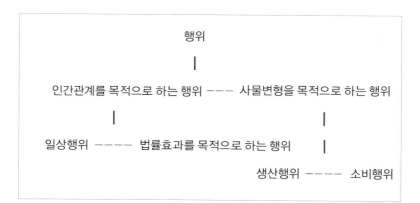

우선 법률효과를 목적으로 하는 행위는 인간이 사회를 이루고 살아가는 한, 권리의 '발생-변경-소멸'을 따지지 않을 수 없다. 이것은 국내법은 물론이고 국제법까지 확장해 본 것으로, 다음과 같이 나눈다. 계층적 인격으로서 집단은 내부결정을 통해 하나의 주체로서 행위를 한다. 하나의 집단이 하나의 인격으로 행위 할 때 하나의 주체로 본다.

법률효과를 목적으로 하는 행위10)는 법률행위와 준법률행위 및 사실행위로 나눌 수 있다. 이들은 의사표시의 유무에 의해 구별된다. 법률행위는 반드시 의사표시를 요건으로 하여 법률효과를 발생하며, 준법률행위는 법률의 규정에 의하여 의사표시를 한 것으로 봐 주는 것이며, 사실행위는 일정한 행위를 한 것만으로 의사표시를 한 것으로 보는 것이다.

법률의 효과, 즉 권리가 발생하고 변경되고 소멸시키려는 목적으로 하는 행위를 하기 위해서는 상대방이 있어야 하고, 목적(내용)이 있어야 하며, 그 목적을 표시(의사표시)하여야 한다.

법률행위는 상대방이 특정되어 있는 경우와 특정되어 있지 않은 경우로 나눌 수 있다. 전자를 '상대방 있는 행위', 후자를 '상대방 없는 행위'라 한다. 상대방 있는 행위에는 상대방의 의사와는 상관없이 일방적으로 하는 일방행위와 상대방의 의사와 서로 합치되어야 하는 쌍방행위가 있다. 후자의 경우가 계약과 합동행위이다.

일방행위에는 단독행위와 공동행위가 있다. 단독행위는 하나의 주체에 의해 하나의 의사표시에 따른 행위이고(계층적 인격으로서 하나의 집단이 내부결정으로 하나의 의사를 가지고 하나의 주체로 행위를 하는 것을 포함한다) 공동행위는 다수의 주체에 의한 독립적인 의사표시가 우연히 하나의 방향으로 향해 있는 다수의 행위이다.

공동행위가 합동행위와 다른 점은 합동행위가 다수의 주체들의 의사표시가 하나로 합치되어 일시적 또는 영구적으로 하나의 체계를 형성함으로써 상위의 인격체를 형성하는 것이나, 공동행위는 각각의 주체가 각각의 의사표시에 의해 공통된 각각의 목적을 달성하려는 다수의 행위이다. 합동행위가 단체를 설립하려는 사단법인 설립행위, 조합결성, 결혼 등 인격을 형성(단체설립)하려는 행위라면 공동행위는 다수의 인격이 각각 하나의 동일한 목적을 향해 우연히 모여 행위를 하는 것이다.

적절한 예로는 집단소송이 있다. 이때 집단은 내부결정을 통해 하나의 의사표시를 하는 것이 아니라 우연히 각각의 의사표시가 동일할 뿐이다. 단지 일의 편리성을 도모하기 위해 하나로 취급할 뿐이다.

상대방 있는 단독행위는 자기 자신을 대상으로 하는 자기행위와 자기 이외의 상대방을 대상으로 하는 상대행위가 있다. 자기 자신의 권리 변동을 목적으로 행위를 하는 것도 가능하다. 또 상대방을 향한 상대행위도 가능하다.

법률행위 중 상대방 없는 행위로는 단독행위와 공동행위가 가능하다. 그러나 상대방 있는 단독행위와 같이 상대방이 전제되지 않으므로 상대행위란 있을 수 없다.

법 이론에서는 단독행위를 자기행위와 상대행위로 구분하지 않는다. 이것은 상대방 없는 단독행위와 함께 법률행위를 하는 대상의 세 형태를 규정할 수 있다는 말이다. 상대방 없는 단독행위는 상대방을 특정하지 않고 한 법률행위이고, 상대방 있는 단독행위 중 자기행위는 자신을 대상으로 하는 법률행위이며 상대행위는 특정인에게 일방적으로 하는 법률행위이다.

법률효과를 목적으로 하는 행위								
법률행위							준법률 행위	사실 행위
상대방 있는 행위					상대방 없는 행위			
일방행위				쌍방 행위	단독 행위	공동 행위		
단독행위		공동행위						
자기 행위	상대 행위	자기 행위	상대 행위				의사 통지 관념 통지 감정 표시	선점/ 유실물 습득/ 사무 관리/ 사실혼
사회 이탈/ 해산/ 합의 이혼/ 자살/ 한정 치산 · 금치산 신청/ 포기/ 재단 법인 설립	선전 포고/ 취소/ 추인/ 해제/ 상계/ 동의/ 모라토 리움/ 명령	집단 자살/ 국가 이탈/ 집단 포기	담합/ 동맹/ 집회/ 집단 소송/ 공동 헌금 (종교 단체)	법률혼/ 계약/ 조약/ 카르텔	유언/ 기부	공동 기부 (모금 행사)		

다음은 인간관계를 목적으로 하는 행위 중에서 법률효과를 목적으로 하지 않는 일상행위에 대한 것이다. 법률효과를 목적으로 하는 행위를 '법률적 인간관계'라고 한다면, 일상행위는 '자연적 인간

관계'라고 할 수 있다.

일상행위는 상대방 있는 행위와 상대방 없는 행위로 나눌 수 있다. 상대방 없는 행위는 단독행위와 공동행위로 나눌 수 있고 상대방 있는 행위는 일방행위와 쌍방행위로 나눌 수 있다. 다시 일방행위는 단독행위와 공동행위로 나누며 단독행위와 공동행위는 자기행위와 상대행위로 나눌 수 있다.

일상행위						
상대방 있는 행위					상대방 없는 행위	
일방행위				쌍방행위	단독행위	공동행위
단독행위		공동행위				
자기 행위	상대 행위	자기 행위	상대 행위	두레/ 동거 (사실혼)/ 계/ 놀이/ 커뮤니 케이션	등산/ 노동/ 기도/ 식사/ 청소/ 치장/ 감상/ 학습	줄서기/ 보행 질서/ 교통 질서
포기/ 일탈행위/ 자기혁신/ 연습행위	명령/ 취소/ 지시/ 승낙/ 예의 범절/ 칭찬/ 안내	연습 행위/ 포기	응원/ 놀이/ 품앗이			

다음은 인간의 행위 중 사물변형을 목적으로 하는 행위이다. 이 사물의 변형을 목적으로 하는 행위는 생산행위와 소비행위로 나누어 볼 수 있다.

우선 생산행위는 자연을 변형하는 행위와 주체를 변형하는 행위 및 생산물을 다시 변형하는 행위가 있다. 자연을 변형하는 행위는

153

산업의 분류상으로 보면, 농업·목축업·어업·임업·광업·원유 추출 등 일차산업에 해당한다. 생산물을 변형하는 행위는 산업분류상 이차산업에 해당하는 분야다. 일차산업에서 생산된 생산물을 원료로 하는 제조업·건설업 등이고, 주체를 변형하는 분야는 교육과 서비스업 등 삼차산업에 해당한다.

자연을 변형하는 행위는 물질적인 자연을 인공물로 변형하는 행위와 관념적으로 변형하는 행위, 인간의 행위로 변형하는 행위 및 자연으로서 인간을 사회화된 인간으로 변형하는 인격적 변형이 있다.

먼저, 생산물을 변형하는 행위는 자연을 변형하는 행위의 결과물인 일차적 생산물이나 이를 다시 변형시킨 변형물을 다시금 새로운 목적으로 변형하는 것이다. 물질적 생산물의 변형과 관념적 생산물의 변형, 행위적 생산물의 변형 및 인격적 생산물의 변형이 이에 속한다. 그리고 인격적 변형이란, 자연으로서의 인간 또는 이미 일차적으로 변형된 사회인을 다시 사회 환경의 변화에 맞추어 재변형하는 경우를 말한다.

주체가 주체를 변형하는 경우에는 계층적 인격이 일방적으로 하는 경우와 타인과 함께 쌍방이 함께하는 경우가 있다. 일방행위와 쌍방행위이다. 일방행위에는 혼자서 하는 단독행위와 여럿이 하는 공동행위가 있으며, 다시 단독행위와 공동행위는 자기행위와 상대행위로 나눌 수 있다.

생산행위(대상을 변형하는 행위)						
자연을 변형하는 행위	주체를 변형하는 행위					생산물을 변형하는 행위
물질적 생산 농지개간 도로 건설 자연과 분리 품종개량 키우기 길들이기	주체를 변형하는 행위				쌍방행위	물질적 생산물 조립, 접합, 분리, 분해, 가공, 건축
	단독행위		공동행위			
	자기 행위	상대 행위	자기 행위	상대 행위		
관념적 생산 그림, 조각 이야기(신화) 앎, 경험 행위적 생산 모방(권법) 인격적 생산 교육	독학/ 단련/ 치장/ 화장/ 자기 혁신	교육 훈련	자기 혁신	군사 훈련 매스 게임	두레/ 결혼/ 회사설립/ 조합	관념적 생산물 이차 저작물 행위적 생산물 행동교정 인격적 생산물 재교육

소비행위는 대상을 실재적·관념적으로 자기화하는 것이다. 다른 관점에서 보면, 주체가 자신을 변형시키는 행위이다. 소비행위란 생산물이나 자연물 등을 그 목적에 맞게 또는 소비 의도에 적합하게 이용하는 것이다. 그래서 소비행위는 자연을 변형하지 않고 직접 이용할 수도 있다. 가령 달의 모양을 보고 시간을 인식하는 경우이다.

실제로 소비행위는 써서 없애는 것이 아니라 소비자 자신을 유지하고 변형시키는 생산행위의 측면을 포함하고 있기 때문에 오히려 생산행위라고 할 수 있다. 소비자인 주체를 새로운 주체로 생산하는 것이다.

소비행위를 그 대상별로 나누면 자연을 대상으로 하는 소비행위, 주체를 대상으로 하는 소비행위, 생산물을 대상으로 하는 소비행위이다. 자연을 대상으로 하는 소비행위는 물리적 소비와 화학적 소비 및 생물학적 소비로 구분이 가능하다. 물리적 소비는 자연이 제공하는 물리적 현상을 소비하는 것이다. 바람, 물, 공기, 흙, 햇빛 등을 이용하는 것이다. 화학적 소비는 물리적 소재의 화학적 성질을 이용하는 것이며, 생물학적 소비는 소재로서 생물을 이용하는 것이다. 생산물을 대상으로 하는 소비행위는 그 생산물의 형태에 따라 물질적 생산물의 소비, 관념적 생산물의 소비, 행위적 생산물의 소비, 인격적 생산물의 소비로 나눌 수 있다. 특히 생산물을 대상으로 하는 소비행위는 사회학적으로 보면 문화활동이다.

주체를 대상으로 하는 소비는 주체가 주체를 소비하는 것이라 이해해서는 안 된다. 주체는 소비물이 될 수 없다. 이것은 생산물로서의 자격에서 논의할 수 있다. 이것은 주체가 자신의 행위로서 필요와 욕구를 만족시키는 서비스 행위이며, 다른 주체와 함께 필요와 욕구를 만족시키는 행위이다. 그래서 주체를 대상으로 하는 소비는 단독행위와 협동행위로 구별 가능하다.

단독행위는 자기행위와 상대행위로 나눌 수 있으며, 협동행위는 그 성격에 따라 대항행위와 협력행위로 나눈다.

소비행위(자기를 변형하는 행위)						
자연을 소비하는 행위	주체를 소비하는 행위					생산물을 소비하는 행위
물리적 소비 등산, 수영 일광욕, 풍욕 그늘, 서핑 관광, 살균	단독행위		협동행위			물질적 생산물 취식, 이용
	자기 행위	상대 행위	대항행위	협력행위		
화학적 소비 음수(飮水), 호흡, 생물적 소비 사파리 동물의 경고음 발효	체조/ 산보 (散步)/ 노동	대리 행위/ 심부름	(스포츠) 축구 농구 야구 펜싱	품앗이/ 맞들기		관념적 생산물 감상, 이해 행위적 생산물 사용, 따라 하기 인격적 생산물 서비스

(5) 인간 행위를 지배하는 법칙

인간 행위를 지배하는 법칙은 자연을 지배하는 법칙과 같이 원인을 지배하는 법칙과 방향을 지배하는 법칙, 과정을 지배하는 법칙 그리고 결과를 지배하는 법칙으로 나타난다.

먼저 행위의 원인을 지배하는 법칙은 필요와 욕구의 법칙이다. 필요와 욕구의 법칙은 부족함에 의해 발생하는 것이므로 부족(不足)의 법칙이다. 인간이 살아가면서 필연적으로 발생하는 생리적 · 기계적(물리적) · 활동적 부족함은 보편적 현상이다.

생리적 부족함은 신체 내외에서 발생하는 생리적 변화에 대한 지각(知覺)으로 이루어진다. 이것은 모두 정신적 형태로 드러나며, 포괄적으로 욕구다.

그리고 기계적 부족함은 물리적 부족함이다. 인간의 생체는 그 구성 물질로 보나 구조적으로 보나 자연을 자기화하는 데에서 매우 열악하다. 외부의 자극에 대한 것이나 대상에 대한 작용에서 인간의 신체는 취약하다. 이럴 때 능력을 증진하는 도구의 생산을 통해 안전이나 편리, 건강, 쾌적, 여가 등을 확보하고 증진하지 않으면 안된다.

또 활동의 부족함은 인간이 사회 구성원으로서 살아가야 할 운명에서 구성원 간에 필연적으로 충돌이 발생하고 활동에 제약을 받게 마련이다. 이때 이것이 피할 수 없는 것이라면, 부여된 조건에서 자유와 평등과 평화는 실현해야 할 목적이고 가치가 된다.

행위의 방향을 지배하는 법칙은 이기(利己)의 법칙이다. 이것은 생명체라면 가지게 되는 생존을 위해 부족함을 채우려는 의지다. 경제적 관점에서는 '이익'이라 말하며, 심리적 관점에서는 좋은 것, 즉 '만족'이다. 이것은 곧 행복이다. 인간의 행위는 무어라고 하던 자기의 만족을 지향한다. 이것은 당연한 귀결이고 당위(當爲)이다.

그렇다면 당위의 목표로서 좋은 것, 이익이 되는 것, 만족스러운 것으로 규정할 수 있는 것이 선(善)이다. 선은 인간 행위가 지향하는 심리적 최종 상태로서 만족이다. 그리고 '인간 행위는 이렇게 해야만 한다'는 당위이다. 이기법칙은 인간의 행위가 만족을 향한다는 점에서 만족의 법칙이며, 생존을 위해서 이익을 취하라는 의지에 대한 명령으로서 이기법칙이며, 마땅히 그렇게 할 수밖에 없다는 점에서 당위법칙이다.

선은 생명체의 생존원리다. 생존에 요구되는 모든 가치를 실현하지 않고서는 삶이 유지되거나 그 삶은 행복할 수 없기 때문이다. 선은 생산의 목적을 구성한다. 구체적으로 요구되는 가치의 실현은 생산의 목적과 같기 때문이다. 이어서 선의 통일적 종합은 가치체계를 형성한다. 추구하는 최고의 목표로서 행복을 실현하기 위해 구체적인 가치들의 종합은 체계를 형성하기 때문이다. 선은 인간이 사회 구성원으로서 살아가는 동안 타인과의 관계에서 선과 악으로 평가된다. 나의 선이 타인에게 불행을 초래할 때도 있기 때문이다. 선은 실천에 있어 의지에 대한 무조건적 명령이다.

이기(利己)는 자기의 이익을 꾀하는 것이다. 이때 자기는 개인일 수도 있고 가족이나 단체, 국가일 수도 있다는 사실이다. 더 나아가 인류일 수도 있다. 신경계를 가지고 판단하는 주체가 어떤 입장이냐에 따라 그 행위는 계층적 인격의 어느 한 경우인지가 결정된다.

물론 인간의 행위는 이타성(利他性)을 보인다. 하지만 이것이 순수한 이타적 행위일까? 나는 단적으로 이 또한 이기라고 본다. 불확실한 미래에 대한 저축이다. 후일 내 처지가 역전될 경우에 누군가가 그렇게 해 줄 것이라 전제하는 것이다. 이렇게 볼 때, 이타성은 살아가기 위한 관습화된 전략이다. 진화과정에서 사회를 구성하고 살아가는 동식물에겐 집단을 구성하고 협동할 때 살아남을 수 있는 가능성이 크다는 자연법칙일 것이다. 집단을 형성하고 협동할 때 위험에 대한 대처 능력과 인식이 증대되는 등 자신의 작은 희생으로 더 큰 이득을 볼 수 있다는 이기행위이다.

또한 생명체로서 인간에겐 동일시 능력이 있다. 타인의 처지에 대한 동일시 능력은 타인의 심리상태를 예측하고 그의 행위를 예측케 한다. 이럴 때 그의 슬픔이 나의 슬픔이 될 수 있음은 물론 그를 돕지 않는다면 내게 해를 입힐 수 있음을 알기 때문이다.

행위의 과정을 지배하는 법칙은 자유의 법칙이다. 자유는 정신적 자유와 신체적 자유로 구분한다면 신체적 자유와는 달리 정신적 자유는 제약하거나 제거될 수 없다. 그렇다면 정신적 자유는 신체적 자유를 존재하게 하는 원인이므로 신체의 자유 또한 제거될 수 없다.

인간 행위를 충동질하는 의지는 어떤 경우라도 구속할 수 없고, 단지 사회규범에 따라 실천으로서 행위가 망설여질 뿐이다. 이마저도 빈틈을 노리다 기습적으로 표출된다. 행위의 자유를 진정 구속하는 것은 자연법칙과 당대에 도달한 기술이다. 이것은 의지가 어떤 충동질을 하더라도 뛰어넘을 수 없다.

인간의 행위는 실천에 앞서 항상 선택의 문제에 봉착한다. 선택은 우선 목적(가치)을 선택하여야 하며 다음으로 목적을 실현시킬 대상을 선택하여야 하고 대상을 변형시킬 기술을 선택하여야 한다. 자유는 인간의 행위에서 보편성을 가지고 모습을 드러낸다.

행위의 결과를 지배하는 법칙은 사회규범이다. 인간의 행위를 구속하는 요인으로서 자연법칙과 기술의 문제를 제외하면 관습과 도덕 및 법률로서 사회규범이다. 이것은 인간이 자유의 법칙에 따라 그 어떤 선택된 행위를 하더라도 자유이지만, 사회 구성원으로서 이해가 상충될 때 사회규범에 따라 유도하고 제재한다는 것이다.

여기에서 유도하는 것은 상(賞)을, 제재하는 것은 벌(罰)을 의미한다. 상(賞)은 당 시대의 그 사회 그 집단이 요구하는 인간상에 대한 설정에 적합할 때 표본으로 설정하고 이에 따르도록 유도하는 방법이며, 벌은 그 반대일 때 본보기를 보여 주면서 재발(再發)을 방지하고 이를 회피하도록 유도하는 방법이다.

〈3〉 사회(시공사회)

사회는 인간이 존재하는 시공으로서 존재형식이다. 존재형식으로서의 사회는 인간 삶의 장이다. 대한민국이라는 영토는 대한민국 국민의 삶이 보장되는 시공이다. 물질의 운동에 있어서 그 마당은 시공이듯이 말이다. 물질에 있어서 물질 없는 시공이란 존재하지 않고, 반대로 시공 없는 물질 또한 존재하지 않는다. 이와 같이 인간 활동(삶)에 있어 장(場)은 사회다. 인간이 없는 사회란 있을 수 없고, 사회 없는 인간이란 있을 수 없다. 그래서 사회란 인간의 활동 공간이다.

물리학적으로 시공은 빈 곳이 아니다. 보통물질의 다른 상태인 암흑물질과 진공에너지로 꽉 차 있다. 시공은 물질의 여러 형태를 동시에 가진다. 보통물질, 암흑물질(웜프), 진공에너지($-2m_0c^2$ 준위의 물질)이다. 이런 차원에서 보면 인간은 보통물질이며, 공간은 보통물질의 다른 형태로서 운동이 가능한 상태인 기체와 암흑물질 그리고 진공에너지로 꽉 차 있다. 공간은 보통물질의 다른 상태이다.

사회는 인간에 있어 물리적 시공간이다. 이를 '시공사회'라고 규정한다. 인간은 그 신체적 제약성에 따라 지표(地表)를 따라 평면 운동(2차원적 운동)을 한다. 과학과 기술의 발달은 비행기의 발명이나 잠수함의 발명으로 인해 제한적이지만, 3차원적 운동이 가능하다. 그러니까 지표에서의 운동에서 드물게는 심해나 하늘을 더 나아가 달이나 더 먼 우주에까지 나가기도 한다. 인간의 물리적 운동 범위가 순수하게 시공사회이기 때문에 전체로서의 시공사회는 인간의 활동과 더불어 팽창하고 있다.

　현대에 와서 시공사회는 국가적 단위로 형성된다. 국가는 주권을 가지고 일정한 지리적 경계를 지닌 영토에서 대내(對內)에 대한 통치 행위나 대외(對外)에 대한 외교 행위를 한다. 그러니까 현대 사회는 국가를 단위로 권리를 가진 인격이 상호작용하는 곳으로, 지표(地表)를 토대로 형성된다. 그러나 상위의 인격체인 UN이나 국가 간의 조약 등에 의해 세계적(전 지구적)으로 계층적 인격체들이 활동할 수 있게 되어 가고 있다.

　우리 헌법 3조에는 "대한민국의 영토는 한반도와 그 부속도서로 한다."고 명시되어 있으며, 부속도서로서는 제주도 남쪽에 있는 마라도(북위 33도 07분, 동경126도 16분/동경 125° 10분 56.81초, 북위 32° 07분 22.63초의 이어도는 우리의 관할이다)와 울릉도 동쪽에 있는 독도(동경 131° 55′, 북위 37°25′:경상북도 울릉군 울릉읍 독도리 1-96번지)에 이른다.

　영토는 영해와 영공을 포함한다. 영토는 불가침의 영역으로서 이 속에서 인간(국민)들이 하나의 조직을 형성하고 유기적 시스템을 통하여 살아간다. 한국민족문화대백과에서는 동으로는 동경 131도 52분에 이르고 서쪽으로는 동경124도 11분에 이르며, 남북으로는 북위 43도 1분에서 남쪽으로는 북위 33도 06분이라고 말한다. 기록에 의하면, 부속도서는 약 3,300개에 달한다.

　바다와 접해 있는 나라는 영해를 가진다. 영해는 연안해라고도 하며 연안국의 주권이 미치는 해양지역으로 1982년 UN해양법 회의에서 국제해양법조약에 따라 12해리로 정의되었다. 연안국의 주권은 영해의 상공과 해저 및 그 지하에 입체적으로 미친다. 그렇기 때문에 영토는 입체적 개념이며 영해 내에서는 어업은 물론 자원의 개발을 독점할 수 있다.

주권이 미치는 범위는 하늘에도 있다. 영공은 영토와 영해의 한계선에서 수직으로 그은 선의 내부공간을 말한다. 영공의 높이 범위는 항공기와 인공위성의 발달로 논란이 되고 있지만, 명확한 규정은 없고 대기권에 한정된다는 것이 일반적이다. 그 이상은 우주공간으로서 주권이 미치지 않는다.

근래 북한이 미사일을 쏘아 남한이나 일본의 하늘을 지나갈 때, 만일 우주공간으로 날아간다면 국제법상 문제 제기가 어렵다는 뉴스를 접한 적이 있다. 하지만 국제항공협약이나 국제민간항공협약에서는 무한정으로 인정한다. 물론 협약을 맺은 나라에서만 가능하다. 국제적으로 모든 나라에 적용할 수 있는 세계적인 법률은 없다. 차후 전 지구적 세계정부가 성립되면 세계법이 제정될 것이다.

사회는 인간 조직의 체계의 체계다. 국가로서의 사회는 정치적으로 보면 하나의 행정체계다. 우리나라의 경우 최상위에 정부를 두고 그 아래에 '시 · 도─시 · 군 · 구─읍 · 면 · 동─리─반─호'로 이루어져 있다. 또 인격의 관점에서 보면 계층적 인격이다. '개인─가족─단체─국가'의 계층체계를 이루어 있기 때문이다. 그래서 체계로서 집단은 그 구성원에겐 시공사회이다.

사회는 시스템이다. 시스템은 어떤 목적, 즉 정치적 · 경제적 등의 목적을 실현하기 위해서 체계적으로 조직화되고 규칙적으로 상호 작용하는 '인간─수단 체계'의 집합이다. 가정, 학교, 기업, 국가 등이 이에 속한다.

시스템을 '어떤 목적을 달성하기 위한 질서 지어진 절차나 체계 및 조직'이라고 정의한다면, 사회는 전체로서 하나의 시스템이다. 이때 시스템은 정적인 체계나 조직을 의미하는 것이 아니라, 그 체계나 조직이 목적을 수행하는 요소들의 동적 상태나 그 흐름을 가지고 있는 체계나 조직을 의미한다.

사회는 경제 시스템이다. 원료의 생산과 가공을 거쳐 완성된 상품이 기업(생산자)에서 소비자에 이르는 관계가 성립되어 소비자의 의견이 생산자에 이르고, 생산자는 소비자의 의견을 반영하는 유통시스템(distribution system)이다. 이로써 상품의 생산과 소비의 전 과정은 하나의 체계를 구축하면서, 마치 유기체와 같은 조직으로 활동한다.

사회는 네트워크이다. 행정망, 항공망, 해운망, 도로망, 통신망, 혈연관계, 지연관계 등이다. 사회는 물리적 시공에서 인간집단이 다양한 목적으로 상호작용하는 그물망 구조를 가지고 흐름을 형성한다. 우선 사회는 일정한 영역 안에 존재하는 도시와 도시를 통하는 교통망으로 짜여 있다. 교통망은 물자와 정보, 인간을 이동시키는 시스템이다.

그리고 사회는 개인과 개인, 집단과 개인, 집단과 집단을 연결하는 통신망으로 흐름을 형성하고 있다. 통신망은 인터넷, 유무선 전화, TV 등을 통하여 연결되어 하나로 짜여 있다. 뉴스를 통해 보았지만, 미국의 오바마 대통령은 우리나라의 정보망을 매우 부러워한다. 한국의 국민은 100% 인터넷과 연결되어 있기 때문이다.

몇 년 전 우리나라는 전자정부법에 따라 전자정부를 실현했다. 우리의 국가(시공사회)가 완전히 전자통신망으로 확립된 것이다. 이를 실현한 법률(전자정부법)의 목적은 정보기술을 활용하여 행정기관 및 공공기관의 업무를 전자화하여 상호 간의 행정업무 및 국민에 대한 행정업무를 효율적으로 수행하기 위한 것이다. 이것으로 전 국민의 통신 시스템은 물론 정치(행정) 시스템이 구축되어, 전 국민이 신경계를 가진 하나의 유기체와 같은 조직으로서 활동하기 시작했다.

사회는 그 밀도에 따라 시간을 왜곡시킨다. 사회 속에서 인구의 밀도는 인구밀집의 정도에 따라 도시와 시골로 드러난다. 이때 인간이 많이 모여 사는 도시는 그렇지 않은 시골보다 시간이 조금 느리게 간다. 즉, 같은 문화적 단위 시간 동안 도시에서는 많은 변화가 일어나고, 시골에서는 조금의 변화가 일어난다.

가령 동일한 유행을 동일한 단위로 규정한다면 도시에서 이루어지는 유행이 빠르게 진행하고 시골에서는 한 유행이 발생하고 소멸하는 물리적 시간이 길다. 그만큼 도시는 여러 번 진행된다. 즉, 도시에서 물리적 단위 시간 동안 유행이 두 번 지나가고 시골에서 유행이 한 번 지나갔다면 도시는 문화적 시간이 두 배가 되는 것이다. 이것은 물리적 시간을 기준으로 보면 도시의 시간은 두 배로 늦게 지나간 것이다. 일정한 물리적 시간에서 문화적 시간만을 두고 보면, 도시는 시간이 두 배로 늘어난 것이 된다.

인구가 밀집해 있는 도시에서는 시골에 비해 문화적 시간이 빨리 간다. 왜냐하면 물리적으로 같은 시간 동안 도시의 문화적 변화는 시골에 비해 많이 진행되기 때문이다. 즉, 같은 물리적 시간 동안 더 많이 변한다. 빠르게 운동하는 물체의 시간은 느리게 운동하는 물체의 시간보다 느리게 간다는 상대성 원리를 생각한다면 이해할수 있을 것이다.

또 체계로서의 사회는 권력에 의해 왜곡된다. 권력은 국민의 권리를 각자 일부 이양한 것이다. 그렇기 때문에 거대 권리 내지는 권력에 의해 사회에서는 쏠림현상이 나타난다. 통치체계로서 행정부와 입법부 및 사법부를 정부로 규정하면, 하위의 인격체(개인과 가족, 단체)는 정부에 의해 규제를 받는다. 정부의 결정에 귀 기울여야 하며 조심스럽게 활동을 하여야 한다. 국제사회 또한 이와 같다. UN을 중심으로 돌아간다.

시공사회는 인구의 밀도에 따라 왜곡된다. 도시는 인구가 밀집된 곳이다. 이것은 단순히 인구의 수(數)만을 의미하지 않는다. 이것은 개별 인간이 가지고 있는 권리의 수와 관계를 가지고 정부를 움직이는 하나의 권력으로 나타난다. 이는 또한 경제력이기도 하다. 인구의 밀도가 높은 곳은 그만큼 정치적 · 경제적 영향력을 발휘하게 되어 그곳으로 이어지는 도로나 정보망 등으로 정보나 자원을 집중시키기 때문이다.

[4] 인간의 특성

인간의 특성은 자연의 특성을 그대로 가진다. 그것은 인간이 자연의 일부이기 때문이다. 이런 면에서도 인간과 자연이 통일을 이룬다. 자연이 양자성과 결속성을 가지듯 인간도 본질적으로 그러하다. 또 인간도 인간 전체로서 통일을 이룬다.

〈1〉 양자성(量子性)

개별 인간이나 집단이 가지는 양적·질적 규정이다. 인간에게 있어서 양자성이란 인간도 물질(자연)과 같이 어떤 양으로 존재하며, 질적인 성질을 가지고 있음을 의미한다. 모든 인간이 사회 속에서 양적으로 또 질적으로 아무런 구별 없이 균일하게 절대적으로 자유롭고 평등하게 존재하는 것이 아니라, 각기 가지고 있는 사회적·생물학적·경제학적 등 여러 측면에 따라 규정되는 양과 질에 의한 한계를 지니며 상대적으로 존재하고 있음을 말하는 것이다.

(1) 양(量)

인간도 일정한 양으로 존재한다. 한 개인으로서는 물론이고, 일정한 집단으로 존재하면서 유기적인 조직으로서 다른 조직이나 개인과 상호작용한다. 물론 법이 인정하는 또는 당사자 간에 인정되는 관습이나 계약의 형태로 그 권리·의무를 행사한다.

법적·사실적 단위로서 자연인과 법인 및 이에 준하는 것이 있다. 자연인은 개별 인간으로서 존재하며 법인은 법률로서 인정된 사람이다. 법인은 제도상 사단법인과 재단법인으로 나뉜다. 물론 재단법인은 내 이야기의 주제가 아니다. 그렇다고 재산의 집단이 인간과 독립적으로 존재하면서 상호작용하는 것이 아니고, 필연적으로 인간에 의해 '인간-재산의 체계' 형태로 존재한다는 것은 부인될 수 없다. 이러한 실질적 의미에서는 제외되지 않는다.

모든 개별 인간이 자연스럽게 이런 형태로 사실상 존재하고 있다. '인간-도구 체계'. 도구는 생산물과 자연물을 포함한다. 인간은 자연 상태 그대로를 도구로 사용할 수 있다. 큰 바위 뒤에 숨어 방패로 사용할 수 있기 때문이다.

양적으로 존재하는 인간의 다른 종류로서는 세대, 정당, 각종 시민단체, 종중(宗中), 조합, 회사 등을 말할 수 있고, 국가, 연합국가, 연방국가, 국제연합(UN), 일상적 집단으로는 서클, 동창회 등 각종 친목회, 놀이집단, 동호회 등 여러 형태로 존재한다.

인간도 현실적으로 다양한 형태로 결집하며 조직체로서 유기적으로 작동되며, 권리의 행사와 의무의 이행을 통하여 사회 속에서 활동한다.

(2) 질(質)

인간에게 있어서 질은 계층적 인격의 목적 행위에 따라 나타난다. 법률행위냐, 경제행위냐, 정치행위냐, 친목행위냐, 놀이냐, 혈연집단의 행위냐 등 인간이 어떤 성질(목적)의 행위를 하느냐에 따라 그때그때 인간의 질이 결정된다.

자연인으로는 그가 성장한 환경과 조건 및 과정 그리고 유전적인 조건에서 가치관에 따른 성격으로서 반영되기도 한다. 계층적 인간에게 있어서 질은 개별 인간이나 집단으로서 행위를 하는 목적과 그 성향이다. 같은 목적을 향해 있어도 다른 성향을 갖는 것이 일반적이기 때문이다. 차이는 세계의 보편성이다.

인간의 행위가 무수히 다양한 상호작용의 형태로 존재할 수 있도록 만드는 데에는 두 가지 근거가 있다. 그것은 바로 인간의 주체성과 자유이다. 자발적 능동성에 의해 대상의 선택과 목적의 결정, 작용방법이 이루어진다.

질은 양과 달리 측정할 수는 없지만 강도의 차이는 있다. 가령 어떤 일을 수행하는 능력의 차이, 개별 인간의 외모 등에 대한 호감도의 차이, 정당의 정책의 차이, 개별 인간의 성격이나 지식의 차이, 단체의 설립 목적의 차이 등이다.

그러나 질도 관점을 바꾸면 측정할 수 있다. 지식, 맛, 온도, 아름다움, 착함 등과 같은 질적인 것도 어떤 기준을 설정하여 측정하면 어느 정도 양적 비교가 가능하다. 시험(試驗), 통계, 온도계 등이 그 예이다.

〈2〉 결속성

인간의 결속은 근원적으로 성적 불비에 따른 이성애에 의해 이루어진다. 사회의 기초단위로서 가족은 부부의 성적 결합을 통해 이루어지기 때문이다. 인간의 결속성은 근원부터 사랑에 의해 이루어지고 있다. 사랑은 유기체 전체에게 있어서 보편적인 것이다. 무기체의 결속과 구별되는 것은 무기체의 물리적 화학적 결합과는 달리 한 단계 상승된 감정의 발현을 기초로 하여 의지적으로 이루어진다는 점이다.

인간과 인간에게 작용하는 인격적 사랑과 인간과 사물과의 사이에 작용하는 물질적 사랑은 부족함에 근거하는 것으로 인간과 결속을 이루게 하는 힘이다. 그래서 그 작용형태에 따라 여러 양상을 보인다.

(1) 구조성

인간은 개별 인간으로서 또는 집단으로서 내부적으로 어떤 구조를 가진다. 인간은 육체의 구조와 정신의 구조를 말할 수 있고, 육체의 구조는 생물학이나 의학 등에 의해 매우 상세하게 밝혀져 있다. 또한 집단의 구조도 사회학 등에 의해 많이 연구되어 있다. 하지만 정신에 대해서는 이제야 과학적으로 활발하게 시도되고 있다.

① 개별 인간의 구조

인간의 구조에 대해서는 육체의 구조와 정신의 구조를 말할 수 있다. 육체의 구조는 판단 · 명령기관으로서 뇌, 정보의 수집 · 전달기관으로서 감각기관과 신경계와 순환계, 행동기관으로서 수족 등, 에너지 발생 기관으로서 각 세포의 미토콘드리아 등이다.

정신의 구조에 대해서는 피상적인 것 외에 의학적(신경생리학)으로도 알려진 것이 거의 없다고 할 수 있다. 사고, 감정, 의지의 영역을 가진다는 것이 정신의 구조 내지는 범위라고 할 수 있다. 그러나 사고(思考)의 체계라고 본다면 인간은 대상을 인식하기 위해 비교를 바탕으로 재구성한 분석과 종합으로 실재적 대상과 관념적 대상의 원소와 체계를 인식하고, 일반화를 통해 구조나 성질의 법칙성을, 확인(검증 또는 실천)을 통해 인식결과나 생산물의 적합성을 판단한다.

② 집단의 구조

사회는 전체로서 가족-단체-국가-국제연합으로, 하나의 계층적 구조를 형성하고 있다. 사회구조는 하나의 사회에 소속해 있는 구성원들이 지위와 역할에 따라 서로 관계하는 통일적 전체이다. 이에 비해 사회조직은 그 내부에서 형성되는 하나의 구성부분을 의미한다. 상대적 부분으로서 각각의 가족, 각각의 다양한 집단, 개별 국가이다.

집단의 구조(체계)는 그 속에 같은 구조(체계)를 지닌다. 마치 작은 구조가 전체 구조와 비슷한 형태로 끝없이 되풀이되는 프랙털(fractal) 구조와도 같다. 단적으로 사회구조는 프랙털이다. 전체 사회의 구조는 그 속에 포함된 하위의 사회구조를 결정짓는다. 가령 국가의 정치조직체계는 하위 집단의 운영조직체계와 같아진다. 가정의 운영조직체계도 극도로 단순화되어 있긴 하지만 같다. 우주도 같다. 원자는 태양계의 구조를 빼닮았고, 태양계는 은하계의 구조를 닮았다. 물론 은하계의 회전 운동은 태양계 행성들의 운동과는 다르게 케플러 운동을 하지는 않는다. 하지만 하나의 핵을 중심으로 운동한다는 면에서는 닮아 있다.

부분과 전체가 비슷한 모양을 하고 있다는 자기 유사성 개념을 기하학적으로 푼 프랙털은 단순한 구조가 끊임없이 반복되면서 복잡하고 묘한 전체 구조를 만드는 것으로, '자기 유사성(self-similarity)'과 '순환성(recursiveness)'이라는 특징을 지니고 있다. 자연계의 리아스식 해안선, 동물혈관 분포형태, 나뭇가지 모양, 창문에 성에가 끼는 모습, 산맥의 모습도 모두 프랙털이며, 결국 우주의 모든 것은 프랙털 구조로 되어 있다.

조직 자체는 경쟁 속에서 점점 더 강화된다. 이와 함께 개인의 자유는 제한되고, 현대 사회를 살아가는 구성원들은 육체적 · 정신적 억압에 따른 질병(스트레스성 정신적 질병)과 이로 인한 저항력의 감소로 인해 다양한 형태로 시달린다.

전체 사회는 인간들의 연관으로서 체계의 체계다. 자연이 그렇듯이 인간 또한 그렇다. 가장 기초적인 체계는 가족 체계다. 가족 체계도 하나의 단체에 해당하며, 가족이나 그 구성원의 일부를 구성원으로 하는 상위의 단체를 형성한다.

과거의 지연집단이나 혈연집단 이외에도 근대 이후 수많은 목적집단이 나타났다. 단체를 이루는 매개자를 통틀어 '집단애(集團愛)' 또는 '결사애(結社愛)'라 할 수 있다. 집단애는 구체적으로 지연애(地緣愛), 혈연애, 그 밖의 기능에 따라 다르게 부를 수 있다. 인간이나 다른 고등동물에서 나타나듯이 나고 자란 곳에 대한 지연애는 혈연애 등이 승화된 형태로 통일되어 국가라고 하는 조직체계를 이루는 국가애(國家愛)로 발전한다.

그 상위는 인간이라는 동질성에 대한 애정(인류애)을 매개로 하여 이루어진 전체로서의 인간 사회인 통일세계이다. 이렇게 보면, 인간의 사회 조직은 인격적 사랑으로 통일된다. 사랑은 부족함에 따른 행위의 동인이며, 인간에게 부여된 가치로서 최고의 가치이며, 인간과 인간을 연결하는 원리이고 정신작용으로서 감정이다.

나는 다음과 같은 사회체계가 지구상의 최종의 것이라 생각한다. 세계가 하나의 통치권 아래(세계정부)에서 하나의 방향으로, 인류 전체가 유기적으로 작동하는 것이다. 이때의 국가는 통일된 세계정부 아래에서 치안(적대적 집단이 있더라도 침략에 따른 방위는 세계정부가 행하므로 이에 대한 노력은 사라진다)을 담당하는 단위이다. 물론 통일된 세계정부는 집단의 크기를 적절하게 분할함으로써 전쟁과 같은 대규모의 처절한 충돌이 일어나지 않도록 균형적으로 유지할 것이다. 세계정부는 정의와 복지를 실현하는 지상낙원으로 나아갈 것을 주도할 것이다.

이렇게 하나로 결집한 인류는 태양계의 수명이 다하기 이전에 태양계를 탈출해야 한다. 태양이 적색거성으로 부풀기 시작하면 지구는 뜨거워서 생명체가 살기 힘들어지기 때문이다. 그 이전에 인간은 지구에서 지상낙원인 통일세계를 이루고 난 후, 이러한 결과물을 가지고 탈출을 마쳐야 한다. 그리하여 우주 전체에 낙원을 세울 기틀이 마련될 것이다.

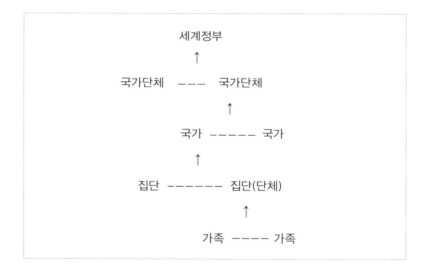

현재 지구상의 사회는 개인으로서 성인의 남녀가 결합하여 가족을 만들고, 가족이나 그 구성원들이 모여서 다양한 상위의 집단을 만든다. 사회의 체계는 언제나 가장 기초 조직인 가족 체계의 핵심인 부부로부터 시작된다. 부부는 사회성원을 재생산하는 생물학적 근원이다. 이로서 씨족을 형성하게 된다. 여러 씨족은 다양한 집단을 형성하는 계기가 된다. 특히 혈연관계는 혈연집단을 거주관계에 기인하는 지연집단을 형성하며 집단 구성의 가장 중요한 원리이다. 나아가 다양한 기능이나 목적을 가진 목적 집단의 발생으로 이어진다.

집단은 계층적으로 존재하는 하나의 조직체로서 구성원들이 각자의 위치에 따라 역할을 수행하며 상호작용한다. 이런 상호작용은 상호 기대가 일치할수록 안정을 유지한다.

이들 집단을 기초로 국가가 형성된다. 국가는 통치조직이다. 인간사회의 발전 과정의 한 형태인 국가는 질서와 안전 및 복지를 목적으로 하고 법규범으로서 유지하며 지리적 경계를 가지고 있으며, 주권을 보유한다. 국가는 법이라는 수단에 의거하여 분쟁을 해결하려는 개인(인민)들의 합의로 이루어진다.

국가는 일반적인 국가와 연방국가의 두 가지 형태로 나뉜다. 연방제(聯邦制, Federation)는 국가의 권력이 중앙 정부와 주(州) 정부에 동등하게 분배되어 있는 정치 형태로 2개 이상의 주권이 결합하여 국제법상 단일적인 인격을 가지는 복합 형태의 국가이다.

국가를 구성요소로 통일세계(세계정부)가 있어야 하지만 현재는 그 과도기적 형태로 국가연맹, 이보다 더 긴밀한 국가연합, 이보다 더 상위의 국제연합이 있다. 물론 이들이 필연적으로 순차적으로 만들어진 것이 아니라 시대적으로 필요에 의해 이루어졌다. 그중 고대 국가로부터 꾸준히 유지해 온 국가동맹은 군사동맹관계의 형태를 넘어 산업이나 자원의 동맹관계 등의 형태로 넓혀 간다.

국가연합은 구성국이 국제법상 독립국가로서의 지위를 가지고 있다는 점에서 연방국가와는 다르다. 국가연합은 독립국가연합과 동남아시아 국가연합, 유럽연합 등이 있다.

독립국가연합은 소련(1922~1991)이 해체되고 15개 구성 공화국 중에 발트 3국과 그루지야를 제외한 11개국이 모여 1992년에 만든 국가연합체다. 독립국가연합은 독립국가로서의 자격을 갖고 있다. 그러나 선거로 선출된 국가원수와 의회를 갖춘 중앙정부를 두지 않는다.

동남아시아 국가연합은 경제성장 및 사회·문화발전을 가속시키고 동남아시아 지역의 평화와 안전을 추진하기 위해 1967년 8월 8일 인도네시아, 말레이시아, 필리핀, 싱가포르, 타이 정부에 의해 설립된 국제기구다.

또 유럽연합(EU: European Union)은 1957년 유럽경제공동체가 출범한 이후 단일 유럽법과 마스트리히트조약에 의한 EC(European Community: 유럽공동체)의 새로운 명칭으로 유럽의 정치·경제 통합을 실현하기 위하여 1993년 11월 1일 발효된 마스트리히트조약에 따라 유럽 12개국이 참가하여 출범한 연합기구이다. 이 연합기구는 현재 기구의 성격인 경제적인 문제로 세계 경제에 영향을 끼치고 있으며 많은 갈등을 겪고 있다.

현재 지구상에서 모든 독립 국가들의 결합체는 국제연합이다. 국제연합은 통일세계의 전 단계라 생각된다. 국제연합(United Nations, 國際聯合)은 1945년 10월 24일, 전쟁 방지와 평화 유지를 위해 설립된 국제기구로, 모든 분야에서 국제협력을 증진하는 역할을 한다. 두 차례의 세계대전을 겪으면서 절실하게 요청되었다. 활동은 크게 평화 유지 활동, 군비 축소 활동, 국제 협력 활동으로 나뉘며, 주요 기구와 전문기구, 보조기구로 구성되어 있다.

과거 몽골이나 프랑스에 의한 거대제국의 꿈은 세계를 강제 통합하려는 것으로, 그 영토 확장에서는 역사적으로 최고의 전성기라 할 수 있어도 주체성과 자유를 가진 인간이 자발적으로 승인하지 않는 통일체는 오래가지 못한다. 또한 통합의 목적이 침략자들이 자기를 위한 착취(식민지 개척)인 한 더욱 그렇다. 두 차례의 세계대전은 인류 역사상 가장 처참한 결과를 초래했고, 그 산물로서 국제연합이 만들어졌다. 이처럼 인류 전체의 통합은 자연스런 과정이다.

다음이 통일세계다. 지구에 존재하는 모든 국가들이 평화적으로 결집하여 결국 하나의 통치체제 아래 움직이는 것이다. 이러한 지구상의 최종 단계는 인류의 역량을 결집하여 가장 효율적이고 가장 행복한 세계를 이루며 태양계의 종말 이전에 다른 행성을 찾아 이주하는 준비를 마련할 것이다. 통일세계는 다양성이 파괴된 무력으로는 이루어지지 않는다. 진정한 세계통일은 자연스럽게 시대적 요청에 의해 개별국가의 문화·정치·사회의 다양성과 독립성을 인정하면서 전쟁을 방지하고 평화를 유지하면서 균형발전을 꾀하고, 인류의 미래를 향도하고 우주로 나아가는 지구상에서 유일한 통치기구로서 합의에 의해 결성되어야 한다. 이것이 세계정부이며 인류가 지구상에서 멸종되는 것을 막는 일이다. 인류의 유전자 속에는 유토피아가 디자인되어 있다.

(2) 상호작용

상호작용은 상호작용하는 대상들의 연관이며 통일이다. 주체의 상호작용은 주체의 연관이며 통일이다.

세계는 체계의 체계로 무매개적인 체계는 없다. 모든 물질조직은 계층체계에 따라 매개입자에 의해 결속된다. 인간 조직도 마찬가지다. 매개자는 조직을 형성하고 유지하며 경우에 따라서는 붕괴의 원인으로 작용하는 힘이며 동일 계층의 조직은 동일 매개자에 의해 매개된다. 부부조직(가족)에서는 성애가 매개하고, 집단에서는 자연집단과 목적집단으로 구별되며, 이는 지연애와 혈연애와 결사애가 매개한다. 국가는 애국심(국가애)이 매개하며, 국가나 국제조직을 뛰어넘는 인류의 집합으로서의 세계는 인류애가 매개한다.

이처럼 성애, 가족애, 혈연애, 결사애(목적애), 국가애, 인류애는 모두 계층체계에서 나타나는 애인의 여러 형태이다. 즉, 인간 조직을 매개하는 조건은 '사랑'이며, 이로써 통일된다. 인간 조직은 계층별로 구체적인 형태의 사랑으로 조직되는 것이다.

사랑(love)은 인간이 인간과 사물에 충족을 위한 체계를 형성한다는 점에서 연관이고 의지적 상호작용이며, 체계를 형성하는 조건이라는 점에서 매개자다. 사랑은 인간 조직 전체를 결속하는 매개자로서 사물이나 현상 등의 가치와 연관(결속)을 이루게 한다. 이러한 사랑은 모든 생물에게서 보인다. 모든 생물들이 생식을 하거나 집단생활을 한다는 것은 이를 단적으로 보여 주는 예이다. 동류에 대한 사랑 없이는 이루어질 수 없다.

사랑도 시대적으로 강조되는 형태를 가지고 있다. 고대 그리스에서는 '에로스'를, 기원 후 크리스트교에서는 '아가페'를, 그리고 현재 사랑은 인류애를 넘어 모든 생명체와 삶의 환경에 까지 이르는 포괄적인 범애를 말한다. 왜냐하면 인격의 최고 단계(국제연합)의 형성과 인류의 생존을 위한 자연환경의 중요성을 인식하기 때문이다. 즉, 범애만물천지일체(凡愛萬物天地一體)이다.

사랑은 정신의 한 부분인 감정으로서 모든 생물을 포함하여 인간에게도 본유적이며 보편적이다. 힌두교에서의 카마, 유교의 인(仁), 불교의 자비 등 모든 개인적으로 집단적으로 종교적으로 드러난다. 사랑의 구체적 현상·형태는 매우 다양하며, 성애(性愛)와 우애, 동료애, 모성애, 부성애, 혈연애, 민족애, 국가애, 가족애, 인류애 등 인격 형태에 의해 그 연관방식에 따라 다르게 드러난다.

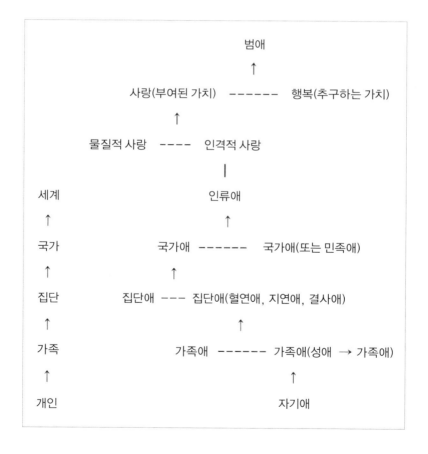

범애는 인간에 의해 이루어지는 모든 형태의 사랑을 포괄하는 개념이므로 '포괄적인 사랑'을 의미한다. 모든 사랑은 행복에 이르며, 행복은 사랑을 통해 추구하는 목표로 나간다. 범애는 원인으로서 사랑과 목표로서 행복을 포함하는 것이다.

부여된 가치로서 사랑은 사람과 사람 간의 사랑인 인격적 사랑과 사람과 사물과의 사랑인 물질적 사랑의 두 갈래로 나눈다. 이 장에서는 인격적 사랑에 대해 다룬다. 인격적 사랑의 결과는 지구상 최종적 인격으로서 세계(국제연합)를 말할 수 있고 그 아래의 계층적 인격으로서 국가, 집단(단체), 가족, 개인으로 이루어진다.

최하위 계층의 인격으로서 개인은 자기 자신에 대한 사랑이다. 상위의 인격으로서 가족은 성애에 의해 촉발되어 가족의 근간을 이루고 나아가 성원의 재생산을 거치면서 가족애로 승화된다. 특히 성원의 재생산은 이성 간의 사랑에 의해 가능하며, 동성 간의 사랑은 불가능하다. 하지만 입양을 거쳐 성원의 양육 기능을 통해 가족의 기능을 담당할 수 있다.

가족의 상위의 인격으로서 집단은 사회가 발전하면서 과거 혈연집단과 지연집단이 주(主)를 이루던 형태에서 벗어나 다양한 목적을 가진 결사체를 형성하여 어떤 목적을 달성하려는 애착이나 애정을 가진다. 이것을 '결사애' 또는 '목적애'로 규정한다. 이로써 혈연애와 지연애 및 결사애 등을 통틀어 '집단애'라 규정한다.

다음의 인격으로서 국가는 민족애와 국가애로 구분하는 데, 국가의 구성원이 다민족으로 이루어진 경우와 단일민족으로 이루어진 경우가 있다. 이때 단일민족 국가의 국가애는 곧 민족애와 같다. 다민족 국가에서 국가애는 민족애의 상위이다.

이제 모든 국가를 초월해서 모두 인간이라는 동류(同類)의식에 의한 애정으로서 인류애를 말할 수 있다. 즉, 동류애로서 다른 동물에 대해서 인류, 다른 사물에 대해서 인류이다. 인간이라는 동류의식을 갖지 못한다면, 그러한 계층적 인격은 자연스럽게 인류의 부분에서 사라질 것이다.

사랑(love)

사랑이란 세계의 모든 존재자들이 보여주는 운동의 특성으로서 '부족함'을 회복하려는 '의지적 상호작용' 및 의지를 지닌 유기체의 활동에 특별히 이르는 말이다. 따라서 사랑은 유기체의 의지적 상호작용에 대한 별칭이며, 무기체의 상호작용과 본질적으로 다를 수 없다. 그래서 상호작용의 두 형태는 '사랑〈상호작용'의 관계를 나타낸다.

상호작용은 부족함을 원동력으로 충족적 성격을 지닌다. 무기체의 경우 궁극의 목록으로서 표준모델에 따르면 정·반입자로서 양·음·중의 분수의 전하를 가지며, 성질상 불안정하고 구조적으로 부족하다. 유기체의 경우 개체는 생체와 성(性)을 가지므로 생리적·심리적으로도 불안정하며, 생체로서 구조와 기능 등이 자연을 자기화함에 있어서 결여되어 있다. 이런 불안정(不安定)과 불안정(不安靜), 결여나 결핍은 충족적 상호작용을 유발하는 근거가 된다.

'부족함'은 어떤 부족의 요인에 있어 그 기준에 못 미침을 말한다. 즉, 어떤 부족의 요인이 존재한다면 그 요인에 따른 특이성을 가질 것이며, 이 특이성이 제거된 상태가 만족이며, 기준이 된다.

부족함이 기준에 못 미침을 의미한다면, 객관적 세계에도 기준이 있는가? 이에 대해서는 언제나 상대적인 기준이 존재함을 의미한다. 그렇다고 무기물에서도 유기체가 가지는 판단의 문제가 작용한다는 뜻은 아니다. 어떤 부족함이 그 만족된 상태에서는 나타나지 않는 특이성이라면, 사물은 이 방향으로 진행되고 종결되는 것이다. 이럴 때 만족된 상태는 사물이 취하려는 기본이 되는 표준이 된다는 것이다.

그렇기 때문에 부족 상태에 대한 만족된 상태가 물질의 운동이 이행하는 방향이 된다는 것이지, 이럴 때 판단의 문제가 개입된다는 것이 아니다. 물론 유기체의 경우에는 판단이 개입된다. 하나 무기체와 같은 '만족된 상태'를 가짐으로써 종결되는 것은 다를 바 없다. 유기체의 판단은 스스로 다양한 차이의 발견을 이루는 것으로, 무기체가 가지는 부족함의 요인에 대한 다양성을 가지는 원인일 뿐이다.

부족함의 요인은 사물이 존재하는 방식과 결부된다. 사물은 운동을 속성으로 세계 속에서 존재하는 바, 이로써 사물은 어떤 구조 · 성질 · 과정 · 상태 · 형태 · 기능 등의 특이성을 지닌다.

구조(構造)의 부족함은 한 체계가 가지는 체계적 결여를 말한다. 가령 쿼크가 둘 또는 세 개가 모여 핵자를 구성함으로써 분수 전하(電荷)의 특이성을 해소하거나, 핵자가 전자와 결합하여 원소를 구성함으로써 전하의 특이성을 해소하거나, 원소가 분자를 형성함으로써 원자가 전자의 부족함을 해소하는 등의 경우다. 이때 궁극의 입자 목록인 표준모델에 근거했을 때, 세계의 부족함에 대한 원인은 구조의 부족함보다 성질의 부족함에 있다고 판단할 수 있다. 유기체의 경우는 도구로서 생체의 구조적 결여이다. 인간은 날 수가 없다는 것은 날개가 없다는 것이다.

성질의 부족함이란 한 존재가 가지는 질적 결핍을 말한다. 성질은 사물이 가지고 있는 고유한 특성이 불안정성을 유발하는 경우이다. 물질의 전하(電荷)나 자석의 자하(磁荷), 유기체의 생리적 활동에 따른 욕구와 불안정(不安靜) 등이다.

과정의 부족함이란 한 존재가 천이를 함에 있어서 절차의 결여를 말한다. 하나의 상태가 다른 상태로 천이함에 있어 그 곤란성을 극복하고자 다른 존재와의 상호작용을 요구하는 경우다. 물과 기름이 혼합될 때에는 계면활성제가 필요하고, 자연물이 생산물로 변형될 때에는 인간을 비롯한 유기체의 활동(노동)이 요구된다. 수분에서 곤충이나 바람 등이 개입되어야 하며, 씨앗의 산포에서 물이나 바람, 동물이 개입되어야 가능해지는 경우 등이다.

상태의 부족함이란, 한 존재가 가지는 심리적·공간적 불안정성을 말한다. 사물이 가지는 위치의 불안정(不安定)이다. 사물은 완전히 굳은 상태로 존재하는 것이 아니라 기체나 액체, 플라스마나 졸 또는 겔 상태, 즉 그 내부의 불안정으로서 내적 유동으로 인해 외적으로까지 안정되지 않아, 일정한 형태는 물론 외력에 영향을 받아 심리적·공간적 위치에 부단한 변화가 일어나는 경우이다.

형태의 부족함이란, 한 존재가 가지는 기하학적 불균형을 말한다. 이것은 관계식의 대칭성, 도형의 대칭성은 물론 외모의 불만도 포함된다. 외모는 불구의 상태는 물론이고, 자신이 요구하는 상태가 아닐 경우도 포함한다.

기능의 부족함이란 한 존재가 가지는 활동능력의 미비함을 말한다. 당해 구조가 있음에도 기능이 정지되었거나 미비할 때다. 속도나 힘 등이 부족할 때 우리는 협력하거나 기구나 장치 및 기계, 축조물 등을 요구한다. 또 생체가 특정 비타민을 합성하지 못한다면 그 비타민 합성기능이 없다는 것이다.

자연과 사회(계층적 인격)는 본질적으로 다수의 다양한 '부족함'을 가지고 있다. 구조·성질·상태·과정·형태 등의 요인을 충족하기 위해 필연적으로 타자와의 상호작용을 통해 만족하려는 충족적 연관으로 인해 세계는 변화하고 발전한다. 상호작용하는 양자 간에는 다수의 다양한 충족 요인이 있고, 이로써 공통된 요인에 의해 비교적 만족된 평형적 연관을 맺는다. 그러나 한 측에만 충족요인이 있고 상대방에는 없다면, 약탈적·흡수적 연관(통일)이 이루어진다. 유기체의 관계에서는 약탈·착취 등과 이에 따른 항거에 의한 투쟁으로 나타난다. 이러한 이유 때문에 세계는 '모순의 원동력으로 인한 투쟁의 역사'라는 오해를 불러일으켰으나, 세계는 오직 존재자 자신의 '부족함'을 극복하면서 본질적으로 서로 애정을 가지고 이행한다.

상호작용의 방향은 오직 만족이다. 만족은 상향적 만족과 하향적 만족은 물론 현 상태의 유지인 정적 만족의 경우가 있다. 상향적 만족은 통상적 관념으로, 발전이며 진보이며 진화이다. 하향적 만족은 통상적 관념으로 후퇴이며 퇴보이다. 정적 만족은 통상적 관념으로 현상유지(現狀維持)이며 안주(安住)이다.

유기체의 의지적 상호작용(사랑)은 존재자가 주체성과 자유를 가지고 만족을 추구함으로 필연적으로 선택을 하게 된다. 이때 고착적 상호작용에서 선택이 상호 선택으로서 의사의 합치이거나, 일방적 선택으로서 불합치적 상호작용으로 분류할 수 있다. 불합치적 상호작용은 경쟁이고 투쟁이 된다. 이것은 일방적 선택에 대한 거부의 상호작용이다. '세계가 모순이고 투쟁이며 경쟁'이라는 관점은 이런 사랑의 일면적 이해이다.

인류의 역사는 '부족함'을 원동력으로 한 충족의 역사다. 그러나 자유를 가진 존재로서 계층적 인격은 자기만의 충족을 위한 일방적 선택에 따라 평화·자유·평등을 존중하는 화합이 아니라 인간 이외의 대상에 대한 경우와 같은 약탈·약취에 대한 상대방의 투쟁의 역사로 나타났다. 투쟁의 역사는 일방의 부당한 자기충족적 작용이 필연적으로 존재한다.

존재자의 '부족함'은 상대적으로 하위의 '부족함'이 극복되더라도 새로운 질로 이행된 상위의 존재자는 연속적으로 새로운 부족함을 가진다. 그래서 상위의 질로 이행된 존재자는 다시 상위의 '부족함'을 가진다. 이런 과정이 끝없이 이어지고, 이로써 최종의 존재자도 완결되지 않는다. 상호작용하는 모든 존재자는 부족한 존재임이 입증된다. 완결은 상호작용에서의 해소를 의미한다. 불교의 해탈과 같다. 이것은 불가능하다.

세계는 계층적 존재로서 존재방식에 있어 운동성이 속성이기 때문이다. 운동하는 존재는 그 위치나 구조, 성질, 과정, 형태, 상태, 기능 등이 종결되지 않기 때문이다. 그래서 원리적으로 발전은 무한하며, 사물은 무궁무진한 형태를 띤다.

발전과 진화는 방향성을 지닌다. 계층적·단계적 만족을 통하여 전체적 만족에 이르는 과정이다. 발전은 단계적으로 이행된다. 그렇기 때문에 계층적인 존재는 같은 조건하에 통일되어 있다. 매개자가 같은 이유다. 관념적인 것도 같다. 토마스 쿤이 밝힌 바와 같이 과학의 패러다임이 실증한다. 그래서 하위의 부족은 만족된 상위 체계로 이행하는 형태로, 결국 전체가 만족되는 지점에서 종결된다. 전체가 만족된 상태나 형태가 유토피아다. 그렇다고 유토피아가 모든 부족의 완결을 의미하지는 않는다. 그 집합의 모든 존재가 요구하는 공통의 하위 부족이 해소됨을 의미한다.

가령 부부지간에는 성(性)과 업무분담이 해결되지만 경제적 문제는 남는다. 경제적 단체(회사)에 가입하면 경제적 문제는 해소되나 상위의 문제는 그대로 남아 있다. 국가에 소속되면 개인과 가족 및 단체의 부족함은 해결되나, 국가적 문제는 남는다. 지구의 최종적 단체인 UN에 소속되면 국가적 문제는 어느 정도 해결되나 상위의 문제는 그대로 남는다.

상호작용은 고착적 상호작용과 파괴적 상호작용이 있다. 그러나 모두 만족의 성취이다. 고착적 상호작용은 둘 이상의 존재자가 한 체계를 구성하는 것이다. 이것이 외견상 합일(合一)이며, 사랑은 합일의 욕구라는 일면적 규정이 가능하다. 그리고 진보이며 발전이다. 즉, 상향적 안정이며 상향적 만족, 상향적 행복이다. 무기체의 경우 구조(체계)를 형성하는 것이며, 유기체의 경우 집단의 형성이다. 이때 집단마다 애인의 형태가 다르다. 이것은 집단마다 '부족함'의 형태가 다르고, 이를 극복하기 위한 방법이 다르기 때문이다.

파괴적 상호작용은 하나 이상의 존재자가 내적·외적 요소와 상호작용에서 당해 체계를 해체하는 것이다. 이것은 외견상 분해(分解)이며 파멸이다. 그리고 후퇴이며 퇴보다. 그러나 분명한 것은 하향적 안정이며 하향적 만족, 하향적 행복이다. 무기체의 경우 체계의 파괴이며, 유기체의 경우 집단의 해산이나 자살이다. 유기체의 자살은 '부족함'의 극복 방법임에 틀림없다. 하지만 권장할 수 있는 방법은 아니다. 왜냐하면 그 유기체에 새로운 기회는 불가능하기 때문이다.

파괴적 상호작용은 현 상태로서는 극복할 수 없는 극도의 부족함의 경우 해체를 통해 현 상태의 '부족함'을 해소하는 방법이다. 방사능, 이혼, 자살, 집단의 해체 등으로 나타난다. 현 상태의 유지나 상위의 만족으로 이행할 수 없을 때, 상대적으로 만족도가 큰 하향안정을 취하는 것이다. 아쉬운 후퇴이기는 하나, 다시 상위의 안정성·만족·행복을 추구할 수 있는 여건을 확보하기 위한 것이다. 긍정적인 측면을 가진 후퇴이다. 물론 상위의 만족을 추구할 수 없고, 하위의 안정성보다 클 땐 현상유지로서 만족을 추구할 수도 있다. 일본의 사토리 세대처럼.

① 자기애(自己愛)

자기애는 자기 자신을 아끼는 것이다. 이것은 본능적인 것으로, 인간에게 지속적이며 현실적인 자기 존중에서 감정이입을 통해 타인의 존중으로 향하며, 이상(理想)을 사회 속에서 실현시키는 힘이다.

자기애는 일반적으로 자기 보존의 본능에서 자기 자신의 이익과 안위를 구하는 정신의 상태이다. 이것은 이기적인 자기욕망(Selbstsucht)은 아니다.

자기애는 무엇보다 자신의 생명을 귀하게 여기고, 자기가 소속된 체계의 타인을 사랑하는 근원이 된다. "자신을 소홀히 하는 자가 어찌 남을 존중할 수 있겠는가?"라는 말이 있다. 자신이 건강하고 자신이 행복감을 느끼지 못한다면, 남의 건강과 불행을 돌아볼 바탕도 없고 여유도 없다. 특히 모든 인식은 중추신경계를 가진 개별적이고 구체적이고 현실적인 유기체인 '나'로부터 시작한다. 인식의 측면에서 보면 '천상천하유아독존(天上天下唯我獨尊)'이다. 자신이 병들어 올바른 인식이 어렵다면, 세계의 참된 모습은 왜곡되어 반영될 것이다. 그래서 괴롭힘과 전쟁 및 무관심이 만연하고 스스로 괴멸한다.

자기애는 자기 자신을 돌보며 충분한 경험과 지식을 함양하여 마음속에 지니고 있는 미래에 대한 계획이나 희망을 펼칠 수 있는 힘이다. 또한 자기애는 미래를 향한 추진력이다. 올바른 정신과 건강한 육체는 경험에 대한 정확한 자극의 수용과 인식을 형성하여 인류 공영에 이바지할 수 있는 계획의 수립과 실천으로 나아갈 수 있다.

자기애는 사회 속에서 신념(Belief, 信念)을 굳건히 지키는 힘이다. 사상이 확실한 기초를 갖지 않고 독단적인 것일 때, 이를 인정하고 물러설 수 있는 용기를 갖게 만든다. 그리고 이와 반대로 확실하게 과학적인 기초를 다진 올바른 것일 때에는 견지하고 인간 삶에 기여하면서 행복을 느끼게 만든다. 그래서 가족애와 집단애, 국가애 및 인류애로 나아갈 수 있게 만든다.

전체로서 인간(인류)은 계층적 인격을 형성하고 생명체의 본성으로서 자기보존성을 가져야 한다. 만약 그렇지 않다면, 인간은 곧 절멸하고 말 것이다. 사회생물로서 인간은 동종의 다른 개체와 상호작용을 해야 하며, 사회 구성원의 재생산은 이성과의 교제뿐이다. 이런 의미에서 이성에 대한 애정은 객관적으로 타당하며, 동성애나 자신을 이성시하는 애정으로서의 자기애(나르시시즘)는 정상적이 아니다.

그렇다고 해도 동성애나 나르시시즘이 사회를 파괴하는 형태가 아닌 한, 비난받을 일은 아니다. 또한 질병이 아닌 애정의 다양한 형태로서 존중되어야 한다. 동성으로 이루어진 단위로서의 가족도 사회 속에서 사회를 유지시키는 정상적인 역할 분담을 하고 있으며, 자기애 없이는 개인의 발전도 없기 때문이다.

자기애가 없으면, 상위체계를 구성하는 성원으로서 구성원에게 부담을 안길 것이다. 인간은 항상 다른 사람과의 관계 속에 존재하기 때문이다. 부모로서 자기 몸을 보살피지 않는다면, 가족을 부양할 수 없다. 지나치게 타인만을 배려하거나 긍휼히 여기면, 부양가족의 안녕은 위태로워진다. 우리 사회의 민법도 이런 점을 조정하기 위해 한정치산자와 금치산자와 같은 제도를 둔다. 제도를 통해서라도 규제해야 사회를 유지할 수 있기 때문이다. 우리의 행위가 적합성을 지니려면, 사회에서 실천할 때 사회의 유지에 부담이 되지 않아야 한다. 만일 부담이 된다면 그것은 잘못된 것이라 할 수 있다.

② 가족애(家族愛)

가족은 사회를 구성하는 완전한 기본 단위다. 가족은 원칙적으로 혈연관계가 없는 두 사람이 성적(性的) 결합으로 자녀를 생산하거나 입양하여 확대된 구성원 간에 혈연 또는 애정으로 굳건히 유기체적 결합을 함으로써 생리적·심리적 불안정성을 극복한 존재이다.

일반적이며 이상적인 가족의 형성은 이성애를 기반으로 성적 결합을 하여 공통의 유전자를 가진 자녀를 확대·재생산하는 것이다. 사회의 성원을 생산하는 기능이 무엇보다도 인류의 존속에서 중요하기 때문이다. 그렇다고 동성애를 기반으로 가족을 형성하는 경우를 혐오하거나 차별적으로 보지는 않는다. 네덜란드, 벨기에, 미국의 많은 주에서는 동성애를 바탕으로 한 결혼이 사회에 기여할 수 있는 면을 인정하여, 현재 20여 개 국가 정도에서 합법적 결혼으로 인정되었고 앞으로도 확대되는 추세다. 즉, 현대의 사회적 승인을 받는 타당성을 지니고 있기 때문에 동성애를 기반으로 형성된 가족을 차별해서는 안 된다.

무엇보다 가족을 형성하는 강력한 힘은 성적 유인(성애)이다. 성애야말로 혈연관계가 없는 두 사람 간의 상상을 초월하는 강력한 결합을 촉발한다. 이렇게 형성된 부부는 자녀를 둠으로써 더 이상 끊을 수 없는 결합관계로 이행하며, 공동의 목표를 형성한다.

이처럼 가족은 성적 애정으로 촉발되어 결합한 후 공통의 유전자를 가진 자녀를 생산하여 불가분의 관계와 새로운 애정의 형태를 띤다. 이렇게 성애는 자녀를 통해 확장되어 가족애로 나아간다.

성은 사회의 구성원을 끊임없이 재생산하는 기능을 가진다. 생식기능으로서의 완결은 혈연조직으로 나아가는 계기가 되며, 국가를 이루고 세계를 이루는 구성원을 끊임없이 재생산하고 유지하고 발전시킨다. 또 부부 사이의 자식은 성의 발전 형태로서 상호 간을 이어 주는 매개자의 역할을 강화하는 기능을 수행하기도 한다. 자식은 자신들의 연장된 생명의 현 상태로서 영생의 구가(謳歌)이며, 애정을 갖고 양육하며 취소되거나 포기할 수 없는 결속의 매개자가 된다.

성으로서의 결합은 다른 조직형태에 비해 가장 강력한 결합력을 가지지만, 결합에서 해체에 이르는 과정(일방의 사망이나 이혼 등)은 상상을 초월하는 깊은 상처를 준다.

인간의 성은 다른 생명체와는 달리 생식기능 이외에 유대를 강화시키고, 가장 일상적이고 보편적인 쾌락을 제공한다. 그러나 한 상대에 대한 성애는 대체로 오래가지 않는다. 따라서 가장 빈번한 일탈자로서 나타나기도 하며, 조직 붕괴의 원인이 된다. 성은 가족의 형성원리이기도 하지만, 파탄의 원인이 되기도 한다.

그래서 성에 의한 상호작용은 그 사회에서 요구하는 특별한 형식의 승낙을 요한다. 통과의례의 절차를 거쳐 사회의 감시와 승인 아래 정당한 사회의 기초적인 체계로 태어나는 것이다. 그래서 개인의 행복을 강조하면서 이 절차가 느슨할수록 가족의 파탄은 증가하는 경향이 있다.

성은 사회조직을 안정시키는 강력한 힘이다. 이것은 사회를 형성하는 본질적 힘이다. 종족보존의 본능과 성의 독점욕, 안정된 역할 분담, 심리적 안정, 외부침입에 대한 공동대응, 환경변화에 대한 유연한 대처 등이 가능하기 때문이다. 특히 성적 유인은 무엇보다도 문화와 사고방식의 차이 등을 극복하고 하나의 단위 조직을 형성하는 가장 강력한 힘으로 작용한다.

성은 인격적인 인간관계다. 성에 의해 이루어지는 부부는 우선 두 남녀 간의 믿음과 배려로 가득 찬 그 어떤 사회조직보다도 강력한 결속력을 가진다. 더 나아가 두 남녀 간의 결합은 두 집안의 결합으로 이어지고, 형제자매들에 의한 연쇄적 결합은 사회 전반으로 확대하는 혈연망을 형성하는 계기를 마련하여 사회적 결속력을 강화시킨다. 서로 다른 유전형질을 가지면서 하나의 가족 관계를 형성하고 특별한 호칭을 가지면서 유대관계를 유지하는 것이다. 그래서 상위 계층의 인격인 혈연집단의 형성이나 국가를 형성하는 가장 근본적인 원리가 된다.

③ 집단애(集團愛)

집단애는 가족의 상위 인격으로서 집단을 결속시키는 힘으로, 집단의 형성원리에 따라 혈연애, 지연애, 결사애로 나눌 수 있다. 먼저 혈연애(血緣愛)는 공통의 조상을 가진 자손이라는 사실을 기초로 느끼는 애정이다. 그리고 지연애(地緣愛)는 일정 지역을 근거로 공통의 이해나 관심 또는 면식(面識)관계에 대한 감정이다. 이와는 달리 혈연이나 지연에 기초하지 않고 불특정 다수인이 특정한 목적을 실현하는 데 대해 참여함으로써 공통으로 느끼는 감정이 결사애(結社愛)다. 현대 사회를 묶어 주는 힘은 이 세 가지 형태이다.

가. 혈연애(血緣愛)

혈연은 집단을 형성하는 가장 중요한 원리이다. 혈연집단은 그 성격상 임의 가입과 탈퇴가 불가능하다. 출생과 함께 소속되며 사망하여도 탈퇴할 수 없다. 따라서 혈연집단은 항구성을 가진다. 이러한 혈연집단은 친족집단으로 확장된다.

혈연집단(血緣集團, kin-group)은 혈연을 매개로 서로 의존하여 유지하는 혈족(血族)집단이다. 이것은 인간만의 고유한 집단형성 원리가 아니라 사회적 동물들에서도 나타나는 일반적인 현상이다. 무리를 지어 사는 동물들은 혈연관계를 가지고, 그 속에서 계급체계와 역할 분담이 이루어지고 있다는 것은 늘 확인되는 사실이다.

친족집단(親族集團)은 혈연관계와 혼인에 의해 관계를 맺은 사람들이 일정한 협동기능을 통하여 결합된 집단이다. 과거 사회에서는 이런 친족집단이 사회의 기본단위로서 정치적 · 경제적 · 종교적으로 중요한 역할을 담당하였다.

나. 결사애(結社愛)

결사애는 다양한 임의의 집단형태의 사랑을 묶은 표현이다. 과거 유동성이 극히 낮은 상태에서 혈연집단과 지연집단이 주를 이루던 때에는 혈연애와 지연애의 두 형태를 바탕으로 한 사랑이 절대적이었지만, 근대 산업사회가 대두되면서 유동 인구가 많아지고 생활의 여유가 발생함으로써 다양한 기능을 가진 목적집단이 생성되는 계기가 마련된다. 그리고 이러한 시대의 흐름에 맞춰 그 집단 구성원들의 결합을 형성하는 형태(결사 · 結社)도 다양해졌다.

이때 공통의 목적은 집단의 질을 결정하고 구성원은 이 목적에 참여하면서 동질감과 애착을 가지게 된다. 또한 공통의 목적이 인간관계 속에서 이루어지는 것으로, 진심과는 다소 거리가 있더라도 의식적으로 유대를 강화시키려는 인격적 사랑은 중요하다. 이러한 이유로 결사애를 목적애(目的愛)라고도 할 수 있다.

결사애의 성격은 구성원 간의 인격적 사랑이 먼저가 아니라 목적 실현이 먼저다. 목적의 실현이 어려우면, 곧 탈퇴하거나 집단의 붕괴를 가져온다. 이런 경우에 인격적 사랑은 본질적인 것이 아니다. 우리가 회사에 입사하는 이유가 그 회사의 구성원을 사랑하기 때문이 아니라 자신의 목적(경제적 이익)을 달성하기 위한 것이므로 구성원이 맘에 들든 안 들든 그것은 본질적인 문제가 아니다. 하지만 목적을 실현하기 위해서 내심의 의사에 반하더라도 유대관계를 구축해야 한다. 또 구성원의 관계를 넘어 집단과 집단과의 관계 속에서는, 즉 대외적인 관계 속에서는 자기 집단에 대한 애정이 실재로 극명하게 드러난다.

사람들이 특정한 목적이나 관심에 따라 인위적으로 결합한 집단인 결사(association, 結社)의 형태는 매우 다양하다. 여러 사람이 공동의 목적을 이루기 위하여 단체를 조직하고 활동하는 현대에서는 정치집단, 종교집단, 교육집단, 경제집단(기업체), 놀이집단, 예술단체, 클럽, 서클 등 다양한 결사체가 존재한다. 이러한 결사체의 구성원은 그들이 추구하는 목적에 대한 깊은 이념이나 신념과 애착을 가지고 있다. 이런 측면에서 보면 결사애는 분명 목적애다.

경제집단은 영리를 목적으로 하는 집단으로, 대표적으로는 회사가 있다. 회사는 상법상 정의에 따르면 상행위(商行爲) 및 기타 영리를 목적으로 하는 사람들의 집단인 사단법인(社團法人)이다. 이러한 사람들의 집단은 합명회사, 합자회사, 주식회사, 유한회사의 형태로 경영되고 있다.

결사는 민주정치를 실현하는 불가결의 전제로서 대한민국 헌법은 특정 다수인이 일정한 목적을 위하여 계속적인 결합관계를 맺는 자유(결사의 자유)를 보장하고 있다. 물론 실질적으로 민주정치를 실현하는 국가라면, 이를 예외 없이 보장한다.

사랑이 자기와 자기 이외의 구별을 원천으로 하기 때문에 결사애 또한 다른 집단 간의 관계 속에서 자기 집단에 대한 사랑이 뚜렷하게 드러난다. 가령 평소에는 구성원 간에 잘 드러나지 않지만, 단체 대항전 운동경기에서 우리는 자기편의 승리를 위해서 열정적으로 응원하며 그 결과에 따라 울고 웃는다. 이와 같이 모든 사랑은 타자

193
통일체계

와의 관계 속에서 저절로 부여되는 감정으로서 연관을 이루며 연관
의 힘(매개)이다.

다. 지연애(地緣愛)

인간은 사회적 존재로서 어떤 결합을 계기로 구성된 집단을 '지연
집단(local group, 地緣集團)'이라고 한다. 지연집단은 보통 향토애(鄉土
愛)로 뭉쳐져 있다. 태어나고 자란 곳이나 현재 사는 곳을 중심으로
하여 연관을 맺는 지연집단은 마을이나 타향에서 향우회가 있고,
국제적으로는 코리아타운, 차이나타운 등 국가적 규모를 하나의 연
관 기준으로 이루어지기도 한다.

모든 생활방식이 상호부조적인 지연집단은 그 이웃들이 공통체로
서 역할분담을 하며, 갖가지 형태로 서로에게 제약을 가한다. 이런
생활방식은 부담을 주기도 하지만, 반대로 편익을 주기도 한다. 이
것이 자연스럽게 끈끈한 유대감을 형성하게 되는 이유다.

현대 사회에서는 지연집단이 끝없이 확대되고 있다. 같은 학교출
신으로서, 같은 학교출신의 부모로서, 같은 취미를 가진 사람으로
서, 같은 연예인을 좋아하는 사람으로서 등 여러 가지 이유로 알게
된 집단이 많이 형성되고 있는 추세다. 그래서 오히려 지연집단(知
緣集團)으로 바뀌어야 할 판이다.

④ 국가애(國家愛)

국가애(國家愛) 또는 애국심(愛國心)은 국가를 받들고 사랑하는 마
음이다. 이것이 단일민족 국가일 경우에는 민족애와 같은 말이 된
다. 민족애(民族愛)는 같은 민족끼리 믿고 사랑하는 마음이다.

국가(nation, 國家)는 일정한 영토에 거주하는 사람들이 개인의 욕구와 목표를 효율적으로 실현시켜 줄 수 있는 제도적 사회조직으로서 국제연합 아래의 계층적 인격으로, 그 구성원들에 대해 최고의 통치권을 행사하는 포괄적인 강제단체이다.

민족(nation, 民族)은 공동생활을 통해 언어·풍습·종교·정치·경제 등 각종 문화의 공통성에 기초하여 역사적으로 형성된 사회집단으로 계층적 인격의 한 단위이다. 우리 민족은 중국의 조선족, 러시아의 고려인, 각국의 이민자 동포들로 확대된다. 그리고 정치참여로서 투표권을 가진다.

민족은 문화공동체로서 인종과 거의 일치하나 국가는 인종과 민족을 초월한다. 즉, 민족은 하나의 인종으로 구성되나 국가는 다양한 인종과 민족으로 구성될 수 있다. 물론 현대 사회에서 인간의 이동이 활발하고, 그러한 가운데 국제결혼을 통한 혼혈아의 출생은 일반적인 현상이다. 이때 피부색이나 외형만으로 민족을 구별하는 것은 잘못이다. 그들이 그 문화공동체에서 문화를 공유하고 일정한 역할을 담당하고 있는 한 같은 민족이다. 민족은 혈연공동체를 넘어선 문화공동체이기 때문이다. 민족애는 사상적 동기와 역사 주체로서 문화공동체인 자연집단으로서 믿고 아끼고 사랑하는 마음이다.

애국심은 국가를 조직하고 유지하는 힘이다. 인간은 근원적(생물학적으로 반보존적이다)으로 사회조직을 결성하려는 욕구를 가지고 있다. 이것이 남녀의 결합인 가족조직을 넘어서 단체와 정치조직으로서 국가를 형성하는 단계에 이른다. 더 나아가 지구상의 모든 인간을 하나의 조직(세계정부)으로 결성하는 과정에서 과도기(국제연합 시대)

를 거치고 있다.

애국심(愛國心)은 자기가 살고 있는 나라를 사랑하고 헌신하는 감정이다. 즉, 애국심은 내적으로 이웃과 상부상조하며 평화적으로 공존하며 이를 항구적으로 유지하려는 것으로, 내적 교란과 외적 교란에 대항하여 물리치고 안정을 찾는 힘이다.

그런데 과거 애국심을 왜곡하고 조작하여 세뇌시키고 국민을 침략도구로 사용한 국가들이 있다. 오늘을 살아가는 인격으로서 과거를 반성하고 공존을 추구하는 성숙된 자세는 용서받을 수 있다. 그러나 억지 주장과 변명으로 일관할 경우, 평화를 위협하는 불씨가 될 수 있음을 명심해야 한다.

진정한 애국심은 가족애와 같이 자연스럽게 아끼며 참고, 따뜻하고 평화적이다. 진정한 의미에서 자발적 애국심의 예를 우리나라에서 든다면, 임진왜란(壬辰倭亂) 때 의병과 승병(僧兵)의 봉기, 3·1운동이라는 거족적인 항일독립운동을 들 수 있다. 이런 외적 교란만이 아니라 내적 교란이나 경직으로서 기득권자들의 억압에 항거하거나 잘못된 제도를 수정하려는 동학혁명, 4·19혁명과 5·18민주화 운동 같은 경우도 애국심이다. 4·19혁명은 헌법의 전문에 규정되었다.

이러한 노력 없이 인간은 동물의 세계에서 탈피할 수 없고, 유토피아를 향한 역사의 발전은 더 이상 없는 것이다. 이런 의미에서 국가로서 정치집단은 국민을 위하고 평화를 지키는 데 전력을 다하고, 국민은 그러한 나라를 만드는 데 협력하는 것이라야 참된 애국심이다. 작은 이기적 집단을 만들어 자신들만의 유토피아를 건설하려 한다면, 그것은 우리의 신체 속에 존재하는 암 덩어리와 같다.

⑤ 인류애(人類愛)

인류애(人類愛)는 동종으로서 인간에 대한 사랑이다. 이는 다른 사물이나 생명체에 대비되는 동류(同類)의식에서 나오는 애정이다. 그렇기 때문에 인간의 인격과 인간성을 존중하여 모든 인간이 평등하다는 사상에서 인종이나 종교 및 국적 등을 초월한 인간애를 말한다.

인류애는 세계적인 종교들의 교리로서 오랫동안 실현되어 왔다. 모든 인간에 대한 무조건적 사랑이다. 또 인류애를 권장하고 실현하는 세계적인 상(賞)도 있다. 평화를 위해 노력한 사람에게 주는 노벨상이 그 예다. 또 오드리 헵번 평화상(Audrey Hepburn Peace Award)도 같은 맥락이다. 국제연합과 민간단체인 '세계평화를 향한 비전'이 인류애와 세계평화에 이바지한 사람에게 주는 상이다.

상을 만들고 주는 내적 목표는 하나의 표본을 추출하고 이를 본받게 하여 인간이 궁극적으로 나아가려는 방향을 밝히고 추진력을 얻기 위함이다. 등대가 없다면 배는 표류할 것이다.

⑥ 범애(汎愛)

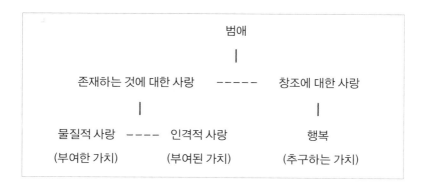

범애는 모든 것에 대한 사랑이며, 모든 형태의 사랑이다. 사랑은 충족적 연관으로서 그 종착점은 행복이며, 행복은 사랑을 통해 도달한다. 그래서 행복하지 않으면 진정한 사랑이 아니며, 사랑은 행복에 이르는 매개다. 이런 사랑은 인격적 사랑과 물질적 사랑과 같이 관계 속에서 드러나는 것으로, 부여된 것과 부여한 것을 포함하고 있고, 구체적인 대상과 관계를 초월하여 직접 행복을 추구하기 위한 과정에 관한 사랑도 포함한다. 전자를 '존재하는 것에 대한 사랑'이라 하면, 후자는 '존재하게 하는 것에 대한 사랑'이다. 존재하는 것에 대한 사랑이 구체적인 존재와의 관계에서 부여된 것으로서 다음 단계로 행복에 당연히 도달하는 것이라면, 존재하게 하는 사랑은 구체적인 관계를 초월하여 직접 행복을 목적으로 한다.

존재하게 하는 사랑은 생산에 대한 애착 또는 창조적 사랑이라 할 수 있다. 그 결과로서 드러난 생산물에 대한 가치는 인간이 부여한 것이다. 창조에 대한 사랑은 인간의 창조물(생산물)에 대한 사랑이 아니다. 창조물을 생산하여 가치를 부여하는 것이며, 그 창조물을 통해 어떤 이익을 획득하려는 앞선 과정이다. 이것은 창조 자체에 대한 애착이다. 창조에 대한 애착은 삶을 영위하는 과정인 동시에 자아실현 과정이며, 자기의 존재 의의를 발견하는 과정이다.

인간은 점점 범애를 극대화하려는 방향으로 노력하고 있다. 범애가 극대화될수록 현실 세계는 무한히 만족스런 상태로 수렴한다. 그렇다면 범애가 현실 속에서 극대화되는 과정은 사실상 유토피아로 수렴하는 과정이다. 결국 인간의 보편적이고 암묵적인 중심가치는 범애의 실현이며, 다른 말로 유토피아의 실현이다.

  이렇게 인류의 중심가치가 드러난 이상, 인류는 명시적으로 중심가치를 선언하고 유토피아를 향해 박차를 가해야 할 것이다.

미주

1) 주체성에 대해서는 〈철학대사전〉(한국철학사상연구회 엮어 옮김, 동녘, 1989)의 주관·주체의 항목에 잘 설명되어 있다.
2) 자유에 대해서는 〈철학대사전〉(한국철학사상연구회 엮어 옮김, 동녘, 1989)과 〈브리태니커 백과사전 CD〉(브리태니커 사, 2000)의 자유의 항목에서 여러 형태와 여러 관점과 역사적으로 다루고 있다.
3) 인간에 대한 생물학적 근거는 〈생명과학의 이해〉(로버트 A. 윌리스 외 공저, 이광웅 외 편역, 을유문화사, 1996)의 165쪽과 249쪽에 설명되어 있다. 그 외에도 이러한 정도의 설명은 생물을 다루는 책에는 보통 설명되어 있다.
4) 물리학적 진화에 대해서는 우주의 생성과정과 원소의 형성과정을 말하며, 이는 〈블랙홀 우주〉(뉴턴 하이라이트, 계몽사, 1994)와 〈자연과학개론〉(장회익 외 2인 지음, 한국방송통신대학출판부, 1984)의 130~137쪽을 확인해 보기 바란다.
5) 화학적 진화는 〈생명과학의 이해〉(로버트 A. 윌리스 외 공저, 이광웅 외 편역, 을유문화사, 1996), 〈월간과학 뉴턴〉(1999년 1월호)와 〈생명의 탄생〉(오시마 타이로 지음, 백태홍 옮김, 전파과학사, 1991)을 읽어 보길 바란다.
6) 프로게노트에 대한 개념은 〈생명과학의 이해〉(로버트 A. 윌리스 외 공저, 이광웅 외 편역, 을유문화사, 1996)의 174쪽과 183쪽에 걸쳐 간단하게 설명되어 있다.
7) 인트론에 대한 개념은 〈생명과학의 이해〉(로버트 A. 윌리스 외 공저, 이광웅 외 편역, 을유문화사, 1996)의 174쪽에 설명되어 있다.
8) 생물학적 진화에 대해서는 〈생명과학의 이해〉(로버트 A. 윌리스 외 공저, 이광웅 외 편역, 을유문화사, 1996)의 250~252쪽에 걸쳐 실려 있다. 너무나 보편화된 내용이라 대다수가 알고 있으리라 본다.
9) 자연인, 가족, 단체의 권리에 관한 것들의 개념은 〈현암조상원편 도해법률용어사전〉(현암사, 1985)에서 참고하고, 유엔헌장이나 당해 조약 및 1987년 개정된 현행헌법과 조항이 다른 것은 〈소법전〉(현암사, 2003)을 기준으로 수정했다.
10) 법률효과를 목적으로 하는 행위는 법 이론과 다를 수 있다. 이것은 법적 실익을 따져 분류한 것이 아니라 내 필요에 따라 분류한 것이기 때문이다. 또한 행위의 구체적인 예시들은 단순히 그 부류에 속하는 것이 있다는 것으로, 그것으로 완벽하게 분류되고 전체라는 인식을 하지 말기를 바란다. 내겐 더 깊이 파고들 시간적 여유가 없다. 차후 다른 부분도 그렇겠지만 서서히 완성되리라 본다.

- 4 -

생산물

모든 유기체는 생존을 위해서 생산을 하지 않으면 안 된다. 자연의 변형은 물리학적으로나 화학적으로나 생물학적으로나 사회학적으로나 경제학적으로나 일정한 에너지(노력 · 비용)를 요구한다. 특히 유기체에게 노력의 현 실태인 노동은 고통을 동반한다.

[1] 생산물

인간은 생존하는 동안 생명을 보전(保全)하기 위하여 생산물을 생산하지 않으면 안 된다. 의식주를 해결하고 안전을 지키며 육체적 · 정신적으로 능력을 향상시키고 인간 간에 원만한 상호작용을 하며, 만족한(행복한) 상태를 창출하고 보존하여야 한다.

인간이 사회 속에서 인간과 상호작용하면서 살아가는 것은 인격적 사랑이지만, 한 인간 및 집단이 물질적 삶을 이어 나가는 것은 자연과 생산물에 대한 물질적 사랑이다. 인간이 인격적 · 물질적 결속을 통하여 삶의 목적으로서 행복을 추구한다. 사랑이 원인이라면 행복은 목적이요, 결과다.

사랑과 행복은 인간 활동에서 최고의 가치이며, 포괄적인 개념인 범애의 두 갈래다. 사랑은 계층적 인격과 사물과의 관계를 형성하는 힘으로서 부여된 최고의 가치이고, 행복은 계층적 인격으로서 인간이 추구하는 최고의 가치이다. 물론 사랑으로 행복에 도달하고 행복함으로써 사랑하게 된다. 그래서 사랑과 행복은 서로 침투하는 개념이며 원인이고 결과로써 통일된다. 이 두 개의 최고의 가치가 인간에게 만족되는 세계는 이상향이다. 부여된 최고의 가치인 사랑과 추구하는 최고의 가치인 행복이 떠받치는 세계는 유토피아이며 천국이며 이상향이며, 태양의 나라이며 무릉도원이고 율도국이며 이상국이다.

〈1〉 생산물

생산물이란, 인간이 근원적으로 부족함에서 발생하는 필요와 욕구를 충족시키기 위하여 기술을 통하여 자연을 변형시킨 모든 것을 말한다.

(1) 필요와 욕구를 충족시키기 위하여

우선 생산물은 인간의 필요와 욕구1)를 충족시키기 위한 것이다. 필요와 욕구가 발생한다는 것은 결여나 결핍상태에 있음을 말한다.

인간에게는 항상 만족과 결핍으로 오가는 가운데 균형 잡힌 상태로서 만족을 유지하기 위한 시스템이 작동하고 있는 것이다.

인간은 물질과 같이 근원적으로 부족함을 가진 존재다. 욕구는 마치 두더지 게임기 속 두더지처럼 하나가 만족되면 여기저기서 끊임없이 불쑥불쑥 솟아 나오고 필요는 계단을 오르듯 한 단계 만족되면 다시 한 단계 위로 끊임없이 뛰어오른다. 인간에게 있어 만족된 상태의 느낌을 일반적으로 '행복'이라 하고, 결핍된 상태의 느낌을 '불행'이라 한다. 그래서 생산은 행복을 창출하고 보전하려는 목표를 가진다.

필요와 욕구는 생산을 해야만 하는 바이메탈(bi-metal) 스위치이다. 인간은 결여나 결핍된 상태로서는 삶을 유지할 수 없다. 인간이 생명체로서 존재한다는 것은 생리적 작용이 일어나는 가운데 자연적으로 생리적 결핍상태에 이름을 의미한다. 이때 음식물을 섭취하지 않는다면 아사(餓死)할 것이라는 명백한 결과를 초래할 것이다. 그러므로 먹을 것을 생산하지 않으면 안 되는 것이다. 이처럼 욕구는 생산의 내적 근거이다.

욕구는 크게 정신적 욕구와 생체적 욕구, 사회적 욕구로 나눌 수 있다. 예를 들면 사회가 갖추어야 할 조건에 대한 욕구, 인식에 대한 욕구 및 자아실현의 욕구, 섭식의 욕구, 성적 욕구 등이 드러난다.

욕구와 필요는 사물에 가치를 부여한다. 가치는 인간과 대상과의 관계에서 나타나는 쓸모나 중요성, 관심 등으로서 만족을 가져다주는 요인이다. 그렇다고 사물이 가치는 아니다. 가치는 인간의 요구사항으로서 관념일 뿐이고, 사물은 가치를 충족시킬 요소를 지니는 것이다.

욕구가 생리적 작용 속에서 드러나는 불균형으로서 지속적인 결핍을 유발하는 것이라면, 필요는 욕구를 만족시키기 위한 생산에서 상황과 조건에 따라 수시로 나타나는 생체적 불비에 따른 결여이다. 또 욕구가 배고픔과 같이 고통을 동반하는 것이라면, 필요는 획득할 수 없음으로 인한 안타까움이나 아쉬움을 동반하는 것으로 감정적으로 구별된다.

필요는 인간의 생체조건과 자연조건을 비교해 볼 때, 자연의 조건이 생체조건에 의해 자기화될 때 만족스럽지 못해서 발생하는 생체적 결여이다. 자연환경이 가진 조건은 물론, 진화의 결과로서 도달한 현재의 생체 구조가 자연조건으로서 삶 속에서 수시로 결여를 발생시킨다. 즉 자연환경을 인간 생체가 가진 조건으로서 자기화할 수 없는 한계를 지닐 때 필요가 생긴다.

가령 인간은 너무 작은 것이나 너무 멀리 있는 것을 정확하게 볼 수가 없다. 그래서 현미경과 망원경이 필요하다. 또 날개가 없어 날지 못하므로 비행기나 비행장치(행글라이더, 패러글라이더 등)가 필요하다. 빨리 달릴 수 없어 자전거나 오토바이, 자동차 등이 필요하고, 너무 덥거나 너무 춥기 때문에 난방기나 냉방기가 필요하다. 나무의 과일을 따거나 구황식물을 캘 때는 호미나 장대가 필요하다. 이와 같이 필요는 인간이 생존하는 데 요구되는 생체조건과 자연조건과의 괴리에서 생존조건의 결여로 드러난다. 그래서 이를 극복하고자 요구되는 것이 도구요, 생산물이다.

(2) 기술을 통하여

생산물은 자연 상태와는 달리 인간에게 즉시 필요와 욕구를 충족시키기 가능한 상태로 변형된 것이다. 이렇게 궁극적으로 자연을 필요와 욕구에 적합하게 변형시키는 조건이 기술이다. 기술은 생산에 있어 최고의 실천적 가치다. 그 어떤 생산에도 기술은 필수적이다. 대상을 인간 삶에 유용하게 만들고, 능률적으로 생산하여 삶을 풍요롭게 한다. 기술이야말로 인류의 중심가치인 이상적인 국가의 건설을 이루어 낼 수 있는 조건이다. 기술이 대상이 가지고 있는 쓸모 있는 요인들을 유용하게 만들고 나아가 능률적 생산을 가능하게 하여, 필요와 욕구를 충만하게 만들 수 있기 때문이다. 이상적인 국가는 무엇보다 물질적 조건의 향상으로 인해 가능해진다.

기술은 공부를 통하여 완성되는 것으로, 공부는 '탐구활동을 포함하는 정신적·육체적 훈련'이라고 정의한다. '왜 이렇게 되지?', '이렇게 하려면 어떻게 해야 하지?' 등과 같은 질문과 실천 속에서 시행착오를 거쳐 유용한 기술(유용성)이 드러나며, 이것이 반복 훈련을 통해 능률성을 갖게 된다.

기술은 지침(수단을 인도하는 근거로서 지식·매뉴얼·사회규범 등)에 따라 도구를 통하여 목적을 실현하는 방법의 총체이다. '어떤 도구를 어떤 상황과 조건에서 어떤 절차로 수행할 때 어떤 결과를 얻을 수 있다'는 것이다. 노래라는 결과를 얻기 위해서는 악보(지침)에 따라 도구가 되는 생체, 특히 목과 배, 입 등을 사용하여 멜로디와 가사를 기초로 감정을 표현해 내는 절차를 거쳐야 한다. 또 농부가 밭을 갈 때에는 경험적 지식이나 매뉴얼에 따라 경운기나 소 등의 도구를 조작(방법)하여 해낸다. 따라서 방법2)은 도구를 사용하는 절차의 집합으로 이해할 수 있다.

기술에서는 방법만으로 대상을 변화시킬 수 없다. 따라서 반드시 대상에 직접 작용을 가할 수 있는 도구가 필요하다. 도구는 일차적 도구와 이차적 도구로 나눌 수 있다. 일차적 도구는 태어나면서 가지게 되는 진화적 산물인 자연으로서 생체와 자연 자체다.

이에 반해 이차적 도구는 자연을 변형시켜 생체적 도구를 강화시키거나 새로운 기능을 창조하는 생산물이다. 밭을 갈 때 맨손으로 이랑을 만든다는 것은 손을 다치게 하고 비능률적이다. 이때 호미, 괭이, 쟁기 나아가 트랙터를 이용하면 손의 능력을 극대화시킬 수 있다. 또 인간은 날고 싶지만 날 수 있는 날개가 없다. 새와 같이 타고난 도구가 없다. 그러나 비행기나 글라이더 등을 만듦으로써 새로운 능력을 창출할 수 있다.

생산물은 궁극적으로 자연을 인간의 필요와 욕구를 충족시키기 위하여 기술을 통해 변형시킨 것이다. 인간을 포함한 모든 사물과 현상은 자연으로서 이를 객관적 법칙에 의하여 변형시킬 수 있다. 이것은 도구를 사용하여 일련의 과정을 통하여 이루어진다.

인간은 자연에서 필요와 욕구에 근거해서 어떤 특징에 대한 가치를 발견한다. 그리고 이해를 통하여 실현시킬 목표를 설정하고 계획을 세운다. 계획은 파악(이해)된 어떤 가치를 실현시키기 위해 자연의 어떤 대상에 대하여 어떤 기술을 사용하여 변형시킬 것인가에 대해 실천에 앞서 관념적으로 이루어지는 과정이다. 그리고 그대로 도구를 가지고 현실에 적용(실천)하여 생산물을 창출한다. 이를 분석하면, '자연－해석－계획－적용－생산물'이라는 과정으로 드러난다. 물론 일련의 과정 속에 피드백이 작용한다. 가령 계획과 적용 사이에서 수단(도구와 방법)의 문제가 발생하면, 계획의 과정으로 돌아가 수단을 찾는 것이다. 이와 마찬가지로 수단이 없으면 수단의 생산부터 이루어져야 한다.

생산물은 생산과정으로 이루어진다. 생산과정에 관하여는 '03. 통일성'에서 상세히 설명되어 있다. 또 생산물은 소비의 과정을 거쳐 실질적으로 자기화 된다. 이 또한 생산과정을 그대로 거친다. 소비도 하나의 생산이다. 가령 옷을 만드는 것이 전형적인 생산이라면 옷을 사서 입는 것은 소비가 되며, 옷을 입음으로써 창출되는 품위나 아름다움은 생산이다. 소비는 생산물을 써서 없애는 것 또는 그 과정이 아니라, 새로운 질을 창조하는 것 또는 새로운 질을 창조하는 과정이다.

자연 자체로는 인간의 필요와 욕구를 충족시키지 못한다. 물이 앞에 있다고 해도 우리는 그것을 도구와 방법을 통하여 음용하지 않으면 갈증을 해소하지 못하며, 아무리 많은 함량의 철광석이 존재한다고 해도 채광과 제련을 하고 용도에 맞도록 가공하지 않으면 자동차나 배를 만들어 낼 수 없다.

(3) 인간에 의해 이루어진 것이다

생산물의 조건을 인간에 의한 것으로 한정한다. 이는 다른 생물에 의해 이루어진 것은 고려하지 않는다. 바꾸어 말하면, 다른 생물들도 생산물을 생산하지만 다른 생물의 것은 제외한다는 것이다. 이렇게 생산물을 인간의 것으로만 제한하는 것은 내가 다루려고 하는 대상이 인간에 의한 것이기 때문이다. 학문은 인간을 위한 것이며, 인간에 의한 것으로 인간의 것이기 때문이다. 그러나 인간만을 위해서는 안 된다. 우리는 범애를 실현해야 하며 모두의 만족(행복)을 추구해야 한다.

만약 인간에 의한 것으로 제약하지 않는다면, 모든 생명체가 생산하는 생산물을 그들을 주체로 두고 하나하나 다루어야 한다. 모든 생명체는 생산물을 생산한다. 자신의 생존과 생식의 욕구는 항명(抗命)할 수 없는 생산 조건이기 때문이다. 사냥을 해야 하고 둥지를 틀어야 한다. 또 배우자의 환심을 사거나 배우자를 설득해야 한다. 그렇다면 모든 생명체는 생산물을 생산하고 있다는 실증이다.

생산물이 욕구와 필요를 충족시킬 수 있는 소비를 목적으로 사냥감이나, 채취의 대상에게 잠복하여 독을 주입하거나, 협공하여 질식시키거나, 몰래 접근하여 물어 죽이거나, 총이나 활을 만들어 쏘거나, 창을 던지거나, 그물을 던지거나, 함정에 빠뜨리거나, 캐거나 베거나, 뜯거나 줍거나 하는 등의 기술을 사용하여 획득한 것이다. 모든 생물은 생산을 한다. 반드시 생산하여야 한다.

인간은 가장 획기적인 진화 역사의 전 과정을 거쳐 온 자연의 산물로서, 생명체의 초기부터 생산의 역사를 이루어 왔다. 이것은 모든 생명체가 생산의 역사를 이어 가고 있다는 사실을 말하며, 인간만의 전유물이 아니라는 것이다. 생명체, 그들이 획득한 모든 먹을거리, 그들의 발자취는 그들의 생산물이다. 그들이 지은 둥지나 토굴 및 잠자리는 그들의 생산물이다. 거미가 사냥을 위해 만든 거미줄이나 개미귀신이 만든 함정이나 개미집이나 모두 생산물이다. 그들도 그들 수준에서 사고를 한다는 증거다.

인간만이 사고를 하고 나머지는 단순히 자극에 대한 기계적 반응만 한다고 하는 것은 인간의 부지다. 만약 그렇다면 거미는 거미줄을 칠 수 없다. 최초 기초가 되는 줄을 보면 모든 상황과 조건이 다른 상태에서 만들어졌다. 바람을 이용해 건너편으로 이동한다거나 거미줄을 이을 세 기점의 상황과 조건이 거미줄을 칠 때마다 모든 경우가 다르다는 것이 이를 입증한다.

생산물의 조건으로 인간에 의해 이루어진 것, 즉 생산된 것이어야 한다는 것은 인간 이외의 생물이 만들거나 자연물이어서는 안 된다는 것이다. 비록 인간에 의해 이루어진 것이라도 무의미한 것, 자연스런 생리적인 것 등은 생산물이 아니다. 가령 방귀나 기침, 잠꼬대, 헛소리, 눈 깜박임이나 경련 등 반사적인 움직임 등은 생산물이 아니다. 이것은 자연으로서의 생체가 발생시키는 자연현상이다. 생산은 어떤 목적으로 어떤 대상(사물과 현상)에 대해서 어떤 기술을 통하여 이루어지는(변형시키는) 것이다. 즉, 의도를 가지고 실행된다.

또 인간에 의해 생산된 모든 것이란, 형태에 구애받지 않고 인간에 의해 생산된 모든 것으로서 물질적인 것에 한정하지 않고 관념적인 것은 물론 인간 행위에 대한 것, 또한 인격적인 것으로 개인과 사회까지 망라한다는 의미다. 유형무형을 막론한다. 인간과 사회도 생산물이다. 생산물의 정의를 파악해 보면, 당연한 귀결이다.

따라서 생산물이란 어떤 목적으로 어떤 의의를 가진 대상에 대하여 어떤 지침에 따라 어떤 수단을 사용하여 변형시킨 모든 것을 말한다. 이때 의의는 인간의 욕구와 필요에 따른 것으로, 어떤 특징이 지니는 가치, 즉 필요와 욕구를 충족시킬 수 있는 중요성이나 쓸모 등을 말한다.

이러한 생산물은 인간의 욕구와 필요에 따라 만족을 위해 만들어진 모든 것이다. 그렇기 때문에 자연에서 채취한 것, 배양하거나 양식한 것, 어로(漁撈), 농업, 사냥, 채굴 등으로 획득한 아직 가공되지 않은 원료도 생산물이며, 탐구활동이나 창작활동 등으로 이루어낸 이론이나 문예물, 노래, 기악 등도 생산물이며, 육체의 의도적 움직임으로서 서비스, 스포츠, 기예, 개그, 연극, 기능 등도 생산물이다. 마땅히 원료를 가공하여 변형시킨 물질의 가공품도 생산물이다. 나아가 자연으로서 인간을 사회화된 인간으로 만들고 인간들의 조직으로서 계층적 인격과 그 사회 또한 생산물이다.

통일체계 속에서 보면, 생산물은 자연과 주체의 상호작용 속에서 이루어진다. 근원적으로 자연을 재료로 하여 인간이 자신의 욕구와 필요를 충족하기 위해서 변형시킨 모든 것이다. 물론 생산물도 대상이 된다. 이로써 생산물은 개선 또는 개량을 통해 진보를 이룬다.

생산물은 인간이 노동이나 훈련, 탐구활동, 창작활동 등의 생산행위를 통하여 생산한 모든 것을 아우른다. 노동을 통하여 생산된 물질적인 의식주와 각종 도구, 사회 자체와 교육을 통하여 사회화된 인간(가령 어떤 기능 또는 자격을 취득한 인간), 정치를 통하여 이루어진 사회(가령 다양한 사회체제를 가진 집단), 창작활동을 통해 얻은 작품이나 탐구활동을 통해 얻은 발명품과 이론 등은 물론, 신앙과 도덕 등 각종 문화현상, 인간이 가지고 있는 역사적인 기능(인간문화재) 등 인간에 의해 이루어진 모든 것을 망라한다.

생산물은 구체적이고 개별적인 인간정신의 실현체이다. 음악이 구체적인 감정의 표현들이고, 이론이 구체적인 대상에 대한 논리적인 사고의 객관적 결과이며, 행동이 구체적인 의지의 표현이다. 개별적인 생산물은 개별적이고 구체적인 인간 정신의 한 모습을 드러내는 것이다.

생산물은 단적으로 인간의 정신이 물질적 · 관념적 · 행위적 · 인격적 현상과 형태에 결합된 모든 것을 말한다. 물질적인 것과 인공적인 것은 물론 자연물로서 질적 변화는 없지만 분리 또는 이동에 의해 시공의 변화가 생긴 것을 막론하며(가령 물에서 분리시킨 물고기), 관념적인 것은 기호나 색상, 그림 등을 막론한다. 행위적인 것은 흉내, 연극, 심부름 등에 이르기까지, 인격적인 것은 계층적 인격으로서 인간과 사회는 물론이고 인간의 인생 그 자체, 사회의 형태(정치체제나 경제체제 등)도 생산물이다.

생산물은 사회적인 것으로, 전적으로 개인에 의해 이루어진 창조물은 아니다. 개인의 생산물은 역사적인 결과이며, 또 사회와 상호작용을 통해 이루어진 것이다. 즉, 자동차가 한 개인의 즉각적인 필요에 의해 뚝딱 생산된 것이 아니라 역사적으로 있어 온 개인이나 집단에 의해 개량되고, 또 당 시대 사회의 수많은 개인과 집단의 창조적 집합이다.

자연물 자체는 생산물이 아니다. 하지만 거기에 이름을 부여함으로써 관념적으로 구체적으로 분리되어 나타나고 특징이 나타난다. 백두산은 그냥 산이 아니다. 민족의 정기를 담고 있는 신령스러운 존재가 된다. 실재적인 생산물은 쉽게 이해할 수 있을 것이다. 산과 강, 바다, 꽃과 같은 초본과 나무, 다양한 짐승과 곤충 등의 각종 자연물은 신화와 결부되며 객관적 지식과 결부되며, 감성과 결부된다. 관념적으로 생산(관념적 생산)이 이루어진다. 그렇다면 생산물이란 대상을 양적으로 질적으로 직접 변형시키는 것을 넘어서는 것이다.

211

기호와 색상, 그림 등은 개념과 결부되며 정서와 결부되며 감성과 결부되며 구체적인 기술과도 결부된다. 인간 정신의 다양한 부분들과 결합된 모든 것들은 생산물이다. 소쉬르가 말한 것처럼 "모든 것이 기호"다. 모든 생산물이 기호이며, 모든 기호는 생산물이다.

생산물은 그 존재 양태로 볼 때, 목적에 따른 인간의 의식이 고정된 것으로서 인간의 필요와 욕구를 충족시키는 충족물로서의 가치를 지닌다.

생산물은 인간이 대상에 대한 목적적 해석을 기술을 통하여 현실화한 것이다. 인간은 행복한 삶을 궁극적인 목적으로 하여 대상을 해석하고, 이렇게 해석한 내용을 기술을 통하여 유용한 생산물로 만들어 낸다. 자연과 인간의 관계를 해석의 문제라면, 인간과 생산물의 관계는 기술의 문제이다.

기술(技術, technology)은 지침에 따라 어떤 도구를 사용하여 무엇인가를 만들어 내거나 성취하는 방법이다. 또 능숙함을 통해 바라는 결과를 얻는 능력을 말하기도 한다. 이때 공부의 중요성이 드러난다. 좀 더 넓은 의미로는 인간의 욕구나 필요에 적합하도록 수단(도구와 방법)을 통하여 주어진 대상을 변화시키는 모든 인간적 행위를 말한다. 따라서 기술은 유효성과 능률성을 지향한다.

기술은 보통 물적 재화(物的財貨)를 생산하는 생산기술이라는 의미로 사용되고 있으나 여기에 한정하지 않는다. 지식을 기호를 매개로 하여 고정시키는 작업, 인간의 감정을 예술로 표현하는 작업, 대화의 방법 등도 유효성과 능률성을 가지고 있다.

자연을 변화시키는 기술은 인간과 대상 간의 작용으로서 보통 대상을 변화시키는 방향으로 이루어진다. 하지만 기술을 통해 오히려 인간을 변화시키는 것이 그 무엇보다 효과적일 수 있다. 이것은 생물학적으로 진보하는 인간 자신을 변형시킬 수 있는 가능성을 높임은 물론이고, 또 대상을 변화시키는 능력을 함양하기 때문이다.

인간의 정신을 변형시키는 기술은 교육이다. 이 교육이 객관적 지식에 대한 교육만 이루어지는 것이 아닌 한, 설화의 전래나 미신의 신봉 등은 산과 바위, 나무 등을 신령스럽게 만들기도 한다. 산과 나무 그리고 바위는 그 어떤 변형도 일으키지 않았음에도 말이다.

기술은 자연을 대상으로 두 가지 형태로 이행한다. 도구의 사용과 이론의 응용이다. 도구는 일차적 도구인 생체와 이차적 도구인 생산물을 의미하며, 이론은 객관적 법칙이다. 기술이 객관적 법칙에 따른 이론을 자연에 직접 작용하는 도구에 적용하지 않는다면, 기술은 자연을 변형시킬 수 없다는 것은 명백하다. 기술은 현대의 깜짝 결과물도 아니며, 또 전적으로 자의적이고 우연적인 산물도 아니다.

인간의 기술 진보는 인간 진화 역사 38억 년의 전 과정의 결과다. 인간 이전의 역사를 제거하고 수백만 년에 걸친 시행착오, 즉 단순히 우연한 경험을 통한 진보에 의해서 오늘날의 경이적인 단계에 도달한 것이 아니다. 지지부진하던 인간 이전의 역사에서나 비약적인 현재의 역사에서나 우연과 필연 속에서 육체적 · 정신적 진화와 공부를 통해 이루어진 것이다.

기술은 그 사회의 형태와 밀접한 연관을 맺는다. 한 사회의 정치적 · 군사적 · 경제적 · 사회적 · 종교적 조건 등은 사회 구성원에게 부여하는 과제나 목표 및 일의 중요성과 규모에 큰 영향을 미친다.

실증적으로 우리의 역사 속에서 천시되어 온 기술은 사회 진보에 영향을 끼치지 못하고 언제나 외세의 침략에 허약한 체질을 보였다.

그뿐만이 아니다. 실천 없는 논리 속에서 진리는 먼 곳에 가 있어, 각종 설들만 난무하는 파벌 싸움은 백성의 허기와 피를 짜는 것이었다. 한동안 세종 때 장영실을 통한 기술의 발전은 천제(天帝)라 자칭하는 중국의 직접적인 압력에 의해 좌절되고 만다. 또 기술은 그 발생지의 자연환경, 지리적 조건 등에 의해 사용되는 재료에도 영향을 받아 왔다. 당연히 그 지역에서 가장 많이 생산되는 재료를 사용해 그 지역의 의식주 등 삶과 문화를 발전시키기 마련이다.

와트가 증기기관을 개량하면서 이루어지는 18세기 산업혁명 이전까지 모든 문화에 있어서의 기술은 기껏 풍력이나 인력과 동물의 힘을 이용하는 나약한 수공업적 기반에서 이루어져 왔다. 우리나라에서는 1960년대까지도 수공업적 기반 아래 기술이 이루어지다가, 새마을 운동으로 근대화를 이루기 시작하면서 탈피하게 된다.

이와 같은 장인사회(匠人社會)를 넘어 18세기 이래 인류의 기술은 기계·동력·정밀기구·철의 이용법을 발전시켜, 이미 근본적으로 큰 변화를 이루어 가던 사회 속에서 과학과 기술을 새로운 위치로 끌어올리는 공업사회를 이루게 되었다.

생산물은 인식 주체로서의 인간이 자연의 구조·과정·성질·형태 등에 대하여, 일정한 목표와 방법 등으로서 해석한 내용을, 임의의 물질적·관념적 매체, 생체적 매체 등을 통하여 이루어낸 정신적 산물이다. 즉, 생산물은 필연적으로 인간 의식이 반영된 것이다.

의식이 생산물에 반영되는 것은 인간의 생산행위를 통하여 이루어진다. 따라서 생산물은 인간 의식의 결정체이다. 노동은 인간의 운동형태의 하나로서 자연과 생산물 그리고 인간에 대해 작용하며, 인간의 필요를 충족시키기 위하여 변형시키는 활동이다. 이것이 생산의 목적이다. 그렇다면 생산물은 인간의 목적의식이 현실화된 것이다. 이때 인간의 정신은 오직 언제나 목적을 향해 있음을 의미한다. 따라서 생산물은 목적의 결과물이다.

목적은 인간의 필요와 욕구를 바탕으로 이루어지며, 이 필요와 욕구는 가치를 낳는다. 그리고 가치를 가진 것은 사회 속에서 통용된다.

(4) 생산을 지배하는 법칙

생산을 지배하는 법칙도 자연과 인간 행위를 지배하는 법칙과 마찬가지로 원인을 지배하는 법칙, 방향을 지배하는 법칙, 과정을 지배하는 법칙과 결과를 지배하는 법칙으로 나타난다.

먼저 생산의 원인을 지배하는 법칙은 인간 행위를 지배하는 법칙과 같은 필요와 욕구의 법칙이다. 생산을 지배하는 법칙의 근원은 인간의 부족함에서 발생되는 필요와 욕구이기 때문이다. 인간의 생리적 결핍과 생체적 구조(기계적 또는 물리적)의 근원적 한계와 상충·제약되는 활동 공간(사회)은 생산을 하지 않으면 안 되는 조건이다. 이것은 인간의 생존에 가장 기초적인 조건으로서 만족을 시키지 않으면 안 되는 것이다.

그리고 생산의 방향을 지배하는 법칙은 기호(嗜好)의 법칙이다. 이것은 만족을 지향하는 것, 즉 욕구를 충족시키는 것을 의미한다. 그런데 인간은 만족을 추구하는 데 있어서 단순히 본연의 결여나 결핍을 해소하는 데 그치지 않고 자기의 기호에 따라 만족을 얻으려고 한다. 기호(嗜好)는 좋아하고 즐기려는 것이 본질이며, 기호는 개별 인격마다 다르다. 그래서 우리가 취하려는 생산물이 무한한 다양성을 지닐 수 있는 것도 이 때문이다.

생산의 과정을 지배하는 법칙은 노동(勞動)의 법칙이다. 인간의 행위가 실천으로서 수고(受苦)로운 움직임(정적일 수도 있다)을 동반하고 그 결과로서 생산물을 내놓는다면, 인간 행위는 포괄적으로 노동이라 규정할 수 있다. 인간의 행위가 어떤 형태로든 생산물을 내놓는다는 것은 예외 없는 사실이다. 생산을 위한 실천행위는 노동이다.

생산 또는 노동의 보편적 과정은 대상(사물)에 대한 해석과 이 해석을 실현시킬 목표로 관념적으로 선취한 계획의 과정을 거쳐, 대상을 변형시킬 조건으로서 기술을 통하여 이루어 내는 것이다.

생산의 결과를 지배하는 법칙은 무제약(無制約)의 법칙이다. 부족함을 만족시키려는 노동(생산)의 결과로서 생산물은 그 무엇이 되든 제약을 받지 않는다. 다만 자연법칙과 당 시대에 도달한 기술에 의해 제약을 받는다. 어떤 생산물은 되고 어떤 생산물은 안 된다는 제약은 없다.

다만 그것을 소비하는 인간의 행위와 결부될 때 평가가 되고 제약받을 수 있다. 스포츠 정신에 따라 즐거움을 주는 야구경기의 도구가 폭력배의 도구가 될 때는 다른 것이다. 즉, 사회규범에 의해 제약이 가해진다. 그러나 분명한 것은 생산물의 소비에 대한 제약이지, 생산에 대한 제약은 아니다.

(5) 생산물의 파생

자연은 인간을 파생시켰고, 인간은 생산물을 파생시켰다. 생산물은 통일체계 속의 독자적인 존재로서 그 자체로서 독립하여 운동하며 합법칙성(사회, 경제적 법칙 등)을 지닌다.

생산물의 파생은 인간의 필요와 욕구에 근거한다. 인간에게 주어진 조건과 상황은 생존을 유지하기에는 너무나 열악하다. 고립(분리)된 생체는 생명현상을 유지하기 위해 끊임없이 에너지를 사용하여, 생체 내의 불균형을 초래함으로 이에 필요한 에너지를 공급하여야 한다. 또 진화과정에서 도달한 현재의 인간은 다른 동물과는 달리 그 처한 상황과 조건에서 더욱 빈약한 상태이다. 따라서 이를 해결하기 위해서는 다양한 생산물을 생산하지 않으면 안 된다.

생산물의 생산은 인간의 목적의식에 의해 객관적 실재의 합법칙성에 근거하여 생산된다. 세계의 변형은 객관적 법칙에 따른 실천으로만 가능한 것이다. 마술사의 주문이나 효자의 간절한 소망, 백성을 호령하는 절대자의 명령도 눈 쌓인 겨울 숲에서 딸기를 맺게 하지는 못한다. 비닐하우스 속에서 온도와 습도 그리고 햇빛 등을 적절히 공급해 주는 부지런한 농부의 자연법칙에 따른 실천만이 가능한 것이다.

자연을 변형하기 위해서는 지부지간(知不知間)에 객관적인 자연법칙에 따라 이루어져야 한다. 우리의 바람에 따라 자연이 변형되는 것이 아니라, 자연법칙에 따른 적합한 작용을 가해야 자연이 변형된다. 그렇기 때문에 모든 생산물은 지부지간에 자연법칙에 따라 대상(자연·인간·생산물)에 작용을 가해서 이루어진 것이 틀림없다.

그런데 생산물 중에는 예술의 영역이나 신화, 마술이나 미신적 행위(주술) 등도 있다. 이런 경우에도 객관적 법칙에 따라 이루어진 것임에는 여전히 타당성을 가진다. 다만 원인과 결과의 연결이나 과정을 은폐하거나 왜곡시킨 것뿐이다. 따라서 잘못된 원인으로 목적한 결과를 가져오지 않을 뿐, 그 마술이나 주술행위 자체가 자연법칙으로서 불가능한 것이 아닌 것이다. 신화(神話)도 그 내용이 현실과 괴리가 있을 뿐, 그 이야기가 적힌 책이나 그 이야기를 하는 사람 자체는 객관적 법칙에 따라 이루어진 것이다. 특히 예술과 같은 경우, 자연으로서 인간의 심상에 아름다움을 불러일으켰다는 사실은 올바른 원인에 의해 올바른 결과로서 객관적 법칙의 결과이다.

결론적으로, 미신적 행위나 마술, 신화 등과 같은 것도 그것을 생산하는 자체는 객관적 법칙에 따라 이루어진 것이나, 주장하는 그 결과를 볼 때 현실에서 이루어질 수 없는 사실을 담고 있을 뿐이다. 마술의 경우, 현실에서 일어나지 않느냐고 반문한다면 참으로 순진하다고 할 수 있다.

생산물 총체는 문화의 개념으로 대치시킬 수 있다. 문화란, 한 사회(모든 계층적 인격)가 자연을 변화시켜온 물질적·정신적·행위적·인격적 산물의 총체를 의미하기 때문이다. 또 생산물은 인간이 삶을 이어 가는 물질적·문화적 조건으로서 양식(樣式)이기 때문이다.

생산물은 생산된 자체로서 끝나는 것이 아니라 다시 인식하고 다시 생산해야 하는 대상이다. 생산물은 인간이 생산할 때 어떤 목적에 따라 다양한 특징이나 요소 중 하나 또는 일부에 대한 측면만을 고려해서 필요와 욕구를 충족시킨 것으로 아직 생산의 여지가 남아 있고, 또 모든 생산물이 가지게 되는 필연적인 결과로서 작용과 부작용에서 부작용의 측면을 해소해야 하는 과제가 있다.

하나의 전체로서 독자적인 통일체계의 요소인 생산물은 주체로서의 인간과 자연에 직접 작용을 하고 받는 존재로 인간으로부터 파생된 독자적인 대상이다. 생산물이 그 목적에 따른 기능을 수행하는 과정에서 또 다른 작용으로 나타나는 부수작용까지, 주체로서의 인간과 자연에 작용을 하고 작용을 받는다.

인간에 의해 파생된 생산물의 총체는 인간이 다시 인식하고 탐구해야 할 대상이다. 생산물은 당초에 인간이 목적한 것 이상의 다른 효과와 폐해가 있기 때문이며, 개별적인 생산물이 아니라 총체적인 생산물로서 전체는 부분적인 것 이상의 독자적인 기능과 합법칙성을 가지기 때문이다. 따라서 재인식되고 탐구된 내용을 끊임없이 재반영해야 하며, 그 생산물에 대해 끊임없이 반성하는 과정을 거친다.

생산물의 생산 과정에는 쓰레기가 발생된다. 물론 최종 소비를 통해 종결되기까지 쓰레기의 발생은 불가피하다. 쓰레기는 크게 유형의 것과 무형의 것으로 나누어 볼 수 있다. 물질적인 것이 주로 유형의 쓰레기를 남기며, 에너지의 형태로 존재하는 열, 소리(소음) 등이나 기체로서 냄새 등은 무형의 것이다. 이 문제는 인간의 삶과 직결되고, 반드시 해결해야만 한다. 생산의 문제만이 생존과 직결되어 중요하다고 여기고 환원의 문제는 자연의 몫이라고 버려둔다면, 생존은 보장될 수 없다.

(6) 생산물의 분류

생산물은 대상에 대한 해석, 계획 및 적용을 거쳐 드디어 이루어진 결과물이다. 주체성과 자유가 지배하는 해석의 나라에서 어떤 목표를 향한 구체적인 도구와 절차(방법)에 따라 적용되는 기술은 생산물의 기본적인 네 가지 형태, 즉 관념적인 것, 물질적인 것, 행위적인 것, 인격적인 것을 낳는다. 이 네 가지 기본 형태는 순수한 기본형태 자체로 존재하기보다는 주로 혼합된 상태로 존재한다.

개별적 생산물을 일일이 모두 나열한다는 것은 불가능하다. 생산물은 인간이 만들어 낸 총체이고 현재로서 종료되는 것이 아니라 인간이 삶을 유지하는 동안 양적 · 질적으로 무한히 발생하기 때문이다. 그렇다고 하더라도 생산물은 생산과정 속에서 통일된다.

다음은 기본적인 네 형태로, 생산물의 예를 들어 보겠다. 물질적인 생산물은 다시 물리적인 것과 화학적인 것, 생물학적인 것으로 나누어 볼 수 있고, 관념적인 생산물은 행동적인 것과 음향적인 것, 좁은 의미로 글과 그림이나 부호로 된 기호적인 것으로 나눌 수 있으며, 행위적인 생산물은 용역이나 규범적인 것, 유희적인 것, 일상적인 것으로 나눌 수 있다. 그리고 생산물로서 인격적 생산물은 개인과 모든 형태의 집단을 말할 수 있다.

생산물의 분류	생산물의 예
물질적 생산물	(물리적 · 화학적 · 생물학적인 것) 의식주, 기구, 기계, 장치, 도로, 축조물, 항만, 도시, 국가, 가축이나 애완 및 반려동물, 각종 화학물질, 기체 등
관념적 생산물	(행동적 · 음향적 · 기호적인 것) 말과 노래 및 음향, 글, 그림 및 디자인, 학문(이론), 인간 의식, 영화, 도면, 악보, 프로그램, 인위적으로 이루어지는 기호학적 기호 등

행위적 생산물	(용역적 · 규범적 · 유희적 · 일상적인 것) 서비스, 도덕이나 종교행위, 마스게임, 유행, 운전, 연극, 춤, 수화, 스포츠, 무술, 조작이나 조종 및 제어, 공정 등
인격적 생산물	역사적으로 다양한 기술을 가진 개인, 계층적 인격으로서 다양한 형태의 집단(가족 · 단체 · 국가 · 세계) 등

생산물은 또 다른 기준으로 분류할 수 있다. 내가 보기에 생산물도 계층적인 것이다. 상위의 생산물이 있고, 하위의 생산물이 있다. 그렇다고 그 가치가 높고 낮다는 의미와는 별개이다. 이것은 인간의 계층체계와 관련을 갖는다. 이들 계층이 생산 · 관리하는 생산물 사이에는 양적 · 질적인 차이가 존재한다.

가령 국가의 생산물은 댐이나 도시, 제도, 정치조직, 교통이나 전기 및 통신망 구축, 외교의 산물 등이라면, 그 아래의 각종 목적을 가진 단체는 다양한 재화의 생산, 서비스의 생산, 놀이의 생산 등이며, 가족의 경우 생활용품이나 의식주의 생산과 상호부양, 무엇보다 성원의 재생산이다.

〈2〉 생산물의 존재양식

생산물은 어떻게 존재하는가? 생산물이 존재하는 상태는 어떠한가?

생산물의 존재양식은 '생산물=가치×시장×통용'이다. 즉, 생산물은 존재양태는 어떤 가치를 가지고 존재형식인 시장 속에서 존재방식으로서 통용이 된다.

가령 생산자에 의해서 상품이 만들어지면, 사회(시장) 속에서 유통과정을 거쳐 소비자의 필요와 욕구를 만족시킨다. 이런 측면에서 보면, 생산물의 존재양식은 경제학적 고찰을 통해 확인할 수 있다. 경제현상 전반, 즉 생산과 소비 및 분배, 수요와 공급 및 고용 등을 연구하는 학문을 경제학이라 한다면, 이것은 생산물이 인간의 욕구와 필요에 따른 가치를 가지고 사회(시장) 속에서 소비를 목적으로 유통됨을 의미한다.

우리의 삶 속에서 필요와 욕구를 충족시킬 수 있는 것은 모두 가치이다. 이런 의미에서 생산된 모든 생산물은 모두 가치이다. 또한 만족이며 행복이다. 당연히 유통되는 상품(商品)은 모두 가치이다. 시장에서 상품의 가치는 교환 속에서 이루어지는 교환 비율로 매겨진다.

이것은 수요-공급의 법칙에서 잘 표현된다. 공급을 고정시킬 때 수요의 증가(감소)가 있으면 가격이 상승(하락)하고 매매되는 상품이 증가(감소)하며(수요의 법칙 · law of demand), 반대로 수요를 고정하면 공급의 증가(감소)가 있을 때 가격이 하락(상승)하고 매매량은 증가(감소)한다(공급의 법칙 · law of supply). 이러한 수요와 공급의 법칙은 어떤 생산물이 어떤 시장에서 얼마만한 양이 통용될 때 얼마만한 가격으로 거래될 수 있는가에 대해 설명하는 이론이다.

여기에서 생산물의 존재양식을 확인할 수 있다. 생산물은 가치를 가지고 있으며, 한 시장(시공사회) 속에서 유통되어 사용되고 있다는 사실이다. 우선 생산물, 특히 상품을 예로 들면 일정한 비율(가격)로 교환된다. 즉, 공급량과 수요량과의 관계에서 균형가격을 형성하고 이 가격으로 상품이 교환된다. 수요 · 공급의 법칙은 시장(市場)이라는 시공간 속에서 이루어지는 현상이다.

시장은 상품이 교환되는 시공이다. 한 도시일 수도 있고, 국가일 수도 있으며, 세계 전체일 수도 있다. 그리고 상품이 교환되고 사용되기 위해서 공급 및 수요, 즉 상품이 공급되고, 수요자에 이르는 과정으로서 흐름(유통)이 있어야 한다.

　이상과 같이 생산물은 가치를 가지고 시공 속(시장)에서 운동(상품의 목적이 유통되어 사용됨을 의미하므로 이를 '통용'이라 한다)한다는 사실을 알 수 있다.

　생산물은 인간의 필요와 욕구를 충족시킬 수 있는 가치를 가지고 있는 것으로, 근원적으로 자연을 변형시킨 것이다. 이것이 시장에서 거래대상이 될 때, '상품'이라 한다. 이렇게 볼 때, 생산물은 상품보다 훨씬 큰 개념이다. 거래되지 않는 것도 얼마든지 있으며, 무상으로 유통되기도 하기 때문이다. 문화적 현상들이 그 예이다. 수직적으로 전승되고 수평적으로 전파된다.

　시장은 시공사회와 같다. 존재형식으로서 시장은 공식적 · 비공식적인 장소를 모두 포함하고 있기 때문이다. 생산물의 흐름이 있는 곳이란, 사실상 인간이 서식하는 사회 전체에 걸쳐 일어나는 현상이기 때문이다.

　'통용'이란 유통의 의미를 포함한다. 이것은 가치의 교환이라는 측면을 넘어, 생산물이 용도에 맞게 쓰이는 사회 현상을 말한다. 가령 어떤 지역에서 국수가 만들어져 먹기 시작했다면, 그리고 이것이 시간을 두고 사회 전체로 점차 확산되었다면, 이 사회 전체에 국수가 통용되었다고 말할 수 있다. 또 유행도 그렇다. 이런 기술의 전파에 가치의 교환이 이루어지지 않았다고 해서 국수 만드는 기술이나 국수라는 생산물에 가치가 없거나 사라지는 것이 아니다.

이처럼 인간의 필요와 욕구를 충족시키는 한, 여전히 절대적인 가치는 존재한다. 즉, 생산물의 자연적 가치는 교환가치에 영향을 받지 않는다. 사은품이나 기념품 등 무상으로 받은 컵에 물을 담을 수 없는 것은 아니다.

역학적 관점에서 자연(물질)과 인간과 생산물은 공통의 존재양식을 가진다. 이것은 물질의 파생과정(자연-인간-생산물)에서 나타나는 당연한 결과이기는 하지만, 이 전체를 예측하는 통일된 방정식은 아직 만들지 못했다. 이는 앞으로 만들어 가야 할 문제다. 특히 물질의 운동방정식과 인간의 운동방정식 및 생산물의 운동방정식을 아우르는 방정식이 도출될 수 있으면 좋겠다. 인간의 경우, 심리학적·경제학적으로 어느 정도 일관된 행동양식을 가진다는 것은 중요한 점이다. 그리고 세계는 모두 확률적으로 통제된다는 점이다.

[2] 생산물의 속성

생산물의 속성은 가치와 시공으로서의 사회(시장) 및 통용이다. 이것은 생산물이 가지는 본질로서 고유한 성질이라 생각한다.

〈1〉 가치(價値)

(1) 가치의 규정
가치란 계층적으로 존재하는 인간의 결핍이나 결여에 의해 요구되는 부족함을 충족시켜 줄 수 있는 모든 것이다. 가치는 대상에 포함되어 있는 것이 아니라, 인간의 결여나 결핍에 의해 요구되는 것으로 충족시켜야 하는 항목이다. 따라서 가치 자체는 대상들 속에 있는 것이 아니라 인간의 요구 항목이며 생산 목적이다. 그래서 계층적 인격마다 요구되고 추구하는 가치는 질적으로 차이가 있다. 가치는 대상에 포함된 특징이나 요소에 의해 실현된다. 따라서 대상에 가치가 있다 함은 필요와 욕구를 충족시킬 수 있는 요소 · 특징 · 구조 · 성질 · 형상 · 상태 등이 있다는 의미이다.

그럼에도 가치가 대상 속에 존재한다는 관점에서 본질 · 수단 · 내재적 가치로 구분하기도 하며, 가치의 성질에 따라 욕구의 대상으로서의 가치, 수단으로서의 가치, 규범으로서의 가치로 구분하는 경우도 있다.

가치는 인간의 부족함에 의해 발생하므로 발생 원인을 기준으로 분류되어야 한다. 가치의 발생 원인에 따라 생리적 가치, 생체적 가치, 집단적 가치로 구분할 수 있다.

생리적 가치는 인간의 생체 내의 고립된 계에서 발생하는 생리적 불균형에 따른 것이고, 생체적 가치는 인간의 진화 역사에서 이루어진 자연으로서 생체, 계층적 인격으로서 생체구조 · 사회조직이나 기능 그 능력의 한계에 따른 것으로 목적 실현의 제약을 말한다. 또 집단적 가치(공간적 가치)는 인간이 계층적 인격을 형성함으로써 개별 인간이나 상대적으로 하위의 집단이 상위의 집단 내에서 삶을 유지할 때 그 부분으로서 또는 공간적 원인에 의해 발생되는 결여가 있다.

생리적 가치는 인간의 정신적인 문제로 드러난다. 희로애락, 배고픔이나 아픔, 아름다움이나 신비감과 같은 욕구의 형태인 생리적 불균형을 원인으로 형성된다. 이와는 달리 생체적 가치는 물질적 수단의 필요 형태로 나타난다. 도구나 방법으로서, 대상을 변형하는 능력의 향상 또 자연으로부터 닥쳐오는 위험에 대한 방어나 준비 등이다. 결국 이것은 생체능력을 향상시키기 위해서 기계나 기구 및 장치를 개발한다거나 옷이나 집, 뚝, 방벽 등을 설치하는 것으로 가능해진다. 그리고 집단적 가치란, 개별 인간이 단체를 이루며 살아가야 할 필연적 이유가 있는 한, 계층적 인격이 활동하는 시공사회에서 추구되어야 할 가치가 있다. 가령 단체 속의 개인은 공간으로서 단체가 안정되고 만족스런 존립을 보존하기 위해서, 필요한 자유·평등·평화 등의 확보를 역설적이게도 개별 인간들이 양보하고 억제함으로써 얻을 수 있다. 이것은 제도를 통해 공권력의 동원으로 얻거나 자발적으로 공중도덕을 지킴으로써 얻을 수 있다.

물론 결핍이나 결여를 충족시켜 줄 수 있는 특징이나 요소, 성질 등이 대상에 있기 때문에 오히려 인간이 필요와 욕구를 억제함으로써 만족을 얻을 수도 있다. 억제는 그 자체로서 만족을 수월하게 창출할 수 있다. 그리고 억제 없이는 집단의 결여나 결핍을 해소할 방법이 없다. 자유, 평화, 평등, 선, 행복 등이다. 너무 많은 것을 원한다면, 가진 것이 생존에 충분함에도 불구하고 불행한 경우가 많다. 그래서 '억제'도 만족을 성취하는 생산기술이다.

(2) 가치는 언제, 어디서, 어떻게 발생했나?

가치는 행위와 관련해 보면 목적이며, 심리와 관련해 보면 희망

(바람)이다. 가치를 실현하기 위해서는 세계 속에 존재하는 대상(사물)이 가지는 요인(要因)을 변형(생산)하여야 한다. 즉, 대상으로서의 인간과 사물의 구조 · 성질 · 형태 · 상태 · 운동 · 행위 · 색상 · 특징 · 기호 · 정신(사유 · 감정 · 의지) 등을 필요와 욕구에 적합하게 변형하여야 한다. 이로써 생산된 생산물의 형태는 물질적인 것, 관념적인 것, 행위적인 것, 인격적인 것과 이들의 혼합형태가 드러난다.

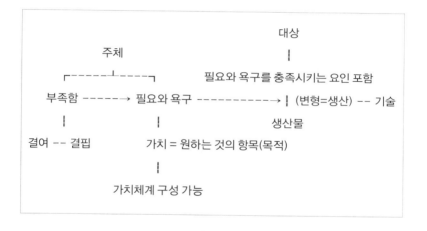

인간은 근원적으로 '부족함'을 가진다. 생체적으로 보면 필요에 대한 결여이고, 생리적으로 보면 욕구에 대한 결핍이다. 결여와 결핍은 원하는 것을 발생시킨다. 원하는 것은 목적으로서 필요와 욕구를 충족시킬 가치이다. 필요와 욕구는 생산의 원인이다. 생산은 대상이 가지고 있는 필요와 욕구를 충족시킬 수 있는 다양한 요인을 적합하게 변형시키는 것이다.

변형은 기술을 요구한다. 이 결과가 생산물이며, 생산물은 구체적으로 현실화된 쓸모나 중요성 등의 요소(要素)를 지닌다. 그렇다고 생산물이 곧 가치 자체는 아니다. 가치는 어디까지나 주체가 원하는 것의 항목이요, 목적으로서의 관념이다. 가치는 오직 주체에 속하고, 그 가치를 충족시킬 수 있는 요인은 대상에 속한다.

모든 존재는 근원적으로 부족함을 가지고 있다. 인간의 부족함은 심리적 불안정, 생체적 불비, 공간적 제약 등을 가진다.

우선 인간은 성적으로 남성이나 여성의 한쪽만을 가지고 있다. 인간은 2분의 1의 성(性)을 가지고 있는 것이다. 진화론적 해석으로 환경적응에 유리한 개체의 생산이 가능하다고는 하더라도, 개별 인간으로서는 완전한 생식능력을 갖추지 못하는 반쪽에 불과하다.

또 인간의 생체는 활동하는 동안 생리적으로 불안정하다. 에너지의 소실로 생리적 불안정이 발생하고, 외부에서 에너지를 공급받지 않는다면 생존이 불가능하다. 또 자연을 자기화할 수 있는 능력에도 한계를 가진다. 진화과정에서 획득한 인자(因子)로서는 농경을 하기 위한 밭갈이도 할 수 없고, 사냥을 하기 위한 힘이나 사냥감에 대한 치명적인 손상을 줄 수 있는 턱이나 독도 없다. 추위나 위험을 극복할 수 있는 털이나 두꺼운 피부 또한 없다.

이러한 인간의 부족함(결여와 결핍)은 필요와 욕구로 이행한다. 필요와 욕구는 생산을 해야만 하는 근거이며, 이를 위해 대상과의 상호작용을 요구한다. 상호작용을 인간에게 적용할 때 '사랑'이라 한다. 특히 인간의 사랑은 범애의 성격을 띤다. 범애는 세계의 모든 것과의 관계형성을 말한다.

범애는 범애만물천지일체(凡愛萬物天地一體)의 준말로, 세계의 모든 존재를 차별 없이 두루 사랑함을 의미한다. 그래서 범애는 인간과의 사랑과 세계의 사물과의 사랑, 추구하는 목적에 대한 사랑으로 나눌 수 있다. 사랑이 인간에게 부여된 것이고 의지적 상호작용이지만, 이것이 가치인 이유는 인간의 필요와 욕구를 충족시켜 주기 때문이다. 관계 형성이 되지 않으면 생존은 불가능하다. 그래서 부족함을 충족하기 위한 생산은 인간과의 관계형성(결속)이라는 측면에서 인간과의 사랑과 세계의 사물을 자기화하기 위한 변형으로서 사물과의 관계형성의 두 갈래를 가진다.

우선 인간과의 결속은 계층적 인격을 형성한다. 결혼을 통해 가족을 형성하고, 어떤 목적을 실현하기 위해 단체에 결성하고, 더 큰 국가를 건설하여 활동하며, 지구 세계에서 인류라는 동질성을 가진 존재로서 생존활동을 한다. 현재 인류 전체로서 집단은 모든 국가가 가입된 국제연합이다.

인간이 개별 인간의 정신적 · 육체적 부족함을 충족하기 위해서 결혼을 통해 가족이라는 상위의 인격을 형성하더라도 가족이란 인격도 부족함을 가진다. 새로운 성원의 결혼이나 경제적 목적에 따른 협동, 내 · 외란에 대한 경찰 내지 조정을 위한 집단의 형성으로 나아가야 한다. 이때 혈연집단, 지연집단, 경제집단, 정치집단 등 상위의 인격인 단체가 형성된다. 이런 상위의 인격체로서 단체도 그 자체로서 내 · 외적 부족함은 사라지지 않는다. 여전히 집단 간의 불안정이나 외란에 대비하기 위해서는 더 큰 집단으로서 전문적으로 역할 분담을 하는 조직을 가진 국가의 형성이 불가피하다.

또 국가와 국가 간의 경우에도 자원의 편중에 따른 이유로 교역과 자기중심 문화적 사고방식에 따른 갈등, 음침한 목적을 가진 전쟁은 불가피하게 이어져 왔다. 전쟁은 갈수록 치열하고 비인간적 잔인함을 보이며, 여차하다가 인류는 자기 기술로 절멸할지도 모르는 위험천만한 상황에 도달했다. 이런 이유로 지구상 최고의 인격으로서 국제연합은 불가피하게 생겨났다. 이런 계층적 인격 형성도 결국은 상대적으로 하위 인격의 부족함을 충족하기 위해서 이루어진 것이다. 즉, 계층적 인격의 형성 목적도 결국 인간의 부족함에 충족(만족·행복)을 추구하기 위한 단계적 이행인 것이다.

　다음의 한 갈래로서 인간의 상호작용(사랑)이 세계의 사물과의 관계를 형성한다 함은 인간이 세계의 사물들이 갖춘 요인들 중에 결여와 결핍을 충족하기 위한 사물에 대한 애착을 가진다는 것을 의미한다. 즉, 사물이 필요와 욕구에 맞는 요인을 가지고 있기 때문이다. 사물이 가지는 요소·특징·성질·구조·형태·상태 등을 적합하게 변형하여 욕구와 필요를 만족시킬 수 있는 것이다.

　가치란 인간이 삶을 존속하는 가운데 발생(요구)되는 필요와 욕구를 충족시킬 수 있는 항목이다. 가치가 사물에 있다고 생각하는 경향이 있는데, 사물 자체로서는 가치를 지닐 수 없다. 단지 필요와 욕구를 충족시킬 수 있는 요인을 가지고 있을 뿐이다. 가치는 반드시 인간과의 관계 속에서만 유효하며, 인간을 떠나서는 가치란 존재할 수 없다. 가치는 객관적인 것이 아니라 주관적인 것이라서 어떤 사물의 요인이 모든 인간에게 똑같은 수준의 중요성이나 쓸모 등을 갖지 않는다. 다시 말해 가치는 대상에 존재하는 것이 아니라, 대상은 단지 필요와 욕구를 충족시킬 수 있는 요인을 가지고 있을 뿐이다.

　또한 가치는 개인에게만 발생하는 것이 아니라 계층적 인격에서 계층적으로 발생한다. 상위의 인격은 하위의 인격의 공간적 성격을 지니며 공간적 가치를 요구한다. 그리고 하위 인격, 특히 개별 인간으로서 주체는 정신적·육체적 가치를 요구한다.

가치는 인간에게 부여된 포괄적 항목으로서 사랑과 추구하는 포괄적 항목으로서 만족(행복)이 있다. 그러나 두 항목은 모두 공통적으로 만족에 도달함으로써 통일된다. 이것이 실현된 상태의 인간세계는 유토피아가 될 수 있다.

가치는 인간의 필요와 욕구를 충족시켜 주는 모든 형태를 말한다. 이러한 가치에는 세 형태가 있다. 하나는 주어진 가치(원인된 가치)이고, 하나는 부여된 가치(과정으로서 가치)이며, 마지막 하나는 추구하는 가치(결과로서의 가치)이다.

여기에서 주어진 가치는 오직 특이성을 가진 운동하는 물질을 말하고, 부여된 가치는 인간과 인간, 인간과 사물과의 관계 속에서 드러나는 사랑을 뜻하며, 추구하는 가치는 행복을 의미한다. 이 중 부여된 가치와 추구하는 두 가치는 범애(汎愛)로 통일된다. 범애는 사랑과 행복이 통일된 상태, 사랑과 행복이 실현된 상태를 말하며, 범애가 실현된 상태의 사회는 유토피아다. 사랑과 행복이 충만한 곳, 우리가 늘 말하고 동경하는 태평천국이요, 이상향이다. 유토피아는 우리가 살아서 이루어야 할 가치요, 최종목표다.

이것이 인류의 최종목표요 중심가치라는 것은 인류 역사 속에서 무수한 형태로 모든 개인과 사회가 보편적으로 끊임없이 추구하고 있기 때문에 예측 가능한 결론이다. 고대 유대인들의 에세네파교(Essenes), 플라톤의 〈국가론〉, 원시 그리스도교의 교리, 중세 말

T.모어의 〈유토피아(Utopia)〉, 근세 초 T.캄파넬라의 〈태양의 나라 Civitassolis(1623)〉, 유가에서 말하는 이상 세계로서 '대동세계(大同世界)' 등에 소급된다.

사유재산제로부터 발생하는 사회적 타락과 도덕적 부정을 간파하고 재산의 공동소유를 기초로 하여, 더 합리적이고 정의로운 공동사회를 실현하고자 한 순수한 의미의 공산주의, 청대 말기 홍수취안의 태평천국운동, 현재 세계적인 추세인 복지국가 등. 앞으로 어떤 현실적으로 진보된 사회형태가 나타날지는 몰라도 사랑과 행복이 더욱 진보되고 실현된 사회일 것이라는 믿음에는 배신이 없을 것이다. 물론 더 자세하게 역사를 살펴보면 제도의 진보가 종종걸음으로 이루어져 왔고, 나아가 혁신적인 정치형태로 뛰어넘으면서 많은 선진 국가들의 동일한 듯하면서도 서로 다른 인민을 위한 사회가 이루어졌음을 알 수 있다.

가치는 질량과 권리와 같이 대칭성의 파괴에 의해 발생한다. 대상이 지닌 특징·구조·성질 등에 대한 어떤 특별한 필요와 욕구는 가치를 가지게 되고, 이 특별한 가치에 대한 집중 내지는 주목에 의해 대칭성이 파괴된다. 어떤 한 대상의 가치는 인간의 모든 필요와 욕구를 두루 만족시키는 게 아니라 특별한 필요와 욕구를 만족시킨다. 이때 특별한 필요와 욕구의 해소는 특별한 대상에 대한 집중을 통해 이루어진다. 이것이 대칭성이 파괴되는 근거다.

자연엔 본래 가치 자체란 없다. 가치란 인간 내지는 생명체가 자신의 생존을 유지하기 위해 필요와 욕구를 가짐으로써 비로소 생겨나는 항목이다. 그렇기 때문에 생명체가 사라지면 가치도 사라진다. 가치란 인간 내지는 생명체와의 연관 속에서 발생하는 부여된 것이기 때문이다.

인간이 대상에 대해 아무런 주목을 하지 않을 시엔 아무런 가치도 존재하지 않는다. 하지만 대상에 대해서 주목을 할 때는 가치가 발생한다. 즉, 욕구와 필요를 충족시키기 위해서 수요를 일으킬 때 가치를 발생시킨다. 대칭성이 파괴된 것이다. 이것은 '수요-공급의 법칙'과도 일맥상통한다. 가치가 있어 주목하게 되면, 거래가 형성되고 가격이 결정된다.

이러한 대칭성은 사실 인간 이전 단계에서 이미 깨져 있었다. 이는 영장류를 거슬러 포유류와 양서류를 거슬러, 어류에서도 드러난다. 경쟁적으로 작은 자갈이나 모래를 물어 집을 짓는 경우를 볼 수 있다. 또 생존을 위해 특별한 먹이만을 주목해야 한다. 바이러스에겐 숙주 특이성이, 모든 생명체에겐 먹이 특이성이 있다. 주변에 널려 있는 흙과 돌 등이 그대로 먹이가 되며 모든 필요와 욕구를 만족시킨다면, 어떤 대상에 대한 특별한 가치는 극단적으로 치닫지 않고 오히려 대칭성을 가질 것이다.

그래서 가치는 생명 탄생과 동시에(언제) 생명이 탄생된 지구의 바다에서(어디서), 삶을 유지하기 위한 필요와 욕구에 의해 기술을 통해서(어떻게) 발생했다.

(3) 가치의 성질
가치는 여러 가지 성질을 지닌다. 상호작용, 공간의 왜곡, 가격의 발생, 생산의 목적, 무엇보다 행복을 실현한다.

233

우선 가치는 상호작용을 하게 한다. 가치에는 긍정적으로 인정되고 추구되는 좋은 가치와, 부정적으로 인정되고 기피 내지는 제재(制裁)되는 나쁜 가치가 있다. 이들 가치끼리 합치면 시너지효과를 발생하거나 오히려 가치를 몰아내는 효과를 발생하기도 한다. 좋은 가치와 좋은 가치가 만나서 더 좋을 가치로 나아가고, 나쁜 가치와 나쁜 가치가 만나서 더 나쁜 가치로 나아가는가 하면, 좋은 가치는 나쁜 가치를 몰아내고, 나쁜 가치는 좋은 가치를 공고히 하기도 한다.

범죄는 필요악이라고 할 때, 범죄가 있음으로써 그에 대한 처벌로 본보기가 되고 선이 공고하게 구축된다. 이를 통해 나쁜 가치가 나쁜 작용만 하는 것이 아님을 알 수 있다. 불행 없이는 행복을 알지 못한다. 그렇다고 불행을 반드시 겪어야 한다는 것은 아니다. 또 좋은 가치의 실천에 대해 상을 주는 것은 좋은 표본을 추출하여 모든 구성원이 본받기를 바라며, 상을 받는 이에게는 더 좋은 가치를 실천할 수 있도록 힘을 실어 주는 것이다.

가치는 생산의 목적이다. 인간이 결여와 결핍으로부터 발생하는 필요와 욕구를 충족하기 위하여 생산한다 함은 곧 필요와 욕구의 항목인 가치를 현실적으로 수단을 통해 대상을 변형시키는 것을 의미한다. 즉, 가치는 생산의 목적이다. 그렇다면 모든 생산물은 가치의 실현을 목적으로 한 인간 활동의 결과물이다.

가치는 가변적이다. 그렇다고 대상이 지닌 요인에 변동이 생긴 것은 아니다. 가치는 시간과 장소 및 동기나 입장 등에 의해서 달라질 수 있다. 과거에는 가치 없던 것이 지금은 매우 큰 가치를 가지거나 그 반대인 경우도 있다. 가치는 시간성(시대성)과 주관성을 가지기 때문이다. 경제생활 속에서 이루어지는 사용가치, 교환가치, 가격가치, 귀중가치 등에서 알 수 있듯이 가치는 절대성이 없다. 밥 한 공기가 인간의 생리적 안정을 가져오는 효능이 있다고 하더라도, 또 그것이 가지고 있는 양분이 계량적으로 얼마라고 하더라도, 상황과 조건에 따라 개인마다 만족도는 다르다. 인간에게 부여된 최고의 가치로서 사랑이나 인간이 추구하는 최고 가치로서 행복도 절대성을 지닐 수 없다. 다른 사람과 공존하는 가운데 절대적인 자유, 절대적인 평등, 절대적인 평화, 절대적인 행복이란 허용되지 않는다. 악을 억제하려면 악의 공격에 맞서 죽임과 전쟁과 같은 악이 요구될 수 있다.

가치는 가격과는 구별된다. 경제이론에 따르면 어떠한 인위적 조작이 없는 한 가격(균형가격)은 수요와 공급의 양에 따라 상호작용하면서 언제나 변동한다. 그러나 가치는 그 재화에 근본적인 변화가 없는 한 같다고 규정한다. 하지만 이것은 가치가 대상에 존재한다고 전제할 때 나오는 귀결이다.

가치가 주관성을 지닌 것으로 대상에 존재하는 것이 아니라 개별 인간의 필요와 욕구에 따라 발생하고 그 강약에 따라 좌우된다는 사실에 근거할 때에는, 동일하지는 않지만 가격의 방향과 같이 이동한다. 가령 빵을 주식으로 하는 사람과 밥을 주식으로 하는 사람에게는 같은 양의 영양분을 가지고 있다고 하더라도 밀가루와 쌀의 가치는 다르다. 이때 주식으로 하는 재료의 가격이 상승하고 그렇지 않는 재료의 가격이 하강한다고 할 때, 주식의 재료(사로잡혀 있는 대상)의 가치를 가격의 변동 폭과 같은 정도로 평가하지는 않더라도 어느 정도 따라간다. 만약 우리가 필요로 하는 먹을거리가 오직 한 가지만 존재한다면, 그것은 절대적인 것이며 가격과 동일하게 이동할 수 있다.

그렇다고 가격과 가치의 동일성을 주장하는 것은 아니다. 가치는 개인의 상황과 조건에 따라 얼마든지 다르지만, 가격은 주관적인 개인들의 충분히 큰 집단적 거래에서 교환되는 균형점이기 때문이다. 그래서 집단적 거래의 통계로 보면 가치와 가격은 대등할 수 있으나, 개인적 만족도로 보면 서로 크게 다르다.

가치는 개인이나 집단의 행동과 판단의 준거 기준이 되며 삶의 목표를 제시하여 주는 이정표(里程標)가 된다. 인간의 사고는 언제나 비교를 통해서 이루어지기 때문에 개인의 언행이나 목표, 집단의 행동이나 목표 등이 옳고 그름을 판단할 수 있는 기준(준거 틀)이 되는 것이다.

가치의 구체적 형태는 분야에 따라 다양하게 드러난다. 윤리학에서는 선(善)과 의(義)를, 미학에서는 미(美)와 추(醜)가, 자연과학이나 논리학에서는 참과 거짓이, 종교에서는 성스러움과 속됨이, 기술에서는 유효성과 능률성 및 편리성이 드러난다. 이러한 다양한 분야의 다양한 구체적 가치의 총체는 인류의 중심가치를 실현하는 요소가 된다.

가치는 시장을 왜곡시킨다. 내 이야기에서 시장은 재화나 용역의 교환이 이루어지는 경제학적 시공이 아니라 모든 가치가 교환되고 전승·전파되고 존재하는 시공이다. 그렇기 때문에 인간이 분포되는 범위와 역사가 시장이 된다.

존재형식으로서 시장을 왜곡시키는 예로, 경제학에서 매장 간에 유인력을 다루는 이론이 있다. 중력모델, 분기점 이론, 상권모델 등이 그것이다. 여기에서 매장 간의 유인력을 도시 간의 유인력으로 바꾸어 보면, 이 유인력은 가치를 가진 생산물이나 인구가 어떻게 집중되는가를 알 수 있다.

레일리(W. J. Reily)의 소매인력법칙은 두 도시 사이에 거주하는 소비자에게 두 도시가 미치는 유인력의 크기를 파악하는 이론이다. 이 유인력은 도시의 인구에 비례하고 거리의 제곱에 반비례한다. 컨버스(Converse)의 분기점 이론은 두 도시의 유인력이 같은 지점을 찾는 이론이다. 그렇다면 인구가 많은 도시의 유인력은 인구가 적은 도시 쪽으로 치우쳐 있을 것이다. 이 또한 한 도시의 유인력은 도시까지 거리의 제곱에 반비례하고, 도시 인구의 크기에 비례한다는 사실이다. 중력모델은 중력이론을 바탕으로 어떤 지점에 있는 쇼핑센터에 갈 확률을 파악하는 허프(David L. Huff)의 이론이다. 가령 어떤 지점에 살고 있는 소비자가 어떤 쇼핑센터에 갈 확률은 그 쇼핑센터까지의 거리의 제곱에 반비례하고 매장면적의 크기에 비례한다.

이들의 공통점은 거리의 제곱에 반비례하고 인구수(매장면적이나 도시의 크기)에 비례한다는 것이다.

생산물은 결여와 결핍을 충족시킬 수 있는 가치를 내포하므로 유인력을 가지고 있다. 이것은 사회의 연결망(네트워크)을 구축하는 원인이 된다. 그리고 시장을 왜곡시키기도 한다. 즉, 생산물의 유인력에 의해 인간이 한곳으로 집중하게 되고(마을이나 도시 및 국가의 형성) 집중된 인간(마을이나 도시, 집단 등)에 의해 다시 집중력을 더한다.

인간이 삶을 유지하기 위해서는 불가피하게 생체의 생리 활동의 항상성을 유지시켜야 한다. 또 한 사회가 유지되기 위해서도 사회적 물질대사는 필연적이다. 개인이나 사회가 자연과 개방된 상태로 물질대사를 수행하기 위해서 필요한 물질이 제공될 수 있는 곳으로 이동해야 한다. 자연은 모든 곳에서 필요한 모든 것을 제공하지 않기 때문이다. 자원의 편중은 인간을 유인하고 사회를 형성하며 자원의 이동(유통)을 발생시키는 원인이 된다.

　　농경시대에 자원은 물과 주변 지형(환경)과 상관관계를 가지고 있음을 인식하고, 이를 분석한 결과 바람을 막아 주고 햇볕을 많이 받는 방향과 물을 얻기 쉬운 곳에서 집단이 형성되었다. 우리나라에는 물을 상시 얻고 바람을 막아 주는 산이 둘러싸여 있으며 햇볕이 잘 드는 집터나 마을, 도시를 결정하는 입지에 관한 풍수지리설이 있다. 방풍(防風)과 물 및 햇볕의 종합적인 가치로서 입지가 가지는 충족성을 인식한 것이다. 물론 세계의 문명 발상지를 결부시키면 더욱 명백하다.

　　하지만 산업화나 교역에는 교통의 편리를 도모해야 하므로 육상의 도로나 해상의 접안지 등 기반시설의 설치가 사회 형성의 원인이 되었다. 좀 더 나아가 한 사회 집단의 형성은 그 자체로도 유인력을 가진다. 수요를 일으키면서 공급을 촉발하면서 자원의 집중은 가속화된다. 즉, 사람을 한곳으로 집중시켜 도시를 형성하고 국가를 형성하는 원인이 된다. 입지의 요소가 다소 변화된 것이다.

　　이러한 자원에 따른 인간집단(도시나 국가)의 형성은 우주에서 물체(질량)가 공간을 휘어지게 하고 시간의 흐름을 다르게 하는 것과 같이 시공간으로서의 사회를 왜곡시킨다. 실제로 어떤 곳에 사회가 형성되면 길은 그쪽을 지나 다른 곳으로 연결된다(공간의 변형). 그렇게 되면 인간과 생산물의 이동은 그곳을 향해 휘어진 운동을 하게 된다. 울산에서 창원을 가려고 한다면 지형을 무시하더라도 길은 대도시인 부산 방향으로 편중된 곡선을 그리게 된다. 즉, 집단(도시)의 형성은 우주 공간의 물질과 같이 사회적 시공(시장)을 변화시킨다.

가치는 생산물의 흐름(통용)을 왜곡시킨다. 이것은 시공사회의 왜곡과 결부된다. 시공사회의 왜곡으로 마을과 도시 및 국가가 생기면, 당연히 그 규모에 맞게 외부로부터 다른 소규모의 마을과 도시 및 국가보다 많은 생산물이 빨리 그리고 더 많이 유입되기 마련이다. 이것은 집단이 밀집된 정도에 따라 밀집되지 않은 곳보다 소비가 더 빠르기 때문이다. 이러한 현상은 유통량을 조사하면 매우 확실하게 파악될 것이다. 이것은 시간의 단축이며 시간의 변형이다. 극단적인 예를 들면, 어떤 생산물이 오지에 공급되기 위해서는 많은 단계와 시간이 걸릴 것이다. 비록 더 먼 거리라도 잘 뚫린 고속도로를 통해 큰 도시로 공급되는 것이 훨씬 시간과 비용이 적게 든다.

가치의 실현된 상태는 행복(만족)이다. 가치는 목적으로서 행복의 다른 상태이기 때문이다. 이때 물질이 $E=mc^2$이면 행복 또한 같은 형태의 식으로 표현될 수 있을 것이다. 왜냐하면 물질과 인간과 생산물이 갖는 존재양식이 다르지 않기 때문이다. 가치의 실현된 상태로서의 행복, 권리가 실현된 상태로서의 권력, 질량이 실현된 상태로서의 에너지는 수치화될 수 있을 것이다. 이것은 존재양식의 수학적 통일을 이룬다.

(4) 가치의 체계

가치체계는 인간이 실현하려는 목적의 체계이며, 집단(사회)을 구성하는 구성원의 행동과 사고 및 태도를 하나로 통합하거나 제재를 정당화시키기 위한 근거이다. 이것은 하나의 중심가치를 만들고, 이를 실현하기 위한 제 구체적 가치로 체계화된다. 이것은 반드시 명시적 선언일 필요는 없다. 오랫동안 삶 속에서 드러나는 거부할 수 없는 전통일 수도 있다.

인류에겐 오랫동안 반복적으로 생각되고 행동으로 표출된 그리고 야금야금 진보되어 온 중심가치가 있다. 끊임없이 피를 짜내면서 종교적으로 문학적으로 정치적으로 이루어져 왔다. '이상적인 세계'이다.

이상적인 세계는 시대적으로 요구하는 바에 따라 다른 모습으로 나타나며, 여러 이름으로 불린다. 천국, 극락, 유토피아, 태양의 나라, 대동세계(大同世界), 이상국, 태평천국, 순수한 개념으로서 공산국가, 복지국가, 무릉도원, 아틀란티스, 뉴아틀란티스 등 인류는 당 시대에서 생각할 수 있는 이상적인 국가를 그리며 실천하려고 노력해 왔다. 물론 현실에서의 불가능을 극복하기 위해 사후 세계에서 이를 꿈꾸기도 한다. 그러나 우리는 살아서 현실 세계에서 이런 이상적인 세계를 이루어서 살아야 한다. 그러기 위해서 인류는 지금까지 극도로 인내하며 극복해 왔다.

그렇다면 인류의 중심가치는 '이상적인 세계'라고 할 수 있다. 이상적인 세계는 지금도 포기될 수 없고, 시대에 따라 변화하면서 진보되고 있다. 이상적인 세계는 결과적으로 사랑과 행복이 가득 찬 세계일 것이다. 인간과의 사랑과 그 외의 모든 사물과의 사랑, 행복을 실현하기 위해 인간이 활동하는 공간으로서 사회의 자유와 평등과 평화를 실현하고, 주체의 정신과 육체를 만족시키는 가치의 실현이다.

인류는 중심가치로서 '이상적인 세계'의 실현을 종교나 위정자들에게 맡기고 살아왔다. 그래서일까? 소수의 일탈행위는 사이비 종교나 권력집단의 자기만을 위한 정치, 심지어는 느슨한 통치 속에서 암조직과 같은 자기들만의 부분조직이 생겨나기도 한다. 이상적인 세계는 전체를 위한 세계다. 이상적인 세계는 당 시대가 요구하는 제 가치의 실현을 끊임없이 이루어 내며 끝내 모두가 도달해야할 활기차고 행복한 세계다.

범애는 가치를 사랑의 관점에서 볼 때 규정 가능하고, 제 가치의 실현된 상태라는 관점에서는 이상적인 세계 상태가 된다. 그래서 범애의 실현은 결과적으로 '이상적 세계'의 구현인 것이다. 범애는 인간에 한정되는 박애를 초월하는 의미이다. 존재하는 모든 것에 대한 사랑이기 때문이다.

가치가 주체가 원하는 항목이라면, 그 성격상 구별하여 가치체계를 구성할 수 있다. 가치가 추구되는 것이라면 가치는 목적과 같고, 가치체계는 목적체계로 바꾸어도 무방하다. 가치체계는 인류의 목적체계로, 중심가치를 실현하려는 제 구체적 가치로서 짜인다. 그래서 가치체계는 포괄적인 목적체계이다. 이것은 현실적으로 생산에서 생산 목적체계를 구성한다.

가치의 체계					가치 충족 요인
부여된 가치(사랑)		추구하는 가치(행복)			대상으로서의 인간과 사물의 구조, 성질, 형태, 상태, 운동, 행위, 심리(마음), 색상, 특징, 기호, 정신 (사유, 감정, 의지) 등
인격적 사랑	물질적 사랑	공간적 가치	주체적 가치(복지)		
자기애, 가족애, 결사애, 민족애, 국가애, 인류애	자연애, 생산물애 (재물애)	자유 평등 평화	정신적 가치	생체적 가치	
			진리(眞), 착함(善), 아름다움 (美), 성스러움(聖), 기술(技)	쾌적한 삶, 즐겁고 여유로운 삶, 편리한 삶, 안전한 삶, 종족 보존	

　부여된 가치로서 사랑은 인간의 계층체계, 계층적 인격을 형성하는 조건으로서 상호작용이 이루어지도록 한다. 이로 인해 인간의 사회는 인격체가 계층적으로 존재하는 구조를 가진다. '개인-가족-단체-국가-국제연합'으로서 자연인으로서 개인과 같이 가족 또는 세대, 혈연집단과 다양한 형태의 이익집단으로서의 단체, 한 정치공동체로서의 국가, 경제적·정치적·군사적 이익을 목적으로 결집된 국가들의 국가집단, 최종단계로서 지구상 모든 국가들을 포함하는 집단인 국제연합이다.

　이들은 하위의 집단이나 개인에 비해 질적으로 다른 존재로, 상위의 인격체는 독자적인 행위를 한다. 개인이나 가족에게서 찾아볼 수 없는 행위에 대한 당위규범이 국가에서 이루어지고 있다. 특히 사회의 개념은 계층적 인격의 상대적으로 하위 인격에겐 활동공간이기도 하다. 가령 단체는 그 구성원에겐 역할에 따른 활동공간이다.

계층적으로 존재하는 각각의 인격체들은 목표로서 추구하는 최고의 가치인 '행복'을 창출하고 보존하기 위해, 그 요소로서 목표가 되는 개별 가치를 실현하고자 한다. 행복은 추구하는 가치가 육체적·정신적으로 실현된 상태를 말한다. 개인은 개인의 행복, 가족은 가족의 행복, 단체는 단체의 행복, 국가는 국가의 행복, 세계는 세계의 행복을 추구하며, 각각의 계층적 인격이 추구하는 최고의 가치가 된다. 그래서 인류의 중심가치가 된다.

계층적 가치는 하위의 가치를 포함하며, 독자적인 상위의 가치를 형성한다. 즉, 국가적 인격체는 하위의 단체적 인격체가 목표로 하는 행복과는 양적·질적으로 다른 상위의 가치를 가진다. 가령 이익집단으로서 영리를 목적으로 하는 회사에 비해 본다면, 회사는 최대의 이익을 목표로 하며 최소의 비용을 지불하려고 한다. 이때 회사의 구성원은 과거 역사적 경험으로 봤을 때 착취의 대상에 지나지 않는다. 회사가 최대의 이익을 목표로 하는 과정에 최고경영자(자본가)의 이득에 집착하여 구성원의 이익을 고려하지 않는 경향이 있으나, 이에 반해 국가는 최저임금제나 근로조건의 규정, 소득의 재분배 등을 통해 상위의 가치를 실현한다. 그렇기 때문에 하위의 개인과 단체의 행복이 국가의 행복을 구성함으로써 하위의 가치를 수용하는 상위의 목표를 형성한다.

이렇게 볼 때, 가치체계는 계층적으로 존재하는 인격체와 결부되어 계층체계를 형성한다. 그렇기 때문에 가치체계는 그 가치의 구체적 실현물로서의 생산물에 있어서 양적·질적으로 차이를 가진다. 당연히 정의와 복지에 관한 구체적 내용은 특수한 계층적 인격에 한정된다. 즉, 각 계층마다 실현되어야 할 정의와 복지는 구체적으로 다르고, 상위의 정의와 복지는 하위의 정의와 복지를 포함하고 조정하는 상위의 역할을 수행한다.

범애					
부여된 가치(사랑)			추구하는 가치(행복)		
인격	인격의 유형	애인의 모습	인격의 최고 가치	구체적 가치	생산물
인류	국제연합 (UN)	인류애	세계의 행복	정의, 복지	제도, 평화
국가	단일민족 국가, 복수 민족 국가	국가애, 민족애	국가의 행복	정의, 복지	제도, 기반시설, 도시 등
단체	혈연집단, 지연집단, 목적집단	목적애	집단의 행복	정의, 복지	결사체, 규칙, 시설
가족	이성가족, 동성가족	가족애	가족의 행복	정의, 복지	가정, 가훈 등
개인	남, 여	자기애	개인의 행복	정의, 복지	요리, 인생관, 멋 등

　인간이 사물의 가치를 끈질기게 자기화하게 되는 힘은 만족, 즉 행복을 얻을 수 있기 때문이다. 사랑과 행복은 인간에게 있어 보편적인 가치요, 대상과 끈질긴 결속을 가지게 하는 힘이다.
　물질적 사랑은 인공적인 사물에 대한 생산물애(재물애), 자연적인 사물에 대한 자연애로 나누어 볼 수 있다. 인공적 가치는 인간이 필요와 욕구를 충족시키기 위해 기술을 통해 실현한 가치이고, 자연적 가치는 인공적으로 변형시키지 않은 자연에 내재된 구조, 성질 등으로서의 자연 상태로 직접 사용 가능한 가치이다. 전자의 경우 생산물에 대한 가치이고, 후자의 경우 달에 의한 시간의 측정, 바위나 숲에서의 은폐·엄폐가 그 예이다.

인격적 사랑은 인격적 존재가 자연인으로서 개인과 가족이나 사회적 단체, 국가, 국가동맹이나 연합, 국제연합과 같은 집단이 다른 개인이나 집단과의 결속을 이루게 하는 힘이다. 계층적 인격을 형성하는 힘은 그 종류에 따라 달리 표현되는데, 이성애, 혈연애, 결사애, 민족애, 가족애, 국가애, 인류애, 우애 등이다.

가치는 계층적 인격과 밀접하게 관계되어 있다. 왜냐하면 하위의 인격이 추구하는 가치와 상위의 인격이 추구하는 가치가 양적·질적으로 차이를 가지기 때문이다. 가령 개인이 추구하는 행복과 집단이 추구하는 행복은 이를 창출하고 보존하려는 요소로서의 가치가 서로 다르다. 개인의 경우 진(眞)·선(善)·미(美)·성(聖)·부(富)·기(技)·안전·여가 등이라면, 집단이 행복을 창출하고 보존하려고 하는 요소로서의 가치는 정의(자유·평등·평화 등), 복지(구성원의 건강, 안전·쾌적·여가·편리 등) 등을 포함한다.

이처럼 집단은 사회로서 공간이기도 하며 인격이기도 하다. 상위의 인격은 하위 인격의 사회로서 공간이다. 가령 한 기업체는 그 구성원의 삶의 공간이며, 국가는 국민의 삶의 공간이다. 그래서 그 생산물도 양적·질적으로 차이가 난다.

한 개인이 이웃에 가기 위해 오솔길을 낸다면, 국가는 자동차가 다니는 도로를 낸다. 개인이 집을 짓는다면, 국가는 도시를 건설한다. 외부의 침입을 막기 위해 개인은 담장을 세운다면, 국가는 성을 쌓는다. 물을 얻기 위해 개인은 도랑을 막거나 샘을 판다면, 국가는

245

댐을 건설하고 정수장에서 가정으로 수도관을 연결한다.

　정신의 영역을 지성과 감정 그리고 의지의 영역으로 나눈다면, 지성은 참됨을, 감정은 아름다움과 성스러움을, 의지는 착함과 연결되어 진선미를 인간 정신이 보편적으로 추구하는 가치라고 볼 수 있다. 하지만 인간이 추구하는 것은 참됨, 아름다움, 착함에만 그치는 것이 아니다. 물질적 풍요로서 부유함, 정신적·육체적인 건강, 일상적 노동 속에서 벗어나 즐기는 여가, 본능적으로 요구되는 종족보존, 쾌락, 대상을 효과적으로 자기화할 수 있는 기술, 위험으로부터 요구되는 안전 등 그 밖에도 얼마든지 있다.

　이것은 보편적으로 추구되고 요구되는 가치이기도 하지만, 생산물과 관련해 볼 때 같은 성질을 가지는 생산물의 집합을 의미하기도 한다. 가령 추구하는 가치로서 아름다움(아름다움을 요소로 하는 집합)을 말한다면, 통상적인 의미의 예술에만 한정되어서 생각해서는 안 된다.

　인간이 추구하는 아름다움은 자기 자신에 대한 것으로, 치장을 하거나 화장을 하거나 심지어는 성형을 하는 것 등으로부터 예술적 작품을 창작·감상하거나 자연의 아름다움을 만끽하는 것에서 더 나아가, 정원을 가꾸거나 공원을 조성하거나 자연, 인생이나 예술 작품이 가진 아름다움의 본질이나 형태를 연구하거나 하는 등을 모두 포함하기 때문이다. 그래서 이와 관련한 생산물은 외모를 장신구나 의상, 화장품으로 꾸미는 것을 포함하여 정원, 조각, 회화, 매스게임 등이 이에 해당된다. 그래서 구체적 가치는 하나의 범주이기도 하다.

모든 계층적 인격은 보편적으로 삶의 행복을 목표로 한다. 이 행복을 창출하고 보존하기 위해서 국가는 정의와 복지를 헌법에 규정하고 실현하고 있다.

정의에 대해서 우리 헌법 5조는 국제평화를, 헌법 11조에서 국민의 평등을, 헌법 12조 · 14조 · 15조 · 16조 · 17조 · 19조 · 20조 · 21조 · 22조 등에서 자유를 규정하고 있다. 특히 헌법 10조는 행복추구권을 최고의 가치로 규정하고 있다. 이것은 국가의 존립목적이 국민의 기본권 보장에 있음을 밝히고, 기본권이 초국가적 자연권임을 인정한 것이다. 이것이 인격으로서의 국가가 하위의 인격으로서 개인과 집단(법인 등)에 비해 상위의 독자적인 활동을 하고 있다는 증거다.

또 국가는 복지국가(현 시대가 추구하는 유토피아)를 지향하고 있음을 규정하고 있다. 헌법 전문에서 '국민생활의 균등한 향상'을 선언하였고, 기본권 조항(34조)에서 '모든 국민의 인간다운 생활'을 보장하였으며, 사회보장 · 사회복지에 관한 국가의무를 규정하였다. 또한 '건강하고 쾌적한 환경에서 생활할 권리'(35조 1항)를 보장하고, 나아가 '근로자의 고용의 증진과 적정임금의 보장' 및 근로조건의 기준을 '인간의 존엄성을 보장하도록 법률로 정할 것'(32조 3항)을 규정하였다. 그 밖에 국가유공자 · 상이군경 및 전몰군경의 유가족에 대한 우선 취업권을 보장하고(32조 6항), 혼인과 가족생활이 '개인의 존엄과 양성(兩性)의 평등'에 기초하도록 강조(36조)하고 있다.

복지국가를 위해서 국가는 기본적으로 정의로서 자유와 평등 및 평화를 실현해야 하고, 나아가 복지로서 인민의 건강과 안전, 편리와 즐거움, 쾌적, 여가 등과 같은 가치를 실현해야 한다. 건강의 가치는 의약과 의료, 식품과 운동 등을 통해 육체적·정신적으로 도모해야 하고, 안전의 가치는 재해나 치안, 국방, 산업안전·교통안전 등을 통하여 도모해야 할 것이며, 편리의 가치는 교통과 통신 및 서비스, 기술 등으로 해결해야 할 것이다. 그리고 즐거움(여가)의 가치는 문화 분야로서 현대 사회의 고부가가치 산업이 포진된 영화·게임·애니메이션·만화·음악·공연·인터넷·모바일콘텐츠·캐릭터·여행 등이다. 또한 쾌적의 가치는 주거와 입지, 자연환경 분야를 관리해야 할 것이다.

종합하면, 인간 활동의 보편성은 자신의 생존을 위해 어떤 목적으로 어떤 대상을 어떤 기술을 통해 생산할 것인가 하는 것이다.

이럴 때 인류는 이상적인 세계를 목적으로 포괄적인 자연을 기술로써 이루려는 것이라 말할 수 있다. 인류가 실현하려는 목적인 가치는 최종적으로 이상적 세계이다. 즉, 인류의 중심가치는 유토피아이다. 단지 각각의 개인과 집단(사회)이 저마다의 상황과 조건에서 유토피아에 접근하고 있을 뿐이다.

이를 위해 변형시켜야 할 대상은 주체와 생산물과 좁은 의미의 자연을 포함하는 포괄적인 자연이다. 계층적으로 존재하는 주체에서 공간적 가치(집단적 가치)인 정의를 실현하기 위해서는 주체의 절제가 있어야 하고, 기왕의 생산물은 진보적인 변형을 거듭해야 하며, 아직 변형하지 못한 자연은 변형되어야 한다.

이런 변형은 기술을 통해 이루어져야 한다. 기술은 지침과 수단을 가지고 공부를 통해 현실에 드러난다. 지침에서 지식은 이론과 경험을 포함하며, 이러한 지식을 바탕으로 수단을 대상에 적용한다.

수단은 도구와 방법을 함께 이르며, 어떤 절차나 공정에 따라 그 도구를 대상에 작용하는 것이다. 이때 기술은 주체가 추구하는 가치이면서 인간 활동의 요소(생산요소)이며, 생산물의 내용을 구성한다.

〈2〉 시장

시장은 생산물이 필요와 욕구를 충족시킬 목적으로 전파·전승되고 두루 쓰이는 존재형식으로서 시공을 말한다. 경제학에서 물화 교역의 장소를 뜻하는 구체적 시장과 가격형성의 기능이 이루어지는 추상적 시장을 동시에 뜻하는 것이지만, 내가 여기에서 말하고자 하는 시장은 경제학적 의미를 넘어 생산물이 생산되고 전파·전승되고 두루 쓰이는 시공이라는 존재형식이다. 즉, 역사적·현실적 사회 전체이다.

그렇다면 시장은 인간이 모여 사는 때부터, 아니 인간이 살기 시작한 때부터 인간의 상호작용이 일어나는 시공간이라고 할 수 있다. 내가 말하는 시장이라고 하는 것은 물질적인 것이든 관념적인 것이든 행위적인 것이든 인격적인 것이든 그 존재형태를 막론하고, 인간의 노력을 통해 이루어진 것이 인간 사회에 전파·전승되고 두루 사용되는 곳을 뜻한다. 화폐를 매개로 교환하든 등가의 물건을 교환하든 무상으로 베껴 쓰든, 당사자 간에 이루어지는 직접적인 교환이라는 점에 한정하지는 않는다. 필요와 욕구를 충족시킬 수 있는 요소를 가지고 사회 속에서 종적(역사적)으로 횡적(당 시대)으로 전파되어 두루 쓰이는 점만을 보는 것으로, 경제학적 시장 개념과는 다른 것이다. 물질의 존재형식을 시공이라 하고, 인간의 존재형식을 시공사회라 하고, 생산물의 존재형식을 시장이라고 하는 것이다. 즉, 존재자(물질·인간·생산물)의 운동이 이루어지는 곳이다.

생산물에 가치 충족 요소가 없으면 운동(통용)도 없다. 시장은 인간이 활동하는 장으로서의 시공사회와 일치한다. 고대에 누군가가 노래를 만들어 불렀다. 이 노래를 누군가가 감동을 받아 따라 부르면서 널리 퍼지게 되었다. 이 노래가 전파된 범위가 이 노래의 시장이다. 노래 자체에 가치 충족 요소가 있으면 되지, 요즘처럼 저작권료를 지불하는 것을 시장의 중요한 특징이라 말하지 않는다. 즉, 생산물이 전파·전승되고 통용되면 되는 것이지, 대가적 교환이 이루어지는 장소를 의미하지 않는다. 경제학적 시장에 한정하지 않기 때문이다.

물리적 시공은 물질의 다른 상태로서 보통물질과 결부된 실체이며, 시공사회도 인간 활동과 결부되어 존재하는 실체다. 나아가 시장도 생산물의 통용과 결부되어 존재하는 실체다. 물질과 시공, 인간과 시공사회, 생산물과 시장은 결부되어 있다. 물질 없는 시공 없고, 인간 없는 시공사회 없으며, 생산물 없는 시장도 없다.

그렇다면 시장은 언제 생겨났나? 이 질문에 대해서는 '인간이 나타나면서부터'라고 답할 수 있다. 통상적인 의미에서 시장이 거래를 하는 곳이라면, 400만 년 전에 나타난 인간 사회는 그때부터 시공사회이면서 시장이었다. 공동생활을 하는 인간은 어떤 형태로든 서로 돕고 살아야만 한다. 이 '서로 돕는 것'이 거래다. 이웃 간에 가족 간에 어려울 때 서로 돕고, 힘들 때 서로 힘을 합치는 것만으로도 거래가 성사되는 것이다.

베푸는 자로서는 전적으로 상대방에게 반대급부를 바라지 않고 할 수도 있다. 하지만 전혀 다른 구성원으로부터 보상을 바랄 수도 있다. 아니, 그런 기초 위에서 베풂은 가능하다. 내가 지금 남의 어려움을 돕는다면, 나중에 내가 어려울 때 누군가가 나의 어려움을 간과하지 않을 것이라는 믿음을 갖고 있을 것이다. 또 직접 상대방이 후일 내가 곤경에 처해 있을 때 베풀어 주기를 기대하기도 한다.

　이에 상대방은 지금은 내가 비록 곤궁하여 도움을 받을지라도 나중에 언젠가는 갚을 날이 있을 것이라고 다짐하며 처지의 역전을 기대하기도 한다. 이처럼 후일 직접 상대방에게 갚기를 마음먹거나 다른 상대방에게 나도 도움을 주겠노라고 마음먹는 것은 보편적이다. 만약 그렇지 않다면, 도움을 받기만 하고 베풀지는 않는 구성원은 어떤 형태로든 다른 구성원으로부터 제재를 받게 된다. 미움을 받는다든가 따돌림을 당할 수 있으며, 극단적인 경우에는 퇴출을 당할 수도 있다.

　나는 남의 일을 내 일처럼 챙기던 과거의 마을풍습이 기억난다. 물질적으로 부족하던 시절이지만 서로 아끼고 챙기며 어울려 행사를 치르며 살던 시절이다. 하지만 지금은 어떤가? 지금은 물질적으로 과거에 비해 넉넉하지만, 마음만큼은 매우 각박해졌다. 주지도 않고 받기도 거절하고, 어울리는 것까지도 거절한다. 서로 주고받는 것을, 어울리면서 생기는 관계를 의무나 부담으로 느낀다. 이런 심정은 분명 무엇인가 주고받는 것이 단순한 호의가 아니라 거래임을 마음은 인식하고 있기 때문이다. 즉, 정신 또는 유전자 속에 게재(揭載)되어 있는 것이다.

　이는 모든 사회에서 모든 인간이 가지는 보편적인 마음이자, 사회를 유지하는 근원이다. 이에 대해서는 인류학적으로 많은 근거자료가 있다. 〈통섭〉을 쓴 사회생물학자 에드워드 윌슨이라면, 많은 생물학적 근거자료를 제시하면서 '유전자의 짓'이라고 말할지도 모른다. 아니면, 후성법칙이라 하거나. 분명히 거래(상호작용)는 부족함이 있어야 한다.

사회는 호혜주의를 바탕에 깔고 있다. 개인 간에, 집단 간에, 국제간에도 서로 대등하거나 서로 비슷한 수준의 이익을 주고받는 것이 원칙이다. 과거 우리나라가 원조를 받던 시기가 있었고, 이제 경제력이 어느 정도 갖추어진 상태에서 국제적으로 더 베풀라는 압력을 받는 것도 사실이다. 개인 간에도 누군가 병원에 입원해 있다면 문병을 간다. 후일 처지가 바뀌었을 때를 생각한다. 단순히 차 한 잔, 술 한 잔을 마시는 것도 그렇다. 보잘것없는 것이며 단순히 오고가는 정이라고 말하지만, 이것이 없으면 관계는 끝이다. 즉, 관점을 바꾸어서 말할 뿐, 역시 바탕은 거래다. 묵시적 계약이라고도 할 수 있다. 호혜주의는 이런 거래를 미화시킨 말이다.

나는 이것을 '유보적 거래'라고 생각한다. 과거에는 그렇지 않았지만, 인구의 이동이 많고 빠른 현대에서는 유보적 기간이 짧아지고, 급기야는 지금처럼 모든 거래에서 동시이행을 원칙으로 한다. 하지만 지금도 여전히 한곳에 적을 두고 머무는 토착 집단 내에서 외상과 같은 유보적 거래는 이루어지고 있고, 이것을 근거로 사회는 인류가 나타남과 동시에 시장을 형성하고 있다고 본다.

관계 속에서 이루어지는 정(情)도 생산물이며, 주고받은 차 한 잔, 술 한 잔도 생산물이다. 그리고 인간관계의 형성도 생산물이며, 베푼 그 무엇도 생산물이다. 그리고 이 관계 속에서 공유하는 것도, 이전되는 것도, 모두 유통이다. 그렇다면 제 생산물의 총체로서 문화가 존재하는 곳이 '시장'이다. 그래서 문화는 생산물의 총체와 같다고 본다.

　시장은 등방성과 균질성을 가지는가? 이 문제는 '시장이 방향에 따라 다르지 않고 성질이나 특성이 한결같은가?' 하는 것이다. 현실적으로 그렇지 않다. 왜냐하면 자연의 자원이 균일하게 분포되어 있지 않기 때문이다. 물이 한곳으로 모이고 지하자원이 한곳에 집중 매장되어 있으며, 이에 따라 인간이 한곳으로 집중되어 살기 때문이다. 이를 통해 생산물도 한곳으로 집중되고, 유통의 속도도 저마다 달라진다.

　한 국가에서 자연자원이 있는 곳이면 도시가 형성된다는 사실을 알 수 있다. 특히 물이 있는 곳에서는 어김없이 도시가 발달한다. 고대 문명의 발상지도 이와 일치한다. 인간이 모이면 생산물의 양이 기하급수적으로 증대된다. 자체 생산되기도 하지만, 당해 도시에 부족한 생산물이 다른 곳으로부터 유입되는 것도 필수적이다. 즉, 유통이 생긴다.

　생산물은 물질적 자원을 필요로 하는 것도 있지만, 인간의 행위와 같은 것은 그렇지 않다. 풍습이나 유행에 관련된 것들은 인간의 모임으로 족한 경우가 있다. 이것은 상호작용의 시너지효과로, 집단의 크기에 비례하여 창출된다.

　도시와 도시 사이에는 대체로 성기게 마련이다. 인구밀도의 차이가 이를 명확히 해 준다. 그래서 도시가 있고, 시골이 있다. 시장은 자연의 물질적 기초 위에 성립된다. 그리고 존재형식으로서 시공사회와 시장은 왜곡이 발생한다. 이것은 이미 앞에서 레일리나 컨버스 그리고 허프의 이론이 입증하고 있음을 지적한 바 있다.

이와 관련해 보면, 시장은 시스템과 네트워크를 구성한다. 이것은 자원의 편중에 따라 생긴 불균형이 생산물의 이동을 발생시키기 때문이다. 서로 다른 자원이 서로 다른 도시로 필요에 따라 이동하려고 한다면, 도로망·통신망·유통망 등의 네트워크와 활동조직을 형성하는 것은 필연적이기 때문이다. 이것은 이웃집과 연결된 길을 비롯해서 집단과 집단, 도시와 도시, 국가와 국가를 연결하는 철도나 도로, 배나 비행기의 항로, 유·무선 통신선로, 송전선로, 송수관로, 송유관로, 인간의 유통조직 등 여러 형태로 빈틈없이 연결되어 있다.

시장은 생산물의 시공이다. 자연에 있어서 시공은 개별적이고 구체적인 사물과 현상이 발생하고 상호작용하면서 발전하며, 쇠퇴하다가 사라지고 다시 발생하는 마당이다. 이와 마찬가지로 개별적이고 구체적인 인간과 생산물이 생산되어서 상호작용하면서 진화하며, 활동 및 통용(通用)되다가 사라지고 다시 생산되는 마당이다. 특히 인간과 생산물은 '인간–생산물 체계'를 형성하여 존재한다.

생산물이 존재하는 사회는 생산물의 운동, 즉 통용의 실현으로서 생산과 소비에 이르는 과정이 여러 유통조직들에 의한 흐름을 통해 유통망(네트워크)을 형성하고 있다. 이것은 현 시점에서 횡적인 유통(전파)뿐만 아니라 종적인 전승이기도 하다. 문화의 형태로서 후대로 흐르는 과정은 '전승'이다.

〈3〉 통용(通用)

통용은 생산물의 존재방식이다. 이것은 생산물의 운동을 의미하며 운동은 곧 변화다. 그래서 생산물의 통용은 시공의 이동으로서 공시적으로는 전파이고, 통시적으로는 전승이다. 나아가 통용은 전파와 전승으로 발전의 계기를 마련하며, 양적 변화와 질적 변화로 이행한다. 양적변화는 모방을 통하여 이루어지며 이로써 생산물은 확대 재생산되면서 다양성을 획득한다. 또한 양적 변화는 일정한 한계를 넘음으로써 질적 변화로 이행하는데, 질적 변화는 창안을 통하여 새로운 것을 획득하는 것이다.

그리고 통용은 관계를 형성한다. 이럴 때 통용은 상호작용이고 구체적으로는 거래이며, 교역이고 기부며 원조다. 통용이 교환에 한정하지 않기 때문이다. 상호작용엔 필연적으로 매개자를 요구하며 경우에 따라 상태변경자가 있을 수 있다. 통용의 매개자는 교환수단이다. 교환수단은 화폐에 제한하지 않으며 어떠한 형태로든 만족을 주는 것이면 된다. 상태변경자는 통용을 촉진하거나 어렵게 하는 존재자들이다.

우선 통용의 원리이다. 통용이 생산물의 운동이라면, 시공의 이동이 가능해야 한다. 생산물은 그 자체로서는 물질이나 동물과 같이 스스로 운동성을 갖지 못한다. 설령 운동성을 가진다고 하여도 주체의 의도에 부합하지 못한다. 주체는 생산물을 자신의 필요와 욕구에 따라 소비하고자 하는 목적을 가지기 때문이다.

그래서 생산물은 그 특성상 생산물 자체로서는 존재 의의가 없다. 반드시 인간과 결합될 때만이 존재 의의가 있는 것이다. 생산물은 인간에 의해 이루어지고 인간을 위해 존재하며 인간의 것이기 때문이다. 그렇기 때문에 '인간-생산물 체계'를 형성하고, 이로써 시공간을 이동하며 양적 변화와 질적 변화를 일으킨다.

　통용은 전파이며 전승이다. 통용은 동시대(同時代)에 있어서 생산물을 여러 지역 사회로 퍼뜨리는 것이며, 조상으로부터 이어받음으로써 시대를 초월하여 계승하는 것이다.

　동시대에 있어 생산물의 전파는 근본적으로 인간의 이동이다. 인간은 자체로서도 생산물이며 반드시 '인간−생산물 체계'를 형성하고 운동하기 때문이다. 인간의 이동 원인을 역사적으로 살펴보면, 이주나 점령군의 주둔, 포교나 전도, 탐험, 교역, 약탈, 혼인 등이 있다. 이때 자신의 문물이나 신념, 행동양식 등이 옮아가거나 혹은 받아들임으로써 전파되는 것이다. 이럴 때 인간은 한편으로는 매개자다.

　그리고 전승의 문제는 조상으로부터 생산물을 이어받는 것이다. 교육을 통해서 기능이나 신념, 행동양식 등은 물론, 상속으로 물질적 재산 등을 이어받는 것이다. 이런 전파나 전승은 긴 시간을 두고 보면 양적·질적으로 변화의 과정을 겪는 것으로 드러난다. 전파와 전승이 원형(原形)의 이전일 수 없다면, 이것은 곧 모방이거나 기존의 것을 바탕으로 하는 창안이다. 비록 창안이라고 하더라도 기존의 것을 뛰어넘는 전무후무한 것의 창조는 아니다. 모방은 양적인 확대 재생산이며 다양성 획득의 계기이고, 또 전파와 전승이 창안의 계기라면 질적으로 상승된 새로운 생산물의 생산이다.

　통용은 양적 변화의 계기다. 통용은 모방이며 확대 재생산이다. 통용의 목적이 소비이기는 하나 생산물이 무화되는 것에서 그치는 것이 아니라 같거나 유사한 생산물을 확대 재생산하는 계기이다.

최초로 국수가 만들어지고 취식으로 완전히 끝나는 것이 아니라 국수를 만드는 기술이 전파되고 계승되어 다양한 원인으로 다양한 형태로 변화한다. 이때 그 원인은 재료와 기호, 기술과 기후, 사회규범, 인식의 정도, 신념 등이다. 국수는 전파되면서 모방이나 창안을 통해, 라면 · 파스타 · 스파게티 · 마카로니 · 자장면 · 우동 · 짬뽕 · 냉면 등으로 재탄생된다.

물론 물질적인 것뿐만 아니라 관념적인 것, 행위적인 것 더 나아가 인격적인 것으로서 조직의 모방을 통해 진보를 이룰 수도 있다. 미국으로부터 전파된 근대적 정치형태로서 대통령제는 세계의 많은 국가가 자신에게 맞게 다소 변형을 시켜 대통령제라는 정치형태로서 수정하여 받아들였다. 또 경제체제도 마찬가지다. 전파로서 끝나는 것이 아니라 변형된 것을 다시 수용하고 개선한다. 자본주의와 공산주의도 이러한 과정을 통해 수정되었다.

통용은 소비다. 통용이 받아들인다는 관점에서 소비는 단순히 생산물의 소모를 의미하는 것이 아니다. 소비는 생산물의 변형이요, 검증이요, 응용이고, 반성이고 문화다. 즉, 생산물이 목적에 적합한 것인지 사용함으로써 밝혀진다. 또 의도된 목적 이외의 목적으로 사용(응용이나 변용)할 수도 있다. 응용은 그 자체로서 생산이기도 하다. 더 나아가 현재의 생산물에서 부족한 부분이나 잘못된 부분이 수정되거나 채워지기도 한다. 특히 소비는 생산목적에 따른 필요와 욕구의 충족으로서 사라지는 것이 아니라, 건강 · 편리 · 즐거움 · 안전 · 쾌적 · 기술 · 지식 등의 형태로 인격을 변형시킨다. 상승의 방향으로 변형된 인간은 생산물의 질적 변화를 추구하는 계기가 될 수 있다.

통용은 상호작용이다. 통용이 관계를 형성하는 것이라는 차원에서는 상호작용으로서 거래이며 교역이고 기부이며 원조다. 거래는 사람 간에 재화나 서비스(용역)를 사고파는 것을 말하고, 교역은 집단이나 국가 간에 이루어지는 재화나 서비스(용역)를 사고파는 것이다. 이것은 단순히 재화나 서비스의 일회의 교환적 관계를 의미하는 것은 아니다. 이로 인해 양 집단이나 국가 내에서는 재화나 교역을 통해 침투한 문화적 요소들이 장기간 영향을 주고받게 된다. 그래서 인격적 변형이 동반된다.

통용은 연관으로서 생산물이 유통되는 것, 단순히 생산물이 물리적인 시공간(시장)을 이동하는 것에 그치는 것이 아니다. 인격과의 상호작용이며 생산물과의 상호작용이기도 하다. 재화나 서비스의 거래나 교역은 반드시 인격과의 연관을 요구한다. 이때 집단이나 국가 간에는 외교관계 체결을 전제로 한다. 왜냐하면 배타적 범위에서 안전이 보장된 인적 교류를 수반해야 하기 때문이다. 즉, 개인과 개인과의 관계에서도 묵시적·명시적 신뢰를 바탕으로 사후보장이 있어야 하기 때문이다.

통용은 체계(시스템)를 형성한다. 통용을 통해 일시적으로 또는 영구적으로 조직을 형성한다. 지식이나 기술, 문화 등의 통용에서 승계자나 수계자는 영구적인 체계이며, 상업적으로 이루어진 납품업자와 주문자 사이에는 일시적인 체계가 형성된다. 이 과정에서 연속적인 거래는 유통체계를 형성한다. 아주 간단한 직접적인 '생산자—소비자 체계'에서부터, 간접적이고 복잡한 '생산자—유통자—소비자'에 이르기까지 시스템을 형성한다.

어떤 생산물이 생산자로부터 소비자에게 시공사회로 유통해 가는 현상이 나타나는 것은 그 시공사회에서 그 생산물의 유통을 가능하게 하는 사회적 기구가 존재하기 때문이다. 한 시공사회에 있어 유통을 위한 수많은 담당자들이 어떤 관계에 따라 연결되어 서로 작용하는 질서 있는 유통기관의 집합체를 유통기구라 한다. 즉, '생산자-유통자-소비자'가 거래관계로 연결되어 체계화되고, 그것이 정착하여 일정한 형태를 형성하게 된 것을 말한다.

[3] 생산물의 특성

생산물의 특성은 생산물의 속성에 따른 것으로 양자성과 결속성을 가진다. 생산물이 유한한 양과 질을 가지고 독립적으로 통용된다는 것과(양자성), 생산물은 부분들의 결합으로서 상호작용하는 요소들의 구조체라는 것이다(결속성).

〈1〉 양자성(量子性)
모든 생산물은 관념적으로나 실재적으로 양적으로 하나의 독립된 것으로 존재한다는 것이다. 동산(動産)의 경우에는 쉽게 이해할 수 있으며, 부동산의 경우에는 그 경계를 표시함으로써 독립된 존재로 인식이 가능하다.
관념적인 것으로서 이론도 어떤 독립된 사물과 현상에 대한 지식체계로서 독립적인 것이며, 행위에 관한 것도 구체적 목적에 관한 것으로서 하나의 개별성과 구체성을 지닌다. 즉, 물질적 생산물, 관념적 생산물, 행위적 생산물, 인격적 생산물은 모두 유한한 양과 질을 가지고 있다. 운동하는 모든 것은 시공 적으로나 양적으로나 질적으로 서로 분리되어 있으며, 유한하고 상대적이다.

유한한 우주 속에 무한한 존재는 철학과 수학 속에 관념적으로 존재하며(가령 1과 2 사이를 무한히 쪼갤 수 있다), 실제로는 존재하지 않는다. 만약 무한한 존재가 존재한다면, 유한 속의 무한이라는 모순에 빠진다. 무한한 존재 속에 현재 운동하는 무한한 존재는 있을 수 없고 오직 유한한 존재가 있을 뿐이다.

(1) 양(量)

양(量)3)은 질(質)과 대립되는 개념이다. 사물이나 체계 등이 질, 특성, 요소 등의 무리로 존재하는 상태를 이른다. '무엇이 얼마큼인가'를 표현하는 것으로, 양은 항상 측정 가능하여 수치로 나타낼 수 있다. 가령 사물의 개수나 넓이, 무게, 길이, 속도 등이다.

양은 사물의 질적인 면이 무시되고 외적이며 동질적(同質的)인 것으로 간주된다. 사람 수, 물건의 무게, 땅의 넓이, 끈의 길이 등이 그 예이다. 이런 양의 개념은 사물의 질을 제거해도 파악 가능한 사물의 한 측면이다. 양은 기준이 되는 도량형에 의해서 표시될 수 있는 것이다.

도량형(度量衡, systems of weights and measures)4)은 외연량을 재는 단위법으로, 온도 · 광도 · 압력 · 전류 · 질량(무게) · 부피 · 거리 · 면적 등을 표시한다. 도량형은 균일성(uniformity) · 단위(unit) · 표준(standard)을 중요시한다. 여기에서 표준은 도량형 원기(原器)를 말한다. 세계엔 자연히 존재하는 반드시 삼아야 할 객관적으로 존재하는 기준이란 없다. 그래서 주관적으로 임의로 표준을 규정하여 양을 가늠하는 것이다.

양은 외연량(extensive quantity)과 내포량(intensive quantity)으로 구별된다. 외연량(外延量)은 넓이를 갖는 양으로 가산적이지만, 내포량(內包量)은 가산이 불가능한 양이지만 그 강도(强度)는 변화시킬 수 있는 양이다.

가령, 한 가족이나 단체 및 국가 등은 그 규모가 다르다. 개념이나 문장, 이야기 등도 그 크기가 다르다. 동작이나 행위 및 활동도 양적으로 다르다. 상품의 크기나 무게 등도 외연이 다르다는 것은 말할 것도 없다. 그리고 내포량으로서 한 가족이나 단체, 국가 등의 경우 그 빈부차이, 교육의 수준, 기술의 수준, 도덕성, 문화의 차이, 정치나 경제체제에 있어서 그 차이는 존재한다. 외연량으로 측정될 수는 있지만, 그 자체적으로 무엇이 우월한지 열등한지는 구별이 어렵다. 그 자체로서 의미가 있기 때문이다.

이와 같이 생산물은 양을 가진다. 인격적 생산물에서 개인이나 가족, 단체, 국가, 국가동맹이나 연합, 세계(국제연합)은 각각 양의 개념이다. 개념 · 명제 · 이론 · 단어 · 문장 · 이야기 · 동작 · 행위 · 활동도 양으로 측정된다. 물론 생산물로서 상품은 더욱 명료하게 드러난다.

이러한 양과 질은 실제로는 분리할 수 없다. 왜냐하면 양이란 항상 어떤 질을 가진 양이고, 질은 항상 어떤 양이 가진 질이기 때문이다.

(2) 질(質)5)

질은 성질이다. '무엇이 어떠하다'는 사물의 존재 양태이다. 질은

261

강도가 있어 양적일 수 있지만, 양적으로 변화하더라도 일정한 범위 내에서는 변화하지 않는다. 질에는 색깔이나 맛은 물론 향기 등과 같은 감각적인 것과 교양이나 지식 그리고 현명함, 소양 등과 같은 비감각적인 것이 있다.

질은 다른 사물들과의 상호작용에서도 불변적인 것으로, 본질적인 성질인 속성을 의미한다. 질은 본질적인 성질로서 좋고 나쁨, 맛이나 향기, 형태나 빛깔 등을 의미한다. 성질은 쉽게 양으로 나타낼 수는 없지만, 그 정도의 차이는 알 수 있다.

하지만 질도 일정한 측정 수단(도구와 방법)을 통해 어느 정도 양으로 표현할 수 있다. 그렇기 때문에 양과 같이 측정할 때마다 같은 결과를 얻을 수는 없다. 다만 양적 비교의 근거가 될 수 있다는 점에 큰 의미가 있다.

생산물에서 질의 규정은 물질적 생산물, 관념적 생산물, 행위적 생산물, 인간과 사회와 같은 인격적 생산물에 적용된다. 물질적 생산물의 질에는 기능이 좋다 나쁘다, 맛, 향기, 형태, 색깔, 질감 등이 있으며, 관념적 생산물의 질은 참과 거짓, 재미와 아름다움 등으로 나타난다. 그리고 행위적 생산물의 질에는 멋과 교양, 선악, 강약, 토속성 등이 있으며, 인격적 생산물로서 인간과 사회의 질은 부지런함과 게으름, 든 사람, 난 사람, 된 사람, 가풍, 정치형태, 경제형태, 단체의 설립목적 등으로 나타난다.

〈2〉 결속성(結束性)

시장 속에서 운동(통용)하는 생산물은 '인간–생산물 체계'로서 문화 현상을 일으킨다. 문화는 인간이 존재하는 동시에 존재하는 것으로, 인간과 생산물이 하나의 체계를 형성하면서 이루어 내는 조직과 체계, 생활양식과 행동양식 및 물질적·정신적 결과를 총괄한다.

그래서 의식주를 비롯하여 언어를 비롯한 기호·풍습·종교·학문·예술·무도·스포츠·제도·사회·기구·기계·인간 조직이나 체계 따위를 모두 포함한다. 이런 문화를 그 형태별로 분석하면 물질적 생산물, 관념적 생산물, 행위적 생산물, 인격적 생산물로 나눌 수 있다.

따라서 생산물의 총체는 곧 문화와 같은 의미를 갖는다. 인간이 빠진 생산물이란 존재할 수 없으며, 생산물 없는 인간이란 자연 앞에 홀로 설 수 없는 보잘것없는 존재다. 그래서 생산물이란 인간에게 삶을 보존해 주고 능력을 향상시키는 수단이 된다.

(1) 구조성

시장에서 존재하는 생산물은 다음과 같은 계층체계를 형성한다. 시장에서 인간과 분리된 생산물이란 존재할 수 없다. 반드시 인간의 생산물이며, 인간을 위한 생산물이고, 인간에 의한 생산물이다.

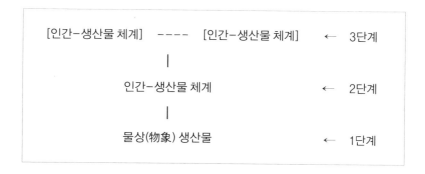

생산물의 총체를 분석하면 위와 같은 체계의 체계로 드러난다. 시장 속에서 생산물은 인간과 체계를 형성하고 서로 작용을 주고받으며 존재한다. 이렇게 존재하는 3단계의 생산물을 분석하면 '인간-생산물 체계'인 2단계의 생산물로 드러나며, 2단계의 생산물을 분석하면 물상생산물로 최종적으로 드러난다.

① 물상(物象) 생산물

인간과 분리된 생산물로서 물상 생산물이란 모든 생산물은 물질이거나 물질의 파생으로서 오직 물질적 기초위에서만 존재하고 있음을 말한다. 시장에 존재하는 3단계의 생산물을 분석하면 최종적으로 인간과 체계를 형성하지 않은 순수한 생산물로서 나타나며, 이들은 모두 물질적 기초 위에서만 성립한다는 것이다.

모든 생산물은 성격상 물질적 생산물, 관념적 생산물, 행위적 생산물, 인격적 생산물로 나누어질 수 있지만, 모든 생산물은 물질이거나 물질의 파생으로서 물질의 운동이다. 물질적 생산물은 모두 물질로 이루어져 있다는 사실은 명백하다.

관념적 생산물도 모두 물질적 기초 위에 존재한다. 관념적 생산물의 여러 형태 중 책은 종이에 기호를 인쇄한 것이다. 종이는 물질이고 기호는 잉크에 의해 종이와 결합되어 있다. 노래의 경우는 음파로서 한순간 존재한다. 음파는 물질의 운동형태이다. 다양한 색으로 표현된 화화나 레이저 쇼와 같은 생산물도 물질의 운동형태로서 전자기파이다. 자연에는 색이란 존재하지 않는다. 오직 전자기파의 주파수이다. 다양한 주파수는 시각에서 다양한 색상으로 인식된다. 물론 음파의 강약과 파동수는 청각에서 고저로 나타난다. 특히 유형적으로 외부에 표현되지 않는 지식은 뇌의 생화학적 반응에 의해 존재하는 것으로 역시 물질의 파생 상태이다.

'개인-가족-단체-국가-유엔'이라는 인격적 생산물은 인간들의 계층적 조직으로 나타나지만, 인간 자체는 물질의 진화적 산물로 물질이다. 또 예절, 서비스나 스포츠와 같은 행위적 생산물은 단적으로 인간의 의식적인 움직임이다. 이것은 반드시 인간의 생체에 의해 표현되므로 결국 물질적 기초를 가질 수밖에 없다.

② 인간-생산물 체계

현실에 존재하는 모든 생산물의 기본 형태다. 2단계의 생산물은 인간과 물상 생산물이 상호작용하는 체계다. 이때 인간도 생산물이다. 이런 인간을 핵으로 구성하는 관점에서 보면 2단계는 인간의 부족함을 보충·보완·증대하기 위해 생산물을 장착하는 단계이다. 또 객관적 대상인 생산물로서 운동성을 확보하여 스스로 운동하는 독자적인 생산물로 독립하는 단계이다.

'인간-생산물 체계'란 '주체-수단 체계'를 3인칭 관찰자 시점에서 이르는 말이기도 하지만, 독자적인 생산물의 구조를 의미하기도 한다. 이런 구조형태는 세계 전체에 적용된다. 자연은 물질로서 '입자-매개자 체계'를 형성하기 때문이다. 이것은 상호작용의 요소들의 체계이자 세계의 계층체계를 형성하는 원리이다. 세계는 이런 식으로 구조화된다.

'인간-생산물 체계'를 분석하면, 이 또한 계층체계를 형성하고 다양한 형태를 가지고 있다. 우선 인간은 역사적으로 현실적으로 '개인-가족-단체-국가-유엔'의 계층체계를 가지고 있다는 사실, 이와 체계를 형성하는 생산물 또한 역사적으로 현실적으로 물질적 · 관념적 · 행위적 · 인격적 생산물로 무궁무진하다는 사실은 인간과 물상 생산물의 조합은 결국 무궁무진한 계층체계를 가진 형태로 존재함을 의미한다.

2단계 생산물은 생산물이지만 독자적으로 판단하고 운동하는 인간을 핵으로 놓고, 다양한 물상 생산물과 결합하여 체계를 형성하는 단계이다. 객관적 대상으로서 인간은 물질 진화의 산물로 그 자신이 자연과 사회를 비롯한 환경에 작용을 가하여 변화시키면서 살아가는 데 매우 취약하다. 진화의 산물로서 인간의 약한 피부는 쉽게 상처를 받기 때문에 완전히 발가벗은 순수한 상태의 알몸으로 온도의 변화에 따른 적응이 매우 어렵다.

그래서 필연적으로 옷을 만들어 입을 수밖에 없으며, 신체적으로 갖춘 기능적 상태도 미약하여 농경이나 이동, 산업적 생산 등에서 도구를 만들지 않고는 불가능하다. 맨손으로 농경이 어렵고, 두 다리만으로는 장거리 이동이 어려우며, 고강도의 물리적 · 화학적 물질을 다루는 산업적 생산은 도구 없이는 불가능하다. 이런 생산을 위해서는 기구나 장치 및 기계를 활용할 때 비로소 순조로울 수 있다.

이런 생산을 함에 있어서 단순히 도구만 있어서는 어렵다. 관념적 생산물과도 체계를 형성하지 않으면 안 된다. 이론과 경험의 형태로 존재하는 관념적 생산물은 자연을 변형시키는 지침으로서 자연법칙이다. 이에 따라 도구를 자연과 사회 등에 적용하지 않는다면 자연과 사회 등을 변화시킬 수 없다. 나아가 개별 인간으로는 자연과 사회 등에 작용을 가하는 데 한계가 존재한다. 이때 인격적 생산물과 결합하므로 자치(自治)의 확장·보충이 가능하다. 즉, 사자(使者)나 대리인을 통해 이루어지는 것이다.

③ [인간-생산물 체계]-[인간-생산물 체계]

3단계 생산물의 형태는 [인간-생산물 체계]-[인간-생산물 체계]이다. 2단계에서 무장된 인간들이 체계를 형성한 것이다. 자연에 작용을 가하고 받기 위해 조직을 형성하거나, 서로에게 작용을 가하고 받는 동적 상태의 정적 파악을 말한다.

계층적 생산물은 표면적으로 계층적 인격으로 드러난다. 물상 생산물로서 한 인격이 다양한 생산물을 장착한 채로 다른 다양한 생산물을 장착한 인격과 상호작용하는 형태이다. 이로써 독자적인 생산물들은 문화 현상을 드러낸다. 주체로서 인간이 사회활동을 한다면, 대상으로서 인간과 인간의 상호작용은 사회현상을 일으키고, 생산물과 생산물의 상호작용으로 문화 현상을 일으킨다. 이 차이에 대해서는 '5. 상호작용'에서 다루겠다.

2단계의 생산물들이 다른 2단계의 생산물들과 상호작용을 하면서 시장(시공사회) 속에서 운동한다. 공시적으로 전파이며 통시적으로 전승이 이루어진다. 이것이 가능한 것은 항상 정적인 관점에서 보면 체계의 형성이다. 시장 속에서 표면적으로 드러나는 인간과 인간의 체계가 이런 현상의 골격인 것이다. 전승에서는 스승과 제자, 부모와 자식으로서 관계 형성이 이루어져야 하고, 전파로서는 그것이 유상이든 무상이든 생산자와 소비자 등의 인간과의 관계 속에서 일시적으로 장기적으로 관계의 형성이 이루어져야 한다.

(2) 상호작용

1단계 생산물인 물상 생산물 자체가 한 체계를 형성하고 존재하는 것은 자연의 힘이다. 강한 힘(강한 상호작용), 전자기력(전자기 상호작용), 중력(중력 상호작용)에 의한다. 모든 생산물을 분석하면 결국 물질이거나 물질의 운동이므로 물질의 상호작용을 통해 구조(체계)를 형성하게 되는 것이다.

2단계의 생산물인 '인간-생산물 체계'를 가능케 하는 힘은 인간의 사랑으로서 인격애와 사물애(事物愛)라고 할 수 있다. 우선, 물질적 사랑이다. 체계의 중심으로서 인간이 자기의 결여와 결핍 상태에 따라 요구되는 생산물과 결합하므로 충족된 상태를 만들어 가는 것이다. 이때 힘의 원천은 '인간의 사물에 대한 사로잡힘'인 사랑으로서 인간이 사물과 관계를 맺으려는 것이다. 그러나 사자와 대리인과의 관계는 인격애다.

3단계의 생산물인 [인간-생산물 체계]-[인간-생산물 체계]의 상호작용은 핵으로서 인간을 중심으로 파악하면 사랑이다. 2단계의 사랑이 사물과 인간의 상호작용인 사랑으로서 사물애(事物愛)와 인격애를 포함하는 것이라면, 3단계의 사랑은 계층적 인격으로서 인간과 인간의 상호작용인 인격애(人格愛)이다.

1) 필요와 욕구의 개념은 〈철학대사전〉(한국철학사상연구회 엮어 옮김, 동녘, 1989)의 표제어 '욕구'를 보면 된다.

2) 방법의 개념은 〈철학사전〉(엘리자베스 클레망 외 3인 지음, 이정우 옮김, 동녘, 1996)의 표제어 '방법'을 참고하기 바란다.

3) 양의 개념은 〈철학대사전〉(한국철학사상연구회 엮어 옮김, 동녘, 1989)의 표제어 '양(量)'에서 참고하기 바란다.

4) 도량형에 관하여는 〈브리태니커 백과사전 CD〉(브리태니커 사, 2000)의 표제어 '도량형'에서 참고하기 바란다.

5) 질에 대한 내용은 〈철학대사전〉(한국철학사상연구회 엮어 옮김, 동녘, 1989)의 표제어 '양(量)'과 '질(質)' 및 '질과 양'에서 두루 참고하기 바란다.

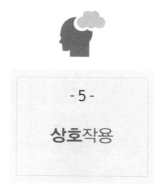

상호작용

[1] 상호작용

우리 우주 또는 자연(물질)은 요소들의 상호작용의 체계의 체계이다. 물질적 대상이든 관념적 대상이든 행위적 대상이든 인격적 대상이든 어느 것 하나 예외 없이, 대상들은 체계의 체계이며 상호작용의 체계의 체계이다. 그러므로 대상인 통일체계는 모든 것을 포함하는 요소들의 상호작용 체계다. 모든 대상은 체계로서 존재하며 체계로서 존재하기 위해 상호작용을 한다. 상호작용은 연관이며 결속이다. 상호작용은 동적 안정이면서 변화이고 변화의 질서이며 통합이며 통일이다.

세계는 계층적으로 존재하는 상호작용의 체계다. 세계의 상호작용은 반드시 매개자를 요구한다. 스스로 매개(자기작용)하든 별도의 매개자에 의하든, 상호작용은 매개자를 필요로 한다. 또 상호작용은 일정한 에너지장벽을 넘어서 이루어진다. 에너지장벽이 극한값으로 0일 때, 터널효과를 가지는 경우도 있다. 상호작용의 초기상태와 최종상태 사이에 존재하는 에너지장벽은 상태변경자에 의해 달라질 수 있다.

이런 상태변경자의 예로서는 촉매와 효소 등이 있다. 상호작용에서 이러한 에너지장벽이 존재하고 그 상태를 변경한다는 사실은 물리학이나 화학, 생물학은 물론, 사회학이나 경제학의 대상인 인간의 상호작용에서도 보편적인 것이다. 이런 의미에서 상호작용은 세계의 통일성을 확인시킨다.

〈1〉 의미

상호작용[1]이란 연관을 맺고 있는 대상들 사이에 매개자를 통해 서로 작용을 주고받는 것을 의미한다. 세계는 계층적으로 대상들 간에 서로 연관을 맺으면서 양적·질적으로 부단히 변화하며 하나로 통일된다. 상호작용은 고착적인 것만을 말하는 것이 아니라, 파괴적인 상호작용도 있다. 그렇다고 해서 파괴적 연관이 영원한 단절을 의미하는 것은 아니다. 이들은 다시 고착적인 새로운 연관을 형성한다. 그래서 상호작용이 양적·질적인 변화이며 통일인 것이다.

우리 우주는 하나의 전체로서 상호작용을 하는 계층체계를 형성하고 있다. 이것은 전 우주가 상호작용을 주고받는 전 우주적 연관을 형성하고 있음을 의미한다. 더 나아가 우주의 우주인 대우주도 대우주 끼리 연관을 맺고 있음을 예견할 수 있다. 또 우주를 탄생시

271

킨 무(無)도 우리 우주와 현실적으로 상호작용하고 있는 존재다. 무는 에너지 준위가 의 상태로서 보통물질보다 낮은 상태의 에너지를 가지고 있다. 이러한 무(無) 속에 우리 우주가 잠겨 있는 것이다. 진공 속에서 가상양자의 출몰이 이를 입증한다. 또 우리 우주의 팽창에 척력으로 작용하고 있다. 전체는 어떤 형태로든 하나라는 양적 규정이 가능한 체계임이 분명하다.

특히 우리 우주2)는 공 모양으로 그 속에 거품이 가득 차 있다. 다른 관점에서 보면 그물망과 같으며, 그물은 은하들의 연결로 이루어진다. 어쩌면 공 모양의 빵이 물을 먹으면서 팽창하고 있는 것 같다.

상호작용은 반드시 매개자를 요구한다. 강한 상호작용, 약한 상호작용, 전자기 상호작용, 중력상호작용에서 각기 서로 다른 매개자, 즉 글루온, 위콘, 광자, 중력자가 개입한다. 이들은 그 형태는 달라도 본질적으로 하나로 통일을 이룰 것이라 한다. 이것을 '모든 것의 이론'이라 한다. 약한 상호작용은 다른 상호작용과는 달리 파괴적 상호작용이다.

자연의 체계는 자발적으로 매개자를 결정하고 체계를 형성하지만, 인공적인 체계는 인간이 직접 매개자가 되거나 매개자를 만들어 주어야 한다. 예를 들어, 문틀과 문은 장석이나 경첩으로, 상자는 못으로, 기계는 볼트와 너트나 기어 및 벨트 등으로, 가방과 가방끈은 고리로, 안경테와 안경다리는 핀으로, 발전소와 우리 집 전기기구는 전선으로, 방송국과 우리 집 텔레비전은 케이블이나 어떤 주파의 전파로 매개한다.

통일체계 그 자체는 관념 속에나 존재하는 비현실적인 세계가 아니라, 객관적으로 실재하는 자연의 체계이다. 자연체계인 통일체계에서 인간은 매개자이면서 주체이고, 생산물이면서 자연이다. 통일체계는 인간 중심의 객관적으로 실재하는 탐구대상이면서 모든 것을 포괄하는 최종적인 대상으로서 체계다. 이 체계는 내 이야기의 모든 것을 함축하고 있다.

주체와 생산물도 자연의 일부이지만, 당위법칙에 의해 작동되는 주체를 자연으로부터 분리시키고 나니 인간이 만든 생산물도 자연히 분리되어 나온다. 이들은 각기 통일체계 속에서 요소이면서 대상으로 드러난다. '모든 과학의 통일'은 인간이 대상으로 하는 모든 존재의 통일로 종결되며 다시 시작된다. 모든 과학의 통일은 모든 대상을 하나의 체계로 통일하는 것이다. 대상의 통일은 성질과 과정 등의 통일로 나아가는 계기가 된다.

주체는 통일체계 내에서 하나의 요소이면서 자연의 파생물이고, 생산물의 창조자이며 자연과 생산물 사이에 존재하는 매개자이기도 하다. 주체는 생산 활동을 함으로써 자연과 생산물에 작용을 미친다. 주체가 자연에 대하여 작용하는 형태는 물질획득 활동과 인식 활동 등으로 나타난다. 그리고 자연으로부터 물리적 · 화학적 · 생물학적 작용을 받기도 한다. 또 생산물에 작용하는 형태는 소비 활동과 재인식 활동 등이다. 물론 생산물로부터도 물리적 · 화학적 · 생물학적 작용을 받는다.

생산물은 인간이 이루어 낸 창조물이긴 하지만, 인간과 사회 및 자연을 변화시키고 미처 예측하지 못한 곳으로 무섭게 밀어붙이는 힘이 있으며, 또 다른 생산물을 만들어 내는 진보적인 추동력을 가지기도 한다. 가령 기계를 이용해서 더 효과적이고 향상된 생산물을 만들고, 인간이 생산물로서 사회를 만들고 사회가 다시 인간을 만들며 사회는 더 효과적인 정치적·경제적 체제로 거듭난다.

〈2〉 메커니즘
세계에서 상호작용은 존재자의 부족함과 그 운동성에 있다. 운동성은 존재자들이 서로 작용할 수 있는 기회를 제공하는 원인이고, 부족함은 서로 작용을 하도록 하는 원인이다. 그래서 부족함이 없다면 운동은 카오스일 것이다.

물질의 운동성은 역학적 방정식의 형태로 드러난다. 이다. 또 영점에너지라는 물리학적 관찰 사실에서도 드러난다. 세계의 모든 존재자는 운동성을 본질로 하고 있다. 이런 운동성을 지닌 모든 존재자들이라고 해도 그들 자신에게 부족함이 없다면 그 어떤 반응도 일어나지 않는다. 하지만 세계에 존재하는 모든 존재자들은 어떤 형태의 부족함이라도 갖지 않은 것이 없다. 전하(電荷)의 음양, 쿼크의 3분의 1의 전하, 궤도전자의 결손, 위치의 불안정, 생리학적 불균형에 따른 신체와 심리의 불안정, 사회집단의 힘의 불균형 등이 각종 형태의 부족함에 대한 예이다.

이런 원인에 의해 쿼크의 결합, 핵자의 결합, 원자의 형성, 분자의 형성, 행성계의 형성, 은하의 형성, 생명체의 진화, 사회집단의 결성, 사회집단 간의 결합 등이 이루어진다.

상호작용하는 한 체계를 관찰하면 그 체계는 상호작용하는 대상과 대상들을 맺어 주는 매개자가 있다. 그런데 대상과 매개자가 존재한다고 해도 이들의 결합이나 분리는 쉽게 일어나지 않는다. 에너지장벽이 존재하기 때문에 반드시 활성화 에너지가 필요하다. 에너지장벽은 한 체계의 상태가 변화하기 위해 일정량 이상의 에너지를 필요로 하는 것을 말한다. 인간에게 적용하면 생산은 노동을 요구한다. 삶은 노동이다.

또 상호작용하는 계에는 상태변경자가 존재한다. 상태변경자는 에너지장벽을 조절하는 인자(因子)이다. 극단적으로 에너지장벽을 제거하여 터널효과를 발생시키기도 한다. 항상 그렇듯이 매개자와 상태변경자를 혼동하기 일쑤다. 매개자는 당해 체계의 일부를 차지하지만, 상태변경자는 그 체계의 일부를 차지하지 않고 상호작용의 활성을 조절하는 기능을 한다.

물리세계와 생물세계뿐만 아니라 다른 생산물에는 물론 인간사회에도 보편적으로 적용된다. 그래서 통일체계에도 전면적으로 적용된다. 인간과 자연의 상호작용, 인간과 생산물과의 상호작용, 생산물과 자연의 상호작용과 자연과 인간과 생산물의 자기작용에서이다.

가령 고착적 상호작용이 일어나기 위해서는 대상들 간에 매개자가 요구되며, 매개자가 에너지장벽(결합에너지)을 넘어서면서 대상들 간에 체계가 형성된다. 이와는 반대로, 한 체계가 파괴되는 파괴적 상호작용에 있어서도 일정한 에너지(해리에너지)를 필요로 한다. 이때 결합에너지와 해리에너지는 에너지장벽의 구체적 형태이다. 에너지장벽은 상태변경자에 의해 달라질 수 있는데, 상태변경자는 촉매와 효소, 중개인과 중매인, 로비스트 등의 형태로 존재한다. 이렇게 한 체계의 상호작용에는 대상, 매개자, 에너지장벽, 상태변경자의 네 가지 요소가 메커니즘을 형성하고 있다.

다음은 간략하게 예시적으로 표로 구성한 것이다.

상호작용	체계의 요소	각 요소의 예시
자연–자연 (자연현상)	대상	주체로서 인간과 통용 중인 생산물을 제외한 모든 사물
	매개자	매개입자(글루온, 위콘, 광자, 중력자), 매개물질(암흑물질, 암흑에너지, 중간생산물질 등), 매개생물(화분수 등)
	에너지장벽	결합 및 해리에너지, 인공위성의 궤도진입 에너지 등
	상태변경자	촉매(무기물질), 효소(유기물질), 태양에너지(빛과 열, 소립자 등), 중력에 의한 압력, 바람과 물 및 동물의 운동성 등
자연–주체 (자연현상/ 생산 활동과 인식 활동)	대상	계층적 인간과 자연의 사물
	매개자	수단(도구와 방법)–생체는 자연현상의 번역기의 역할과 변형기의 역할
	에너지장벽	노동력(용역)
	상태변경자	사회형태 (시공사회의 정치·경제체계에 의해 인간이 제약)
주체–주체 (사회 활동)	대상	계층적 인격 (개인, 가족, 단체, 국가, 국가연합 유엔 등)
	매개자	수단(언어, 화폐 등)
	에너지장벽	계약의 성립과 해지에 발생되는 모든 형태의 비용과 수고
	상태변경자	중매인, 중개인, 로비스트 등
주체–생산물 (재생산 활동 과 재인식 활 동, 문화 활 동 / 이바지 작용)	대상	계층적 인간과 제 생산물
	매개자	수단(도구와 방법)–생체는 자연현상의 번역기의 역할과 변형기의 역할
	에너지장벽	노동력(용역)
	상태변경자	사회형태

생산물-생산물(문화현상)	대상	제 생산물(인간-생산물 체계)
	매개자	계층적 인격(생산물로서의 인격)
	에너지장벽	비용(교환비용)
	상태변경자	사회형태
자연-생산물 (자연현상- 목적작용)	대상	자연과 제 생산물
	매개자	계층적 인격(생산물로서), 매개인자와 매개물질 및 매개생물
	에너지장벽	노동력, 결합·해리에너지
	상태변경자	사회형태

특히 인간에 의한 상호작용은 부족함에 의해 가치를 형성하고 가치의 완성태(完成態)는 물질적·정신적 보탬을 주는 이익이다.

인간의 부족함은 필요와 욕구의 심리적 형태와 기계적 형태를 띤다. 필요와 욕구는 원하는 것, 바라는 바이다. 그리고 필요와 욕구를 충족시킬 수 있는 형태로서 쓸모나 중요성 등의 구체적인 항목이 가치이다. 가치는 쓸모나 중요성과 같은 필요와 욕구를 충족시킬 수 있는 것 자체가 아니라 원하는 것, 바라는 바의 관념(목적)으로서 구체적인 항목(項目)이다. 그렇기 때문에 가치가 있고 없고는 즉 바라는 바, 원하는 것의 항목의 있고 없고는 인간의 의식 속에 존재하는 것이지, 대상에 존재하는 것이 아니다. 다만 대상에는 필요와 욕구를 충족시킬 수 있는 요소가 존재할 뿐이다.

그래서 대상은 생산의 대상이다. 대상이 가지고 있는 요소를 인간이 바라는 바, 원하는 것의 구체적인 형태로 변형시켜야 한다. 이 바라는 바, 원하는 것으로 변형시킨 것 자체를 '이익(利益)'이라 규정한다. 이익은 생산의 결과로서 즉시 필요와 욕구를 충족시킬 수 있는 것이다. 인간의 상호작용은 이익을 취하기 위해서 이루어진다. 인간의 상호작용으로 한 체계가 존속하는 한 이익이 존재하기 때문이며, 이익이 없으면 체계는 파괴된다. 인간의 상호작용에서는 이익이 매개자가 된다. 이익의 형태는 무궁무진하다. 생산물은 가치가 아니라 이익이다.

대상(가치 충족 요소 포함)

｜

부족함 ----→ 필요와 욕구 발생 ---→ 생산 ---→ 이익(결과물)
(가치의 발생)

가치는 계층적 인격이 자기에게 본디 부여된 부족함을 채우고자 요구하는 필요와 욕구의 구체적 항목들로, 쾌적 · 편리 · 건강 · 여가 · 자유 · 평등 · 평화 · 진리 · 아름다움 · 착함 등이 이에 속한다. 가치는 주체의 관념으로서 그 자체로서는 부족함을 채울 수 있는 것은 아니다. 부족함을 채울 수 있는 가치 충족 요소는 오직 변형 전의 대상에 포함되어 있을 뿐이기 때문이다. 이때 대상은 자기 자신을 포함하여 모든 사물과 현상이다.

가치는 결국 주체의 관념으로 형성된 필요와 욕구의 구체적 항목으로서 이것이 생산의 근거가 되어 대상 속에 포함된 가치 충족 요소를 구체적 항목(목적이 된다)에 적합하도록 실천적으로 변형(생산)하는 것이다. 생산된 결과는 제 형태의 생산물로서 경제적 · 정신적 · 육체적 · 사회적 이익을 형성한다. 이익은 계층적 인격에 부여된 부족함을 채울 수 있는 결과물이기 때문이다. 여기에서 가치와 이익은 구별되어야 할 개념이다. 가치는 관념으로 형성된 필요와 욕구의 구체적 항목이며, 이익은 계층적 인격에 물질적·정신적 보탬이 되는 결과물이다. 결과물은 이익을 가지고 있다.

세계는 상호작용의 체계의 체계다. 한 체계의 상태변화는 필연적으로 에너지를 요구한다. 에너지장벽이 존재하기 때문이다. 인간의 삶 속에서 노동(에너지)은 불가피하며 저주다. 인간이 생산을 위해 대상과 상호작용함에 있어서 반드시 에너지장벽(고통을 수반한 노력)을 넘어야 하기 때문이다.

그러나 우리에겐 희망이 있다. 우리는 상태변경자를 면밀히 돌아봐야 한다. 상태변경자는 에너지장벽을 낮출 수 있으며, 극단적일 경우 터널효과를 얻을 수도 있다. 별로 노력하는 것 없이 대상을 변형할 수 있다는 것이다. 과거 비누(계면활성제) 없이 빨래를 할 때는 많은 노력을 했으나, 비누라는 상태변경자에 의해 많은 노력을 줄일 수 있게 되었다. 그만큼 삶의 여유가 생긴 것이다. 여기에 추가하여 세탁기를 사용하면 빨래의 노력은 극단적으로 낮출 수 있다. 마치 터널효과와 같이 말이다.

그러나 상태변경자는 우리에게 불평등을 만들기도 한다. 공정한 경쟁을 방해하며, 자유·평등·평화와 같은 사회적 가치를 훼손한다. 사회적으로 권력을 가진 자의 자손은 부모가 상태변경자로서 작용한다. 또 사행행위도 그 빈도는 낮지만 상태변경자다. 복권에 당첨되면 투자금보다 지나치게 많은 이익을 얻어 삶이 달라질 수 있다.

하지만 우리가 유토피아를 이루기 위해서는 후자보다 전자의 경우에 주목해야 한다. 높은 생산성과 사회적 가치(정의)의 실현이 무엇보다 중요하기 때문이다.

상호작용은 기본적으로 '대상-작용자 체계'를 형성한다. 즉, 통일체계의 모든 요소들은 상호작용의 구조상 통일을 이룬다. 자연이 '입자-매개자 체계'라면 생명체는 '생물-수단 체계'이고, 이 가운데 인간은 '주체-수단 체계'이며 생산물은 '인간-생산물 체계'이다.

가령 자연은 강한 상호작용, 약한 상호작용, 전자기 상호작용, 중력 상호작용을 한다. 구체적으로 쿼크-쿼크의 상호작용 체계인 핵자에서 쿼크가 본체 내지 상호작용의 대상이라면 글루온이 매개자다. 또 전자기상호작용을 하는 원자에서 핵과 전자가 본체라면 광자는 매개자다. 중력상호작용을 하는 태양계에서 8개의 행성과 태양이 본체라면 중력자가 매개자가 된다. 즉 자연은 '입자-매개자 체계'이다.

통일체계의 '대상-작용자 체계'를 모든 생물에게 확대하여 보면, 보편적으로 '생물-1차 수단 체계'를 형성한다. 모든 생명체는 그 자신의 생체가 1차적인 도구이다. 즉, 모든 생물은 자신이 상호작용하는 대상으로서 본체이며 매개자다.

이에 비해 일부 지능적인 생물들에겐 생체 이외의 독립적인 도구를 가지고 대상에 작용함으로써 생체의 능력 한계를 극복한다. 가령 거미와 거미줄, 개미귀신과 함정, 개미와 개미집, 새와 새집, 들쥐와 들쥐집, 들짐승과 땅굴 등이 이에 속한다. 이때 생체 이외의 것들을 '2차 도구'라고 한다. 인간과 일부 생물들은 생체(1차 도구 체계)는 물론, 생체 이외의 2차 도구 체계를 형성함으로써 1차적인 생체의 능력을 뛰어넘게 된다.

　구체적으로 '대상-작용자 체계'에서 주체는 '주체-수단 체계'로 드러난다. 일차적으로 인간은 수족이나 이목구비 등이 일차 수단으로 드러난다. 이때 기능상 머리(뇌)는 본체(대상)에 해당한다. 이를 좀 더 확대하여 보면, 생체 전체를 본체라고 할 때 생체와 독립적인 기계나 기구 및 장치가 수단이 된다. 이때 생체를 일차 수단이라 하면 기계와 같은 독립적인 수단은 이차적 수단이다. 수단은 도구와 방법으로서 불가분의 관계이다. 도구는 방법 없이는 대상에 작용을 가할 수 없으며, 방법은 도구 없이는 대상에 작용을 가할 수 없다. 방법은 도구를 사용하는 주체의 실천적 절차이므로 주체를 떠나서는 존재할 수 없다.

　수단이란 어떤 목적을 이루기 위한 방법과 도구로서 인간이 이루어 낸 모든 생산물이 수단에 포함된다. 즉 '생산물=수단'이다. 인간과 사회를 포함하는 인격적 생산물은 물론 물질적 생산물, 관념적 생산물, 행위적 생산물에 이르기까지 망라한다. 인간에게 있어 생체 그 자체는 1차적인 수단이지만, 인간의 신체와 독립적인 것은 2차적인 수단이다. 주로 인간의 인식은 2차적인 수단에 초점이 맞추어진다. 물리적으로 분리되지 않은 수단에 대해서 인식이 어렵기 때문이다.

　그렇다면 행위적 생산물의 경우, 직접 수단이 될 수 있을까? 행위적 생산물(행위물)은 어떤 목적을 가지고 인간의 생체로 어떤 몸동작의 절차나 공정의 집합으로 이루어 낸 것이다. 이에는 춤(무용), 각종 스포츠와 산업 기술적 행위, 체조, 게임, 심부름, 수화, 얼굴표정(감정표시 등), 공간 이동 등이 포함되어 있다. 당연히 수단이 된다. 산업이나 스포츠, 예술 등 문화적 영역을 지배하고 있는 것이다.

인간의 신체기관은 1차적 도구이다. 이 도구를 매개로 행위(방법, 절차)를 함으로써 수단이 된다. 수화는 상대방과의 대화에 필요한 언어다. 일차적 수단을 통해서 행위적 생산물은 이루어지고 있다.

이로써 자연과 모든 생물 그리고 그중 주체도 모두 '대상-작용자 체계'로서 상호작용하고 있음을 알 수 있다. 이 체계에서 직접 대상에 작용을 하는 것은 작용자이다. 물질이 매개입자를 통해 대상과 상호작용을 한다면, 모든 생물과 주체는 수단을 매개자로서 대상과 상호작용을 한다. 이렇게 보면 자연과 주체를 포함한 모든 생물의 상호작용 메커니즘은 '대상-작용자 체계'로 통일된다. 생산물 또한 이와 같다.

여기서 분명히 하고 싶은 것은 20세기 중반에 나타난 개념으로서 '인간-기계 체계'3)가 있는데, 인간의 노동기관(일차적 도구)과 기술적 노동도구(이차적 도구)의 기능적 결합체이다. 사이버네틱스(인공두뇌학), 공학, 노동이론, 심리학 등에서 얻어진 인식이다.

이때 인간은 주체로서 기계의 조작자(제어자) 역할을 담당한다. 조작자는 외부의 정보를 받아들여 판단하고, 이를 외부로 출력하는 것이다. 즉, 긴밀하게 결합된 인간과 노동도구의 결합체계에서 인간은 중추적 역할을 담당하고 인간의 노동기관에 효율적인 노동도구를 결합하여 대상에 작용을 가하는 것이다.

이러한 제약적 개념은 나와는 별개로 존재했으며, 내 이야기에서는 다른 관점의 매우 넓은 보편적 개념 '대상-작용자 체계' 속의 특수한 경우로 규정된다. 그러니까 자연의 '입자-매개자 체계', 생산물의 '인간-생산물 체계, '주체-수단 체계'의 특수한 경우이다. 특히 '주체-수단 체계'에서 주체에는 개인-가족-단체-국가-세계가 있고, 수단에는 기계는 물론이거니와 기구나 장치, 축조물, 도시 등의 모든 도구와 방법을 포함하기 때문이다. 이러한 체계는 통일체계 요소들인 자연(물질·생명체)은 물론, 주체와 생산물의 보편적 구조이며 상호작용의 기구이다.

(1) 일차적 도구(본유적 도구)

일차적으로 인간의 생체는 분명 도구이다. 팔과 다리는 물론 표정이나 몸짓, 눈짓 등을 만들어 내는 각종 근육, 발음기관인 입, 단단한 두개골 등은 생체 자체로서 자연이나 주체 및 생산물에 작용을 가할 수 있다.

인간의 생체가 1차적 도구라면 도구로 쓰이는 생체는 과연 인간의 목적과 결부하여 이루어진 생산물인가? 이 문제는 진화론과 결부된다. 생명체의 일차적 도구들이 전적으로 우연히 돌연변이가 생기고 이것이 환경에 맞는 변이일 경우, 그 개체가 살아남고 그 후손으로 이어진다고 하는 이론에 부분적으로 동의하지 않는다. 이것은 DNA 또는 정신작용을 일으키는 부분인 중추신경계가 오랜 세월 동안 그 환경에 적응하기 위하여 욕구하고 의도하고 의지했던 결과라고 본다. 오랜 세대를 거듭한 의식(또는 잠재의식)의 결과이다.

최초로 세포가 생길 때 핵과 막 및 미토콘드리아가 결합하는 것이 자기 자신에게 운동성이 없는 연유로 자연력에 의해 우연히 만났는지는 모르겠으나, 이들은 상대를 소화하지 않고 서로 연대를 형성함으로써 생존에 유리해진 것은 사실이다. 즉, 적어도 의도한 면이 있다는 것이다.

단세포 속의 핵과 세포막과 미토콘드리아가 서로 협력하여 편모나 섬모, 위족 등을 만들고 이용하여 운동성을 확보하거나, 자기와 같은 세포를 다수 형성하여 집단체제(다세포생물)를 형성하고 기능조직을 분화·형성하여 근육운동을 통해 이동(가령 민달팽이, 지렁이 등)하거나 물을 뿜는 작용-반작용 구조(해파리나 오징어 등)를 형성하고, 또 꼬리를 형성하여 운동성을 확보하는 것이 자연을 자기화하여 살아야 하는 절실한 개체에게 우연히 그렇게 되었다고 하기에는 생명체는 극단적으로 수동적인 것이다.

물고기에서 뭍으로 영역을 확장하려는 경우에 지느러미가 다리를 대체하는 용도로 사용되고 있는 것, 인간이 앞다리를 손으로 변형 독립시킨 것, 꼬리를 퇴화시킨 것도 그저 우연히 그렇게 되었다고 하는 것은 열악한 생존환경에서 살아남으려는 개체의 적극적인 주체성과 의지를 무시하는 것이고, 의지를 갖지 않는 무기물로 취급하려는 내면이 너무 강하다.

양서류에서 파충류로 이어지고 포유류에서 영장류로 이어지는 과정, 앞발이 완전히 독립하는 인간으로 이어지는 과정이 수많은 돌연변이 중에서 적자로서 살아남은 하나라는 논리는 수많은 경우 중에 하나를 택하게 된 우연성을 너무 극적으로 고양시키는 것이며, 생명체에서 자신의 생체에 대한 의지를 제거하는 이론이다. 따라서 반드시 의지의 소산이라는 점도 강조되어야 한다.

진화는 만족(행복)의 방향을 가리키고 있다. 생체의 구조·형태·기능 등은 자연을 자기화하는 데 적합하게 의도된다. 수중생활에서는 물속에 맞게, 육상생활에서는 뭍에 맞게, 우주 공간에서는 거기에 맞게 변할 것이다. 인간은 느린 생체 진화를 참지 못하고 장치인간으로 나아가고 있다. 의학적인 경우를 넘어, 또 '주체-수단 체계'를 넘어, 이제는 생체진화의 관점에서 변모를 꾀하고 있다.

생명체는 생존하기 위해 자연을 자기화해야 하는 처절한 상황과 조건에 던져진 존재로서 자연을 자기화하려는 강력한 의지와 실천 속에서 진화가 가능하다. 즉, 진화는 전적으로 돌연히 변종이 생기고 많은 변종 중에 적합한 개체가 우연히 대를 이어 오는 우연의 과정이 아니라 생존하려는 욕구와 의지와 실행하려는 의식적인 가운데 자신의 몸이 변화되는 적극적인 것으로, 개별적 · 역사적 · 사회적 과정이라 본다.

가령 야생아의 경우를 예로 들어 보자. 늑대에게 키워지면서 인간의 팔은 거의 앞다리 역할로 퇴보했다. 지능은 향상되지 않았으며, 이차적 수단의 사용도 거의 없다. 늑대로서의 사고를 가지며, 인간이기보다 늑대의 변종에 가깝다. 이러한 이유로 생명체의 생체는 긴 역사 속에서 집단적인 자신의 의지로 만들어 온 자신이 생산한 수단이다. 또한 인간이 사회를 만들고 사회가 인간을 만든다는 사실을 확인하는 것이기도 하다. 사회는 단순한 인간의 집합이 아니라 기능을 분담하는 조직을 갖춘 인격 체계이다.

도구의 사용은 언제나 숙련에 이르는 공부를 필요로 한다. 공부는 탐구 활동을 포함하는 정신적 · 육체적 훈련이다. 아이가 태어나서 성장하는 과정이 바로 공부인 것이다.

수족이 있다고 해서 바로 능숙하게 사용할 수 있는 것은 아니다. 기어 다니면서 사지에 힘을 기르고 다시 일어서서 넘어지기를 반복

통일체계

하는 가운데, 중심을 잡고 두 발로 능숙하게 서서 공간이동이 이루어지고, 사지를 이용하여 손동작과 발동작을 숙련시키면서 자연을 자기화할 수 있게 되는 것이다. 망치로 못을 박는 것조차도 공부 없이 이루어지지 않는다. 못을 올바로 잡고 망치를 휘두름에 있어 정확한 가늠과 힘의 조절 등을 숙련하지 않으면 다치게 된다.

(2) 이차적 도구(후생적 도구)

이차적 도구는 일차적 도구와는 다르게 생체로부터 물리적·독립적으로 존재하는 것이다. 물질적인 도구나 관념적인 도구, 인간과 사회 등은 모두 나로부터 독립적으로 존재하고 있다. 이것들은 생체와 별개로 이동시킬 수 있다. 이때 이동은 물리적인 이동뿐만 아니라 관념적인 이동도 포함한다. 관념적 이동을 초능력으로 물리적 공간에서 이동시키는 것으로 이해한다면, 그것은 잘못된 이해이다. 이것은 인간 사회에서 물건을 이전하고 소유하는 법률문제와 결부되어 있다.

생체와 별개로 분리되어 있다면, 생체와 결합도 할 수 있지만 분리도 가능하다. 이때 어떤 것은 물리적 공간에서 물리적 이동이 극히 곤란하여 동일한 좌표에 존재하기도 하지만, 공간 이동이 가능한 것도 있다. 이런 경우 동산과 부동산으로 구별하는 분과가 있다. 이렇게 이해하면, 부동산은 관념적인 이동(소유권의 이전)이고 동산은 실제적 이동이다. 인간은 이 모두를 인식한다. 물론 동산도 점유개정과 같이 관념적 이동이 인정된다.

이차적 수단에는 수많은 종류가 있다. 법률(민법)에서는 동산과 부동산 및 관리할 수 있는 자연력으로 '물건'이라는 개념으로 규정하기도 한다. 하지만 이것은 극히 제한적이다. 통일체계 속에서는 모든 생산물이 주체에겐 수단이 된다. 물질적인 것으로서 물리적인 것, 화학적인 것, 생물적인 것을 비롯하여 관념적인 것으로는 수, 언어 자체, 개념, 명제, 이론이 있다. 또 인격적인 것으로는 계층적 인격과 행위적인 것까지 포함한다.

(3) 생산물의 독자성

생산물이 자신의 생산된 목적을 달성하기 위해서 '인간-생산물 체계'를 형성하는 것을 말한다. 이럴 때 생산물은 자연이나 주체와 같이 독자적으로 운동(상호작용)할 수 있게 된다. 이때 인간은 주체로서의 성격을 포함하는 생산물로서의 인간이다. 인간은 때로는 자연으로서, 때로는 주체로서, 때로는 생산물로서, 때로는 수단으로서 부단히 변화하면서 동시에 존재한다.

인간이 생산물이라는 사실은 교육을 통해 이루어진다. 목수, 요리사, 용접사, 변호사, 공인중개사, 심지어 남자와 여자도 사회적으로 규정되는 역할에 따라 활동하는 것도, 그 사회의 교육을 통해 이루어진 결과물이다. 자연으로서 인간이 특정의 기술자(나는 모든 사람은 물론 모든 생물체를 기술자로 본다)로 생산되는 것이다.

'인간-생산물 체계'는 '주체-수단 체계'와는 다르다. 우선 관점이 다르다. '인간-생산물 체계'는 대상이며 2인칭이나 3인칭이고, '주체-수단 체계'는 1인칭이다.

'인간-생산물 체계'는 '주체-수단 체계'와는 그 구성이 다르다. '인간-생산물 체계'에서는 인간과 생산물이 모두 대상이거나 생산물로서 인간과 생산물이 대등하거나 오히려 인간이 보조적이고 생산물이 본체(대상)이지만, '주체-수단 체계'에서는 언제나 주체가 본체이고 생산물이 수단으로 보조적이다.

인간은 주체이며 자연이고 생산물이며 수단이다. 주체라고 하는 경우는 인간이 주체성과 자유를 가지고 대상을 해석하고 목표를 설정하고 계획을 세워 적용하는 경우이지만, 생산물일 경우나 수단일 경우 주체성과 자유에 제약을 받으며 부여된 행위를 한다. 가령 생산과정에서 교육은 피교육자(생산물)의 주체성과 자유를 보장하지 않는다. 교육자(생산자)에게 복종함으로써 교육과정을 이수해야 하는 것이다. 또 수단일 경우, 주체의 필요와 욕구에 부응해야 한다.

그리고 인간이 자연이라고 하는 것은 굳이 설명할 필요가 있나 싶다. 인간은 자연의 발전 산물이요, 자연으로부터 파생되었음은 주지의 사실이기 때문이다. 또 인간의 사회가 다른 생명체와는 달리 고도화되다 보니, 인간과 사회(인격체계)도 스스로 수단이 된다. 전쟁에서 군인 집단, 생산에서 생산 집단, 사적자치의 보충과 확충을 하는 대리인이나 사자 등이 그것이다. 그렇다고 인권이 없는 인간을 말하는 것은 아니다. 단지 운동형태를 말할 뿐이다.

'인간-생산물 체계'에서 인간은 생산물과 혼연일체로서 자극의 수용과 판단 그리고 처리를 하는 중앙처리 부분이자, 동력발생 부분과 동력전달부분, 작업부분으로 일체화되어 작용한다. 그 예로 '목수-망치 체계'나 '운전사-자동차 체계' 등을 볼 수 있다.

'인간-생산물 체계'에서 필연적으로 인간이 포함되어야 하는 이유는 궁극적으로 생산물이 인간의 필요와 욕구를 충족시키기 위한 것이기 때문이다. 그렇기 때문에 인간을 떠나서 생산물은 더 이상 생산물이 아니다. 즉, 생산물은 인간을 떠나서는 의미가 없다는 뜻이다. 직접 또는 간접으로 '인간-생산물 체계'를 떠난 생산물은 존재할 수 없으며, 즉시 자연으로의 환원이 이루어진다. 가령 가방이 가방이기 위해서는 인간과 결합되어 그 역할을 수행할 때 가방인 것이다. 인간과 물리적으로 또 관념적으로 완전히 분리된 상태라면, 더 이상 실질적인 가방이 아니다. 자연으로 환원되는 폐기물일 뿐이다. 아직 인공성이 남아 있다고 주장한다는 것은 이해가 부족함을 의미한다.

'인간-생산물 체계'에서 인간은 개별 인간만을 의미하는 것이 아니다. 주체의 계층체계에서 보았듯이 인간은 계층적 인격을 형성하고 있다. 개인은 물론이거니와 가족, 다양한 단체, 국가, 국제연합이다.

'인간-생산물 체계'에서 생산물도 계층적 체계를 형성한다. 단체로서의 인간과 생산물의 체계가 형성되는 것은 물론이고, 국가나 국제연합이라는 인간과 생산물도 필연적으로 체계를 형성한다. 가령 인간과 의상의 체계에서 개인과 개인의 의상이 체계를 형성하는 것이 보통일 것이다. 그러나 단체로서의 인간과 유니폼은 반드시 단체로서의 인간과의 체계에서만 드러난다. 국가로서의 인간과 헌법, 도시 전체, 문화 등의 결합체계는 국가와의 체계에서만 드러난다. 즉 '인간-생산물 체계'는 인간과 생산물이 각각 계층적으로 존재하며 계층적 관계 속에서 체계를 형성한다는 것이다.

이렇게 하여 통일체계 전체는 상호작용 메커니즘인 '대상-작용자 체계'로 통일을 이룬다.

〈3〉 분류

통일체계 속의 상호작용은 다음과 같이 분류될 수 있다. 왜냐하면 의식을 가지고 어떤 의도를 가진 존재인 주체와 그렇지 않은 생산물과 자연이 구성요소를 이루고 있기 때문이다. 즉, 의도를 가지고 대상에게 작용을 하느냐 하지 않느냐로 구분이 가능하다.

의식의 주체는 인간이다. 인간은 자연이면서 주체이며 동시에 생산물이다. 또한 생산물은 자연이면서 생산물이다. 즉, 기능적으로는 인간의 필요와 욕구를 충족시키는 이익으로서 생산물이지만, 그 근본적인 소재로서는 자연이다.

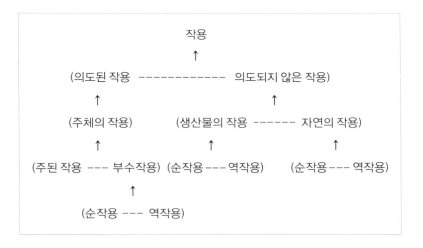

의도된 작용(사랑)은 주체의 작용뿐이다. 의도된 작용 속에도 의도되지 않은 작용이 포함되어 있다. 그래서 이를 다시 분류하면, 의도된 작용을 주된 작용으로, 의도되지는 않았지만 의도된 작용과 함께 이루어지는 부수작용으로 나눌 수 있다.

주체의 작용에는 의도되지 않은 작용으로서 의도된 작용에 부수적으로 일어나는 부수작용 또는 부작용(副作用)이 포함되어 있다. 부수작용은 다시 인간에게 바람직한 방향으로 일어나는 작용과 그렇지 않은 작용으로 분류된다. 전자를 순작용이라 한다면, 후자는 역작용이다. 또 생산물과 자연의 의도되지 않은 작용은 부수작용과 같이 순작용과 역작용으로 드러난다.

작용은 반드시 부수작용을 동반하며, 또다시 순작용과 역작용으로 구분할 수 있다. 가령 약물복용은 질병을 호전시키는 역할을 하지만, 그에 따른 부수적 작용을 한다. 부수적 작용은 인간에게 바람직한 방향의 순작용보다는 바람직하지 못한 작용인 역작용이 일반적이다. 그래서 약물은 바람직하지 못한 악영향을 함께 끼치고 있다. 전문가의 역할이 필요한 이유다.

특히 언급되어야 할 것은 생산물의 작용이다. 생산물은 '인간-생산물 체계'를 형성함으로써 의식을 가진 인간에 의해 이루어진다. 하지만 분명히 구분해야 할 것은 이때 인간은 생산물의 운동성 등을 확보해 주는 생산물의 일부인 생산물로서의 인간이고, 주체로서의 자격이 아니라는 점이다. 즉, 관점의 변경으로 대상으로서의 인간이다. 물론 주체성과 자유를 부정하는 괴이한 주장을 하는 것은 아니다. 철학적으로 일반적으로 인간이 주체이면서 대상임을 염두에 둘 일이다.

[2] 상호작용의 종류

'대상-작용자 체계'의 상호작용은 통일체계에서 다음과 같이 도식화할 수 있다.

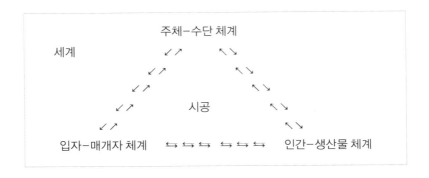

　나는 이에 대해 상호작용이 아닌 작용의 관점으로 말하려고 한다. 각 요소들의 작용은 한 대상이 다른 대상에 대하여 힘을 가해서 변화를 일으키는 것을 말한다. 이러한 작용의 관점으로 각 요소들을 종합하면, 한 요소의 작용이 있고 다른 요소의 작용이 있을 때 이것은 상호작용으로 나타나기 때문이다. 가령 주체의 자연에 대한 작용과 자연의 주체에 대한 작용을 합하면 상호작용이 되는 것이다.

　통일체계 속에서 이루어지는 상호작용을 작용의 관점에서 정리하면 다음과 같다. 세계 전체를 보면 모든 현상은 자연현상이지만, 세계 전체를 인간의 관점에서 통일된 체계로 본다면 모든 것이 통일된 상태인 자연과 주체 및 생산물의 상호작용 체계다. 통일체계는 단순히 인간의 주관적인 관점이 아니다. 세계관이며 객관적인 실재다.

　자연의 작용은 소립자나 원자, 분자 및 암흑물질이나 진공에너지, 각 종의 생물 등이 광범위하게 이루어지는 매개자에 의해 자연현상을 일으키며, 주체는 자신의 생체나 자신이 생산해 낸 수단을 매개자로 하여 피작용자에 의지적 활동을 수행한다. 생산물은 '인간—생산물 체계'로서 독자적인 운동을 하며, '인간—생산물 체계'의 인간이 목적과 실현방법의 기억과 동력원의 역할을 수행하면서 피작용자에게 작용을 하는 객관적 현상이다.

상호작용은 체계가 체계를 형성하면서 이루어진다. 이때 체계는 요소들의 결합 형태이다. 결합이란 상호작용하는 요소가 일정한 위치, 궤도, 범위 내에서 비교적 안정된 상태로 운동하는 것(동적안정상태)을 말한다. 인공위성, 궤도전자, 부부(가족), 단체, 국가 등의 결합 형태들이 물리적·사회적으로 운동 또는 활동하는 것이다.

작용자/(매개자)/작용성격	피작용자	작용형태
자연 (매개입자, 생물) 자연현상	자연	자연작용
	주체	환원작용, 생존조건 제공, 생산소재 제공
	생산물	환원작용, 존립조건 제공
주체 (수단) 사회활동	자연	생산 활동, 인식 활동
	주체	결연 활동
	생산물	재생산 활동, 재인식 활동, 소비(문화) 활동
생산물 (인간) 산물(産物)현상	자연	목적작용, 훼손작용
	주체	이바지작용, 위해(危害)작용
	생산물	문화현상

자연의 작용은 자기작용으로서 자연현상이다. 전체로서의 자연현상은 통일체계를 흡입하지만, 통일체계 속에서 말하는 좁은 의미로서의 자연현상은 주체와 생산물이 일으키는 현상을 제외한 것이다. 자연현상은 통일체계의 근간을 이룬다. 또 주체에 대한 작용은 통

일체계가 성립하는 작용이다. 주체성과 자유를 가진 주체에게 생존 조건을 제공하는가 하면, 주체가 자신의 능력과 자아실현을 수행할 수 있도록 하는 생산소재와 환경조건을 제공하기도 한다. 또한 주체의 자연 발생물이자 생산물인 생체와 그 정신을 자연의 현상 속으로 환원시킨다.

주체의 작용은 자기작용으로서 사회 활동이다. 주체의 수단은 생체와 생산물이다. 주체성과 자유를 가지고, 의지적 생존 활동으로서 자연에 대해서 생산 활동과 인식 활동 및 자연의 환원작용에 대항하여 방어작용을 한다. 그리고 자신이 이미 생산한 생산물을 소비(문화 활동)하면서 이를 향상시키고, 자신이 생각하는 유토피아를 실현하기 위해 재생산 활동과 재인식 활동을 한다. 이러한 주체의 활동 총체를 사회활동이라 한다.

생산물은 주체를 떠나 독자적으로 운동하고, 자연이나 주체와는 다른 객관적인 현상을 일으킨다. 인간과 결합된 다른 형태의 생산물은 세계에서 독자적인 길로 접어들면서 포괄적으로 산물(産物) 현상을 일으킨다. 인간(계층적 인격)이 자연을 변화시켜 이루어 낸 물질적이고 정신적인 산물의 총체로서의 생산물은 그 자체로도 주체의 의지를 떠나 자기법칙에 따라 운동하고 있다.

생산물은 자연에 대해서는 자신이 만들어진 생산 목적에 따라 작용을 수행하고 있으며, 부수적인 작용이지만 자연이 복구능력을 상실하도록 높은 작용을 가하여 훼손을 하고 있다. 특히 자연의 환원작용에 맞서 자신의 기능과 능력을 향상하는 방어기능을 얻기 시작했다. 그리고 주체에게는 자신이 생산된 목적에 따른 수행을 위해 이바지작용을 하며, 더 나아가 주체를 훼손시키는 안전사고를 발생시키기도 한다.

또한 주체를 정신적·육체적으로 개조하기도 하는데, 주종의 관계가 아니라 대등한 관계를 넘어 역전되고 있다. 가령 사회형태가 그 사회 속의 인간을 규제하고 재생산해 내는 것은 물론, 전기나 컴퓨터 없이는 사회가 작동하지 못하고 혼란에 빠지거나 그 기능이 마비되면, 그 구성원의 삶이 혼란에 빠지거나 마비되는 등 인간이 만든 생산물에 지배되고 있다.

〈1〉자연의 작용

자연의 작용은 자연의 자기작용, 자연의 주체에 대한 작용, 자연의 생산물에 대한 작용을 포함한다. 자연의 자연에 대한 작용으로서 자연현상, 자연의 주체에 대한 작용으로서 생존조건의 제공, 생산소재의 제공, 환원작용이다. 또 자연의 생산물에 대한 작용으로서 환원작용과 존립조건의 제공이다.

자연은 주체와 생산물의 근원이며, 주체가 생존을 위해 끊임없이 변형을 해야만 하는 객관적 실재다. 이러한 자연의 작용은 객관적 작용으로, 주체의 관점에서 보면 순작용과 역작용이 있으며, 주체와 생산물은 물론 자기 자신인 자연에 대해 작용을 한다.

```
                        자연의 작용
                           ↑
   (주체에 대한 작용  ---  생산물에 대한 작용  ----  자기작용)
         ↑                   ↑                    ↑
   (순작용 ---- 역작용)  (순작용 ---- 역작용)   (순작용 ---- 역작용)
```

295

자연현상은 자발적 운동성에 따라 계층적으로 존재하는 물질들 간에 자연법칙에 의해 이루어지는 상호작용이다. 자연의 물질은 무기물에서 생명체에 이르는 계층적으로 존재한다. 그렇기 때문에 물리적 현상과 화학적 현상 및 생물학적 현상을 망라한다.

자연의 주체에 대한 작용으로서 환원작용과 생존조건의 제공, 생산소재의 제공은 여전히 자연현상이다. 환원작용은 주체의 정신적·육체적 조건을 주체 이전의 상태로 되돌리는 현상이다. 육체의 환원은 물론, 그에 따르는 기억과 같은 정신의 환원이다. 반대로 자연은 주체가 자연에서 생존할 수 있는 물리·화학·생물적 환경을 제공한다. 생체를 유지하고 보존하려는 물질의 제공, 지표의 제공 등은 물론, 주체가 요구하는 생산물을 창출하는 기본적인 물질적·관념적 소재를 제공한다.

자연의 생산물에 대한 작용은 환원작용과 존립조건의 제공이다. 생산물도 한편으로는 자연이다. 자연현상으로서의 작용이 생산물을 무화(無化)시키는 현상이다. 이러한 현상이 없다면, 지구는 이미 인간이 살 수 없는 곳이 되었을 것이다.

반대로 자연은 주체에게 작용하는 것과 같이 생산물의 존립조건을 제공한다. 자연법칙에 따른 작용과 그 물리적·관념적 생산물의 기반이다. 지표의 기반이나 소재의 존재가 있어야 가능한 것이다. 특히 생산물 중 생물의 양육에는 매우 큰 영향을 준다. 경작하는 작물, 양식하는 어패류, 축산에는 인간의 작용으로서는 한계가 뚜렷하다.

(1) 자연의 자기작용

자연의 자기작용은 자기의 운동성에 의해 자기의 법칙(자연의 객관적 법칙)에 따라 운동한다. 자연은 자기운동성(영점에너지)에 의해 변화하는 객관적 실재로서 상호작용의 체계의 체계다. 이 변화는 변화의 전후가 보존되는 보존법칙을 바탕으로, 엔트로피증대의 방향으로 그 결과는 확률의 법칙에 따라 일어난다.

① 자연의 운동성

자연의 작용은 자연의 자발적 운동성(영점에너지)에 의하여 스스로 객관적 법칙에 따라 이루어진다. 이러한 자연의 작용은 통일체계 속에서 주체와 생산물 그리고 자기 자신에게 영향을 끼친다. 자연의 작용은 인간의 목적 내지는 의식과는 아무런 관련이 없이 일어나므로 주된 작용과 부수작용으로 구별되지 않으며, 단지 그때그때 처한 상황과 조건에 따라 인간에게 바람직한가 또는 아닌가로 구별된다.

가장 극적인 자연의 자기작용은 무(無)로부터 우주의 탄생이다. 이후 물질의 진화는 자연적인 92종의 원소(현재는 인공원소를 포함하여 118종이 있다)를 만드는 과정으로 나타나며, 다시 극적인 자연의 자기작용은 무기물로 유기체를 만들어 내는 것이다. 지구상에서 약 38억년의 진화과정은 인간을 탄생시킨다.

그리고 다시 인간은 자신의 능력을 극대화시키기 위해 생산물(수단)을 만든다. 독자적인 생산물은 최근 약 50년간 비약적으로 발전하여 인간능력에 다가선다. 물론 부분적으로는 더 뛰어나다. 생산물은 독자적으로 운동하며 자연과 인간에게 작용을 가한다.

② 상호작용

자연의 자기작용의 형태는 물질의 기계적 상호작용이다. 상호작용에는 고착적 상호작용과 파괴적 상호작용이 있지만, 이 모두는 일시적인 현상이다. 고착적인 것은 일시적 안정성을 가지고, 파괴적인 것은 곧바로 안정을 찾아 나아간다.

만약 자연이 상호작용을 하지 않는다면, 세상은 오직 카오스일 뿐이다. 어디에서도 일시적으로나마 안정성을 찾을 수 없고 어디에서도 구조를 생성할 수 없다. 특히 천이의 과정에 에너지장벽이 없다면, 이 구조의 생성은 고착적인 상호작용의 결과이며 삼라만상을 출현시킨다. 사물의 구조는 성질의 근원이다. 성질은 사물의 구조에서 나오기 때문이다. 또 성질은 구조의 원인이다. 최하위의 요소가 어떠한 성질도 없다면 구조의 발생은 불가능하다.

자연이 스스로 존립할 때만이 모든 현상과 형태가 존재한다. 자연의 자기작용은 모든 현상과 형태의 존립을 규정짓는다. 그러니까 자연의 자기작용은 모든 현상과 형태가 존립하는 토대가 된다.

자연의 자기작용에는 그 밑바탕을 형성하는 기본원리가 있다. 부족의 법칙, 엔트로피 증대의 법칙, 보존의 법칙, 확률의 법칙이다. 자연의 현상은 전체 엔트로피가 증대하는 방향으로 일어나며, 이 과정 속에서 그 변화의 전후가 보존되는데, 이는 오늘과 같이 미래에도 항상 같다는 것이다. 그래서 미래를 확률적으로나마 예측할 수 있다. 세계는 결과적으로 확률의 법칙으로 지배되고 있기 때문이다.

자연은 변화성과 불변성을 동시에 가지고 있다. 자연은 물질로서 자발적으로 항상 운동한다. 이 운동은 혼돈의 운동이 아니라 질서를 창출하는 상호작용이다. 매개자를 통하여 상호작용을 함으로써 다양한 사물과 현상을 연출한다. 이때 한 형태의 발생은 내적·외적 변화를 거쳐 소멸함과 동시에 새로운 발생으로 이어진다. 이때 앞선 형태의 소멸은 새로운 형태의 발생으로, 시작과 끝은 같다. 양적 변화의 질적 변화로서 '발생-변경-소멸'의 과정은 끊임없이 이어지며, 엔트로피가 증대하는 방향으로 나아간다.

이러한 자연의 변화성 뒤에는 불변성이 존재한다. 그것은 법칙성이다. 법칙성은 하나 이상의 대칭성을 가지고 있으며, 시간불변성을 가지고 있다. 무한히 다양한 사물과 현상 속에 내재되어 있는 이 불변성은 미래를 예측하는 능력을 가지고 있다. 이것은 어떤 원인이 어떤 결과를 나타낸다는 법칙에 대한 인식이기도 하다.

③ 순작용

자연의 자기작용이 인간에게 적합한 작용을 한다는 것은 인간의 생존에 중요한 도움을 준다는 의미다. 과거는 이미 취소될 수 없는 것으로, 우주의 탄생, 원소의 진화, 항성계와 은하계의 탄생, 무진장한 화합물의 생성, 생명체의 탄생과 인간으로의 진화이다.

이것은 물질의 상호작용 결과로서 우주 내에서 구조가 생기고 발전하며, 변화하는 것 뒤에 존재하는 불변성이 있다는 것이다. 수소가 생기고 이들이 융합해서 더 무거운 원소로 발전하여 자연에 존재하는 92종의 원소가 서로 작용을 하여 다양한 화합물을 형성한다. 물질은 하위체계부터 특징적인 구조를 지니며, 하위체계가 상위체계의 구조형성의 근간으로서 행성계를 만들고 은하계를 만들며 국부은하단과 은하단, 초은하단을 만드는 등 우주 내에서 어떤 계층적 구조를 발전시킨다. 우주는 거품구조체다.

나아가 이들은 무작위로 운동하는 것이 아니라 원소의 구조에 따라 결합을 하고 매개자에 따라 계층적 상호작용을 하며, 다양한 변화 뒤에 존재하는 예외 없는 불변적인 자연법칙을 가지고 있다.

우주적인 관점에서 빅뱅, 우주의 다중 발생, 원소의 진화, 각종 화합물의 생성, 항성계와 은하계 등의 형성, 생명의 탄생과 진화, 보존법칙 등은 순작용에 해당한다고 볼 수 있다. 특히 지구생태계를 형성하고 태양에너지로 유기물을 합성하며 인간의 생존을 가능케 하는 것은 매우 유익한 작용이다.

④ 역작용

자연의 자기작용이 인간에게 부적합한 작용을 한다는 것은 인간의 생존에 위협을 가한다는 것이다. 우주적인 것으로 대통일이론(GUT)에 따르면, 양성자는 10^{30}년의 평균 수명으로 붕괴한다[4]는 예측이다. 이것의 사실 여부에 대해서는 세계 곳곳의 지하에서 실험 중에 있다.

10^{30}개의 액체수소를 지하 탱크 속에 가두어 두고 확률적으로 일년에 한 개 정도는 붕괴한다면, 이를 사실로 인정할 수 있을 것이다. 이것은 우주의 사망을 말하는 것이다. 원자를 구성하는 양성자의 붕괴는 물질의 붕괴로 물질세계는 사라질 수 있음을 예견하는 것이 된다. 세계와 세계 속의 모든 변화는 시작이 있으면 끝이 있는 법이다. 우주도 창생이 있었으므로 종말을 예견한다는 것은 매우 자연스런 것이다. 우스갯소리로 일생일사는 불변의 법칙이다.

일리야 프리고진의 무산구조(산일구조)[5]가 생명의 탄생을 가져오는 희망의 메시지라면, 엔트로피 증대의 법칙은 모든 것의 소멸을 가져오는 절망의 메시지일 것이다. 그러나 물질 자체는 사라지지 않는다. 물질의 궁극적인 요소가 무엇인지는 몰라도, 다시 무의 세계는 들뜰 것이고 언젠가는 새로운 우주가 다시 태어날 것이다.

나는 상상한다. 우주의 탄생과 소멸의 과정은 인간의 탄생과 소멸의 과정과 유사하다. 극미(極微)의 우주가 탄생한다―수정란이 착상한다. 인플레이션이 일어난다, 이때 우리 우주와 대동소이한(세포의 크기는 비슷할 것임으로) 우주의 다중발생이 일어난다. 수정란이 분열한다, 수정란이 기하급수적으로 분열한다. 대우주가 어떤 형태를 취한다―태아가 인간의 형태를 갖춰 간다. 우주 속에 어떤 조직이 생성된다―태아의 기관이 형성된다. 대우주가 팽창한다―태아가 성장한다. 그렇다면 대우주는 우주를 세포로 하는 생명체인가?

우주적인 관점에서 엔트로피의 증대, 아직 확인되지는 않았으나 양성자의 붕괴 등은 인간이 원치 않는 역작용임에 틀림없다.

(2) 자연의 주체에 대한 작용

자연은 주체를 파생시킨 모체다. 그러므로 주체도 자연의 일부이다. 그러나 통일체계 속에서 하나의 요소로서 상호작용한다. 주체는 생산의 주체이며 인식의 주체이고 소비의 주체이며, 자연이고 생산물이며 수단이기도 하다.

자연이 주체에게 작용하는 형태는 무엇보다 주체의 생존 조건을 제공하는 것이며, 생산 활동에 요구되는 모든 소재를 제공하고, 주체가 생산한 생산물의 적합성을 판단할 수 있는 검증의 장을 제공하는 것이다. 또한 자연으로서의 주체를 환원시키는 것이다.

자연의 작용은 물리적 작용과 화학적 작용 및 생물학적 작용으로 구별할 수 있다. 왜냐하면 우리가 자연에 대해 접근하는 방식이 자연, 즉 물질의 운동형태와 구조형태에 따라 이루어지기 때문이다. 교육계에서 자연에 대한 학습도 물리학적·화학적·생물학적 접근으로 보편화된 것으로도 알 수 있다.

① 순작용

순작용에 대해 물리학적 관점, 화학적 관점, 생물학적 관점의 세 가지 관점으로 접근해 보겠다.

가. 물리학적 작용

자연의 작용은 주체에게 향할 때 순작용으로서 생산물의 모든 소재와 생존 조건을 제공한다. 이것은 가장 직접적으로 태양과 지구 및 달에 의해 주로 이루어진다.

지구는 우리에게 알맞은 크기와 중력으로 인간을 지표에 고착시키고 있으며(인간이 여기에 적응했겠지만), 여기에 물과 공기를 잡아 두어 지각 위에 수권과 대기권을 갖추고 있다. 또한 우리 우주의 물질 진화의 과정에서 이루어진 대부분의 물질 성분을 갖추고 있으며, 생태계를 형성하고 있다. 그리고 태양은 지구 생태계를 존립시키는 에너지의 근원이며, 지구를 붙잡아 두고 안정된 상태로 평형운동을 하도록 하는 중심점이다. 또 달은 지구가 다른 행성 등에 의해서 발생하는 흔들림으로부터 안정된 상태로 태양을 공전하고 자전하도록 하며, 지구의 공전에 따른 계절의 변화와 달이 차고 이지러짐으로 시간을 인식하게 한다.

지구와 태양 그리고 달은 신앙의 대상이며, 문학의 소재이며, 인간이 사물을 인식하고 시간을 인식할 수 있도록 하는 빛의 원천이다. 동시에 빛과 열의 원천으로서 지구생태계의 근간이고, 신화의 모태이다. 즉, 모든 물질적 · 관념적 · 행위적 · 인격적 생산물의 소재를 제공한다.

특히 현재는 태양과 지구에서 물질적 생산물의 소재가 거의 모두 제공되며, 관념적 소재는 다른 천체로까지 넓어지고 있다. 그리고 행위적 소재는 지구 생명체에 거의 한정되어 있으며, 계층적 인격 소재는 자연으로서 인간에 의해 재생산된다.

태양(太陽, sun)은 지금으로부터 약 45억 년 전, 우리 은하의 한 가장자리에서 생성되었다. 우리 은하 한 나선팔의 가장자리에 있는 태양은 약 2억 년에 한 번씩 은하 중심을 돈다(은하년). 은하의 구성원이기도 한 태양은 자기를 중심으로 태양계를 구성한다.

이러한 태양은 지구상에 생명체를 탄생시키고, 생명체가 진화하는 데 큰 역할을 한다. 태양에너지는 생명체의 생존에너지로 전환되며, 이로써 지구생태계가 형성되고 인간이 등장하게 된다. 인간의 삶은 태양에너지에 의해 작동되고 있으며 문화적 재료를 제공받고 있다. 태양은 신화의 소재이며, 동서양을 막론하고 정신적 지주다.

태양은 우선 신앙의 대상이다. 태양은 전지전능하며 불멸불사의 존재로 인식하며 숭배의 대상이 된다. 잉카제국은 태양을 숭배했고, 페르시안(인도)의 조로아스터교의 불도 궁극적으로 태양이다.

태양은 시간의 기준이 된다. 하루의 길이는 빛의 그림자로 측정된다. 일 년도 태양의 그림자 길이와 방향에 의해 결정할 수 있다. 태양은 농사를 짓고 삶을 유지하는 기준이 되며, 계절에 따른 문화를 만드는 기초가 된다.

태양이 하루를 낮과 밤으로 구분하여 인간의 시간 의식의 근본을 형성하고 있으며, 동시에 빛과 그늘, 밝음과 어둠, 음과 양이라는 인간이 지닌 의식의 대립성에 대한 원천도 된다. 태양은 인간이 결코 무시할 수 없는 존재이며, 더욱이 그 존재와 운행은 누구나 직접 관찰할 수 있으므로 태양에 관한 해석·신화·신앙·행사 등이 어느 민족에게나 여러 형태로 나타나 있다.

태양이 복사하는 빛이나 열 또는 바람은 행성 등에 여러 영향을 끼치며, 행성의 대기를 만들고 그것을 움직여 지구상의 생명을 탄생시켰다. 따라서 지구상의 생명의 원천이며, 인류에 있어서 단순한 하나의 항성이 아니라 생활을 지배하는 천체이다.

태양은 권력의 모체다. 태양의 권위는 잉카제국의 왕(잉카)에게 백성을 다스릴 권력을 부여한다. 이렇게 될 때, 제국의 백성은 삶의 기준에 따른 질서를 형성한다. 다른 고대 국가들의 왕들도 그러하다. 제정일치의 사회에서 태양으로부터 일임받은 대리자의 힘은 절대적이었다.

달(moon)은 지구의 공전과 자전에서 다른 천체와의 상호작용 속에서 발생할 수 있는 불안정성을 잡아 주는 역할을 수행한다. 그래서 기상이변이나 지각의 안정을 꾀하는 한편, 조수간만을 일으켜 바다를 살아 있게 한다.

또 물리적인 달은 인류에게 정서적으로 매우 안정된 종교적 신앙의 대상이다. 고대에는 대부분의 민족이 하늘을 신들의 주거로 보았고, 태양과 달을 하늘에 사는 신이라고 믿었다. 가령 인도에서 달은 '파루나', 태양은 '미트라'라는 이름으로 불리는 신이었다. 그리스에서는 달은 여신(女神) '셀레네', 태양은 그 형제신인 '헬리오스'였다. 고대이집트에서는 태양은 최고의 신인 '라', 달은 학문과 예술의 신으로서 새의 모습을 한 '토토'였다. 슬라브 민족은 달을 '메샤츠', 태양을 '다즈보그'라고 불렀는데, 두 신은 부부이고, 많은 별들은 그들의 아이들이라 보았다.

태양과 달은 교대로 세계를 비추어 어둠과 재앙으로부터 인간을 지켜 주었다. 현재 인도의 아파타니 족은 해와 달을 믿는 종교(따니 플루)를 가지고 있다.

달의 은은한 빛은 문학의 소재로서 인류 문화에 깊은 영향을 주어 왔다. 동산 위의 달을 노래하는 동요와 헤어진 임을 그리워하며 달을 보며 지은 시, 타향에서 달을 보며 고향을 그리워하며 부르는 유행가, 달 타령, 달에서 방아를 찧는 옥토끼, 달의 월식은 공포를 불러일으키기도 했고, 월식은 개가 달을 한입 베물어 먹어서 생겼다고 한 옛이야기도 만들어 냈다. 무엇을 보면 어떻게든 설명하려고 하는 인간의 특성이 달에 이처럼 의미 부여를 한 것이다.

달의 차고 이지러짐의 주기는 시간의 척도로 이용되어 왔다. 우리는 아직도 달력에서 음력을 표기하고 있으며, 생일이나 제사 등 풍속과 관련된 행사는 양력보다는 주로 음력을 많이 사용한다.

운석(隕石, meteorite)과 지구상의 암석 사이에서 볼 수 있는 큰 차이는 금속철의 유무에 있다. 지구상의 암석에는 금속철이 거의 포함되어 있지 않으나, 운석에는 금속철이 대부분 포함되어 있다. 인류가 금속철의 유용성을 알게 된 것은 철질운석의 존재에 의한 것이라는 견해가 있다. 충분히 가능성 있는 얘기다. 처음부터 깊은 땅을 헤집어 광산을 개발하여 사용하지는 않았을 것이다. 우연히 모래밭에서 소다덩이를 솥 받침으로 쓰다가 유리를 발견했듯. 이것이 사실이라면, 철기시대를 연 계기가 아닐까. 불의 사용이라는 면에서 보면 지금은 원자력시대이지만, 재료의 측면에서 보면 지금은 철과 플라스틱이 많이 쓰이는 시대다.

큰 운석의 낙하는 지구상의 거의 모든 생물을 몇 차례 멸종시키는 잔인한 결과를 가져오긴 했지만, 여러 차례 멸종의 결과에도 용케 살아남은 인간의 뿌리가 되는 포유류가 기회를 잡아 진화하는 데 결정적인 계기를 제공했다. 운석의 낙하는 생명진화 역사의 방향을 바꾸어 인간을 탄생시킨 것이다.

혜성(彗星, comet)은 얼음덩어리다. 이것은 1950년 미국의 F.L 휘플(1906~2004)이 1986년 탐사체 베가 1호, 2호를 핼리혜성에 보내 사진을 촬영하여 실증하였다. 그렇다면 혜성이 지구에 물을 공급한 공급원의 하나이기도 하다는 것이다.

또 한 사례는 혜성이 지구와 충돌한 사건으로, 중앙 시베리아의 퉁구스카 강 유역 폭발사건(Tunguska event)이다. 1908년 6월 30일, 대기 중에서 분해되어 불덩어리와 충격파를 형성한 공중폭발이다. 약10만km/h의 속도로 지구에 충돌했으며, 무게는 100만 톤 이상에 달했던 것으로 짐작되며, 약 2천km²의 소나무 숲이 파괴되었다.

지구(地球, Earth)는 생명체가 존재하기에 적합한 태양계 내의 유일한 행성이다. 바다와 육지 및 대기로 이루어져 있고, 바다는 물로 차 있으며 지구 온도의 변화 폭을 작게 만드는 완충역할을 한다. 바다는 지표면의 약 71%이며, 바닷물은 전체 수권 총질량의 98%를 차지한다. 지구는 대기와 해수 및 지각으로 생물체를 양육하고 보호해 주는 태양계의 유일한 행성이다.

물의 순환은 지구상 생명체의 번식과 유지에 중요하다. 바이러스를 제외한 생명체는 물을 포함하고 있기 때문이다. 지구상의 무생물계 및 생물계를 통해 일어나는 물의 순환작용은 이산화탄소와 산소의 순환을 수반하므로 생물권의 균형을 유지하는 기초적인 역할을 수행한다. 또 생물권은 증산을 통해 물을 다시 대기 중으로 공급한다.

지구는 매우 커다란 자석으로 자력선(磁力線)이 높은 에너지를 가진 입자들을 포획한다. 포획된 입자들은 북반구와 남반구에서 서로 대칭적 선회운동(旋回運動)을 한다. 밴앨런복사대에 포획된 입자들은 높은 에너지를 가진 우주선(宇宙線)에 의해 중성자가 전자와 양성자로 붕괴되면서 형성된다. 자기권과 밴앨런복사대와 같은 지구자기장의 외곽 부분은, 생명체에 해로운 충격을 줄 수 있는 태양풍의 이온화된 기체입자들과 높은 에너지를 가진 우주선의 직접적인 영향으로부터 지표의 생명체를 보호해 준다.

지구는 대부분이 질소와 산소로 이루어진 혼합물로 구성된 대기로 둘러싸여 있다. 산소는 호흡의 중요한 원소이며, 질소는 단백질 영양소를 만드는 중요한 원소다. 대기 중에는 이산화탄소와 수증기가 많이 있는데, 이는 지구의 기온을 보존하는 중요한 기능을 수행한다. 만약 이들 기체가 없다면 지구의 온도는 훨씬 낮아져 매우 추운 곳이 될 것이고, 생명체의 생존은 극히 제한적일 것이다.

화학적 작용은 전자기 상호작용에 의해 이루어진다. 역으로 말하면, 전자기 상호작용은 이 세상의 모든 화학작용을 총괄하고 있다. 우주의 원소가 처음에 수소가 만들어진 후 행성이나 초신성을 통해 더 무거운 원소로 진화해서 92종의 자연에 존재하는 것이 되었다. 이 92종의 원소가 진화하고 지구에 모이는데 우주 탄생 후 약 100억 년의 시간이 필요했으며, 곧 생명을 만들어 내는 준비과정이 완성된 것이다.

지구환경은 화학적으로 보면 원소의 순환이다. 대기와 해수와 육수 및 토양의 원소들이 다양한 화합물이나 원소의 형태로 순환한다. 이때 태양에너지에 의해 광합성을 하거나 자외선에 의해 합성되거나 지열과 지압에 의해 합성됨으로써 인간에게 필요한 형태를 취하게 되고, 인간이 이를 섭취하거나 호흡을 통해 인체를 성장·유지 시킨다. 나아가 인간 생존에 필수적인 의식주가 화학적 작용으로 이루어진다. 무엇보다 음식물이며 집을 지을 재료, 옷을 만들 재료, 아플 때 필요한 약재료 등을 말할 수 있다.

좀 더 구체적으로 자외선에 의해 산소분자가 산소원자로 분해되어 산소분자와 곧바로 결합함으로써 오존이 되어 오존층을 형성하여 태양으로부터의 자외선을 차단한다든가, 헤모글로빈에 의해 산소분자가 호흡에 있어 체내에서 발생된 이산화탄소를 제거하여 생체의 생존에 중요한 역할을 한다든가, 뿌리혹박테리아에 의해 질소가 고정되어 단백질을 만든다든가, 탄소동화작용으로 인해 이산화탄소와 물이 결합하여 녹말을 만든다든가, 더 나아가 지방을 형성하는 것이다.

다. 생물학적 작용

　자연으로서의 생물들의 활동은 일반적으로 생존 활동이다. 살기 위한 활동이요, 살아 있기 때문에 하는 활동이다. 먹이 활동, 생식 활동, 방어 활동이 그 예이다. 여기에 대해서 동물과 식물, 세균과 바이러스에 이르기까지 모든 생명체의 활동을 말할 수 있다.

　세균(細菌, bacteria)은 거의 모든 환경에 존재하는 현미경적 크기의 단세포성 생물로, 리케차와 바이러스를 제외하고는 가장 작은 생명체다. 세균이 없는 토양에서는 식물이 자라지 못하고, 궁극적으로는 영양분을 식물에 의존하는 동물도 살 수가 없다. 더러는 질병을 일으키지만 대부분은 무해하며, 사람에게 유익한 종류의 세균도 많다. 이것은 인간이 삶을 유지하기 위해 세균과 공생관계를 구축했기 때문이다. 극단적으로 우리가 음식을 먹는다는 것은 장 속에 사는 세균에게 먹이를 주고 우리에게 필요한 성분으로 분해하거나 합성하라는 것이다.

　세균은 우리가 생각할 수 있는 모든 환경에 존재한다. 극지의 얼음에서 온천수까지, 산봉우리에서 해저 밑바닥까지, 동식물체나 흙 속 등 5℃ 이상의 환경이면 대다수 세균은 생존한다. 알고 보면 인간의 몸도 수많은 세균들의 서식처이다. 땀구멍, 구강으로 시작하여 항문에 이르는 내장, 피부 등 인간의 몸 곳곳에 세균이 살고 있다.

　세균은 0℃에서 80℃ 정도까지 살 수 있다. 더 열악한 환경에서는 포자를 만들어 휴면상태로 견딘다. 이런 근거로 우주에 생명체가 존재하는 것이 일반적인 현상일 가능성이 크다. 다만 우리와 교신할 수 있는 생명체가 같은 시기에 존재하는가이다. 그렇다면 우주 전체는 지구생명체의 상위의 계층체계로, 우주생명체 체계를 말할 수 있다.

② 역작용

자연의 작용은 한편으로는 인간의 생존조건을 악화시킨다. 한마디로 말해 자연재해를 일으키는 것이다. 태풍, 지진, 쓰나미, 화산폭발, 빙하기, 이상기온, 질병, 병충해, 운석과 혜성 및 소행성의 낙하, 태양과 달의 인력으로 인한 지각변동 등이 이에 속한다. 자세히 살펴보면 앞의 모든 예는 자연은 인간의 생존에 바람직한 방향으로 작용하기도 하지만, 삶을 파괴하는 바람직하지 못한 방향으로 작용하기도 한다.

가. 물리적 작용

태양(太陽, sun)의 활동량은 지구에 심각한 영향을 끼친다. 구름의 양을 증대 혹은 감소시키는가 하면, 온도를 올리거나 내려 빙하기를 만든다. 가령 태양의 흑점 수는 대략 11년 주기로 증감을 반복하는데, 이상적으로 그 수가 감소한 시기(몬더극소기)에는 소빙하기가 생긴다. 또 태양 플레어나 코로나의 물질 분출, 태양풍 등이 활발해지면, 우주 공간에 많은 양의 대전 입자를 순간적으로 공급하게 되어 지구 주변의 우주 공간 환경을 변화시키는 원인이 된다는 사실이다. 그 결과로 지구에서는 오로라, 지자기 폭풍, 전파 교란현상, 위성통신장애, GPS 수신 장애 등을 일으키게 된다.

그리고 지구 밖에서 날아오는 높은 에너지를 가진 입자들 중에 자외선이 발암능력을 가지고 있다는 것은 확실시되고 있으나, 아직 우주선의 효과에 대해서는 확실하지 않다. 자외선은 피부암을 일으키는 주된 원인으로, 햇볕을 많이 쬐는 사람은 피부암 발병률이 높다.

모든 천체 가운데 인간생활과 가장 깊은 연관이 있는 것은 태양이다. 이는 무엇보다 빛의 원천이고 열의 원천이기 때문이다. 태양의 빛이 있어야 인간은 물체를 볼 수 있고, 열에너지에 의한 따뜻함으로 식물의 생장과 풍요라는 생활의 기반을 마련할 수 있다. 그러나 이처럼 이로운 태양열도 가뭄 등이 발생할 때는 인간에게 위협이 되기도 한다. 또 태양으로부터 발생되는 자외선은 생물에게 생존을 가능케 하기도 하지만, 반대로 화상이나 피부암을 일으키는 등의 파괴적 능력도 갖추고 있다.

달(moon)이 지구에 미치는 물리적 영향은 조석력과 지구자전 및 공전의 안정성을 확보해 주는 것 등이다. 바다의 조석이나 대기의 조석, 지구 본체가 비뚤어지는 지구조석도 달의 조석력이 최대 원인이다. 이 때문에 바닷물은 약 7m, 지각은 약 30㎝ 정도를 매일 상하로 들먹인다. 이런 이유로 장기간에 걸쳐 지구에 건조된 부착물인 포장도로 · 건축물 · 축조물의 균열을 유발하고 지진의 발생을 부추긴다. 또 달의 인력에 의해 인간 세포에도 영향을 주어 감정의 기복을 만들기도 한다.

소행성(小行星 asteroid)도 지구에 큰 영향을 미친다. 소행성이 지구와 충돌하게 되면 지표에 큰 흔적이 생길 것이고, 전 지구적으로 기후 교란이 생길 수 있으며, 바다에 떨어지더라도 큰 재해는 막을 수 없다. 소행성이나 운석이 지구에 떨어져 한 시기를 지배하던 삼엽충이나 공룡을 비롯한 수많은 생물들이 멸종했다고 한다. 이와 같은 일이 현재에 벌어진다면, 지구에 대규모로 건설된 생산물로서의 건조물이나 축조물 등을 포함한 기타 수많은 생산물은 물론이거니와 인간 또한 처참하게 희생될 것이다.

2013년 2월 15일엔 알타이 지역 운석우(隕石雨)로 인해 110명 이상이 부상을 당했다. TV 화면을 채운 운석 폭발 섬광에 대해 피해자는 성경에 나오는 지구 종말의 날과 같았다고 하며 울부짖었다. 그렇지 않아도 마야의 달력에 근거해서 종말에 대한 심각한 공포에 빠져 있던 터라 충격은 더욱 컸으리라 본다. 곧이어 직경 50마일의 소행성이 지구를 비껴가는 일까지 있어, 지구는 그야말로 공포에 떨었다. 이 소행성과 지구의 충돌이 있었다면, 아마도 대멸종이 발생했을 것이다.

운석(隕石, meteorite)의 낙하는 지구상의 생물과 인간 및 생산물에 결정적인 영향을 미친다. 이는 현생 인류에겐 언제 닥칠지 모르는 사건이다. 약 8억 년 전에 수중에서 지상으로 동물이 옮겨 서식한 이래 최소한 10여 차례에 걸쳐 생물의 대멸종6)이 있었다. 그중 두드러진 사건은 일곱 차례에 걸쳐 일어났다고 본다.

1차는 벤드기말(선캄브리아기와 고생대의 경계: 5억4천3백만 년 전), 2차는 오르도비스기와 실루리아기 경계(4억4천1백만 년 전), 3차는 대본기와 석탄기와의 경계(3억6천9백만 년 전), 4차는 고생대와 중생대의 경계(2억4천8백만 년 전), 5차는 페름기 말(고생대와 중생대의 경계: 2억1천5백만 년 전), 6차는 중생대와 신생대의 경계(6천6백만 년 전), 7차는 신생대 말(약 1만 년 전부터 진행 중)이다. 그 원인은 운석의 충돌이나 그로 인한 이상기후 및 초대륙의 형성과 분열이고, 7차의 경우는 인간에 의해서이다.

혜성(彗星, comet)의 지구에 대한 위협으로, 퉁구스카 강 유역폭발

사건(Tunguska event)을 예로 들 수 있다. 앞에서 순작용으로 언급한 것과는 달리 인간에게 해가 되는 역작용으로, 통구스카의 공중 폭발은 인류뿐만 아니라 지구 생명체에게는 치명적인 영향을 준다. 만약 인구밀집지역인 도시에서 있었다면 끔찍한 참사는 불가피하다.

일기(日氣, weather)는 대기상태다. 기온과 습도와 강수형태와 양 및 기압과 바람과 구름의 양 등을 포함한다. 일기는 인간의 거주 형태, 식량 생산과 개인의 생활에도 막대한 영향을 준다. 극심한 추위와 더위는 삶에 고통을 주고, 습도는 부패나 부식은 물론 세균의 성장과 번식을 도와 질병을 일으킬 수도 있으며, 호우·뇌우·토네이도·우박·눈보라 등은 농작물과 주택과 도로 및 차량을 파괴하거나 사람과 가축에게도 재해를 입힐 수 있다.

해안 지역에서는 열대성 저기압인 허리케인, 태풍, 윌리윌리(오스트레일리아 북부 해상에서 여름부터 가을까지 발생하는 회오리바람)에 동반된 심한 강수와 홍수, 바람, 파도의 작용으로 배·건물·나무·농작물·도로·철로가 큰 피해를 입고, 항공업무와 통신이 장해를 받는다. 폭설이 내리고 얼음이 얼면, 수송에 방해를 받으며 사고 빈도가 증가한다.

반대로 오랜 기간 동안 강수가 없으면 가뭄이 나타나, 1930년대 미국의 평원 주들에 나타난 황진지대(Dust bowl, 1935년 초에 가뭄과 황진으로 황폐해진 미국 중남부에 붙여진 이름. 자연 식생의 파괴에 의한 토양의 황폐와 오랫동안의 건조가 원인이 되어 발생하였다)와 같은 현상처럼 심한 먼지 폭풍이 바싹 마른 농지 위로 분다. 이때 미국 등에서 경제공황까지 겹쳐 극심한 고통을 받았었다.

나. 화학적 작용

역작용으로서 화학적 작용은 인간에게 적합하지 못한 현상이나 작용을 하는 경우를 말한다. 자연에서 주체에게 화학적 작용을 가할 수 있는 경우로는 대기 중의 기체들과, 토양 속의 자연방사능, 화산에서 뿜어져 나오는 염소와 같은 유독성 가스, 자외선에 의한 대기 중 기체의 변화, 동식물의 독성 등을 들 수 있다.

대기 중의 기체는 질소, 산소, 아르곤, 이산화탄소, 네온, 헬륨, 크립톤, 제논, 오존 등으로 구성되어 있다. 이 중에서 질소 다음으로 많은 산소가 인간에게 큰 영향을 끼친다. 산소는 인간이 호흡을 하는 데 필수적인 원소이기는 하지만, 그 자체로서 강한 독성을 지녀 체내에서 활성산소로 존재할 때는 매우 큰 악영향을 준다. 그리고 자연발화로 산불이 발생할 때에도 큰 피해를 준다. 또 산소가 18% 이하일 때 호흡을 곤란하게 하기도 한다. 이처럼 산소는 많아도 안 되고 적어도 안 된다.

화산 분출가스의 성분을 보면 수증기, 탄산가스, 질소 그리고 유황, 나트륨, 염소 등으로 되어 있다. 이 중 염소는 할로겐 원소로 황록색을 띠는 기체인데, 다른 물질로부터 전자를 빼앗고 음이온이 되려는 성질이 강해서, 금속이나 비금속 모두에서 격렬하게 반응한다. 염소가 물에 용해되면 강한 살균과 표백 능력을 갖는 하이포아염소산이 생성되므로 수돗물의 소독에 이용된다. 과거 우물물을 먹고 살던 때에 하얀 덩어리를 던져 넣은 때도 있었다. 염소는 표백제로 이용되며, 기체 상태로는 매우 독성이 강하다. 그래서 수산화나트륨이나 수산화칼슘에 흡수시킨 후 표백제로 이용한다. 또 자극적인 냄새가 심하며, 점막을 상하게 하여 질식시킬 수 있다.

자연의 방사선은 우주선과 대기 중의 산란선(散亂線) 및 대지나 암석 및 건축자재 중에 함유되어 있다. 인체 내에도 천연방사성동위원소 14C, 40K, 226Ra 등이 미량 함유되어 있다. 우주선의 값은 고도가 증가할 때마다 증가된다. 또 대지방사능(大地方射能)은 지역에 따라 많은 차이가 있다.

인류는 불가피하게 이 같은 자연방사능을 받아들이면서 진화해 왔으며, 이 조사(照射)를 제어하는 일은 불가능하다. 생물의 진화는 이 자연방사능에 의해 유전자의 변이가 발생하면서 점진적으로 영향을 받아 이루어졌는지도 모른다. 자연 상태에서 10만 분의 1 정도의 유전자 변이가 꾸준히 생기기 때문이다.

요즘 잘 알려진 라돈(Radon)은 암석과 토양 등에 존재하는 천연우라늄과 토륨이 연속적으로 붕괴되면서 라듐이 되고, 이 라듐이 붕괴되면서 생성되는 방사성 비활성기체이다. 색과 맛, 냄새가 없는 방사성 가스로, 가장 무거운 기체 중의 하나이다. 공기나 천연수 속에도 적은 양이 함유되어 있으며, 광천 · 온천 · 지하수 등에 용해되어 있다. 비활성기체라 화학적 반응이 없으나 전기음성도가 큰 불소나 염소와 반응해 라돈 플루오라이드(RnF2)와 같은 화합물을 생성한다. 물에도 잘 녹지만 유기용매에 더 잘 녹는다.

자연 상태의 라돈 방사선은 인체가 적응할 수 있는 범위라 큰 영향을 주지 않으나, 밀폐된 공간에 축적되어 있을 경우에는 폐암을 일으킨다. 그래서 콘크리트 건물인 아파트의 경우, 환기를 자주 시킬 것을 요구하고 있다. 특히 석고보드는 그 재료상의 제약 때문에 라돈이 심각하게 많아 아파트의 마감 재료로는 부적당하다. 반감기도 45억 년이라, 우리 인생에 비교했을 때 영구적이다.

햇빛은 가시광선, 자외선7), 적외선으로 구성된다. 이 중 자외선 (Ultraviolet: UV)은 체내에서 비타민D를 합성하고, 빨래의 살균작용을 하는 등 순작용을 하는 동시에, 피부노화·피부암·건조·피부염·잔주름·기미·주근깨·백내장 등 인체에 역작용을 한다. 파장에 따라 A, B, C로 나누며 C는 오존층이 차단하고, A와 B는 지상에까지 도달한다.

자외선의 90% 이상을 차지하는 A는 피부노화의 주원인이며, 기미·주근깨를 악화시킨다. 낮에는 기상상태에 상관없이 늘 내리쬔다. B는 여름에 증가하며, A보다 파장이 짧아 피부 깊숙이 침투하지는 못하지만, 홍반·물집·화상·염증을 일으키며 피부노화의 원인이다. 또 피부암을 일으킬 수 있으며, 단세포생물을 죽이는 살균작용을 하기도 한다. 물론 멜라닌 색소를 침착시키기도 하고 프로비타민 D를 활성화시켜 비타민 D로 전환시켜 골밀도를 높이는 등의 순작용을 하기도 한다.

다. 생물학적 작용

생물들의 생존 활동이 인간의 생존에 도움을 주기만 하는 것이 아니라, 심각하게 위협을 주기도 한다.

미생물의 활동으로, 바이러스와 세균의 활동을 들 수 있다. 바이러스(virus)는 살아 있는 동물과 식물 및 미생물 세포에서만 증식할 수 있는데, 크기가 작고 성분이 간단한 감염성 병원체다. 바이러스는 씨앗같이 휴면입자로 존재하다가, 적당한 숙주세포로 들어가면 새로운 바이러스를 생산하기 위해 숙주세포의 대사활동을 이용하다가 결국 파괴하는 활성(活性)을 띤다.

식물과 동물세포의 감염에는 바이러스가 숙주세포에서 휴면상태로 있는 불현성(不顯性), 숙주세포가 죽는 세포병리(細胞病理), 죽기 전에 세포분열을 하도록 숙주를 자극하는 이상증식(異常增殖), 세포가 분열해 비정상적인 형태의 성장을 일으키고 암세포가 되는 세포의 형질전환(形質轉換) 등이 있다. 어떤 동물성 바이러스는 잠복감염을 일으키는데, 이런 바이러스는 대상포진을 일으키는 경우와 같이 잠복된 상태로 있다가 생체의 시스템이 과로 등으로 균형이 깨질 때마다 주기적으로 활성(급성 에피소드)을 갖는다. 대상포진의 고통은 물집이 사라진 후에도 상처는 물론이고 매우 큰 것으로 알려져 있다.

동물은 바이러스 감염에 대해 일반적인 방어반응으로 발열을 한다. 많은 바이러스는 숙주의 정상체온보다 약간 높은 온도에서는 활동성이 저하되기 때문에 발열은 생체가 바이러스의 활성을 억제하는 작용이다. 감염된 동물세포에서 인터페론이 분비되는 것도 일반적인 생체의 방어반응인데, 인터페론은 감염되지 않은 세포에서 바이러스 증식을 억제한다.

감염에 대한 일반적인 방어반응인 발열과 인터페론의 생성 이외에도 인간은 특정 바이러스에 대해 면역적으로도 공격할 수 있다. 바이러스는 홍역이나 볼거리, 소아마비, 풍진, 천연두 등을 일으킨다. 인간은 오히려 이것을 이용해 백신을 만들어 예방접종을 한다.

세균(細菌, bacteria)은 인류에게 해로운 화학적 전환을 한다. 식품의 부패, 금속부식, 목재부후 등은 세균에 의한 폐해이다. 사람은 다양하고 많은 세균과 끊임없이 접촉하면서 살고 있다. 인간이 정상적인 상태에서는 아무런 문제가 없으나, 정상적인 방어체계가 무너지면 감염이 발생한다. 이런 병원균은 신체 일부에만 감염하는 것과 여러 곳에 감염하는 것이 있다. 결핵균은 폐에, 디프테리아균은 목에 한정하여 감염하지만, 연쇄상 구균은 피부와 혈관과 뼈 등 여러 곳에서 동시에 감염한다.

음식물은 세균이 자라기에 아주 좋은 조건이므로 오염되면 보건에 심각한 문제가 된다. 우유나 카세인을 버터밀크나 요구르트 또는 치즈로 전환시키며, 비유제품에서도 유용한 역할을 한다. 그러나 식품을 부패시킬 때 독소를 분비하는데, 사람이 이 독소를 먹게 되면 심각한 증세를 일으키고 심한 경우엔 죽기도 한다. 어떤 세균은 물이나 식품을 통해 사람에 침입하여 장티푸스나 콜레라, 이질 등의 질병을 유발하기도 한다. 또 세균은 단순한 화합물을 이용해 효소와 세포구조물 등의 고분자 물질을 합성하며, 항생제와 색소 및 독소 등을 합성하기도 한다.

동물의 활동은 장소 이동이 가능하고 움직임이 빨라 생산물이나 자연에도 매우 위협적인 존재이다. 동물들, 즉 잡식동물·육식동물·초식동물·조수·벌레 등은 생산물인 목장과 가축, 농장과 농작물, 과수원과 과수, 논과 밭, 사람, 건조물 기타에게 손상을 입히거나 완전히 파괴하기도 한다. 이것은 따지고 보면, 주로 인간이 생존을 위해 경작지 등의 활동 범위를 넓히면서 빚어진다. 그들의 생존 터전을 침략하기 때문이다.

기생동물은 어떤 생물이 다른 생물의 체내 또는 체표에 서식하면서 영양을 섭취하여 생활한다. 공생(共生)의 한 형태로, 양쪽 모두 이익을 얻는 상리공생(相利共生)과 한쪽만 이익을 얻는 편리공생(片利共生)은 숙주가 받는 유해한 영향에 따라 구별된다. 기생자에 의한 장애로는 조직이 파괴되거나 각종 장·구강·비강 등을 막히게 하는 기계적 장애, 기생자가 어떠한 물질을 내어 숙주에 유해한 작용을 하는 화학적 장애, 숙주가 알레르기반응을 일으키는 장애가 있다.

하지만 인간과 기생충이 생명역사상에서 공존하여 온 사실을 미루어 보면, 비록 해충이라도 그 부수작용으로서 인간의 삶에 반드시 이로운 면이 존재할 것이다. 이를 찾아 질병의 치료 등에서 인간 삶의 질을 증진할 수 있을 것이다. 악이 필요악이듯, 해충도 필요해충일 수 있다. 체내에 존재하던 기생충이 박멸됨으로 인해 오히려 아토피가 발생하며, 기생충을 통해 치료하는 요법도 있다.

(3) 자연의 생산물에 대한 작용

자연이 생산물에 작용을 하는 것은 무엇보다 무화(無化)시키는 환원작용이다. 하지만 인간의 생산활동에 적극적으로 가담하여 생산물을 가능케 하며 유지·보존하게 하는 능력도 가지고 있다.

자연의 생산물에 대한 작용은 생명체에겐 생육작용이고 생산·유지 작용이다. 또 생산물을 자연으로 돌려놓는 환원작용이다. 환원작용은 인간이 생산물을 유지·보존하기 위해 끊임없이 수선·보수하는 등 자연과 대치해야 하는 원인이다. 생산물은 그 소재로 보면 자연이고 그 기능을 보면 특징의 추출물이다. 그렇기 때문에 자연의 작용이 일어난다.

생산물로 구현된 자연의 특징은 어떤 구조, 어떤 성질, 어떤 과정, 어떤 운동, 어떤 상태, 어떤 형태, 어떤 변화 등에 관한 것이다. 그러므로 자연의 생산물에 대한 작용으로서 순작용이라면 생산물이 가지고 있는 특징을 유지 · 보존 · 정착 등을 시켜 주는 것을 말한다.

① 순작용

자연의 생산물에 대한 순작용은 우선 생산물이 지표에 정착하도록 하는 것이며, 생산물로서 생명체가 생육하고 유지하도록 하고, 무엇보다 일단 이루어진 생산물을 유지하고 보존하는 역할을 한다.

물리적으로 보면 생산물은 중력에 의해 안정된 위치를 가지고 지표에 정착하고 있다. 중력이 없어 사물이 공간에서 어지럽게 떠돈다면 생산물의 존속은 물론 목적을 다 하기 어려울 것이다. 모든 식물은 토양에 뿌리를 박고 영양분을 흡수하여야 하며, 모든 동물들은 지표에 부착하여 안정적으로 이동하여야 한다. 기타 다른 건축물이나 건조물 및 기물인 물질적 생산물도 지표에 고정되어 그 기능을 수행하여야 한다.

다음의 경우 자연은 생산물로서 생명체를 유지 · 보존하게 하는 에너지와 물질을 공급한다. 태양의 경우는 생물의 생태계를 유지시키는 열과 빛 등의 에너지를 제공한다. 지구 생태계를 돌리는 모든 에너지원은 태양으로부터 제공되는 것이다. 물론 루마니아의 모빌레 동굴의 생태계와 같이 다른 에너지원을 사용하는 곳이라 해도 태양에너지에 의해 물의 공급이 없다면 불가능하다. 또 광화학 반응은 생명체에게 에너지원을 공급하도록 탄소동화작용을 가능케 하며, 생체에서 만들지 못하는 비타민 D 등의 합성을 이루도록 한다. 그래서 야맹증이나 골연화증과 같은 질병을 방지한다.

태양계 이외의 혜성이나 운석 등의 낙하는 지구 외부로부터 중요한 물질들을 실어 나른다. 지구의 물을 공급하게 하는가 하면 희귀 금속들을 유입하게 만들고 진화의 과정에 변수를 주기도 한다.

빛이나 바람, 물의 흐름 등으로 인해 무역을 하거나 이동의 동력원으로서 사용하고 농작물을 생육하고 수확물을 건조시키는 등의 역할을 수행한다. 수매(水媒)나 풍매(風媒)로서 식물의 종을 유지하게 하는 역할을 하는 경우도 있다. 나아가 물의 경우 거의 모든 물질을 분해할 수 있으므로 생명체의 소화에서 가수분해를 이루기도 한다.

태양계의 구성원 특히 지구와 달, 태양의 운동은 조석현상을 일으킨다. 지표와 해양, 대기의 조석현상으로 지구환경을 끊임없이 활성화 시킨다. 조석현상은 바다나 호수 등이 고여서 썩는 현상을 방지하고 이로써 생명체들에겐 정화된 환경 속에서 자극을 받으며 더 강력한 생존활동을 하게 만든다.

또 시간의 인식을 통해 세계를 인식하는 기초적 요소를 터득하게 한다. 태양이나 달 등의 천체들이 주기적으로 반복적인 운동과 변화를 한다는 것은 시간과 계절을 인식하게 하는 중요한 기능을 한다. 시간의 인식은 인간이 살아가는 가운데 언제 어떤 일이 일어날 것인가를 알게 되고 그러므로 언제 무엇을 할 것인가를 결정하게 하여 짜임새 있는 삶을 살도록 만든다.

화학적으로 보면 화학적 성질을 이용하는 생산물을 유지 · 보존시키는 역할을 수행한다. 화학적 성질로써 물질의 연소현상은 빛과 열을 발생함으로써 인간생활에서 중요한 역할을 한다. 밤을 밝게 하여 활동시간을 늘리고, 음식을 익혀 소화를 도우며, 도구를 만들거나 새로운 물질을 만들 때 유용하다.

　물질의 화학적 작용은 의약품이나 생활용품 및 음료를 제조하는데, 직접 또는 간접으로 작용한다. 현대 사회는 석유화학 시대(특히 플라스틱시대)라고 할 만큼 석유를 통한 생활용품이 많다.

　화학작용이 생명체의 생명유지에 필요한 호흡에서 특히 중요한 역할을 수행한다. 생체 내에서 에너지를 생성하고 노폐물을 밖으로 배출하는 기능이다. 세포 내 미토콘드리아에서 일어나는 화학작용은 체온을 유지하여 항상성을 유지시킨다.

　생물학적 작용으로서도 이를 이용하는 생산물을 유지·보존케 하는 역할을 수행하게 한다. 생물학적 작용으로서는 세균을 통해 이루어지는 생산물이다. 발효식품들의 경우가 대표적이다. 식물성 단백질을 합성하는 데에서 뿌리혹박테리아와 같은 경우와 장내의 세균을 통한 소화는 빼놓을 수 없는 예다.

　농경사회에서 동물의 힘은 매우 중요하였다. 그 외 물고기를 잡는 어로(漁撈)에도 동물을 이용한다. 꿀의 생산에서 벌의 이용도 한 예다.

　생물을 통해 인간은 지혜를 얻기도 하고 그 동작을 모방하여 춤과 무술을 만들기도 한다. 현재 생물의 구조나 행동을 모방하는 기계를 제작하여 생활에 이용하기도 한다. 이런 학문의 분야가 생체모방기술이다.

　생태계 유지에서도 생명체들의 역할은 매우 중요하다. 서로 공간이동에 중요한 역할을 하기 때문이고 생식(화분 등)을 매개하기도 한다. 그래서 생물의 다양성을 확보하게 하며 안정적 생존을 가능하게 하는 것이다.

독립영양식물인 식물의 광합성은 생태계의 기초를 만드는 것은 물론 대기 성분의 비율을 조정하게 만든다. 식물이 이루어 놓은 결과물은 생태계의 소비자들에겐 생존의 기초다. 또 이로써 발생되는 산소는 호기성 생물에겐 호흡에 필요한 중요한 원소다.

생태계에서 분해자들의 역할은 사체들을 자연으로 환원함과 동시에 자신의 생명유지 수단이다. 만약 분해자가 없다면 지구는 이미 살 수 없는 상태가 되었다. 물론 과거에 해저에 쌓인 생물체의 시체가 석유화되어 현재 인류의 중요한 에너지원인 경우도 있지만.

근본적으로 보면 모든 생산물이 유지 · 보존되고 정착하는 데는 에너지 장벽이 큰 역할을 한다. 에너지 장벽은 한 상태에서 다른 상태로의 천이가 일어날 때 일정한 에너지가 필요하다는 것이다. 이것이 생산물을 생산할 때 인간의 고통스런 노동을 동반하여야 하는 이유이지만 이와 반대로 생산물을 무화시킬 때도 요구함으로써 생산물을 유지하고 보존케 하는 역할을 수행한다. 따라서 생산물의 일정한 구조 · 성질 · 형태 · 상태 · 과정 · 운동 등을 변화시킬 때는 일정한 에너지를 가해야 하며 그렇지 않을 때는 영원히 한 상태를 유지하고 보존할 수 있다는 것이다. 이것은 궁극적으로 물리법칙에 지배된다는 것이며 물리법칙에서 보존법칙과 시간 불변성도 중요하다. 현재의 객관적 현상이 시간이 경과하여 미래엔 적용되지 않는다면 또 변화의 전후에 있어서 질량 · 에너지 · 운동량 등이 보존되지 않는다면 우리의 생산물은 그 특징을 유지 · 보존 · 정착할 수 없

게 됨은 물론 세계는 일정한 구조도 없고 어떤 질서에 대한 불변성
도 없는 카오스가 될 것이다.

　자연의 환원작용은 생산물 자체로 보면 역작용이다. 하지만 한편
으로는 순작용이다. 자연의 환원작용은 인간이 생존하는 동안 그리
고 생산물을 유지하기 위해서 끊임없이 자연과 대치하여야 하는 고
통의 원인이기는 하지만 관점을 바꾸면 매우 유익한 현상이다. 즉
선순환이다.

　인간이 고통스런 노력을 가하여 이루어 놓은 결과물로서 생산물
이 파괴되고 무화되는 관점에서는 야속하고 절망적이지만, 만약 생
산물이 일단 생산되고 난 후 자연으로 환원되지 않는다면 더 큰 재
앙이 된다. 인간의 욕구와 필요는 무제한적이어서 이를 만족시키는
생산물이 일단 만들어지고 없어지지 않는다면 자원의 고갈은 벌써
이루어져 더 이상의 발전과 더 이상의 필요와 욕구를 채울 수 없는
한계는 물론 지표에서 살기조차 어려울 것이다. 자연의 환원작용은
관점을 바꾸면 죽음의 작용이 아니라 구원의 작용이기도 하다.

　물리적 환원은 마멸, 확산, 지진, 운석 낙하, 빛, 열 등에 따른
매몰, 파괴, 붕괴, 융해, 탈색 등과 같은 것이 있다. 화학적 환원은
크게 산화와 환원이다. 구체적 형태를 보면 가수분해, 폭발, 연소,
부식, 광화학반응, 이온화 등이 있다. 생물적 환원은 생물들이 자
기들의 생존을 위해 활동하는 가운데 인간의 생산물을 자기화하는
것이다. 부패, 농작물 침범(훼손), 파괴, 질병 등이다.

② 역작용

　자연의 생산물에 대한 작용으로서의 역작용도 물리적 작용, 화학적 작용, 생물학적 작용의 세 가지 형태로 접근하는 것이 좋을 것 같다. 먼저 물리적 작용에는 태양과 달 및 행성들과 지구의 판 운동에 따른 지진 등의 악영향과 중력에 의해 인간을 지표에 고착시키는 것은 좋지만 운동성을 제약하며, 장기적인 가뭄은 한 문명을 멸망시키는 등의 부작용이 있을 것이다. 그리고 화학적 작용은 태양으로부터 끊임없이 쏟아지는 자외선과 대기 중의 기체들에 의한 것과 열에 의한 것, 산화 등이며, 생물학적인 것은 동물과 식물 및 미생물 그리고 곰팡이 등에 의해 생산물이 노화·무화(無化)되는 것이다.

　자연은 생산물의 모든 소재와 존립조건을 제공하기도 하지만, 역으로 파괴하기도 한다. 유기물은 부패를, 무기물은 산화와 환원을, 구조물은 붕괴를, 인간은 노화를 겪게 되는데, 이 모든 것이 자연현상으로서 마땅히 받아들여야 하는 것이지만 누구도 원하지는 않는다.

　여기서는 물리적 작용과 화학적 작용은 앞서 언급된 정도에서 예측가능하다고 보고, 생물학적 작용을 동식물과 인간의 서식지 경쟁의 관점에서 조금 확인해 보겠다.

　세균과 바이러스에 의한 감염은 심각하다. 전염의 식별이 어렵고 다양한 변종이 발생하므로 치료가 어려운 경우가 많다. 모든 국가는 전염병에 대한 법률을 제정하고 이에 따라 행동의 지침으로 삼는다.

　잡초(雜草, weeds)는 생산물인 농경지와 여기서 재배하는 작물을 무화(無化)시키는 작용을 한다. 생산물로서 농경지에 인간이 필요로 하지 않는 식물로서 잡초가 무성하다면 농경지는 더 이상 쓸모가 없어지거나 그 소출(所出)이 감소한다. 그래서 인간은 작물을 재배하기 시작한 이래 경작지에 침범하는 잡초와 싸워야 했다.

잡초는 작물이 필요로 하는 수분, 양분, 빛의 농도, 산소를 빼앗아 작물의 수확량을 감소시키고 품질을 떨어뜨리며 병충해의 번식을 조장시켜 농경을 방해한다. 그래서 농작물의 생산비용을 증가시켜서 생산물의 가격을 증가시킨다. 잡초는 정원이나 공원의 미관을 해치고 운동장이나 도로 등의 기능을 마비시킨다. 목장의 동물들에게는 병을 옮기며 독초나 거친 풀로서 발육을 저해한다.

곤충은 머리와 가슴과 배 부분이 있고 다리가 세 쌍, 날개가 두 쌍인 동물이다. 곤충이 지구상에 처음 나타난 것은 약 4억 년 전 고생대 데본기 지층의 화석으로 알려져 있다. 그 후 진화를 거쳐 오늘날의 완전변태를 하는 곤충이 약 2억 5천만 년 전 페름기에 나타나기 시작했다. 이렇게 나타난 곤충의 집단행동이 인간의 생산물인 농작물 등에 피해를 준다. 메뚜기 · 좀 · 바퀴벌레 등이 많이 알려져 있다.

메뚜기군은 주로 열대지방에 몰려 있다. 대부분은 부엽토 속에 살거나 흙 속에 구멍을 파고 산다. 가장 오래된 메뚜기군의 화석은 석탄기(2억 8,000만~3억 4,500만 년 전)의 것으로, 바퀴벌레와 매우 유사하다. 사마귀와 같은 몇 종류의 포식성 메뚜기군은 해충을 구제하지만, 다른 많은 종류는 작물이나 자연 식생에 격심한 피해를 주고 있고, 바퀴벌레는 가장 많이 알려진 가정의 주된 해충이다.

서부 아프리카 지역에는 2006년 여름, 대규모 메뚜기 떼가 습격했다. 알제리, 호주는 물론 세네갈, 말리, 니제르, 모리타니 등에서도 극성을 부렸다. '바람의 이빨'이라 불리는 사막 메뚜기 떼가 하늘을 날 때는 거대한 구름 형상을 띠면서 인공위성에서도 확인이 가능할 정도이며, 바람을 타고 하루에 50㎞ 정도를 이동한다.

우리나라에서도 충북 영동지역 과수원과 채소밭에 갈색여치 떼가 나타나 막대한 피해를 냈다. 참나무 잎 등을 주로 먹는 갈색여치가 지구온난화로 일찍 돋아나 딱딱해진 참나무 잎보다 부드럽고 당도 높은 과수의 잎과 열매에 이끌렸을 가능성이 높다고 해석한다. 메뚜기 떼의 습격에 대해서는 삼국사기, 고구려 본기, 현종실록자본, 삼국사절요, 성서 창세기 중 출애굽기 등 동서고금의 역사에 수많은 자료로 남아 있다.

좀(Ctenolepisma longicaudata Coreana)은 좀목 좀과의 곤충이다. 크기는 1㎝ 정도이고, 몸은 흑갈색으로 길고 납작하며 한 쌍의 더듬이가 있다. 세계적으로 널리 분포하며, 특히 집 주변에 살면서 장롱 속의 옷·종이·풀 등 탄수화물을 먹고 사는데, 질병을 옮기는 일은 드물다. 이를 퇴치하기 위해 마트에서는 항상 나프탈렌을 비치하고 있다.

바퀴벌레는 3억5천만 년 전(고생대 석탄기)에 지구상에 나타난 후, 환경에 잘 적응하여 많은 종(種)으로 분화(分化)되었다. 화석을 관찰하면, 3억5천만 년 전의 모습에서 변한 것이 없을 만큼 완벽한 생명체다.

바퀴벌레는 학습재료로 쓰일 만큼 학습이 뛰어나며, 생존조건이 까다롭지 않아, 신체의 일부가 잘려도 살며, 엄청난 번식력을 가지고 있다. 포유동물이 전멸될 수 있을 정도의 방사능 수치에도 살아남을 수 있고, 물만 먹고도 한 달을 산다. 바퀴벌레는 배설물을 먹을 뿐만 아니라, 종이, 가죽, 전선, 머리카락, 가래침, 굳은 피, 동물의 사체 등도 먹는다.

자체의 소화효소가 부족하여 동료나 타 동물의 배설물을 통해 소화효소를 섭취하고, 사람이 먹는 음식을 먹는가 하면 토하기도 해서 병균을 전달한다. 그래서 피부 알레르기나 어린이 천식을 유발할 수 있으며, 바이러스 · 살모넬라균 · 원생동물 · 곰팡이류 등 병원성(病原成) 세균이 바퀴벌레의 몸체에 붙어 있어, 이질 · 장티푸스 · 폐렴 · 결핵 · 뇌척수막염 등을 유발한다.

야행성 해충이고 열대지방의 곤충이라 장판 밑이나 싱크대, 다양한 가전제품 속, 정화조 등 따뜻하고 더럽고 어두운 곳에 숨어 산다.

유해조수(有害鳥獸)란 야생조수 중 사람이나 가축, 가금, 항공기와 건조물 또는 농업 · 임업 · 수산업 등에 피해를 주는 조수로, 국가가 고시하는 조수이다. 이 문제는 세계적으로 떠오르고 있다.

유해조수의 종류로는 무리를 지어 농작물 또는 과수에 피해를 주는 참새, 까치 및 까마귀와 국부적으로 서식밀도가 과밀하여 농업 · 임업 · 수산업에 피해를 주는 꿩, 멧비둘기, 산토끼, 고라니, 멧돼지, 노루, 다람쥐, 두더지, 쥐 및 오리 또 비행장 주변에 출현하여 항공기 또는 특수 건조물에 피해를 주거나 군 작전에 지장을 주는 조수, 가축에 위해를 주거나 위해 발생의 우려가 있는 맹수 및 야생조수, 비둘기, 들고양이가 있다.

이 밖에도 강과 호수의 생태계를 파괴하는 황소개구리 · 배스 · 블루길, 어장의 어패류를 감소시키는 불가사리 등도 심각하다.

유해조수라는 규정은 잡초의 규정과 같이 매우 주관적인 것이다. 근원적으로 보면 모든 생명체에겐 생명권과 투쟁권이 있으며,

인간과 투쟁해야 한다는 이유로 인간의 관점에서 규정한 것이기 때문이다.

〈2〉 주체의 작용

주체는 주체성과 자유를 가진 본체로서 생산 활동과 소비 활동(관점을 바꾸면 문화 활동이다) 및 결연 활동을 통해서 정립되는 존재이다.

주체는 '주체-수단 체계'를 형성하여 대상에 작용을 가한다. 주체의 수단은 일차적으로 생체와 생체 이외의 자연물이며, 이차적으로 생산물을 수단으로 쓴다.

통일체계 내에서 주체의 작용은 의도된 작용 또는 의지적 작용(사랑)으로, 자연에 대한 작용과 생산물에 대한 작용 및 자기 자신에 대한 작용이다. 이것은 곧 주체의 생산 활동과 소비 활동을 비롯하여 결연 활동을 의미한다. 즉, 자연에 대한 작용은 자연을 생존에 필요한 형태로 변형시키는 생산 활동이요, 생산물에 대한 작용은 생산 목적에 맞게 필요와 욕구를 만족시키는 소비 활동이고, 자기 자신에 대한 작용은 사회를 형성하고 공동체 생활을 가능케 하는 결연 활동이다. 이 세 활동을 주체의 사회활동이라 한다.

자연에 대한 작용으로서 주된 작용은 무엇보다 생산 활동이다. 생산 활동은 인간의 필요와 욕구를 만족시키기 위한 목적행위로서 자연으로부터 원료를 획득하고 중간생산물을 거쳐 최종생산물에 이르는 생산 과정을 가진다. 자연에서 채취 · 사냥 · 채굴 · 경작 · 사육 등 일차적인 활동으로 원료를 획득한다. 다음에는 가공을 한 차례 이상 거쳐 최종 생산물을 만들어 낸다. 관념물이나 행위물, 인간과 사회 등의 인격적 생산물도 실험과 관찰, 의도한 교육, 다른 동물 사회의 모방 등으로 만들어진다.

자연에 대한 작용에서 부수작용은 주된 작용에 동반하여 일어나는 작용이다. 여기서는 생산 활동과 함께 발생되는 작용이다. 부수작용 또는 부작용에는 인간에게 바람직한 방향으로 작용하는 순작용과 인간에게 바람직하지 못한 방향으로 작용하는 역작용이 있다.

(1) 주체의 자연에 대한 작용

주체의 자연에 대한 작용은 주된 작용과 부수작용으로 구분된다. 주된 작용은 일차적 생산 활동과 인식 활동은 물론 검증 활동이다. 이에 대해 부수작용에는 주체에게 적합한 순작용과 그렇지 않은 역작용이 있다.

① 주된 작용

주체의 자연에 대한 작용으로서 일차적 생산 활동은 자연을 변형시키는 인간의 활동이기도 하며, 나아가 인식 활동과 검증 활동의 성격을 포함한다. 일차적 생산 활동은 관념적 · 물질적 · 행위적 · 인격적 생산물의 원재료를 획득하거나 그 자체로서 완성된 자연물을 다양한 수단을 통해 획득하는 활동이다.

인식 활동은 특히 경험적 인식을 획득하는 활동이며, 검증 활동은 생산물의 적합성 여부를 실험이나 관찰 등을 통해 확인하는 활동이다. 이것이 주체의 자연에 대한 주된 활동의 목록이다.

인식 활동과 검증 활동은 주체가 자연에 직접 작용을 가하는 일차적 생산 활동 속에서, 지식과 사용하는 다양한 형태의 수단이 자연의 사물과 현상을 유효하게 변형시킬 수 있는가에 대해서 인식의 기능과 검증의 기능을 동시에 지닌다.

가. 일차적 생산 활동

일차적 생산 활동은 자연에 직접 작용을 가하거나 적극적으로 자연의 작용을 수용함으로써 이루어지는 생산 활동이다.

물질적인 생산은 사냥 · 어로 · 채취 · 채굴 · 사육 등의 방식으로 자연에 직접 작용하여 필요와 욕구를 충족시키는 것을 획득하는 것이다. 일차적 생산 활동은 일차산업과 밀접한 관련이 있다. 자연의 활동 속에서 이루어진 결과물인 원자재 · 식량 따위의 가장 기초적인 생산물의 생산에 관련되는 산업으로 농업 · 임업 · 수산업 · 광업 따위이다.

생산 활동에서 인간이 자연에 작용을 가하기 전에는 아무것도 생산물이 되지 않는다. 흐르는 물도 채취하기 전에는 생산물이 아니다. 야생의 과일들이나 나물 등도 채취하기 전에는 생산물이 아니다. 캐거나 베거나 뜯거나 뜨거나 따거나 하는 것들이 바로 도구를 통하여 이루어지는 방법으로서 생산이기 때문이다. 거의 모든 생산물은 몇 차례의 중간생산물의 과정을 거쳐 최종생산물에 이른다.

이때 생산 활동을 자연에 직접 작용을 가하는 일차적인 생산 활동과 일단 생산된 생산물을 가공하는 이차적인 생산 활동으로 나누어 볼 수 있다.

생산은 반드시 원재료를 물리적 · 화학적으로 변형시킬 필요는 없다. 생산이 수단을 통하여 대상을 변형시키는 것이긴 하나 물리적 변형, 화학적 변형, 생물학적 변형만을 의미하는 것은 아니다. 생산물의 종류가 말해 주듯 물질적 변형, 관념적 변형, 행위적 변형, 인격적 변형이 존재한다. 그러므로 대상에 작용을 가하는 것만이 아니라 주체를 변형시키는 것도 가능하다. 인간의 사고방식이 바뀌면 객관적 대상이 달라지고, 인식과 행동에도 변화가 일어난다. 가령 자연을 신령스런 존재로 규정할 때다.

일차적 생산이 자연을 소재로 한다고 해서 자연을 전혀 다른 형태나 성질로 변형시키는 것이 아니다. 자연에 대한 일차적 생산은 수렵 · 어로 · 채취 · 가공 등으로 나타난다. 수렵은 도구와 방법을 통해 죽이거나 생포하며, 어로는 낚기 · 포획 등을, 채취는 뽑기 · 캐기 · 베기를, 알맞은 것을 줍기 · 꺾기 등을, 새로운 제품을 만들거나 질을 높이는 일차적 성격의 가공은 갈기 · 깨기 · 섞기 · 고르기 · 털기 · 떨기 · 달기 · 따기 · 삶기 · 굽기 · 찌기 · 벗기기 등을 말한다.

관념적인 생산은 자연에 이름 붙이기, 채록(採錄), 모사(模寫), 감동, 느낌, 신성화 등으로 획득된다. 관념적인 것은 주로 개념과 명제, 이론의 형태를 띠거나 단어나 문장 및 이야기의 형태를 띤다. 이럴 때 자연으로부터 직접 작용을 수용하면서 생산하는 관념적 생산물은 사물과 현상에 대한 이름 붙이기 등으로 개념이나 단어를 만들고, 이를 바탕으로 하여 객관적 · 주관적으로 정당한 명제나 문장을 형성하고, 올바른 사물과 현상을 지식의 형태로 의식 속에 반영하거나 주관적으로 사물과 현상의 모사(模寫)로서 그림이나 이야기를 생산한다. 이야기는 기호를 통하여 어떤 사물이나 사실, 현상에 대하여 일정한 줄거리를 가지고 있는 것이다.

현대에 와서 관념적 생산물은 자연의 사물과 현상 및 사건을 기계나 손으로 그리거나, 음향 등의 형태로 채록한 것도 많이 있다. 구체적으로 보면 사생화, 사진, 녹음이나 녹화된 영상이나 음향 등이 있다. 기호에서 상형문자는 이의 전형이라 할 수 있다.

행위적인 생산은 자연의 형태나 움직임에 대한 모방이나 추상 등으로 획득된다. 의사전달을 위해 손짓 발짓으로 자연의 사물과 현상 및 사건을 표현하는 것은 물론, 무술이나 춤에서 호랑이나 학 등 동물들의 동작을 모방하여 개발하는 것 등을 예로 들 수 있다.

행위적인 생산물도 동작을 통하여 행위를 형성하고 다수의 행위를 종합하여 활동을 구성한다. 이때 춤과 무술, 스포츠 등은 활동의 형태이며, 호랑이의 탐색동작과 균형 잡기 등을 통해 하나의 공격이나 방어를 완성하는 문장에 해당하는 것을 '행위'하고 하며, 단순히 찌르기, 막기 등의 요소로서 움직임은 '동작'이라 한다. 즉, 동작을 구성해서 행위로 나아가고, 다수의 행위를 구성해 완성된 하나의 춤과 무술 등은 활동이다.

인격적 생산은 임신으로부터 시작되는 교육을 통해 이루어진다. 임신부터 출산까지 행하는 태중교육을 태교(prenatal training, 胎敎)라고 한다. 태교가 과학적으로 어떤 영향을 주어 출생아에게 육체적·정신적으로 어떤 결과를 나타나게 하는지에 대한 연구는 현재 진행 중이다.

하지만 임신부가 임신하여 출산할 때까지 보고 듣고 말하고 먹고 행동하고 생각하는 모든 것이 태아에 영향을 준다고 믿는다. 그래서 모든 일에 대해서 조심하고, 나쁜 생각이나 거친 행동을 삼가며, 편안한 마음으로 말이나 행동을 할 때, 태아에게 정서적·심리적·신체적으로 좋은 영향을 준다고 전제하고 임산부는 물론 그 주변 사람들까지도 말과 행동에 정성을 다하게 함으로써 태아에게 좋은 영향을 주고자 한다.

특히 현재 관심을 고조시키는 후성생물학(후성유전학)의 관점에서는 임신 중 어머니의 영양 섭취에 문제가 발생하면 태아가 가진 유전자의 기작(메커니즘)이 일부 폐쇄되는 경향을 발견한다. 가령 어머니가 심한 입덧을 하거나 빈곤하여 영양 공급이 극히 결핍될 때, 태아는 출생 후의 환경이 열악할 것으로 예견해서 영양의 축적에만 작용을 하고 조절능력을 폐쇄한다. 그리하여 비만을 일으키는 경향이 나타나는 것이다.

임신 중 어머니와 그 주변 환경이 태아에게 중요한 영향을 끼친다는 생각은 동서양을 막론하고 역사적 자료 속에 나타나는 것을 보면, 인류의 오랜 경험적인 신념이었다. 정신적·육체적으로 좀 더 건강한 후손을 생산하고자 하는 인간의 본능은 자연현상으로서의 임신과 출산 이상의 것으로 생각하였다. 출생 후 태몽과 이름은 물론 신체의 특징에 의미를 부여하여 출생아의 의식에 잠재적으로 각인시켜, 인생을 살아가는 데 목표를 설정하고 역경을 이겨 내는 데 동기를 부여한다.

인간과 인간의 의지적 상호작용이 사랑이다. 따라서 교육도 근본적으로 인간애(人間愛)로부터 출발하며, 교육자가 피교육자에게 영향을 끼쳐서 당시의 사회가 요구하는 인간으로 성장하고 공존하는 세대를 넘어 무리 없이 삶을 유지할 수 있게 하는 것이 근본적인 기능이라 할 수 있다. 또 성장기에 받은 교육이 사회의 급격한 변화나 인생의 전환점에서 새로이 요구될 때, 보수교육이나 재교육을 받지 않으면 안 된다.

교육은 당 시대의 이상적인 인간 형성의 과정이며 사회개조의 수단이다. 사회적으로 바람직한 인간을 생산하여 개인적인 생활은 물론 가정과 사회생활에서보다 행복하고 가치 있는 삶을 추구하게 만들며 나아가 끊임없이 변화하는 환경에 적응하는 인간과 사회를 만들어 나가는 작용인 것이다.

생산물이란 인간이 어떤 목적으로 어떤 대상을 어떤 도구와 방법으로 변형한 것이다. 생산 활동의 결과물을 그 형태별로 구분한다면 물질적인 것, 관념적인 것, 행위적인 것, 인격적인 것으로 구분할 수 있다. 이러한 형태의 생산물은 결코 따로 존재하는 것이 아니다.

가령 '밥'이라고 하는 생산물이 있다. '밥'은 물질적인 생산물이다. 밥은 '조리법'이라고 하는 관념적인 생산물에 따라 공정이 재현된다. '조리법'은 그 자체로서는 '밥'을 하지 못한다. 인간이 조리법에 따라 행하는 '조리행위'라고 하는 행위적 생산물의 결과물이다. '조리법'은 그 자체로 쌀을 '밥'으로 만들지 못한다. 도구인 '밥솥'이 필요하다. 이때 행위를 하는 '인간'은 교육을 통해 이루어진 기술자로서 '인간'도 생산물이다. 즉, '밥'이라는 물질적 생산물은 기술자로서 '인간'인 인격적 생산물이 '조리법'이라는 관념적 생산물에 따라 행위적 생산물인 '조리행위'를 통해 물질적 생산물인 '밥솥'에서 재현된 것이다. 결론적으로, 모든 생산물은 종합적인 과정과 생산물을 통해 결과물로서 이루어진다.

나. 경험적 인식

자연으로부터 직접 얻는 것으로, 자연과 주체의 관계 속에서 이루어지는 인식이다. 이러한 인식을 경험적 인식이라 한다면, 이것도 의식적 상태에서 행하는 능동적이고 기술적 과정 속에서 이루어지는 것으로, 일종의 생산 활동의 결과물로서 생산물이다. 즉, 관념적 생산물의 생산이다. 관념적 생산물이 반드시 기호를 통해 인간의 정신으로부터 분리되어 있을 필요는 없고, 인간의 장기(臟器)인 뇌 속에 저장되어 있어도 무방하다. 이것은 필요에 의해 언어나 행동 등으로 객관화시킬 수 있기 때문이다.

지식에는 이론적 지식과 경험적 지식이 있다. 이론적 지식이 '개념-명제-이론'으로 이행한다면 경험적 지식은 감각과 지각 및 표상을 요소로 하며 '감각-지각-표상'으로 이행한다. 경험적 지식의 최종형태는 표상이지만, 지각표상(知覺表象)은 인간의 생체를 통해 얻어진 생산물이다. 이론적 지식은 경험적 지식의 객체화이다.

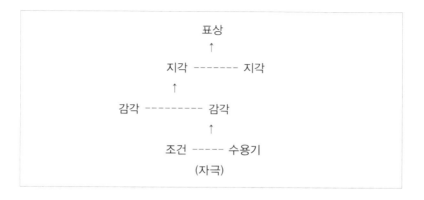

인식에 있어서 가장 기본이 되는 두 가지 요소는 조건과 수용기다. 수용기에 흥분을 일으키는 것이 외부에 있을 경우에는 외부조건이고, 내부에 있을 경우에는 내부조건이다. 이 조건이 수용기에 작용하여 수용기에 흥분을 일으키는 것을 기초로 우리의 인식은 출발한다.

우선 자극은 조건에 따라 생체의 특정 활동이 활성화되는데 이것을 '흥분'이라 하며, 흥분을 일으키는 원인 조건이 수용기에 수용되었을 때를 '자극'이라고 한다. 가령 촉각은 마이너소체나 메르켈소체, 냉각은 크라우제 말단구, 온각은 루피니소체나 신경말단의 수상돌기, 압각은 파치니소체 등이 수용기다. 즉, 조건을 이에 대응하는 감각기가 수용하면 자극이다.

감각(sensation, 感覺)은 빛과 소리, 충격, 냄새 등과 같은 외계의 사상 및 통증과 같은 자극과 독·세균·가스·상처 등에 따른 생체의 이상과 생체 내의 현상에 따른 자극이 중추신경계를 통하여 뇌에 전해졌을 때 일어나는 의식현상이다. 이와 같이 조건이 생체에 수용되어 이루어진 자극이 뇌에 전해진 의식현상을 '감각'이라고 한다. 감각은 감정적 요소를 포함하지는 않지만, 이것도 분명 능동적이고 기술적인 것이라면 생산물이다. 가령 맛을 보거가 질감을 느낄 때 우리의 의식은 능동적으로 행동한다.

우리는 감각을 수동적인 의식현상으로 파악하지만, 실제로 우리는 우리의 생체를 통해 대상을 능동적으로 파악하고 있다. 이때 생체가 도구로 사용되는 것이다. 이렇게 의식적으로 일차적 도구(생체)와 방법을 통하여 얻은 기술적 결과물은 관념적 생산물이라는 사실을 인식해야 한다.

감각은 기억이나 추리 등 고차적인 신경작용을 통해 지각으로 이행한다. 지각(perception, 知覺)은 자극의 종류 또는 수용기의 차이에 따라 서로 다른 성질과 기능을 지닌다. 외부 자극으로 형성된 지각은 촉각 · 후각 · 미각 · 청각 · 시각 · 습각 · 온각 등이 있고, 생체 내부의 자극으로부터 형성된 지각은 내장(內臟)의 통각, 평형감각 등이 있다. 감각과는 달리 지각은 아프다 · 달다 · 쓰다 · 밝다 등과 같이 감정적 요소를 가진다.

표상(Presentation, representation, 表象)은 지각을 재료로 형성된다. 지각의 대상이 현재 존재할 때에는 '지각 표상'이라고 하며, 과거의 지각이 기억에 의해 재생(再生)되었을 때에는 '기억 표상', 또 과거의 지각이 주관에 의해 조합되었을 때에는 '상상 표상'이다. 표상의 예로는 지도(地圖)나 사진, 일기(日記) 등이 있다.

여기까지가 경험적 인식이고, 이성적 인식은 표상을 재료로 개념을 형성하고, 개념을 재료로 명제를 이루며, 명제를 재료로 하여 이론으로 나아간다. 이론을 재료로 메타이론으로 나가기도 한다.

다. 검증 활동

검증 활동은 인간이 이루어 놓은 생산물이 그 목적에 부합하는 인간의 필요와 욕구를 충족시킬 수 있는가를 확인하는 작업이다. 이것은 오직 자연과 사회의 관계 속에서만 객관적으로 드러난다. 이때 자연과 사회는 인식에 대한 검증의 장(場)이 된다. 그리고 자연과 사회는 이론과 실재의 비교 대상이요, 비교 기준이 된다. 자연과 사회를 비교하여 일치하면 '참'이고, 불일치하면 '거짓'이다.

물질적 생산물은 직접 사용해 보거나 맛을 보거나 자연에 작용을 가해 봄으로써 생산 목적과 부합하는지 비교·판단이 가능하고, 행위적 생산물은 자연과 사회에 직접 행동해 봄으로써 자연의 변형과 구성원의 반응으로 판단이 가능하다. 그리고 관념적 생산물은 현실의 자연과 사회에 재현해 봄으로써 진위 등의 확인이 가능하고, 인격적 생산물은 윤리적 기준이나 결사의 목적 등과 실천을 통해 그 활동과 비교함으로써 특정 인격의 정당성 확인이 가능하다.

그러나 자연 상태에선 그 적합성을 확인하는 것이 시간적으로 비용 면에서 불가능할 경우도 있다. 자연은 인간이 원하는 때에 언제나 그리고 짧은 시간 내에 재현되거나 확인되지 않는다. 그래서 인간은 실험·관찰·측정·모형실험·설문·통계 등을 통하여 자연을 고문한다. 아무리 바쁘고 비용이 들더라도 점술가나 무당 등 신통력이 있다는 사람에게 해당 생산물의 적합성 여부를 묻는 것은 쓸모없는 짓이다.

관념적 생산물이나 행위적 생산물은 물질적 생산물과 인격적 생산물과는 달라, 재현하더라도 무형의 것으로 생산물 자체를 무화(無化)시키지는 않는다. 이와는 달리 유형의 물질적 생산물은 대량의 반복 생산이 가능하다고 해도 모든 생산물을 모두 사용해 볼 수는 없다. 이럴 때 선별적 일부 테스트가 이루어져 확률적 신뢰를 구축하고, 대량생산이 불가능하거나 반복 생산은 가능하나 비용이 많이 드는 유일한 생산물로 취급될 때는 생산물 자체는 손상시키지 않는 비파괴검사 등으로 확인이 이루어지고 있다. 물론 인간에게도 비파괴검사는 병원에서 이루어진다. 이때는 자연으로서의 인간일 경우가 많다.

또 인격적 생산물의 경우는 다른 생산물과는 달리 적합성 확인이 가장 어렵다. 그렇다고 해서 그냥 둘 수는 없다. 특정 인격의 특정 능력을 확인하거나 시험을 치거나 경력을 확인하거나 본인 또는 지인을 통한 설문 등으로 어느 정도 확인이 가능하다.

② 부수작용

주체의 주된 작용에 따른 부수적인 작용으로서 순작용과 역작용이 있다. 순작용이란 생산 활동 등과 함께 일어나는 의도되지 않은 작용으로서 좋은 효과라 할 수 있다. 이와는 반대로 역작용은 나쁜 효과이다.

가. 순작용

생산 활동으로서 자연에 작용을 가하는 가운데 동시에 이루어지는 부수작용 중 인간에게 이로운 작용이 순작용이다. 이것은 주된 작용에 부가된 적합한 작용이다.

가령 잡초를 목초로 쓰기 위해서 뽑아내어 한 번만 생산하는 것이 아니라, 베어내면 잡초는 생육의 자극으로 받아들여 빠른 회복과 성장을 한다. 이럴 때 목초 생산량을 늘릴 수 있다. 또 감을 딸 때 감만 따지 않고 꼭지에 연결된 가지의 일부를 더 꺾어 따면, 다음 해에 더 많은 감이 열린다. 과수의 가지치기도 이와 같은 원리다.

이 외에도 산림녹화는 생태계를 복원하고 장마로 인한 자연재해를 줄이는 등의 효과를 볼 수 있음은 물론, 인간의 정서 안정, 공기 정화와 대기성분의 유지, 원인을 알 수 없는 피부병(아토피) 등의 치료에도 기여한다.

이와 같이 주된 작용에 부수적인 작용으로서 인간에게 이로운 작용이 순작용이다.

나. 역작용

역작용은 인간의 생산 활동에서 자연에 작용을 가하는 가운데 함께 일어나는 해로운, 즉 적합하지 않은 작용을 말한다. 자연의 회복능력 이나 인용능력 또는 자정능력을 웃도는 작용을 함으로써 자연의 상태 를 불안정하게 만들어 사고나 이상 현상을 일으키는 것이다. 즉, 주 체가 생산 활동 중에 대량의 폐기물을 발생시키고 지반이나 생태계를 불안정한 상태로 조성하여 미처 예측하지 못한 이변을 초래하는 것이다. 즉 물리적으로 채광이나 채굴, 도로나 도시 및 산업단지, 위락 시설 등을 건설하고자 지하 및 지상의 지형을 변경하여 지반이나 생 태환경을 파괴하고, 생물학적으로 방역, 남획, 서식환경의 파괴, 이 상기후의 초래, 인위적 교잡(개 · 금붕어 · 채소 등 애완용 및 작물) 등으로 생 물의 유전자 변형을 통해 자연적 적응성의 파괴 및 멸종을 초래한다. 그뿐만이 아니라, 화학적 생산행위로 발생하는 중금속이나 독성을 가진 화합물, 정화능력을 초과하는 쓰레기를 발생시켜 환경의 오염, 생물에 대한 위협 등을 일으킨다. 인간에게 원치 않는 소리로서 소음 이나 진동 등으로 인한 스트레스나 원인을 알 수 없는 피부병인 아토 피, 각종 증후군(신드롬) 등도 모두 이러한 역작용의 사례이다.

부수작용은 대체로 순작용보다 역작용이 우세하다. 그래서 부수 작용을 역작용과 동일시하는 경향이 있다. 생산물을 생산하는 가운 데 발생되는 폐기물이 자연의 정화능력을 넘는 경우, 인간에게 해 가 됨은 경험상 명백하다.

주된 작용은 자연으로부터 필요와 욕구를 만족시킬 수 있는 생산물을 얻을 때, 자연은 그 생산물을 내어주면서 일시적인 또는 영구적인 안정상태가 깨어진다. 가령 농경지를 개간하거나 수로를 변경하거나 도로를 개통하고 성곽을 쌓는 등 생산물을 획득함으로써 자연을 변형시키는 경우, 광물의 채굴로 인한 지하공간의 조성 등으로 인한 지반의 침하나 붕괴(싱크홀 발생), 식물의 채취나 동물의 사냥 등 남획으로 인한 종의 멸종 등은 자연 생태계나 지반의 불안정을 초래한다.

또 생산물을 얻기 위해 작용하는 가운데 발생되는 중금속·먼지·이산화탄소·방사능 및 독성을 지닌 화학물질 등은 토양오염이나 대기오염 및 수질오염을 발생시킨다. 만일 이것이 자연의 자정능력을 능가할 경우, 지구의 온난화와 기상이변은 물론이고 식수의 감소로 인해 오수나 해수의 정수비용 증가, 토양의 오염으로 인한 먹을거리의 오염과 질병의 발생 등 인간의 생존을 위협한다. 이러한 과도한 작용이 결국 인간에게 생존을 어렵게 하는 요인으로, 역작용을 일으키기 때문이다.

중금속이란 비중이 4~5 이상인 금속으로, 일반적으로 인체에 유해한 것이 많다. 중독 메커니즘은 다양하며, 유기중금속염은 단백질과 결합력이 강하여 생물체에 흡수·축적되기 쉽다. 무기중금속염은 생물체에 비교적 늦게 흡수되지만, 일단 흡수·축적되면 단백질 변성을 일으키므로 그 생물은 기형을 유발하거나 생존할 수 없다.

급성중독은 즉사하거나 치료하면 치유되기도 한다. 만성중독은 서서히 진행되며, 확실한 치료법이 없어 결국 사망하거나 다음 대

(代)에 기형으로 나타나는 경우다. 중금속 중독으로 일어나는 대표적인 병에는 메틸수은화합물에 의한 미나마타병(水俣病)이 있다. 그 외에 카드뮴이 체내에 축적되어 칼슘이 차츰 빠져나가 석회화되지 않은 골 조직이 증가하여 뼈가 약해지는 골연화증이 나타나는 카드뮴중독(이따이-이따이 병)이 있는데, 이들은 공해병의 일종이다.

망가니즈중독(파킨스씨병)은 아크용접 및 절단 그리고 건전지제조 공장에서 분진의 흡입으로 발생하며, 무기력·무관심·식욕감퇴·불면증·신경증세, 돌진증·강박소·소자증·언어장애·정신착란·수족경련 등을 일으킨다.

수은중독은 수은 증기에 노출되어 폐 기관과 중추신경계가 영향을 받아 발생하는데, 발열·오한·오심·구토·호흡 곤란·두통 등이 나타난다. 심하면 폐부종과 청색증, 양측성 폐침윤이 나타나며, 위장관에도 영향을 주어 금속성의 쓴맛, 인후 압박감, 가슴 통증, 위염, 괴사성 궤양을 일으킬 수 있다. 또 소변의 양이 줄어들거나 안 나오는 핍뇨(乏尿)와 무뇨(無尿)가 나타나기도 한다.

아연중독은 증기를 마시면 몸살이 난 것처럼 오한 증세가 나타나고 장기간 접촉하면 일과성(一過性) 당뇨를 볼 수 있다. 산업현장에서 아연 도금품 용접 시 발생하는 흄을 다량 마실 시에 더러 나타난다.

산소(oxygen, 酸素)는 생명유지에 불가결한 가스이며, 공기보다 무겁고 냄새가 없다. 또 산소 자체는 지연성(支燃性)이 대단히 강해서 불이 나면 진화가 어렵고 격렬한 폭발을 일으키게 된다. 또 활성산소는 독성이 강하기 때문에 살균에 사용되고 표백제로 사용되는데, 과량 흡입하면 기도를 손상시킨다. 호기성 생물이 이용하는 산소분자가 산화과정에 이용되면서 여러 대사과정에서 생성되어, 생체조직을 공격하고 세포를 손상시키는 산화력이 강한 원소로서 혈액순환 장애, 환경오염, 스트레스 등이 원인으로 추정된다.

산성비(acid rain)는 자동차에서 배출되는 질소산화물과 공장이나 발전소, 가정에서 사용하는 석탄·석유 등의 연료가 연소되면서 나오는 황산화물이 원인이다. 질소산화물과 황산화물이 대기의 수증기와 만나면 강산성의 황산이나 질산으로 바뀐다.

산성비의 영향으로 식물이 말라 죽고 하천이나 호수에서 산성에 약한 물고기가 떼죽음을 당하고 있다. 이런 현상은 세계 곳곳의 공업지역에서 나타나고 있다. 내가 사는 울산의 남구에서도 1980년대에는 들의 풀과 산에 나무가 말라 죽는 현상이 나타났는데, 이러한 산성비는 금속 철재와 콘크리트 등 건축구조물 그리고 고고학적 유물까지도 부식시키고 있다.

현대에 들어 지구 온난화에 많은 관심이 쏠리고 있다. 지구 온난화는 지구에 대기권이 있기 때문에 생기는 현상이다. 만약 대기가 없으면 인간이 숨을 쉴 수 없고, 지구 밖에서 들어오는 운석 등을 태워서 방어할 수 없다. 물론 태양으로부터 오는 모든 빛과 열을 다시 방출함으로써 지구는 동토의 땅이 되어 생물이 살기 어렵다.

대기 중에서 복사 에너지를 흡수하여 온실효과를 일으키는 온실기체는 수증기와 이산화탄소를 비롯하여, 메탄(CH_4), 오존(O_3), 일산화이질소(N_2O) 등이 있다. 이 중 이산화탄소는 지난 백 년 동안 공업화로 인해 화석연료의 급진적 사용으로 엄청난 증가를 보였다. 이로써 대기가 더욱 복사에너지를 가두는 결과로 이어져 지구의 온도가 높아진다는 것이다. 그 결과 열대성 폭풍이 점점 더 강해지고 잦아져서 심각한 재해가 발생한다. 세계는 지구 온난화 방지에 부산히 움직이기 시작했다. 각국 간에 협약을 맺어 탄소배출량을 억제하기로 하고 배출권을 매매하고 있다.

(2) 주체의 자기작용

주체의 자기작용은 주체성과 자유를 가지고 스스로 운동성을 가진 주체들 간의 의지적 상호작용으로, 당위법칙에 따라 운동(행위)한다. 이 운동으로 말미암아 주체는 계층적 인격을 가진 구조적인 사회를 형성하고, 그 속에서 다양한 사회 활동을 하면서 존재한다. 주체의 자기작용은 단적으로 결연 활동이고 사회 활동의 하나이다.

주체성이란 철학적으로 의식과 신체를 가진 존재가 자기의 의사로 행동하면서 주위 상황에 적응하여 나가는 특성으로, 자발적 능동성이다. 그리고 자유는 자연 및 사회의 객관적 필연성을 인식하고 이것을 활용하는 일로, 자연과 사회의 법칙과 결별하는 상태로 뛰어넘는 것을 의미하지는 않는다. 언제나 자연과 사회법칙 내에 존재하면서 이를 극복하는 것이다. 가령 높은 곳에서 아래로 굴러 내려오거나 흘러내리는 것은 중력의 법칙이다. 하지만 인간은 자기의 생리적 에너지를 이용하여 산을 오르며 중력의 법칙을 극복한다. 그렇다고 해서 이것이 자연법칙을 초월한 것은 아니라는 것이다.

자유가 자연법칙을 초월할 수 없듯이 당 시대가 요구하는 사회적 제도도 벗어날 수 없다. 또 각종 터부를 행할 시 제재를 받는다. 그렇다면 자유란 '자연법칙과 사회규범 및 터부가 무엇인지를 확실히 인식하고 선택을 하고 이를 적합하게 극복하는 것'이다.

① 주된 작용

주체의 자기작용은 전체로서의 주체의 관점에서 자기작용이지만, 그 속에 존재하는 계층적 주체들 간에 이루어지는 상호작용이다. 이 상호작용의 본질은 다양한 애인이다. 가족이나 특수한 단체를 형성하고 나아가 국가나 국가동맹 전체로서 국제연합을 형성한다. 이러한 계층적 집단은 독자적인 운동법칙을 가지며, 하위나 상위의 집단과는 서로 다른 독자적인 운동을 한다.

각 계층적 집단은 하나의 인격을 가진 인격체이다. 그러므로 주체의 자기작용은 계층적 인격체를 형성하는 것이며 이들의 상호작용이다. 이러한 인격들은 경제 활동이나 정치 활동을 비롯한 모든 문화적인 활동을 한다. 즉, 주체의 자기작용은 인격과 인격 간에 이루어지는 결연 활동이다.

인격은 한 개인으로 존재하기도 하고, 다수의 개인으로서 상위의 인격으로 존재하기도 한다. 다수의 사람으로 존재하는 인격으로는 가족, 단체와 국가, 그리고 최상위의 세계(국제연합)가 있다. 단체는 공동의 목적을 가진 다수의 사람으로 구성된 결사체를 말한다. 법률적으로 이러한 사단에는 사단법인과 법인격 없는 사단이 있으며, 사단으로서의 실체를 갖추지 못한 조합도 있다. 조합은 그 구성원의 법적 지위가 단체와 어느 정도 독립성을 가진다는 점에서 사단과는 다르다.

결연 활동은 주체와 주체 간에 이루어지는 사적이고 공적인 모든 인간관계를 발생시키는 주체의 작용을 말한다. 이로써 상위의 인격을 형성한다. 인간이 사회 속에서 비교적 영구적인 다양한 계층적 인격(가족·단체·국가·국제연합)을 형성하는 것은 물론, 일시적 필요와 욕구를 충족시키기 위해 형성하는 경우가 있다. 일시적인 것으로 놀이나 집회 등을 들 수 있다.

상대적으로 영구적인 사회구조를 형성하는 경우는 결혼을 하여 가정을 이루거나 국가의 구성원으로서 역할을 수행하면서 존재하는 경우, 아니면 장기적으로 어떤 단체에 소속되어 역할을 수행하는 경우이다.

일시적으로 인간관계를 발생시키는 경우는 상거래나 놀이 등을 하기 위해 이루어지는 것이다. 이러한 인간의 결합체는 다른 인격에 대해 독립적이며 독자적인 행동을 한다. 즉, 어떤 목적을 수행하기 위해 행동한다는 것이다.

가족의 성립은 결혼(marriage)을 통하여 이루어진다. 결혼은 두 사람 이상이 통과의례를 거쳐 이루어지는 개인보다 상위의 사회 제도적 인격형성 방법이다. 결혼으로 성립한 가족은 성적 사랑을 통하여 자녀를 출산 또는 입양하여 사회성원을 재생산하거나 양육하며, 업무를 분담하면서 유기적인 조직체로서 가정을 이끌어 간다.

근래의 결혼은 이성 간의 결합만을 의미하지 않고 동성 간의 결합도 제도적으로 인정하는 추세다. 또 세계에는 일부다처나 일처다부도 인정하는 경우가 많아, 단순히 한 남자와 한 여성의 결합이라는 규정에는 무리가 있다. 주혼(走婚)의 경우도 이를 일부일처제의 결혼을 규정하는 데 어려움을 일으킨다. 또 혼인 없이 정자은행(精子銀行)의 정자를 이용하여 아이를 낳아 가족을 형성하는 경우 등, 즉 비혼(非婚) 가정도 존재한다.

결혼은 당사자 간의 결합에 그치는 경우가 아닌 것이 대체적인 경향이다. 집안과 집안의 결합은 불가피하다. 그래서 촌수가 계산되거나 결혼 당사자를 중심으로 일정한 관계에 대하여 특별한 호칭이 주어진다. 그리하여 끈끈한 인간관계를 형성하고, 좋고 나쁜 일에 협력을 하여 일을 치러 나간다.

　통상적인 결혼은 무엇보다 이성 간의 사랑을 매개로 이루어진다. 성적 사랑은 성원을 다른 어떤 인격의 형태보다 굳건하게 결합하여 가정을 이루게 하는 의지적 상호작용이며 힘이다. 이 힘은 인격 형태 중 가장 강한 결속력이기는 하지만, 파국에서는 그만큼 폭발력이 강하여 구성원이 극단적인 파멸에 이르는 경우가 빈번하다. 화학이나 물리학에서의 해리에너지가 결합에너지에 비례하는 이치다.

　단체는 일정한 목표를 위해 조직되고, 법적으로 또 사실적으로 하나의 인격으로 존중된다. 사단법인은 회사와 같이 영리를 목적으로 하는 경우를 말하고, 법인격 없는 사단에는 학술단체·종교단체·자선단체·기능단체·사교단체 등이 있다. 조합은 2인 이상이 상호출자하여 공동사업을 경영하기로 약정하는 계약으로, 그 구성원의 지위가 어느 정도 독립성을 가지는 점에서 사단과는 다르다.

　단체는 가족과는 다른 형태의 사랑으로 결합된다. 영리·지연·진리·선·아름다움 등의 구성원 공동 목표에 대한 사로잡힘이다. 이것은 가족 간의 사랑과는 다르다. 가족 간의 사랑은 일반적으로 혈연이다. 선택의 여지가 없고 분리 불가능한 것이 가족 간의 사랑이라면, 단체의 사랑은 선택과 탈퇴가 자유롭다는 점에서 가족과는

과학의 통일 통일의 과학

다르다. 그래서 그 결합력도 가족에 비해 약하다. 상위의 인격으로 이행할수록 구성원의 결합력은 약하나, 전체의 힘은 질량에 따른 중력과 같은 합력(合力)으로서 강해진다. 그래서 세계는 중국, 러시아, 미국이나 이란 등 큰 국가가 작은 국가에게 큰 영향을 끼친다.

국가의 성립은 영토와 국민, 주권을 가져야 한다. 영토는 국제법에서 국가의 통치권이 미치는 토지로 이루어진 입체적인 구역으로, 일정한 지하는 물론 바다와 하늘을 포함한다. 그리고 국민은 머무는 소재지와는 관계없이 그 국가의 지배를 받는 구성원이다.

또 주권은 국가 의사의 최종적 결정권이자 최고의 권력을 의미한다. 우리 헌법 제1조 2항의 "대한민국의 주권은 국민에게 있고 모든 권력은 국민으로부터 나온다."라는 규정이 이를 의미하는 것이다. 또 대내적으로 이보다 우월한 의사를 인정하지 않으며 어떠한 권력에 의한 지배도 허용하지 않는 것은 물론, 대외적으로는 타국의 지배나 간섭을 받지 않는 배타성과 독립성을 가진다.

이런 상태의 집단을 '국가'라 하며 그 속의 인격인 단체와 가족 및 개인 보다 상위의 인격을 지닌다. 이러한 국가를 존속케 하는 힘은 사랑의 한 모습인 애국심이다. 다른 인격 형태의 힘이 그렇듯 애국심도 상대(타국가)가 있을 때 확연히 드러나며, 집단이 클수록 성원의 내적 결합력은 약하다. 하지만 애국심도 합력으로서 타국과의 관계 속에서는 성원의 양적 크기에 비례한다. 그래서 물리력의 강화를 위해서 정복의 역사는 오늘도 어김없이 이어진다.

특히 우리나라의 오천 년 역사는 오직 국민의 힘으로 이어져 왔다고 해도 과언이 아니다. 국가가 부패해서 국력이 쇠약해져 나라가

망할 지경에는 언제나 의로운 백성이 일어났다. 주권은 국민에게 있고 모든 권력은 국민으로부터 나온다는 명제의 역사적 입증이다. 국민에 의해 성립한 관료는 국민 위에 군림해선 안 되고, 부패한 관료는 극약으로 처방해야 한다.

이를 위해서는 인성교육을 강화해야 하고, 지식만 높은 사람보다 인간이 된 사람이 관료로 나아가야 한다. 관료는 일반 국민보다 도덕성이 높아야 한다. 만일 그렇지 않으면, 과거 역사가 말해 주듯 또다시 부패한 관료가 나라를 망치고 백성이 피 흘리며 백의종군하여 새로운 나라를 세우는 비극이 이어질 것이다.

제2차 세계대전(1939~1945년까지 독일·이탈리아·일본을 중심으로 한 국가와 영국·프랑스·미국·소련 등 연합국 사이에 벌어진 세계 규모의 전쟁) 중 연합국은 전쟁 후 국제기구인 국제연합(UN)을 1945년 10월 24일 설립했다. 인류의 역사가 거듭될수록 전쟁의 규모는 터 커지고 더 치열해지고 더 악랄해지는가 하면, 급기야는 인류가 절멸할지도 모른다는 위기의식을 갖게 만들었다. 거대한 전쟁은 과거 칭기즈칸이나 나폴레옹의 정벌도 크지만, 1·2차 세계대전이 전 지구적이라 할 수 있다. 그리고 그 잔인성에 대해서는 원자폭탄의 투하는 물론, 홀로코스트와 마루타를 말할 수 있다.

그리하여 설립된 국제연합의 목적은 전쟁 방지, 평화 유지, 정치·경제·사회·문화 등 모든 분야의 국제협력 증진이며, 2011년에 193개 국가가 가입되어 있으므로 실질적으로 현재 세계 최고의 인격이라 할 수 있다.

하지만 이 정도로는 부족하다. 세계를 안정화시키고 인류가 공동번영으로 나가기는 어렵다는 사실이 곳곳에서 드러나고 있다. 결국 인류는 생명체 역사에서 자멸할 수 있다는 사실을 심각하게 느끼기 시작했다. 핵전쟁의 위협에서 인류의 파멸을 면하고 영구적인 평화를 확립하기 위해서는 모든 국가가 유기적으로 협력하는 국제연합(UN)의 집단안전보장 방식을 초월한 초국가적 기구인 세계정부의 탄생이 필요하다는 것이다. 이것은 인류가 삶을 영위하는 역사적 과정에서 지구에서 필연적이며, 최종적으로 도달해야 할 인격체이다. 지구에서 지상낙원을 만들어야 하며, 이는 우주로 번영해야 한다.

세계정부의 사상은 지구상의 인류가 계층적 인격을 형성하는 역사적 과정에서 최종적인 인격으로서 필연적으로 나타나야 하는 것으로 A.단테(1265~1321)의 〈제정론(帝政論)〉 등에서 나타났으며, 현실적으로 세계정부의 수립 필요성은 제2차 세계대전 말 원자폭탄의 출현에 따른 위험이 중요한 계기가 되었다. 어쩌면 인류의 멸망이 자기기술에 따른 자멸일지도 모른다는 극도의 불안감은 개별국가를 통제하는 상위의 인격체를 요구하게 되었다.

세계 전체를 조직하는 세계정부(world government, 世界政府)가 절실히 필요하다. 이것이야말로 세계의 통일이요, 통일체계의 한 요소인 주체의 온전한 통일이다. 이때 세계정부를 중심으로 조직되는 국가는 세계연방이다. 이를 위해 미국 등에 의해서 국제적 통일로 나아가기 위해서 1946년 10월 세계연방주의자 세계협회(World Association of World Federalists: WAWF)가 결성되었다.

세계정부 구상에 대한 비판에도 불구하고 현실의 상황은 세계 곳곳에 핵무기가 산재해 있으며, 역사적 자료가 존재함에도 불구하고 역사 왜곡을 통한 영토분쟁을 일으키는 국가가 나타나 긴장감이 고조되고 있다. 더불어 핵보유국의 지위를 얻으려는 무모한 핵실험을 하는 국가들의 움직임, 자원을 확보하려는 힘에 의한 침략적 행위 등에 대처하기 위해 군비증강을 해야 하는 소모적인 악순환은 세계정부의 중요성을 일깨우고 있다. 군비증강에 소요되는 비용이면 인류는 굶는 이가 없을 것이다.

세계정부는 자연스럽게 국제연합이 과도정부로서 과도기를 책임지고 이끌다가 단계적으로 안착되어야 한다. 아직 인류는 연방정부를 이끌어 갈 공부가 덜된 상태이고, 가장 효율적인 정치적·경제적 자치규모를 확정해야 한다. 세계정부를 전혀 새로운 기구로서 이룬다는 것은 부담스러운 일일 것이다. 세계정부를 통해 인류는 공간적 가치(집단적 가치)인 자유와 평등 및 평화를 이루고 세계 인민의 복지를 향상시켜 지상낙원으로 나아가야 한다.

그리고 초국가적인 세계정부의 건설은 기본법으로서 세계법(world law, 世界法)을 요구한다. 그래서 세계헌법심의위원회에 의해서 시카고초안(Preliminary Draft of a World Constitution)이 1948년에 만들어진다. 인류가 그리던 지상낙원의 단추가 꿰어지고 있는 것이다.

② 부수작용

가. 순작용

주체의 자기작용에서 순작용이란, 결연 활동으로 의외의 추가적인 좋은 결과를 얻는 것이다.

국가의 사회 형태는 역사적으로 다른 형태를 취하고 있다. 고대의 노예제 국가, 중세의 농노제(農奴制) 봉건주의 국가, 근대의 자본주의 국가, 20세기에 등장한 사회주의 국가, 현대의 복지국가(과도기)의 다섯 가지이다. 이러한 역사적 단계는 인간의 권리나 기회의 균등성과 물질적 삶에서 단계적으로 발전되어 왔으며, 앞으로도 발전될 것이라 확신한다. 또 사회 속의 구성원들의 잠재적인(본유적인 것이지만) 정신 속에 유토피아가 목표로 설정되어 있으므로 현대의 복지국가를 넘어 더 완전한 유토피아로 끊임없이 발전될 것이다.

나. 역작용

주체(계층적 인격)의 자기작용에서 역작용이란, 사회활동으로서 결연 활동이 의외의 나쁜 결과를 초래하는 것이다. 가령 사회적으로 배척되는 인격체로서 범죄 집단을 결성하거나 사회적 기피 문화를 일으키는 경우 등을 말한다.

주체의 자기작용은 결연활동이다. 한 사회 속에서 이루어지는 결연 활동의 경우, 사회 구성원에게 무리 없이 받아들여지고 이로써 상생하는 집단이 있는가 하면, 암적 존재로서 자신만을 또는 자기 집단만을 위하는 행동으로 주위 구성원의 삶이 고통이나 죽음에 이른다면, 바람직하지 못한 결연활동이라고 할 수 있다.

법죄 집단이 이런 경우에 해당된다. 이는 제도적 범위 내에서 이루어지는 것은 물론, 제도 밖에서도 이루어진다. 제도 범위 내에서는 제도를 교묘히 이용하거나 압력을 행사하여 적합성을 가장하여 구성원을 착취·갈취·공갈·폭행·살인 등을 행하는 경우, 외견상으로는 쉽게 발견하기 어렵다. 이런 경우, 감독기관이나 제재해야 하는 기관이 소극적으로 직접적인 법적 근거만 찾는 업무태만이 가장 큰 문제다.

또 인간이 결연활동을 통해 조직화가 진행되고 강화될 때 인간성의 상실을 가져온다. 인간성이란 인간의 본성으로 주체성과 자유를 말한다. 주체성은 의식과 신체를 가지고 자기의 의사로 주위 상황을 헤쳐 나가는 것이며, 자유는 자연법칙을 인식하고 또 다른 구성원으로부터 간섭이나 도움 없이 자신의 판단에 따른 선택을 하는 것을 말한다.

결연활동은 필연적으로 조직을 강화시키고 강화된 조직은 소외를 낳는다. 강화된 조직은 주체성과 자유를 제약하며 이로써 인간은 선택이 제한되고 자주적 능동성을 상실하게 된다. 억압된 상태에서 기계적이고 피동적이며 자기 판단과 진취적 의욕도 가질 수 없으며 꿈도 희망도 없이 안주하게 된다. 일정한 조직에 소속되어 맡겨진 역할과 지시를 따르다 가정으로 돌아와 일정한 시간 동안 휴식하고 다시 일상을 연속한다. 타이머가 달린 자동기계처럼. 이 문제는 유토피아로 가는 방향과는 반대이다.

(3) 주체의 생산물에 대한 작용

주체와 생산물의 상호작용에서 주체의 생산물에 대한 작용은 일차적 생산물을 원재료로 하거나 폐기물의 재활용을 통하여 새로이 최종 생산물을 이루어 내는 생산 활동과 재생산 활동과 무엇보다 생산물을 생산 목적에 따라 필요와 욕구를 직접 만족시키는 소비 활동이다. 소비 활동의 다른 관점은 문화 활동이다. 문화 활동은 생산물을 이용하거나 즐기는 활동이다. 그렇기 때문에 소비 활동은 문화 활동이다.

특히 소비는 단순히 써서 없애서 무의미하게 무화시키는 것이 아니다. 소비는 생산물을 목적에 따라 사용하거나 변형시키는 등 필요와 욕구를 만족시키는 현실적인 인간 활동이다. 여기에 자연현상으로서의 손실이 소비의 개념 속에 포함되어 있는 것이다. 소비 과정에서 발생되는 손실은 주체가 의도하거나 바라는 바가 아니다. 자연현상으로서 마모나 변형 등은 소비 개념에서 제거되어야 하는 부분이다. 주체는 생산물이 필요와 욕구를 충족시키는 결과물로, 그 목적에 따라 오롯이 욕구 해소의 상태로 상전이(相轉移)하기 바라는 것이다. 욕구하지 않은 부분은 소비 활동이 아니다.

그래서 소비는 현실적으로 생산의 성격을 지닌다. 생산물을 소비하기 위해서 생산물의 가치를 '해석'하고, 가치에 대한 필요와 욕구를 충족시키기 위해 '계획'하며, 이를 직접 '적용'하는 과정 속에서 드러나는 결과는 또 다른 생산이기 때문이다. 가령 상품으로서 생산물을 예로 들면, 가게에 진열된 라면을 먹기 위해서(욕구의 충족) 조리과정을 거쳐야 한다. 조리과정은 유통을 위한 최종생산물인 라면(이때는 중간생산물로서의 라면)을 욕구를 충족시키기 위한 최종상태로서 조리된 최종 생산물로 생산하는 과정이다. 이 결과물을 자연으로서 우리의 생체에 투여함으로써 배고픔을 해소하는 것을 넘어, 생존에 필요한 에너지를 창출하고 행복감을 창출하는 생산 활동이다. 즉, 최종생산물인 조리된 라면의 생산, 생체의 항상성 유지, 행복한 감정의 창출은 소비가 아니라 생산인 것이다. 모든 생산은 원료의 전환을 통해 이루어지며, 최초 원료의 관점으로 소비로 규정해서는 안 된다.

또 다른 예로 옷을 들면, 우리에게 옷은 단순히 자외선이나 긁힘 등 외부의 위험을 방어하는데 그치는 것이 아니다. 적극적으로 자신의 몸매에 대한 아름다움의 창출, 상황에 따른 예(禮)를 갖추는 것은 물론, 더 지적인 분위기를 창출하는 것, 자신감이나 상대를 굴복시킬 수 있는 힘을 창출하는 생산 활동이기도 하다. 소비의 관점을 바꾸면 생산성이 드러난다는 사실이다. 이렇게 볼 때, 일반적인 생산 활동과 소비 활동은 '생산성'이라는 개념 하에 통일을 이룬다.

주체의 재생산 활동과 소비 활동은 생산물에 대한 검증 활동이자, 인식 활동의 성격을 지닌다. 즉, 생산 활동 속에서 사용하는 생산물, 다시 말해 생산 활동 속에서 사용하는 다양한 형태의 수단이 자연의 사물과 현상에 대한 객관적 법칙에 얼마나 부합하는가, 또는 수단을 자연에 작용할 때 생산 목적에 얼마나 부합하는가에 대해서 인식의 기능과 검증의 기능을 동시에 지닌다.

이에 대하여 생산물의 주체에 대한 작용은 생산물이 주체의 필요와 욕구를 충족시키려는 목적으로 생산되었으므로 당연히 주체에 이바지하는 이바지작용이다.

이러한 생산물과 주체의 상호작용에서 생산물은 역작용으로서의 측면도 띤다. 주체이자 자연이고 생산물인 인간에게 각종 사고를 일으키는 것이다. 교통재해, 산업재해, 식중독, 스트레스, 약물로 인한 폐해, 의료사고 등이 그 역작용이다.

① 주된 작용
주체의 생산물에 대한 주된 작용은 재생산 활동과 소비 활동이다.

가. 재생산 활동

재생산 활동은 일차적 생산물을 원재료로 하여 최종생산물은 만들어 내는 의미의 이차적 생산과 최종생산물을 개선이나 개조를 통한 질적으로 상승시키는 새로운 생산은 물론 폐기물의 이용 가능한 재료를 원료로 하여 생산하는 재활용을 의미한다. 즉, 중간생산물의 최종생산, 최종생산물의 새로운 생산, 생산과정에서 발생한 이용 가능한 재료를 사용한 새로운 생산이다.

재활용(再活用, recycle)이란 생산과정에서 발생한 부산물이나 일단 생산된 생산물이 목적을 달성하고 버려진 폐기물을 원재료로 하여, 다른 용도나 같은 용도의 생산물로 다시 생산하는 것을 말한다. 이때 재사용이 가능한 폐기물도 새로운 생산물을 생산하는 원료가 되거나 다시 사용된다. 재사용(reuse)은 본래의 생산 목적을 다했음에도 불구하고 여전히 사용 목적을 달성할 수 있는 상태를 지닌 폐기물을 다른 용도나 다시 동일한 용도로 활용하는 것을 말한다. 가령 음료수를 사 먹고 남은 용기는 여전히 동일 음료수를 담을 수 있는 쓸모를 잃지 않고 있다. 이때 이를 동일 용도로 사용하거나 다른 용도로 사용할 수 있다.

재활용은 폐기물의 쓸모 있는 부분을 원료로 다시 생산물을 생산함으로써 자원의 희소성(scarcity)을 극복할 수 있을 뿐 아니라 주체에게 피해를 최소화시키도록 자연의 정화능력을 넘어 공해의 요인이 되는 것을 합리적 · 경제적으로 처리할 수 있다.

현대에 와서 산업이 발달한 국가에서는 제도적으로 재활용하거나 자연으로 환원시키는 데 무리 없는 처리를 강제하고 있다. 독극물

을 화학 처리하여 독성을 제거하거나 퇴비를 생산하는 것이 후자의
예이다.

　재생산활동의 중요한 측면은 기왕의 생산물을 질적으로 상승시
키는 것이다. 이것은 최종생산물에 대한 개선이나 개조와 같은 변
형을 통해 이루어진다. 인간의 필요와 욕구를 충족시키기 위해 끊
임없이 이루어 온 부족한 부분의 추가, 잘못된 부분의 수정, 나쁜
부분의 제거 등은 인류문명의 진보를 가져왔다. 특히 각종 물질
적·관념적·행위적·인격적 생산물의 질적 상승은 개발자의 권리
를 제도적으로 인정하고 독점권을 부여함으로써 급진적으로 진보
되었다.
　현재 세계적으로 인정하는 지적재산권 제도를 통해 발명과 상표,
디자인 및 저작권의 경쟁적 창작은 자연자체를 변형시키는 생산에
대한 재생산이다.

　나. 소비 활동(문화 활동)
　소비 활동은 주체가 필요와 욕구를 만족시킬 목적으로 자연을 변
형시킨 생산물을 그 목적에 맞게 필요와 욕구를 만족시키는 인간 활
동이다. 이 과정에는 단순히 써서 없애는 소비의 개념만이 있는 게
아니라 생산의 개념도 포함한다. 그래서 소비 활동은 문화 활동이
다. 문화 활동이란 생산물을 새로이 창조하고 음미하고 이용하고
즐기는 것이다. 소비란 일차적 욕구에 충실하는 것이 아니다.
　주체가 생산물에 작용하는 목적은 생산물을 자신의 이익을 위해
생산 목적에 따라 향수(享受)하는 것이다.

가령 의식주라면, 직접 입고 먹고 이용하는 것을 말한다. 이로써 의복은 온도 차이에 따른 체온의 조절, 위험으로부터의 방어, 알몸에 대한 수치심의 차단 등을 통해 외부환경으로부터 보호를 받는 것이다. 또 치장으로써 아름다움을 창출하고 재료나 상표 등에 따라 부를 돋보이게 하며, 성적 매력을 강조하기도 하는 등 가치를 자기화한다.

음식이라면 부족한 영양소를 섭취하여 건강을 회복하고 높은 열량을 섭취하여 노동의 에너지로 전환하며, 미식가에겐 맛과 품위를 즐기는 소재가 된다. 또한 먹는 장소와 재료에 따라 품격을 자랑하는 것이 되기도 한다.

또 집은 외부침입자에 대한 안전과 재산의 도난을 방지하며, 쾌적한 삶을 유지하게 하는 것은 물론, 사생활을 보호한다. 그리고 재산가치로서 부를 과시하게 만드는 것은 물론, 부의 축적 수단이 되기도 한다.

다. 재인식활동

주체가 생산물을 생산 목적에 맞게 활용한다는 것은 필연적으로 생산물에 대한 해석과 계획과 적용을 하도록 요구한다. 가령 생산자가 물컵을 만들어 소비자에게 공급하였다. 소비자는 이 컵을 물컵이라고 해석하고 구입하여 현실로 물을 담아 마셨다면, 이럴 경우 매우 올바른 소비 활동을 한 것이다. 즉, 생산물에 대한 적합한 작용을 한 것이다.

생산물 → 해석 → 계획 → 적용 → 자기화(소비)

생산물은 하나의 발의체이다. 주체는 생산물이 가지고 있는 쓸모나 중요성 등에 대한 의의를 파악한다. 그리고 이해한 내용을 관념적으로 선취한다. 즉, 목표 과정으로서 생산물에 대한 해석을 통해 파악한 의의를 실현하기 위해 먼저 머릿속에서 관념적으로 소비(계획)한다. 그리고 현실적으로 생산물을 목적에 적합하게 직접 사용(적용)하여 필요와 욕구를 만족(자기화)시킨다.

　만약 중간생산물일 경우는 최종생산과정으로서 한번 거치고, 다시 자기화하는 소비과정으로서 한 번 더 거쳐야 한다. 가령 라면(중간생산물)을 먹으려고(자기화하려고) 한다면, 조리과정(최종생산물 생산과정)을 거쳐 조리된 라면을 먹는 과정을 통해 자기화해야 한다.

　내 이야기에서 통상적인 의미의 소비는 사용·수익·처분을 의미한다. 생산 목적에 맞게 사용하거나 이를 임대하여 이익을 얻거나 팔거나 버리는 처분을 하는 것이다.

　사회가 발전하여 분업화가 진행되면, 생산물을 생산하는 자와 소비하는 자는 보통 다르다. 이런 이유로 소비자의 환경과 조건 또는 새로운 쓸모를 모색하는 과정에서 생산 목적과 다른 해석이 가능해진다.

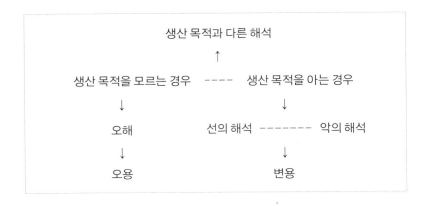

우선 생산 목적을 모르고 그 생산물을 사용(소비)하는 경우다. 이럴 경우, 해석은 오해로 치달으며 오용을 불러일으킨다. 오용은 그 생산물에 대한 올바른 목적의 파악이 아니므로 대체로 소비자에게 불의의 결과를 유발한다. 즉, 물질적 생산물의 경우에 안전성의 확인이 이루어지지 않으며, 안전한 사용이 이루어지지 않아 재해를 발생시킨다. 관념적 생산물일 경우에는 올바른 의미 전달이 아니라 의미를 왜곡시키거나 무의미하게 만든다. 그래서 인간관계를 해체하거나 소원하게 만든다.

만약 우연히 유용하고 효과적인 사용이 이루어지고 그 오용에 대한 인식이 이루어질 때, 새로운 생산이 이루어진다. 이런 경우, 역사적으로 많은 '발견'이 있었다. 유리의 발견, 화학적 염료의 발견, 카바이드의 발견, 사진 필름 현상액의 발견 등이 그 예이다. 극단적으로 말하면, 역사는 의식적으로 또 무의식적으로 행하는 가운데 이런 우연에 대한 인식(발견)을 계기로 발전했다. 모든 발견이 인간의 예측된 목적의식과 결부된 것이 아닌 미지의 우연성을 갖기 때문이다.

생산 목적을 아는 경우에 행하는 다른 해석은 의도적인 것으로, 선의의 해석과 악의의 해석으로 나눌 수 있다. 모든 생산물은 필연적으로 부작용을 동반하며, 독물이라도 약성을 가질 수 있고 반대로 약물이라도 독성을 지닐 수 있다. 따라서 그 반대의 해석이나 다른 쓸모를 발견하는 해석은 필연적으로 동일 생산물의 다른 목적의 생산물로 전환된다. 다이너마이트를 광산의 채광용으로 개발했더라도 전쟁을 수행하는 국가가 살상용으로 사용할 수도 있고, 또 특수한 합금을 만들기 위한 순간의 고온 발열원으로 사용할 수도 있다. 소비에 있어 생산물의 생산 목적과 다른 해석은 이를 이해하는 한 생산에 적용될 수 있고, 이때 다른 해석은 새로운 생산이다.

또 '생산 목적의 다른 해석'으로서 생산 목적을 알고 있는 경우는 변용이며, 생산 목적을 모르는 경우는 오용이다. 오용은 유해성의 부지(不知)가 문제 되며, 변용은 도덕성이 문제 된다. 이와 같이 해석만으로도 충분히 새로운 생산물이 생산될 수 있다. 물론 과정의 변경, 즉 방법의 변경도 새로운 생산물을 생산해 낸다. 방법 발명은 허용되고 특허법에서 보호한다. 방법의 변경이나 개발은 새로운 결과물을 만들어 내기에 충분하다. 이것은 산업에서 생산성과 유효성 등을 이루어 낸다. 방법의 변경만으로도 생산성의 향상, 안전성이나 생산물의 질적 향상을 가져올 수 있다.

오용도 생산물을 해석하고 관념적으로 선취하고 적용을 거쳐 자기화하려는 과정에서 잘못된 해석과 관념적 선취 및 적용을 함으로써 발생된 결과이다. 오용은 목적 이외의 소비라는 면에서는 변용과 다를 바 없지만, 오용은 생산물의 그 위험성에도 불구하고 당초 목적을 인식하지 못하면서 사용하는 것이다. 이에 비해 변용은 그 위험성을 인식하면서도 목적 이외의 사용을 지향하는 태도이다.

다음으로 소비자인 주체가 생산물에 대한 이해에 있어서 잘못이 있거나 새로운 이해가 이루어지는 경우에 새로운 해석이 이루어지고 나아가 새로운 적용을 함으로써 본래 의도한 생산물과는 다른 목적과 방법을 적용하게 될 때, 이것이 새로운 생산물에 이르게 된다는 것이다.

내가 어릴 때 읽은 〈거지 왕자〉라는 책이 생각난다. 너무나 닮은 두 거지와 왕자가 서로 바꿔서 살기로 하고 왕자는 거지의 자유로운 삶을, 거지는 왕자의 부유한 삶을 살게 된다. 이때 거지 왕자는 옥쇄를 호두 까는 도구로 사용한다. 이와 같이 옥쇄가 오해에 의해 새로운 해석으로 호두를 까는 도구가 된 것이다.

　주체의 생산물에 대한 작용으로서 소비 활동이 생산물에 대한 해석과 계획 및 적용과정을 거쳐 이루어지는 관계로, 필연적으로 생산물에 대한 해석을 시작으로 이루어진다. 이때 주체는 주체성과 자유에 따라 생산물에 대한 해석이 이루어지는 터라, 소비하는 주체의 학력이나 경험, 지적 능력, 그때의 상황과 조건 등에 영향을 받게 되고, 이 과정에서 순전히 오해를 발생시킬 여지가 존재하는 것이다.

　오해에 따른 오용이 보통이지만, 드물게는 손해를 목적으로 주체가 생산물을 변용하기도 한다. 즉, 자기 또는 타인에 대해 범죄를 목적으로 소비하는 것이 문제이다.

　그러나 인간이 의식과 신체를 가지고 자신의 의지와 판단에 근거를 둔 주체성과 어떤 것에도 얽매이지 않은 자유 속에서 대상을 이해한다는 것은 거의 언제나 빗나가게(왜곡) 마련이다. 그런 이유로 생산물에 대해 오해를 하고 변용이 이루어진다. 이것은 매우 중요한 것이다. 새로운 이해이며, 새로운 해석이고, 새로운 적용이기 때문이다. 소비의 성격은 생산 목적에 적합한 해석이며 사용이다. 생산물이 생산 목적과 부합하는지에 대한 검증이다. 그래서 새로운 해석이고 적용이다.

② 부수작용

주체의 생산물에 대한 작용에서 일어나는 부수작용으로서 순작용은 검증 기능과 인식 기능이다. 또 주체에게 해로운 역작용은 생산과 소비에서 반복적으로 이루어지는 과정에서 발생하는 다양한 질병과 사고 등이다.

가. 순작용

순작용의 예로서 검증기능과 인식기능을 통해 생산물을 생산하거나 소비하는 과정에서 필연적으로 '주체-수단 체계'를 형성하여 대상에 작용을 가하는 중에 생산물로서의 수단인 도구와 방법이 생산목적에 맞게 대상에 작용을 가했는지를 알 수 있다. 또 수단의 작용과 예상과 전혀 다른 결과를 보일 때, 새로운 인식이 이루어지게 마련이고 새로운 생산물의 탄생이 이루어진다. 이런 결과는 주체가 그러한 인식을 목표로 하지 않은 상태에서 드러나는 부수적인 것이다.

우선 검증기능은 수단으로서 사용되는 생산물이 '주체-수단 체계'를 형성하여 사회활동(생산 활동과 소비 활동 및 결연활동)에 쓰일 때, 실천과정에서 목표한 생산결과와 소비결과를 드러내는 경우는 적합한 생산물로 검증된다. 만일 그렇지 않을 경우에는 부적합한 생산물로 검증된다.

또 인식기능에 대해서는 수단으로서의 생산물이 '주체-수단 체계'를 형성하여 생산 활동이나 소비 활동에 쓰일 때, 생산 목적이나 소비목적을 달성하는 것은 물론 다른 결과를 포함하고 있을 경우에 새로운 인식을 하게 된다. 물론 부적합한 생산물이라도 목적과 다른 결과를 드러낼 때, 새로운 인식이 가능하다. 이와 같이 인식이 오직 적합한 경우에만이 아니고 부적합한 경우도 인식이기 때문이다.

오랜 세월 동안 기름기가 많은 음식을 먹었음에도 불구하고 이로 인한 질병이 다른 집단과 비교하여 현저히 낮을 경우를 예로 들어보자. 만일 마늘이나 양파 등을 곁들여 먹은 집단이 그런 결과를 나타내고 있을 때, 우리는 마늘과 양파가 그런 기능을 수행하고 있음을 인식하게 된다. 또 고압의 전기가 흐르는 선하지에서 사는 집단이 암의 발생률이 높을 때, 그렇지 않은 집단과 비교함으로써 고압의 전기가 그런 나쁜 역할을 한다는 사실을 인식한다.

관념적 생산물의 소비(학습)에서도 순작용은 일어난다. 반복적으로 행하면 능률성이 나타나게 되는데, 학습은 뇌의 노화를 늦추는 효과가 있다. 그래서 치매의 발생 등을 지연시킨다는 사실을 안다.

나. 역작용

역작용은 주체가 의도하지 않은 작용으로 주체에게 나쁜 영향을 미치는 것이다. 이런 경우가 다양한 형태의 질병이나 사고와 같은 재해다. 이 역작용은 알거나 알 수 있는 경우도 있고 예측할 수 없는 경우도 있다. 이것은 생산물이 주체에게 작용하는 위해작용(危害作用)이기도 하다.

가령, 주체의 생산물에 대한 작용에서 일어나는 중독은 어떤 생산물을 반복적으로 소비하는 과정에 알지 못하는 사이 생체적이거나 정신적으로 중단하지 못하는 상태를 말한다.

이런 경우는 알코올, 마약(마리화나, 코카인, 암페타민, 아편 등), 게임, 쇼핑, 도박, 인터넷, 니코틴(담배), 카페인(커피, 차, 콜라, 초콜릿 등), 일부 의약품(항불안제, 수면제), 절도, 운동, 성도착 등이다.

생체적인 중독은 생산물을 반복적으로 소비하는 가운데 주체의 생체에 내성(tolerance)이 생겨 같은 효과를 보기 위해 더 많은 소비를 하게 되고 이를 중단하기 어려운 상태에 이르는 경우이다.

정신적인 중독은 일상적인 생활에 지장을 주는 행위로 습관성을 가지며 반복적으로 하고 싶은 갈망이나 탐닉의 상태를 말한다.

중독은 흥분감, 충만감, 다행감, 짜릿함 등을 일으키는 것으로 생체적인 것이나 정신적인 것이나 중추신경계에 자극을 주는 것으로 중추신경계의 이상적인 요구로 나타나는 것으로 그 메커니즘은 동일하다.

또, 사고(事故)는 뜻밖에 일어난 원치 않는 나쁜 일이다. 주체가 생산물에 작용하는 가운데 발생하는 경우는 생산 목적에 따라 생산물을 소비하는 가운데 또 생산물을 원재료로 하여 이차적 생산물을 생산하는 가운데 생산물이 주체에게 영향을 끼치는 경우다. 즉 산업안전 분야에서 보면 인적사고에 해당한다.

우선 생산과정에서 일어나는 사고다. 이런 경우는 변형의 대상으로서 생산물에 작용을 가하는 경우이다. 가령 두 가지 화학물질을 섞어 새로운 물질을 만드는 과정에 적당한 제어가 되지 않아 일어나는 경우다.

아브라함 노벨(1833~1896)은 1866년에 규조토(硅藻土)에 니트로글리세린을 흡수시킴으로써 안전하게 취급할 수 있는 가소성 폭약을 만드는데 성공하였다. 이 과정에서 폭발력이 강력하고 외력에 극히 민감한 액상(液狀)의 니트로글리세린으로 말미암아 동생이 사망한 사건이 있었다. 안전하게 건설현장에 사용할 목적으로 다이너마이트의 발명은 노벨의 뜻과 달리 그 시기 열강들의 전쟁에서 살상용으로 쓰이게 되고 이로서 많은 돈을 벌게 되나 양심의 가책을 받아 노벨상을 유언을 통해 만든다. 이때 다이너마이트는 변용의 한 예가 된다. 그래서 오용은 무지의 문제이나 변용은 윤리의 문제다.

다음은 수단으로서 생산물을 대상에 작용하는 가운데 일어나는 사고다. 기계나 장치 등을 사용하는 가운데 기계 · 장치 · 기구 · 인화물질 · 독극물 등은 오작동이나 피로파괴 · 폭발 등으로 주체에게 신체적인 상해를 일으킨다. 교통재해 · 산업재해 등이 이에 속한다.

가령 주체의 오조작, 생산물의 결함에 따른 오작동이나 파괴 등에 의해 넘어짐, 미끄러짐, 떨어짐, 충돌, 틈새에 끼임, 말려듦, 찔림, 베임, 깨짐, 깔림, 감전, 데임, 방사선 피폭, 고음 흡수 등으로 주체가 사고를 당하는 것이다. 주체는 자연이면서 동시에 생산물이다. 이런 이유로 자연으로서의 생체에 사고가 발생하면, 고도의 생산물로서 주체는 상실되기 마련이다.

〈3〉 생산물의 작용

생산물의 작용은 생산물의 자기작용, 생산물의 자연에 대한 작용, 생산물의 주체에 대한 작용을 포함한다. 생산물의 작용은 주체를 향할 때 이바지작용이며 위해작용이고, 자연을 향할 때 목적작용이고 훼손작용이며, 자기작용일 때 문화현상이다.

(1) 생산물의 자연에 대한 작용

생산물의 자연에 대한 작용은 생산 목적에 따른 목적작용과 이에 따른 훼손작용이다. 이때 목적이란 주체가 생산물에 직접 의도적으로 부여한 능력이다.

생산물의 자연에 대한 작용은 '주체-수단 체계'를 형성하여 자연에 작용을 가하는 경우와 같은 자연을 자기화하려는 작용이 아니라 독자적인 '인간-생산물 체계'가 양적으로 하나의 생산물이라는 자격에서 생산 목적을 수행하면서 발생되는 자연의 순환에 부하를 거는 작용이다.

'인간-생산물 체계'가 도로를 건설한다든가, 댐을 만들고, 성(城)을 만들고, 전답을 만들어 경작을 하며, 목축·채광(採鑛)·어로 등 자연에 작용을 가하는 것은 거의 모든 경우가 자연의 순환을 과도하게 방해하는 부하작용을 한다.

생산물이 자연에 대해 부하를 거는 형태는 생산물이 생산 목적을 수행함으로써 이루어지는 자연에 대한 목적작용과 목적작용과는 별개로 일어나는 비목적 작용이다. 여기에서 목적작용은 목적수행 자체가 자연에 압력을 주어 자연의 활동에 방해를 주는 것이고, 비목적작용은 목적작용에 부수적으로 일어나는 작용이 자연의 활동에 방해를 주는 것이다.

목적작용에 따른 자연에 대한 압력 또는 부하는 생산물인 터널, 축대, 하천의 변경된 수로, 도로, 댐, 장성(長成), 도시, 건축물, 농경지 등의 생산물이 각기 자기의 생산 목적을 수행하는 자체가 자연의 흐름을 증폭하거나 감소시켜 왜곡하고 차단하는 등 자연 상태를 불안정 상태로 조성하는 것이다.

또 비목적작용은 생산물인 자동차 · 공장 · 도로 · 도시 등이 자신의 목적을 수행하는 가운데 필연적으로 방출하는 매연 · 열 · 빛 · 소음 · 이산화탄소 등에 의해 환경의 오염, 온난화, 열섬, 식물의 생육 저하, 부영양화, 생물의 돌연변이 등을 일으키는 것이다. 이 문제는 자연의 이상 현상을 일으키며, 지구의 어떤 곳에서는 가뭄에 따른 사막화나 홍수로 초토화시키고 있고, 극지방의 얼음이 녹아 해수면이 높아져 어떤 나라는 나라를 포기하고 탈출해야 하는 지경에 이른 경우도 있다.

① 목적작용

이것은 생산물이 자신에게 부여한 인간의 생산 목적(기능)의 작용을 하는 가운데 발생하는 부하이다. 가령 생산물인 터널은 암반이나 흙을 인공적으로 굴착 · 관통시켜 도로나 철도 및 지하철, 지하보도의 교통운수, 배수 및 용수(관개 · 발전 · 상하수도)의 수로, 유류의 운반 및 지하저장, 통신 및 전기의 지하공동구, 핵폐기물의 지하저장, 광산, 군사시설 등에 이용된다.

터널을 굴착하면 터널 주변에는 응력과 변형이 발생하게 되며, 이에 따른 하중과 균형에 문제가 발생하면 붕괴로 이어진다. 또한 생산물인 도로와 성곽, 축대, 운하 등은 지표로 이동하는 동물들의 통행을 단절하거나 공기의 흐름을 방해하며, 절개지를 형성함으로써 지표의 토압 등의 변형을 초래하여 붕괴를 일으켜 인명과 재산 손실을 발생시킨다.

생산물인 도시와 농경지 등의 경우도 다른 생물의 서식지를 침범하여, 인간 이외의 생물들에게 생존의 압박을 준다. 이로 인해 인간과 동식물과의 관계는 점점 더 심하게 격돌하는 추세이다. 동물은 도시와 농경지에 침입할 수밖에 없고, 인간은 동물을 격퇴할 수밖에 없는 악화일로를 걷고 있다.

② 비목적작용

비목적작용에 따른 부하는 장기적으로 목적작용에 따른 부하보다 더욱 강력한 경향을 보인다. 생산물의 목적작용에 따른 압력은 생산물의 위치와 관련하여 비교적 좁은 곳에서 일어나지만, 비목적작용에 따른 경우는 장시간에 걸쳐 세대를 이어 또 지구 전체에 걸쳐 영향을 끼치거나 광범위한 곳에 영향을 끼친다.

지구온난화, 바다의 적조현상, 하천의 녹조현상, 일본의 쓰나미에 파괴된 원자력 발전소에서 방류되는 방사선 물질에 오염된 생선, 가로등 불빛에 의해 식물의 이화작용 방해, 이상기상현상, 오염된 하천에 의한 생물의 돌연변이 등 수많은 예가 존재한다.

(2) 생산물의 주체에 대한작용

생산물의 주체에 대한 작용은 이바지작용이며 부수작용으로서 위해작용이다. 또 주체에 대한 이바지작용은 실천으로서 생산물의 검증작용을 포함한다.

생산물은 '인간-생산물 체계'를 형성하여 독자적인 운동을 한다. 이러한 생산물의 주체에 대한 작용은 주체의 필요와 욕구를 충족시킬 목적으로 주체에 의해 주체를 위하여 생산되었으므로 주체에 이바지하는 것이 숙명적이다.

인간은 자연이면서 주체이고 동시에 생산물이기 때문에 '인간-생산물 체계'에서 인간은 생산물로서의 성격을 띤다. 이때 인간은 생산물의 부분으로서 생산물의 운동에서 '자극의 수용-판단-출력'과 운동성을 제공하며, 그 이상은 고려하지 않는다.

예를 들어 객관적 대상으로서 운동하는 자동차를 보면, 자동차는 '인간-기계 체계'를 형성하여 운행되고 있다. 이때 인간은 외부의 자극을 수용하고 판단하여 자동차라는 기계에 지시하는 전체로서 자동차의 부분이다. 앞으로는 자동차가 외부의 자극을 수용하고 판단하며 지시를 하는 장치가 첨가되어, 인간이 이 부분에서 해방되어 더 많은 자유를 확보할 수도 있다. 하지만 자동차는 여전히 인간에 의해 운동의 목적을 설정받아야 한다. 즉, 운전자는 전자장치로 교체되는 것이다.

좀 더 진보된 미래에는 생산물이 인간과 결별하여 독자적인 운동을 하리라는 믿음이 점차 현실화되고 있다. 그리고 실제로 그렇게 될 때, 생산물로서 생산물이 과연 인간을 위해 존재할 수 있을까? 그 점에 의문이 든다. 자연은 무기물에서 유기물로 생명체를 진화시키고, 유기물 생명체에서 다시 무기물 생명체로, 나아가 우주의 자기인식과 정복에 효율성을 극대화시킬 것인가?

생산물의 주체에 대한 작용으로서 순작용은 이바지작용이고, 이와는 달리 동시에 수행되는 작용으로서 역작용은 주체에 위해를 가하는 것이다. 주체가 생산물에 대해 작용하는 가운데 이루어지는 능동적인 작용 속에서 발생하는 역작용으로서 중독이나 사고 등과는 달리, 생산물의 주체에 대한 작용 속에서 발생하는 중독과 사고 등에 대해서는 주체는 피동적인 성격을 지닌다. 의식하지 못한 가운데 주체가 작용을 받아서 발생하는 것이다.

가령 '주체-수단 체계'로서 운행하는 자동차는 운전하는 주체에 의해 오조작이나 오작동의 원인을 제공받지만, 객관적인 대상으로서, 즉 '인간-생산물 체계'로서 지나가는 자동차의 돌진 등으로 발생하는 사고와는 다르다.

생산물의 주체에 대한 작용은 무엇보다 생산 목적에 따른 필요와 욕구를 충족시켜 주는 이바지작용이다. 또한 생산물은 주체가 검증의 장이 되어 이루어지는 검증작용이라는 사실 또한 명백하다. 이것은 주체가 어떤 목적을 달성하기 위해 만들어 놓은 생산물이 그 목적을 달성하는 데 적합한지에 대해 확정해 준다. 물론 주체의 검증은 매우 주관성을 가지고 있긴 하지만, 주관이 보편성을 확보하게 되면 객관적 진리에 이를 수 있게 된다. 이것이 생산물이 주체에게 작용을 하는 대표적인 순작용이다.

물론 생산물이 순작용만 하는 것은 아니다. 반드시 역작용을 동반한다. 이에 대해 육체적인 것과 정신적인 것으로 나누어 생각해 볼 수 있다. 육체적인 것은 생산물에 전가된 부분으로, 가령 기억에 대한 부분을 메모하거나 그 기능을 기계에 일임했을 때 인체는 그 기능을 수행할 필요성이 없어져, 가지고 있던 생체적 능력을 포기하게 된다.

또 생산물이 육체에 작용을 가하여 육체적 변형을 일으키기도 한다. 신발에 의한 변형, 가방 등 무거운 짐에 의한 척추 변형, 비만, 반복적 행동에 의한(행위적 생산물) 관절 등의 질병 등은 물론이고, 다양한 형태의 중독을 일으키기도 한다. 나아가 장치인간도 변형이다. 장치인간이란 생체의 기능을 담당하는 장치를 영구적으로 생체에 부착·내장시킨 인간을 말한다.

① 순작용

생산물이 주체에 작용하는 작용 중에 주체의 삶에 긍정적인 영향을 끼치는 작용이 순작용이다. 비록 생산 목적과 부합하더라도 악영향을 미치는 작용이라면 순작용은 아니다.

가. 이바지작용

무엇보다 생산물의 주체(계층적 인격)에 대한 작용은 순작용이든 역작용이든 생산 목적에 따라 주체의 필요와 욕구를 충족시켜 주는 이바지작용이다. 주체는 육체와 정신의 소유자로, 어떤 목적의 결과물인 생산물이 이에 만족을 주어야 한다. 즉, 정신적 이바지와 육체적 이바지이다. 모든 생산물에서 주체는 이 만족을 추구하고 있다.

참됨, 착함, 아름다움, 성스러움, 즐거움, 슬픔, 좋고 나쁨 등을 충족시키는 것은 정신적인 이바지이고, 편리함, 건강함, 안전이나 여가 등에 대한 것을 충족시키는 것은 육체적인 이바지라 볼 수 있다. 물론 이해를 돕기 위해 예를 든 것으로, 딱 떨어지는 분류는 아니다. 또 상대적이다. 누구에게는 순작용으로, 또 다른 누구에게는 역작용으로 영향을 미치며, 그 만족도 저마다 다 다르다.

생산물로서의 도덕적 행위와 예술품, 종교 · 지식 · 정보 · 오락 등은 정신적 만족을 추구한다고 보면, 체조 · 기계 · 기구 · 장치 · 주택 등은 육체적 만족을 추구하는 경향이 강하다. 물론 모든 생산물이 육체와 정신을 두루 충족시키는 것은 말할 것 없지만 말이다.

생산물은 주체에게 스트레스를 주며, 자극 호르몬인 아드레날린 등이 혈중 내로 분비되어 신체적 위험에 대처하거나 그 상황을 벗어나기 위한 에너지를 상승 시킨다. 스트레스 개념은 캐나다의 내분비학자 H.셀리에가 처음으로 생리학에 사용하였다.

스트레스 반응은 근육 · 뇌 · 심장에 혈액을 통해 에너지원(당 · 지방 · 콜레스테롤)을 보낼 수 있도록 맥박과 혈압의 증가로 나타나는데, 더 많은 에너지를 얻기 위해 호흡이 빨라진다. 근육이 긴장하며, 뇌는 상황 판단과 빠른 행동을 위해 활성화되어 더 예민해진다. 한 생체가 한 국가의 외란에 대한 위급상태에 돌입하는 경우와 유사하다.

그래서 스트레스는 한편으로는 역작용이지만, 한편으로는 순작용의 성격도 띤다. 적당한 스트레스는 건강을 도울 수도 있기 때문이다.

나. 검증작용

생산물이 주체에 작용을 한다는 것은 생산물이 생산 목적에 맞게 주체의 필요와 욕구를 충족시키는 작용을 한다는 것을 의미한다. 만약 생산 목적에 맞지 않은 결과가 일어났다면, 그 생산물은 적합한 생산물이 아니다. 다시 말해, 목적에 빗나간 잘못 만들어진 생산물, 즉 오작물(誤作物)이다.

이때 생산물의 실천적 작용이며 검증의 장은 인간(주체)이다. 그렇기 때문에 감각이나 판단은 매우 유동적이다. 감각만 해도 인간마다 그 정도의 차이가 있다. 극단적으로 감각맹(미맹이나 색맹 등)이 있다. 매운맛을 잘 못 느끼는 사람은 엄청나게 매운 음식이라도 잘 먹는다. 이것은 맹인이나 농아와 같이 한 감각을 상실한 경우와 같으므로, 이를 제외시키고 보더라도 사람마다 수용기의 민감도에 차이가 있다는 것은 사실이다.

또 판단에 있어서도 그렇다. 경험과 교육의 정도나 타고난 인식능력, 상황과 조건에 따라 저마다 다른 판단을 한다.

또 주체는 인식의 주체이기도 하지만, 주체 또한 자연의 한 부분으로서 육체를 가지고 있다. 판단과는 별개로 생산물이 육체에 작용을 가할 때, 육체는 생산물의 작용을 수용하게 된다. 가령 어떤 약물이 육체의 질병을 치료하기 위해 투여되면, 육체는 이 약물에 자연적으로 반응하게 된다. 이때 소기의 목적이 달성되었다면 그 생산물은 적합한 생산물이 되고, 그렇지 않다면 잘못된 생산물로서 폐기되거나 수정되어야 한다.

여기서 판단이란 생산물의 목적과 주체의 주관과 얼마나 일치하는가의 문제, 주체의 육체가 어떻게 반응하는가의 문제이다. 자연의 일부로서 육체는 생산물의 작용에 대해 객관적으로 반응하기는 하나 정신의 지배를 떠날 수 없는 관계로, 온전히 자연으로 취급되기는 사실상 무리가 있다. 위약(僞藥)을 투여하고도 치료효과를 나타낼 수 있기 때문이다. 위약은 약리학적으로는 전혀 효과가 없거나 약간 유사한 약효를 갖는 물질로, 약제 투여가 초래하는 암시효과(플라시보효과)의 영향을 노리고 환자에게 투여하여 치료 목적을 달

통일체계

성하는 경우이다. 이때 육체의 호전반응은 분명 정신적 영향을 받는다는 사실을 입증한다.

생산물의 목적과 주체의 관계에서 일어나는 판단의 문제는 주관성을 갖는다는 점에서 매우 큰 약점으로 나타난다. 누구는 매우 맵다는데 누구는 별로 맵지 않다고 한다면, 그 강도의 차이는 있지만 맵다는 점에서는 참이다. 하지만 매우 매운 음식(물질적 생산물)을 음식점에서 주문했을 때, 누구는 적합하게 누구는 부적합하게 판단할 수 있다.

이런 주관적 문제는 개인들의 문제로 볼 때 그 어떤 진리성을 가질 수 없다. 하지만 주관을 전체로서 들여다보면 진리성이 드러난다. 진리는 다수의 인식을 중요하게 생각하기 때문이다. 생각해 보면 주체도 자연의 한 부분이며, 이 자연에 대해 실험을 한 경우와 같다.

다수의 인식은 매우 중요하며, 감각의 차이는 존재하기 마련이다. 그러나 맵다는 사실은 미맹을 빼고는 동조한다. 그러나 맵기의 정도가 얼마나 강한가에 대해서는 편차가 크다. 그렇다면 다수의 인식이 미래를 예측할 수 있는 기준이 될 수 있다. 음식점을 하는 사람이라면, 이 다수의 인식을 기준으로 적당한 매운 음식을 만들 수 있는 것이다. 요리사의 유동적이고 편중된 미각은 다수의 손님을 만족시킬 수 없다.

② 역작용
생산물이 주체에게 적합하지 못한 작용을 한다 함은 주체에게 나쁜 작용을 한다는 것이다. 역작용은 모두 의도하지 않은 것으

로, 인간에게 나쁜 부수적인 작용이다. 왜냐하면 모든 생산물은 원칙적으로 주체의 필요와 욕구에 이바지시킬 목적으로, 즉 순작용을 목표로 생산되기 때문이다. 물론 이는 주관적이고 상대적인 것이다. 개인의 이익이든 사회적 이익이든 부분적이고 상대적이지, 절대적인 역작용이란 있을 수 없다. 반대로, 절대적인 순작용도 없다. 역작용도 육체적인 것과 정신적인 것으로 나누어 볼 수 있다.

가. 육체적인 것

육체적인 역작용은 생산물의 작용에 의한 신체 구조나 기능 등을 파괴하거나 감퇴시키는 경우다.

가령 약물(藥物)이 환자의 아픔을 치료하는 순작용을 한다고 하더라도 경우에 따라서는 다른 부분에 악영향을 끼치기도 한다. 감기약이 고열이나 통증 등의 고통스런 증세를 경감시키는 작용을 한다고 하더라도, 해열로 인해 감기 바이러스의 감염을 증가시키는 데 도움을 주기도 하고 감각과 판단을 둔화시키기도 하기 때문이다. 감기 바이러스는 열에 약하므로 인간의 신체는 저항 작용으로 열을 내는 것인데, 이러한 해열은 오히려 감염을 돕는 결과를 초래한다.

여기에서 좀 더 강한 역작용인 신체 증상으로서 중독(intoxication)이 있다. 중독은 주체의 기능에 해로운 영향을 주는 물질적 생산물(화학물질)에 노출되어 발생하는 문제다. 급성 중독(acute poisoning)은 신체 외부나 내부의 유해 물질이 신체에서 갑자기 나타나고 빠르게 진행되는 반응이며, 만성 중독(chronic intoxication)은 유해 물질에 오랫동안 지속적으로 노출되어 발생하는 상태로, 주로 직업적으로 많이 발생하며 유기용제나 중금속 중독이 대부분이다. 생산물이 생산 목적을 달성하는 것은 매우 바람직하긴 하지만, 이런 부수작용은 주체로선 바라지 않는 작용이다.

이를 종류별로 살펴보면, 약물 중독(의약품 중독)에는 수면제 과다 투여, 진통제, 항응고제, 항우울제 등의 중독이, 농약 중독에는 파라쿼트, 유기인계 농약 중독이, 중금속 중독에는 납 중독, 수은 중독, 비소 중독, 망간 중독, 크롬 중독, 카드뮴 중독, 아연 중독이, 기타 화학약품 중독에는 메탄올 중독, 벤젠 중독, 살충제, 제초제, 염화비닐 중독, 인 중독, 유기염소 중독은 물론, 상한 음식으로 인한 식중독, 가스 중독으로 일산화탄소 중독, 이황화탄소 중독 등이 있다.

또 생산물은 신체의 일부를 퇴화시키기도 한다. 음식물이 가공되어 부드러울 때 턱뼈의 모양을 뾰족하게 변형시키고, 치아의 씹는 능력을 약화시킨다. 비데(bidet)가 나온 후 아이들은 화장실에 비데가 없으면 배변에 어려움을 겪는가 하면, 휴대전화나 노래방 기계, 내비게이션 등 기억하는 기능을 가진 기계에 의해 주체의 뇌에서 학습·기억 및 새로운 것의 인식 등을 담당하는 해마(hippocampus)가 짧아지고 있다.

기계나 장치 및 기구는 주체의 삶에 또 다른 일면을 드러내고 있다. 위험이 발생할 수 있는 장소에서 안전교육의 미비, 안전수칙 위반, 부주의 등으로 발생하는 안전사고다. 특히 산업재해(industrial accident, 産業災害)는 노동과정에서 작업환경 또는 작업행동 등 업무상의 사유로 발생하는 노동자의 신체적·정신적 피해다.

산업재해는 제조업의 노동과정에서뿐만 아니라 광업 · 토목 · 운수업을 비롯하여 정신노동에 이르기까지 모든 분야에서 발생할 가능성이 있다.

산업혁명 이후 기계 공업화의 진전이 가속화되면서 주로 제조업 중심으로 산업재해가 급속도로 증가하였다. 굴뚝청소부의 폐암, 모자 만드는 사람들의 수은중독, 광부의 진폐증, 도공들의 규폐증(硅肺症)과 납중독, 망간이 포함된 조선(造船) 재료 용접 흄에 따른 파킨스씨병, 정도를 넘는 반복적인 작업에 의한 근골격계 질환과 요추 · 경추의 추간판 탈출증 및 수근터널증후군, 일중독 등이다.

기타 일상의 환경에서도 무한히 많은 사고가 발생된다. 교통의 발달은 교통사고를, 불의 사용으로 화재를, 제방의 잘못된 설계로 수해를, 전기의 사용으로 감전사고 등을 일으킨다.

나. 정신적인 것

정신적인 역기능은 주로 조직사회에서 상위 인격의 구성원으로서 받는 스트레스와 특정한 생산물로 인한 자극과 의존증(중독) 등이다.

스트레스(stress)는 생체에 가해지는 여러 상해(傷害) 및 자극에 대하여 체내에서 일어나는 반응이다. H. 셀리에(1907~1982)는 해로운 인자나 자극을 '스트레서(stressor)'라 하고, 이로 인한 긴장상태를 '스트레스'라 하였다. 초기에는 체온 및 혈압 저하, 저혈당, 혈액농축 등의 쇼크가 나타나고, 이후 이에 대한 저항 반응이 나타난다.

반복적으로 스트레스를 받으면, 신체는 강력한 저항을 한다. 그리고 결국에는 저항력이 떨어져 신체에 피로 · 두통 · 불면증 ·

근육통, 관절이나 근육의 경직, 맥박의 증가, 가슴이나 복부의 통증 등 여러 증상이 나타나며, 심장병·위궤양·고혈압·당뇨병 등 성인병의 원인으로 작용하기도 하고, 극한 경우는 죽을 수도 있다.

스트레스의 원인은 물질적 생산물로서 공장이나 공사장의 기계나 장치 등의 소음, 자동차·오토바이·기차·비행기 등의 교통소음, 종교 단체나 공공 기관 및 행상인의 확성기 소음, 유흥업소의 심야 소음 등의 생활소음 등 인간이 원치 않거나 바람직하지 않은 소리, 인간의 쾌적한 생활환경을 해치는 소리 등이다. 좋아하는 음악도 원치 않을 경우 소음이 되므로, 소음은 주관적인 성격을 가지고 있다.

또 자동차나 광고간판과 가로등, 고층건물의 반사광 등의 강력한 빛, 작업장이나 아스팔트 및 보행로에 설치된 에어컨 실외기에서 발생되는 열, 조직적 사회(인격적 생산물)의 구성원으로서 그 관계 속에서의 트러블, 강압적인 도덕, 카페인, 행위적 생산물로서 업무나 전자기기의 게임 등이 있다.

또 특정한 생산물로 인한 역작용으로서 의존증(addiction)이 있다. 대표적인 생산물로는 술과 담배, 마리화나, 코카인, 암페타민, 아편류, 전자게임, 커피, 차, 항불안제, 인터넷, 쇼핑, 도박 등이다.

이것은 습관성으로, 심리적 의존이 있어 반복적으로 자극원인 담배나 술 등을 찾으면서 긴장과 감정적 불편을 해소한다. 또 신체적 의존이 있어 복용을 중단하지 못하므로 신체적·정신적 건강을 해치게 된다.

인간 조직도 생산물이다. 이때 조직의 강화는 인간성을 훼손시킨다.

(3) 생산물의 자기작용

생산물의 자기작용은 일단 생산된 생산물이 '인간-생산물 체계'에 의해 스스로 상호작용함을 의미한다. 이것은 객관적인 현상으로서 바라보는 것이다. 이럴 때 생산물은 문화현상으로 드러난다.

문화현상은 주체의 의지적 활동인 문화활동이 아니라 대상으로서의 생산물이 드러내는 객관적인 현상이다. 문화활동은 주체로서 인간이 자신이 창출한 생산물을 이용하고 즐기는 생활로, 주체의 생산물에 대한 작용이며 소비활동이다. 이에 비해 문화현상은 객관적인 현상으로, 생산물로서 '인간-생산물 체계'가 다른 생산물(인간-생산물 체계)과 상호작용하는 가운데 드러나는 모습이다. 자연의 객관적 현상을 '자연현상'이라 하고, 주체로서 인간의 의지적 활동 총체를 '사회활동'이라 하며, 생산물의 객관적 현상을 '문화현상'이라고 한다. 특히 인간의 객관적 현상으로서 사회현상은 문화현상에 포함된다. 왜냐하면 인간은 '인간-생산물 체계'이기 때문이다.

일단 주체에 의해 창출된 생산물은 한 시공사회 속에 전파되고, 일시적 또는 영구적으로 일반화되는 현상을 보인다. 일시적 일반화는 유행(流行)의 형태로 나타나며, 영구적 일반화는 관습(慣習)이라는 형태로 대를 이어 전승된다. 이럴 때 문화현상은 일시적·영구적으로 생활양식을 형성한다. 생활양식은 행동양식뿐만 아니라 사고방식, 물질적 소비패턴에까지 두루 일반화됨을 의미한다.

한때 특정한 형태·색상·상품·디자인 등의 물질적 생산물이 널리 또 집중적으로 소비되는 형태를 보이며, 한때 특정한 언어와 억양, 신념, 과학적 방법 등의 관념적 생산물이 주류를 이루기도 한다.

이러한 일반화 현상은 확률적이다. 무엇이, 언제, 어디서, 어떻게 일반화될지에 대해서는 쉽게 예측하기 어렵다. 수많은 생산물 중에 어떤 생산물이 일반화될지에 관해서는 그 시대와 어떤 장소에 드러나는 상황과 조건이 관계하여, 적절히 필요와 욕구를 충족시키는 것이라는 것은 사실이지만 말이다.

문화현상은 어떤 생산물이 일반화된 영역에 결집시키는 작용을 한다. 일단 지지를 받고 공유하게 되면, 자연스럽게 집단을 형성한다. 클럽을 형성하기도 하며 그 접근성에 따라 계급을 형성하기도 한다. 따라서 집단 간의 갈등과 충돌도 일어난다. 또한 이 과정에서 상호 보충되고 보완함으로써 새로운 질로 드러나기도 한다.

문화는 집단 구성원에 의해 공유된다. 한 사회의 구성원들 개인이 가진 독특한 취향이나 버릇은 개성으로서 문화가 아니며, 다른 집단과 구분되는 특징적인 행위나 관습은 물론 경향 등을 보편적으로 사회적으로 학습된 것으로서 공유할 때 문화가 되는 것이다. 문화는 한 사회의 구성원들에게 학습되고 전파되어 일반화된다. 먹는 것, 입는 것, 사용하는 것, 행동하는 것, 생각하는 것, 계층적 인격의 모습 등을 다른 구성원들이나 부모로부터 배우게 된다.

문화는 축적된다. 인간의 삶의 방식은 다음대로 전해지고 한 세대에서 새로 이루어진 내용이 더해진다.

문화는 체계성을 가진다. 문화의 형태는 많고 다양하다. 이들 형태는 결코 홀로 존재하지 못하고, 서로 작용하며 결집되어 하나의 체계로 구성된다. 이것은 그 문화의 중심가치와 결부된다.

이 세계에 존재하는 모든 것이 그렇듯 문화도 변화한다. 한 마디점을 기준으로 보면 '발생-변경-소멸'의 과정을 끊임없이 되풀이한다. 문화의 형태에 대한 예를 들면, 의식주·언어·풍습·종교·학문·예술·제도·교육 등이다. 인생을 한 50년 살고 보면 문화의 변화를 확연히 느낄 수 있다. 물론 우리나라와 같은 경우는 5~10년이면 느낄 수 있을 만큼 너무 빨리 변해서 적응하기 힘들 정도이다.

영국의 고고학자 타일러(E.B.Tylor, 1832~1917)에 의하면 1871년에 출간한 〈원시문화〉라는 저서에서 문화8)를 "지식·신앙·예술·법률·도덕·관습 및 사회의 성원으로서 획득한 어떤 다른 능력이나 습관 등을 포함한 복합총체"라고 정의하였다. 이것은 내가 말하는 생산물의 총체보다 좀 부족하게 관념적인 것과 행위적인 것에 주력하고, 물질적인 것과 인격적인 것이 소외되어 있다.

사실 문화라는 것은 물질적인 것과 인격적인 사회의 형태와도 분리할 수 없는 것이다. 그렇기 때문에 문화라는 것은 인간 삶에 의해 이루어지는 모든 물질적·관념적·행위적·인격적 생산물을 총괄하는 것이다. 이런 의미에서 보면, 문화는 내가 말하는 생산물과 같은 의미이다. 문화를 정신적·행위적인 것이고 문명을 물질적·인격적인 것이라고 구분한다면, 내 이야기는 문화와 문명의 총체를 말한다. 인간의 삶이 이 둘을 서로 구별하면서 이루어지는 것이 아니기 때문이다. 문화와 문명은 서로 관계하면서 존재한다.

문화가 인간만의 고유한 것이냐에 대해서, 나는 그렇지 않다고 본다. 같은 종의 새들에게도 지역마다 언어가 다르다는 사실이 있고, 어떤 종은 짝짓기를 위해 치장을 하거나 정원을 가꾸기도 한다. 같은 영장류들의 생활이 집단마다 특색이 있으며 지속성을 가지고 있다는 등, 관점을 바꾸면 다른 생물에게도 문화라고 할 만한 것들이 수없이 드러난다. 인간 중심적인 사고방식은 어쩔 수 없다고 치더라도, 인간만이 정신과 문화를 가진다는 사고는 지양(止揚)해야 한다.

생산물로서 '인간-생산물 체계'에서 인간과 생산물은 단순한 결합관계가 아니다. 이것은 상호 제약하는 관계다. 만약 성리학이나 불교와 같은 생산물이라면, 인간은 이미 성리학이나 불교가 요구하는 지식체계와 행동방식을 터득하고 있어야 한다. 그리고 그 터득한 만큼 또 해석된 형태로 규정된다. 그럴 때 인간은 생산물에 의해 제약을 받고 있고, 생산물은 인간에 의해 제약을 받고 있는 것이다.

생산물의 상호작용은 생산물로서 결합체계 속의 인간이 물건의 교환, 결혼이나 이주 및 병합 등의 형태로 교류를 하는 것으로부터 시작한다. 인간의 교류(운동성) 없이는 생산물의 상호작용이란 없다. 인간이 음식을 만들어 먹는 것은 단순히 배를 채우는 것 이상을 의미한다. 음식을 만드는 재료와 만들고 먹기 위한 도구와 방법 등이 이전되고, 이때 습득하는 인간의 취향이나 관습 등에 의해 적절히 가감되는 융합과정을 거친다. 이럴 때 생산물의 상호작용은 융합이며, 한층 더 복잡하고 다양화되며 고양된다.

① 순작용

　생산물이 자기작용 하는 가운데 더 복잡해지고 일정한 삶의 양식을 가진다는 사실은 인간이 다른 생물과는 달리 절제된 마음과 행동을 추구하게 함으로써 한 사회의 질서를 만들고 유지하는 데 있어 절대적으로 필요한 것이다. 사회규범을 창출하는 과정이며, 이로써 스스로 규제되고 억제되며 스스로 차별화되고 품격을 고양시키는 결과를 가져온다.

　또한 생산물로서 인간은 생존기간을 늘리고 능력을 향상시킨 결과, 여가를 즐길 수 있는 여력을 함양하고 있다.

② 역작용

　반면 생산물이 자기작용 하는 과정에 더 복잡해진다는 것은 이미 닥쳐온 현실로, 학습기간을 턱없이 늘리는 결과를 가져온다. 생산 가능한 생존기간(15세에서 70세) 중에 학습을 통한 준비기간이 반을 능가하기 시작했으며, 그것도 일부 영역에 한정하더라도 한계를 넘는다. 또 수명이 짧은 과거의 삶의 패턴을 적용하여 노동력을 갖춘 60세 이상의 20~30년의 기간을 제도적으로 강제 추방시킴으로써 사회적 생산력을 낭비하고 개인의 행복지수를 떨어뜨리며 사회적 불안요소로 만들고 있다. 인생 초기의 학습기간 증대에 따른 손실을 건강한 인생 후기의 노련한 노동력으로 채울 수 있게 해야 한다.

　학습기간이 늘어나고 육체적 건강상태가 증대되고 수명이 연장된 만큼 노동 가능한 연령을 제도적으로 늘림으로써 사회적 생산력을 증대시켜, 이상향을 이룩하는 에너지로 전환하여야 한다. 이상향을 건설하는 조건은 무엇보다 생산력의 증대이며 분배의 문제라고 본다. 이런 이유로 학문이 전체를 통할 수 있는 통일된 학문을 요구하는 결과를 부르기도 한다.

1) 상호작용에 관한 상세한 설명은 〈철학대사전〉(한국철학사상연구회 엮어 옮김, 동녘, 1989)의 표제어 '상호작용'을 보라.

2) 우리 우주의 모습을 떠올리려면 〈블랙홀 우주〉(뉴턴 하이라이트, 계몽사, 1994)의 175쪽을 보라.

3) 〈철학대사전〉(한국철학사상연구회 엮어 옮김, 동녘, 1989)의 표제어 '인간-기계체계'를 참고할 것. 이 사실은 역사적으로 오래전에 있었던 것은 분명하나, 내가 물질의 상호작용과 인간의 수단결합체계에서 보편적으로 발견되는 체계를 인식하고 '대상-작용자 체계'라는 형식으로 확립한 이후 선례가 발견된다. 이런 사례는 여럿 있다. 먼저 공부를 충분히 하고 책을 쓰는 사람들에게는 이해가 되지 않을 것이나 내겐 발명을 하듯 내 이야기를 전개한 후 인터넷이나 문헌에서 역참조하는 과정에서 발견하게 되었다.

4) 양성자의 수명에 관하여 〈쿼크에서 코스모스까지〉(레온M.레더만 · 데이비드N.슈램 지음, 이호연 옮김, 범양출판사, 1993)의 203쪽에 양성자의 붕괴에 대하여 상세하게 설명되어 있다.

5) 산일구조에 대한 설명은 〈엔트로피란 무엇인가〉(고이데 쇼이찌로 · 아비꼬 세이아 지음, 21세기 과학시리즈 편찬회 역, 대광서림, 1992)의 106~110쪽에 상세히 설명되어 있다.

6) 대멸종 표는 (장순근 저, 1994년 '화석, 지질학 이야기' 대원사)의 47쪽 이하에서, (Newton 1999년 6월호. (주) 한국뉴턴)에 상세하게 나와 있다.

7) 자외선에 대해서 〈이화학 대사전〉(전제학 외 3인 편집, 법경출판사, 1986)의 표제어 '자외선'을 참고하기 바란다.

8) 문화에 대해서 많은 책이 쏟아져 나오고 있지만, 여전히 타일러의 개념은 빠질 수 없는 내용인 것 같다. 내가 이 책을 생각하고 시작한 참고문헌으로서 오래된 것이지만, 요즘도 변함없이 인용되는 개념이다. 〈사회학개론〉(권태환 공저, 한국방송통신대학, 1985)년의 55~68쪽에 걸쳐 잘 설명되어 있다.

World

Unification of Science

Knowing

통일의 규정

통일적 앎을 통하여 인류의 중심가치이며
통합가치인 유토피아를 현실 세계에
건설하여야 한다.

통일성

PART 03

통일성

"인류는 유토피아 건설을 위해 기술을 통해 세계를 변형하고 있다." 이것이 내 이야기에서 밝혀낸 결론이다. 이것은 세계의 통일을 목적으로, 통일체계를 대상으로, 구조주의적 방법을 통해 얻은 인식의 결과다. 그렇기 때문에 이 장(章)은 통일체계의 구조·성질·과정·양식·법칙 등에 대한 내용으로 구성된다. 다른 관점에서 보면 통일성은 다수 존재하며 그 각각은 일면성을 가지고 있음을 의미한다.

우선, 통일체계의 체계의 통일성과 그 구성요소인 자연·인간·생산물의 존재양식의 통일성, 존재자들의 상호작용의 통일성, 제 변화에 대한 법칙들이다. 둘째, 세계를 통일하려는 주체가 인식한 인식내용의 통일성, 보편적인 사유방식의 통일성, 인간이 추구하려는 목적의 통일성으로서 가치체계이다. 셋째, 인간에게 가장 중요한 결과물인 생산물의 통일성이다. 이것은 모든 생산물의 생산에서 하나의 보편적인 생산과정과 그 결과로서 생산물은 동일한 구성내용으로 통일됨을 말한다.

통일의
규정

통일은 객관적으로 실재하는 대상의 개별적이고 구체적인 것들을 하나로 구조화된 전체 또는 전체로 구성하는 것이다.

이것은 객관적 세계가 양적·질적으로 무수히 다양하고 특수한 것들이 부단히 운동(변화)하고 있으며, 이들이 그 구조와 성질에 의하여 서로 대립하고 화합하면서 전체가 연관을 맺고 있기 때문이다. 만약 그렇지 않다면, 인간의 사고나 그 어떤 조작에도 불구하고 통일성은 발견될 수 없을 것이다.

세계 자체는 우리의 의식 여하에도 불구하고 통일된 존재이다. 하지만 세계를 우리의 의식 속에 재구성하여, 객관적 세계를 능률적으로 자기화할 수 있는 것이 중요하다. 그리하여 우리는 행복한 삶을 유지하고 이상향에 다가갈 수 있을 것이다. 안다는 것은 무엇을 해야 하며 그것을 성취할 방법을 확인했다는 것이다.

통일성은 통일체계가 가지고 있는 통일의 여러 경향을 말한다. 그러니까 세계가 여러 형태로 통일성을 갖추고 있음을 의미한다.

이것은 인간의 인식 내용에 의해 드러난다. 왜냐하면 인식1)이란 변형대상의 구조·성질·과정 등에 관한 지식으로 올바르게 정신에 구축한 것이기 때문이다. 그렇기 때문에 통일의 형태도 일면적으로 대상의 구조와 성질과 과정과 양식 및 법칙 등에 관한 것으로 드러난다. 다시 말해, 통일이란 전체로서 대상의 구조·성질·과정과 양식 및 법칙 등에 관하여 보편적 연관을 찾아 하나의 전체로 구축하는 작업을 말한다. 이것은 통일체계의 구조와 성질 및 과정과 양식 및 법칙 등이라고 할 수 있다.

또 의식구조의 형성 원리로 볼 때, 자연의 존재방식이 인간의 사유방식을 구축하고 나아가 생산물의 존재양식을 결정하기 때문에 통일성에 관한 내용의 서술도 대상(자연)과 인간, 그리고 생산물에 대한 것이다.

[1] 대상의 통일성

대상의 통일성은 통일체계가 가지는 체계, 존재양식, 상호작용, 법칙의 통일성을 말한다.

포괄적인 자연(세계)은 계층적 체계를 가지고 있고, 일정한 존재 양식을 지니고 있으며, 보편적인 메커니즘에 의해 상호작용을 하고 있으며, 구조나 성질 및 과정과 법칙성을 지닌다.

〈세계의 분화〉

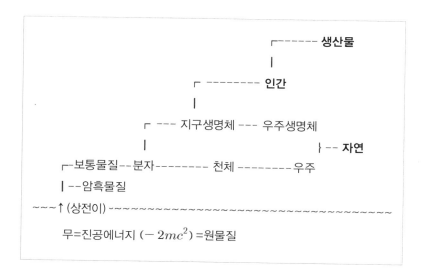

전체로서의 대상인 세계는 $-2mc^2$의 에너지를 가지는 원물질이 부분적으로 상전이를 통하여 암흑물질과 보통물질을 만들고, 보통물질은 무기물질이 유기물질로 진화하면서 생명체로 상전이하고, 생명체는 자기의 생존을 위해 생산물을 만드는 단계적인 분화를 하였다. 세계 전체는 자발적으로 운동하는 원물질의 상태 속에서 상전이한 보통물질과 암흑물질이 운동하며 존재한다. 따라서 모든 사물은 최종적으로 원물질로 환원된다. 역학적으로 요구되는 시간과 공간마저도 흡수한다. 공간은 원물질의 영역으로서 보통물질이 운동하는 곳이기 때문이며, 시간은 상전이한 물질이 다시 원래의 물질로 환원되는 과정에 대한 변화의 생리적 자각(自覺)일 뿐이기 때문이다.

이렇게 본다면 세계의 최고원리요, 근본 원리는 운동하는 물질이다. 이를 통일된 세계에서 종국적으로 환원되는 유일한 존재와 유일한 원리를 하나의 명제로 표현할 수 있다. '세계는 운동하는 물질이다.'2) 그래서 에너지다. 이것은 세계의 모든 사물과 현상을 설명하는 가장 근원된 이치로 고양한다면, 이 명제는 인간이 찾던 유일무이한 진리일 것이다.

물질은 서로 다른 상태로 변화(상전이)하며, 이 과정에서 엔트로피증대법칙과 보존의 법칙이 성립한다. 즉, 원물질에서 자기의 운동성에 의해 필연적이지만 우연히 다른 어떠한 상태나 형태로 변화하더라도 반드시 에너지가 가장 낮고 엔트로피가 가장 큰 원래의 상태로 돌아온다. 그렇다면 원물질은 에너지가 가장 낮고 엔트로피가 가장 큰 상태다. 바로 이러한 변화과정에서 보존법칙이 성립한다. 현재 자연을 이해하는 데 있어서 이러한 근거는 공리의 역할을 수행한다.

원물질(무)에서 보통물질로 전환되고 생명체로 전환되고 생산물로 전환되더라도, 엔트로피증대법칙과 보존법칙은 여전히 성립한다. 또 보통물질과 생명체, 생산물은 그 운동에서 역학적으로 동일한 존재양식을 가지고 양적·질적으로 변화하는 과정도 열역학법칙이 적용되는 '발생-변경-소멸'의 보편적 과정을 겪는다. 또 그 상호작용메커니즘도 같다.

하지만 순차적으로 발생한 생명체와 생산물의 그 운동은 자연법칙의 바탕 위에서 각기 독자성을 지니고 하위체계의 운동으로 환원되지는 않는다. 즉, 물질의 운동법칙과 생명체의 운동법칙, 생산물의 운동법칙은 전(前) 단계의 운동법칙에 바탕을 두긴 하지만, 그 독자성으로 인해 전 단계의 운동법칙으로 환원되지 않는다는 것이다. 그렇다고 해서 이들은 서로 단절된 상태로 존재한다는 의미는 아니다. 여전히 자연법칙의 동일한 바탕 위에서만 가능한 것이다.

⟨1⟩ 체계의 통일성
이것은 세계 전체가 물질의 계층적 구조를 이루며 전체가 하나의 체계로 연관 지어져 있음을 의미한다.

물질의 가장 근원적인 상태인 무(nothing, 無)는 에너지가 기저상태로서 엔트로피가 가장 높은 무구조(無構造)의 원물질(元物質)이다. 무의 상태에서 물질은 자신의 속성으로서 운동성에 의해 기저상태에서도 무한히 유동(遊動)한다. 궁극적인 개별단위의 물질운동으로 인해 전체 속에서 부분적으로 밀도의 증감이 이루어진다. 이 상태에서 물질의 에너지는 더 이상 들뜬 상태를 취할 수 없다. 일정한 한계 내에서 부분적으로 밀도의 차이가 있을 뿐이다. 에너지를 저장할 수 있는 구조가 없기 때문이다.

물질의 구조는 에너지 저장장치이다. 또 물질의 구조는 물질의 새로운 성질을 지니게 한다. 물질의 특수한 성질들은 물질이 가지는 구조에 의해 결정된다. 그렇다면 원물질은 $2mc^2$의 에너지 준위를 뛰어넘으면서 변신(상전이)을 하고, 우리가 알고 있는 모든 구조와 성질을 가질 수 있는 보통물질이 된다.

원물질의 유동이 무 속에서 자기간섭(自己干涉)에 의해 확률적으로 한곳으로 집중되었다가 분산되는 소밀과정(疏密過程) 가운데 일정한 한계를 뛰어넘으면서 상전이가 일어난다. 그리고 일정한 에너지장벽을 넘으면서 집중된 에너지에 의해 자발적으로 보통물질의 구조를 형성한다. 세계에서 물질이 에너지장벽을 뛰어넘으면서 에너지를 잃거나 축적한다. 에너지를 흡수하거나 저장하는 것은 에너지준위를 뛰어오르거나 팽창하거나 복잡한 새로운 구조가 나타남을 의미하고, 외적 작용이 없는 한 에너지를 잃는다면 에너지준위를 뛰어내려 기저상태에 이르거나 물질이 수축하거나 구조가 더 단순하게 된다는 의미이다. 즉, 에너지의 집중과 분산은 반드시 물질구조의 양적·질적 변화를 가져오는 것은 물론, 물질 한 단위의 에너지 증감을 가져온다.

무에서 상전이된 물질은 우리 우주를 구성하고 있으며, 우리 우주는 보통물질과 암흑물질로 되어 있고 이 사이에 원물질인 진공에너지가 침투하면서 우주를 팽창시킨다.

암흑물질과 진공에너지는 우리의 감각이 전자기파에만 작용함으로써 중력파나 그 외의 보통물질의 매개자에는 생리적으로 작용하지 않는다. 암흑물질은 전기적으로 중성으로 전자기파에 의해서는 직접 관측에 걸려들지 않으나 중력에 의해 물질의 운동에 관여함으로써 거시물체의 운동에 의해 간접적으로 관측에 걸려든다.

암흑물질은 중력에 의해 무거운 천체 주변으로 모여 밀도 차이를 형성함으로써 빛의 굴절을 일으킨다. 우주에 천체 이외에 아무런 물질도 없다(진공)는 가정하에서는 중력에 의해 공간이 휘었다고 해석할 수도 있다. 하지만 그보다는 암흑물질과 진공에너지란 보통물질의 다른 상태의 물질이 존재하는 한 진공이란 없으며, 빛의 굴절은 보통물질의 다른 상태가 주변과 다른 밀도를 가짐으로써 굴절한다고 함이 타당하다. 즉, 질량이 큰 천체의 주위에서 다른 상태의 암흑물질이 밀도 차이를 가져오면서 빛의 경로를 휘게 하는 굴절을 일으킨다. 또 암흑물질은 은하의 운동에서 행성계의 행성 운동과는 다른 물위에 뜬 부유물이 소용돌이 돌듯 은하 전체를 떠받든다.

진공(원물질 또는 진공에너지) 속에서는 가상양자들의 출몰을 보여 준다. 어떤 에너지 이상을 진공 속에 가하면, 거기서 가한 에너지에 상응하는 양자화된 무수히 많은 입자들의 출몰을 보여 준다. 우리가 알고 있는 공간은 아무것도 없는 곳이 아니라, 물질의 다른 상태가 가득 차 있으며 우리가 아는 보통물질들이 이 속에서 함께 상호작용하고 있는 곳이다. 그래서 소립자의 측면에서 가상양자의 출몰이 에너지보존법칙을 어기는 것이 아니라 두 상태의 물질이 상호작용하는 것으로, 전체는 여전히 보존되고 있다. 원물질의 에너지 준위에는 더 들어갈 곳이 없으므로 항상 일정하기 때문이다.

일단 상전이된 우리 우주(보통물질)는 공간을 확장시키고 물질의 구조를 복잡하게 형성하면서 우리 우주 전체의 에너지를 공간 대비 초기보다 낮추었다. 그리고 서서히 단계적으로 엔트로피를 증가시키는 비가역과정을 거쳐, 종국에는 다시 무의 상태로 환원될 것이다. 그리고 언젠가는 무의 어떤 곳에서 우리 우주와 같은 과정을 부단히 이어 갈 것이다.

무는 전체로서 부글부글 끓고 있는 것 같다. 무를 포함하는 전체에 적용되는 시간이란 개념이나 존재는 없다(또는 전체 속에서 부분적으로 적용되는 시간들이 대칭성을 가지므로). 그래서 영원하다. 또 공간이란 실체도 없다. 공간은 보통물질의 다른 상태인 원물질이다. 시간과 공간의 개념은 무에서 상전이한 존재(보통물질)가 인간의 생리에 걸려드는 형식이다.

아래는 우리 우주가 겪어 온 과정이고 현 상태이다. 보통물질의 진화과정은 자연과 인간 그리고 생산물의 새로운 체계를 만들고, 내 이야기의 대상이 된다. 세계 전체는 다음과 같은 체계로 통일을 이루고 있다. 세계가 대칭적이므로 실제로는 인간 중심적으로 존재하지는 않지만, 대칭성을 파괴하여 이렇게 설정함으로써 인간은 세계를 자기화할 수 있는 능력을 효과적으로 발휘할 수 있다. 또한 현실적으로 모든 생물들 중에 인간이 세계에 가장 강력한 영향력을 행사하고 있다.

〈체계도〉

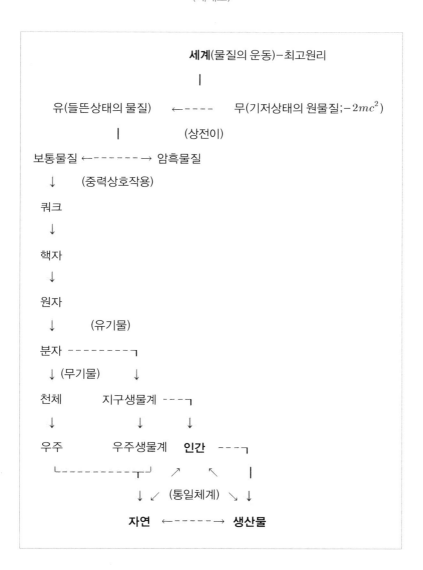

위 체계도는 통일체계의 출생과 내 이야기가 전개되는 과정을 보여 주고 있다. 세계는 전체로서 하나의 체계를 형성하고 있고(체계의

통일), 세계는 역학적으로 시공과 질량과 운동의 세 가지 구성요소가 하나의 존재양식을 갖추고 있다(존재양식의 통일).

물질은 체계의 체계로서 계층체계를 이루고 있으며, 우주의 발전 과정에서 생명체의 탄생을 이루고, 이 가운데 인간이 지구에서 최고의 발전을 이루었다. 이러한 인간은 자신의 생존을 최고의 상태로 끌어올리기 위해 생산물을 만들었으며, 생산물은 인간과 결합함으로써 하나의 독자적인 체계를 이룬다. 이렇게 하여 자연과 인간 및 생산물은 상호작용을 통해 통일체계를 형성하며, 통일체계는 상호작용의 기구에 의해 객관적으로 실재하는 인간이 바라보는 세계상으로 통일을 이룬다. 인간은 사랑을 통하여 인격적 통일을 이루고, 나아가 자연과 생산물과의 사랑으로 통일체계를 형성한다.

통일체계는 자연을 비롯한 인간에 의해 이루어진 모든 실재적이고 관념적 생산물을 포괄하는 체계이며, 통일된 세계의 모상이자 실제로 작동하는 탐구대상이다. 물론 좀 더 상세한 모형을 그린다면 삼각뿔 모양이 옳다. 생산물과 우주, 우주생물체의 세 요소가 밑면을 형성하고, 그 정점에 주체로서 인간이 존재하면서 네 요소가 상호작용하는 형태이다. 하지만 편의상 3항의 체계를 채용하고자 한다.

또 체계도는 다른 관점에서 보면 물질의 분화도이다. 무(진공에너지)에서 상전이로 보통물질과 암흑물질을 가진 우리 우주가 나왔고, 세계는 보통물질과 암흑물질 그리고 진공에너지(무)를 포함하는 존재이다. 보통물질에서 생명체가 나왔고, 생명체에서 인간이 분화되어 나왔고, 인간으로부터 생산물이 나왔다. 이후 생산물(특히 인조인간)에서 새로운 생산물이 나올 수도 있다. 이렇게 단계적으로 분화된 것들은 독자적인 법칙에 의해 지배된다. 그러면서 모두는 계층적으로 상호작용하는 통일된 체계를 형성한다.

체계의 통일이란 통일체계를 근간으로 자연과 인간을 비롯하여 생산물의 계층체계를 밝히고, 그 연관의 고리를 찾아 연결하여 하나의 전체로 구성하는 것이다. 즉, 통일체계와 그 요소인 자연과 인간 그리고 생산물이 통일된 계층체계와 매개자를 밝히는 것이다.

우선 통일체계는 무를 포함한 자연과 주체 및 생산물이 상호작용하며 하나의 체계를 이루고 있다. 통일체계는 인간이 매개자다. 크게 볼 때 인간과 생산물은 자연현상에 불과하지만, 통일체계를 떠올려 놓고 보면 인간이 이 체계의 한 요소이면서 동시에 이 체계를 이루는 매개자이며 중심이다. 이 체계를 가능하게 하는 것은 인간이 자연과 생산물에 생존을 위해 연관을 맺고 있기 때문이다. 인간은 자연이면서 주체이고 동시에 생산물이다.

통일체계는 모든 것이 근원적으로 통일되어 있는 객관적 실재다. 객관적으로 존재하는 무와 그로부터 순차적으로 파생된 자연과 인간과 생산물의 상호작용은 우리의 인식 여부와 상관없이 자발적으로 작동되고 있으며, 현재도 꾸준히 작동하고 있다. 그리고 생산물을 생산해 내고 있으며, 내적으로 발전하고 있다. 그러나 이러한 일련의 과정은 우주 전체가 무(원물질: 진공에너지)를 향해 환원되는 과정일 뿐이다.

이 통일체계는 인간이 주체로 등극하면서 생산물의 공장이 된다. 우리가 이들을 통일한다는 것은 엄격하게 말하면 잘못된 것이다. 모두를 포괄하는 전체는 우리가 알든 모르든 객관적으로 통일된 채

잘 작동되고 있다. 단지 우리는 인간 중심적으로 이 세계를 인식하려고 한다. 그래서 자연을 더 효율적으로 자기화함으로써 우리의 삶을 더 나은 단계로 끌어올리고자 한다.

통일체계는 모든 대상을 내포하고 있으며 아래로부터 위로 향한 통합학문의 종착점이요, 위에서 아래로 이행하면서 분석·종합하는 통일학문의 출발점이다. 통일학문은 좁은 의미의 '학문의 통일'이 아니라, 모든 존재하는 실재적·관념적 대상을 인간 중심으로 하나의 체계로 구성하는 분야이다.

물리학적으로 자연은 체계의 체계로서 계층체계임을 실증하고 있다. 자연은 철학적으로 물질3)을 의미한다. 그래서 세계 전체를 물질이라고 한다. 자연은 물질의 계층체계이다. 물리학이 밝힌 바와 같이 매개자에 의해 연관을 맺고 있는 상호작용의 체계다. 우리 우주에서 가장 기초가 되는 체계에는 강한 상호작용이 작용하고, 이를 매개하는 입자는 글루온이다. 쿼크와 쿼크를 묶어서 핵자(양성자와 중성자)를 만들고, 핵자를 묶어서 원자핵을 만드는 힘이다.

다음 계층체계의 상호작용으로서 전자기 상호작용이다. 원자핵과 전자가 묶여 원자를 만들고, 원자와 원자가 묶여 분자를 이루고 더 나아가 거시적인 물체를 이룬다. 우주를 포함하여 지구상 대부분의 물리 · 화학 · 생리적 현상과 변화를 일으키는 힘이다. 다음은 약한 상호작용이다. 약한 힘은 체계를 형성하는 데 관여하지는 않는 것 같다. 불안정한 기본입자를 하위의 안정된 입자로 변형시켜 주는 역할을 수행한다. 마지막으로 중력상호작용인데, 질량을 가진 모든 입자에 작용하여 천체들의 체계 나아가 우리 우주 전체를 묶어 준다.

계층체계는 끊임없이 이어지는 양파 껍질과 같은 구조인가, 아니면 불변하는 최종입자를 바탕으로 하는 유한한 몇 개의 계층구조인가 하는 것은 아직 알 수 없지만, 우리 우주 위의 상위의 계층이나 현재 알려진 최하위의 쿼크도 하나의 체계임이 드러난다. 쿼크와 힉스입자가 상호작용하는 체계 말이다. 힉스이론은 쿼크가 힉스입자를 먹고, 그 존재를 드러내지 않는다고 설명한다. 드러내든 아니든 두 입자의 결합체라는 것은 분명하다. 그리고 자연은 계층체계로서 체계의 체계다. 그렇다면 이 또한 어떤 매개자(힘)에 의한 상호작용의 체계일 것이다. 이때 대우주 체계와 쿼크-힉스 체계의 매개자가 밝혀져야 한다.

표준모델 그 이하의 계층이 있다고 주장하는 프레온 모델, 파톤 모델, 리숀 모델 등도 있다. 더 나아가 우주 탄생의 시나리오에서 인플레이션기에 '우주의 다중발생'이라는 과정을 볼 수 있다. 이로 미루어 볼 때, 우리 우주의 상위의 계층이 더 있다는 사실을 알 수 있다. 그리고 우주의 탄생이 무에서 터널효과로 돌연히 생겼다고 한다면, 무(Nothing)의 세계도 있다는 의미가 된다. 무의 세계는 유의 세계의 공간으로서 역할을 한다. 무의 세계는 우리의 세계와 분리되어 있는 것이 아니라 에너지준위가 다를 뿐 양적으로 하나로 통일되어 있다.

무의 세계에서 상전이된 유의 세계는 두 가지 상태로 존재한다. 하나는 우리가 아는 직접 관찰 가능한 물질로서 보통물질이고, 하나는 보통물질과는 다른 상태인 암흑물질이다. 그리고 보통물질의 근원적인 상태인 진공에너지는 우리 우주의 공간으로서 역할을 수행하며, 우리 우주에 침투되면서 우주를 팽창시키는 힘이기도 하다. 오히려 보통물질인 우리 우주가 무의 세계에 침잠해 있는 것이다.

물질의 다른 상태인 진공은 디랙에 따르면, 마이너스에너지입자가 균일하게 꽉 찬 상태로 존재한다. 이 공간은 다른 어떤 체계인지 알 수 없지만, 당해 에너지 준위에 존재할 수 있는 물질의 양이 꽉 찬 상태(원자의 궤도전자가 당해체계에 꽉 찬 상태)이듯, 단순히 무한한 존재라면 양의 에너지 입자가 무한히 침투해도(떨어져도) 상관없을 것이다. 자연의 존재양식이나 인간의 존재양식, 생산물의 존재양식으로 전화하는 원리에 미루어 보아, 같은 유형의 존재양식을 가져야 마땅할 것이다. 그렇다면 무(無)도 하나의 에너지 준위에 존재하는 유한한 존재이다. 즉, '무는 어떻게 존재하는가? 어떤 존재양태를 가진 입자(존재자)가 거기에서 어떻게 운동하는가?'와 같은 물음이 가능해진다.

그렇다면 이 무도 계층체계로서 적어도 어떤 체계를 형성하고 있음을 강력히 시사하고 있는 것이다. 물질의 복합구조인가, 아니면 에너지의 계층구조인가? 무가 극도의 혼돈만이 존재하는 곳은 아닐 것이다. 폴 디랙은 그렇게 생각하고 있으며, 진공 속에서 가상양자들의 출몰이 보통물질의 다른 상태임을 입증하고 있다. 우리의 보통 세계는 진공에너지 속에 침잠해 있다. 그리고 운동한다.

대통일이론(GUT)에 의하면 물질우주인 우리의 우주가 약 10^{30}년의 평균수명으로 양성자의 붕괴가 시작하여, 10^{100}년 후에는 완전히 붕괴되어 무(Nothing)로 되돌아갈 것이다. 그리고 언젠가는 무의 다른 곳에서 다시 새로운 물질우주가 생겨날 것이다. 나는 이렇게 끊임없이 순환할 것이라 믿는다. 물질의 영점에너지에 의해 자발적으로 끊임없이, 부수고 다시 만들고……. '발생-변경-소멸'의 과정을 거쳐 무한히 끝없는 일시적 물질형태를 가질 것이다.

자연은 자발적으로 운동하는 물질로서 매개자를 통한 상호작용의 방식으로 이루어진다. 그렇다면 자연을 비롯한 모든 것의 통일체계는 그 매개자를 찾는 작업이라고 할 수 있다. 동일한 매개자로 상호작용하는 모든 체계는 동일 계층의 체계다. 글루온으로 매개되는 계층, 광자로 매개되는 계층, 중력자로 매개되는 계층은 각기 하나의 통일된, 그리고 구체적으로 독자적인 법칙이 적용되는 계층이다. 그리고 최상위의 계층은 모든 하위의 계층을 포괄한다. 그렇게 되면 자연의 체계는 드디어 하나로 통일을 이룬다. 그리고 무와 자연의 관계는 단순히 상전이한 것이라면, 그 자체로서 동일한 것이다.

보통물질의 자연은 무기체계와 유기체계(생물체계)로 구성되어 있다. 생물체계는 '계-문-강-목-과-속-종'의 린네의 분류체계로 말할 수 있다. 무기체계는 '?-대우주-우주-은하-행성계-행성-분자-원자-핵자-쿼크-?'의 체계이다. 이것은 매개자를 통해 볼 때 '쿼크·힉스체계-강한 상호작용체계-전자기 상호작용체계-중력 상호작용체계-웜홀 대우주체계'의 구체적인 모습이다.

　주체로서의 인간과 사회도 계층체계임이 드러난다. '세포-기관-계통-개체'로서 자연적 생물학적 인간이다. 이를 매개하는 것은 혈액과 호르몬, 그리고 생체전기, 관절과 근육 등이다. 생산물의 한 형태이자 인격의 계층체계인 사회는 가족을 바탕으로 계층적 조직을 형성하고, 인간세계 전체를 이룬다.

　가족의 핵심인 부부가 성적 사랑을 바탕으로 이루어진다면, 상위의 체계들도 다른 형태의 애인(가령 목적애·국가애·인류애 등)으로 이루어지며, 전체 또한 더 포괄적인 더 보편적인 의미의 범애(인간과 사물을 포함한 모든 대상에 대한 사랑)로 이루어진다. 이렇게 되면 인간사회는 물론 인간 중심적으로 볼 때, 세계는 보편적인 '사랑'으로 통일된다.

　당연히 통일체계 전체는 최상위의 애인인 범애로 통일을 이룬다. 범애는 인간에게 부여된 가치로서의 사랑과 인간이 추구하는 가치로서의 행복이라는 두 갈래로 나뉜다. 부여된 가치로서 사랑은 인격적 사랑과 물질적 사랑으로 구분해 볼 수 있고, 그중 물질적 사랑은 자연과 생산물이라는 물질적 가치에 대한 사로잡힘이다.

　주체는 계층체계를 형성한다. 주체의 원소로서 개인(남자와 여자)은 개별적으로 인식기능과 생산과 소비능력을 갖춘 독자적인 존재이기는 하지만, 자기복제기능 등을 통해 생리적 불비를 완성하기 위해 이성과 결합(가족형성)한다. 이런 가족의 형성은 보통 말하는 사랑으로, 이성 간의 사랑(성애)이다. 사회학적으로는 가족이 원소에 해당한다.

　다음으로 같은 목적을 달성하기 위하여 모인 사람들의 일정한 조직체로서 단체의 형성이다. 과거에는 마을이나 씨족이 단체의 기능을 수행하였고 지금도 크게 다를 바 없지만, 그 기능이 훨씬 더 약화되었다. 그런 반면, 현대에는 구체적 목적을 가지고 각종 단체가 성립되었다. 영리단체가 대부분이지만 정치에 관여하는 시민단체, 소외계층에 대한 사회적 기업이나 단체, 같은 취미나 친목을 위한 클럽을 비롯하여 매우 다양하다. 이들이 이렇게 단체를 형성하고 유지하는 힘을 통틀어 '목적에 대한 사랑'이라고 하며, 이를 '목적애' 또는 '결사애'라고 규정한다.

다음의 상위 인격은 국가다. 국가의 성립 요소는 영토와 국민과 주권이다. 이렇게 성립된 국가는 국민들의 국가에 대한 사랑(국가애·충성심)으로 존재한다. 이러한 국가는 하나의 공동체로서 이상향을 추구하는 것을 최고의 가치로 한다. 이상향을 실현하기 위해서 자연법적 정의(자유·평등·평화)의 실현과 끊임없는 복지의 확충 등이 요구된다.

최종의 인격으로서 세계는 지구상에 사는 인간의 총합이 아니다. 최고의 조직체로서 유기적으로 활동하는 인격이다. 현재는 국제연합(UN)이 그 역할을 수행하고 있으나, 그보다 더욱 강력한 세계정부(世界政府)가 요구되며 이는 역사상 필연적으로 이행될 수밖에 없다. 최상위의 인격으로서 세계가 추구하는 가치는 무엇보다 인격(주체)이 활동하는 공간(시공사회)이 추구하는 정의(자유·평등·평화)와 주체(인격)가 추구하는 가치로, 인류의 항구적인 존속과 복지(정신이 추구하는 가치와 생체가 추구하는 가치)이다.

이것은 인류애라는 생물학적 동질성 이상의 것으로 인류가 추구하는 가치이다. 물론 이러한 목표는 인류를 하나로 결집시키는 힘이다. 나아가 세계는 인류전체로서 지구상에 다양한 이상향을 실현해야 하며, 태양계가 수명을 다하기 전에 안전하게 다른 행성으로 이주하기 위한 노력을 기울여야 하는 최고의 인격으로서 책임을 지고 있다.

인격은 자연 상태의 인간으로서는 생겨나지 않는다. 개인의 경우에는 교육을 통해 동물과 비교해 고차적으로 일관되게 나타나는 성격 및 경향과, 그에 따른 독자적인 행동경향을 통해 얻을 수 있기 때문이다(이런 이유로 교육은 인간의 일반화 과정이다). 개념적으로 사유하는 능력을 가지고, 진위와 선악을 바르게 파악하고, 행동으로 옮기는 능력은 자연 상태로서는 어려운 일이다. 이렇게 자연으로서 개인은 교육을 통해 사회적 인격체로 생산되는 것이다.

인간 능력은 한 개인으로서는 끊임없이 요구되는 고차적인 필요와 욕구를 충족하기 어렵다. 그래서 상위의 계층적 인격을 형성하지 않으면 안 된다.

또 상위 계층의 고유 가치는 하위 계층의 고유 가치를 포함한다. 특히 단체는 조합이나 사단법인, 클럽 등으로, 어떤 목적을 실현하기 위해 결성되고 유지된다.

인격계층	계층형성의 힘	인격의 고유가치
국제연합(4단계)	인류애	인류의 영구존속
국가(3단계)	국가애	이상향
단체(2단계)	목적애	성립목적 성취
가족(1단계)	가족애	성원의 재생산과 양육
개인(0단계)	자기애	자아실현

생산물도 계층체계를 형성한다. 인간에 의해 이루어진 존재로서 그 무진성에도 불구하고, 생산물은 계층적 체계를 형성하고 있다. 이것은 자연의 존재양식이 인간의 사유방식을 구축하고, 나아가 인간과 생산물의 존재양식을 결정하기 때문이다. 즉, 자연과 주체 및 생산물은 보편적으로 '대상-작용자 체계'를 형성하고 상호작용을 한다. 이것은 구체적으로 자연(물질)에게는 '입자-매개자 체계'이고, 주체에게는 '주체-수단 체계'이며, 생산물에게서는 '인간-생산물 체계'로 나타난다.

자연은 물론 세계는 그 운동에서 '입자-매개자 체계'를 형성한다. 이때 입자는 상호작용하는 본체 일반이다. 쿼크입자는 글루온과 체계를 형성하고, 다른 쿼크입자와 상호작용한다. 상위의 원자도 핵자와 전자의 상호작용에서 광자를 매개자로 하여 상호작용하며, 나아가 다른 입자와 상호작용한다. 더 상위의 행성계에서도 행성 간에 중력자를 매개자로 하여 상호작용을 한다. 이들은 세계에서 각 계층체계로 따로 분리되어 있는 것이 아니라, 일정한 부분 영역에서는 각 계층적 힘이 우세하게 작용하지만 전체에서는 하나의 힘인 중력으로 통일(결속)되어 있다.

인간은 그 사회활동(생산 활동과 결연 활동과 소비 활동의 총체)에서 '주체-수단 체계'를 형성한다. 인간은 주체성과 자유를 가지고 있는 인식의 주체요, 생산과 소비의 주체다. 우선 인간과 인간 사이에서는 언어 등을 매개로 상호작용을 하며(결연 활동), 인간과 자연과의 관계에서는 도구와 방법인 각종 수단을 매개로 상호작용을 한다(생산 활동). 그리고 인간과 생산물의 경우에도 수단을 매개로 상호작용한다(소비 활동).

주체는 그 활동 방식으로 볼 때, 계층적으로 존재한다. 그러니까 '개인-가족-단체-국가-유엔'의 계층을 형성한다. 이들 계층적 주체 또는 인격은 독자적인 목표를 가지고 유기적인 존재로서 독자적으로 운동하기 때문이며, 사회 제도적으로도 독립된 인격으로 인정받는다. 이때 계층적 인격은 그에 적합한 수단을 가지고 작용한다. 계층적인 인격 전체는 하나의 포괄적인 의미의 사랑에 의해 통일을 이루고, 수단을 통해 상호작용을 한다.

생산물의 경우도 그 활동(문화 현상)에서 '인간-생산물 체계'를 형성한다. 이때 인간도 생산물이며 '인간-생산물 체계' 자체가 독자적인 생산물이다. 이것은 자연의 '입자-매개자 체계'나 주체의 '주체-수단 체계'와 같이 그 자체로서 분리 불가능한 체계이기 때문이다. 그렇기 때문에 생산물 자체는 '인간-생산물 체계'로서 독자적인 운동성을 지닌 통일체계 속의 완전한 객관적 요소다.

생산물이 계층적 체계를 형성한다는 것은 '인간-생산물 체계'에서 인간에 근거한다. 생산물로서의 인간은 주체와 같이 계층적으로 존재하기 때문이다. 즉, '개인-가족-단체-국가-유엔'의 계층을 형성한다. 또 주체는 주체를 탐구하는 영역에서는 대상이 된다. 특히 주체도 교육을 통해 이루어진 생산물이다. 이럴 때 주체(주체-수단 체계)의 관점을 바꾸면, 생산물로서 '인간-생산물 체계'로 드러난다. 그러나 주체는 생산과 소비 및 인식의 주체로서의 주체이고, 생산물은 자연과 같이 주체가 필요와 욕구를 충족하기 위해 자기화할 대상이다.

'인간-생산물 체계'에서 인간은 운동성의 조건이다. 이와 결합된 생산물에서 물질적 생산물, 관념적 생산물, 행위적 생산물, 인격적 생산물은 순수하게 필요와 욕구를 충족시킬 대상이다. 이때 문제되는 것은 운동성의 근거로서 인간과 결합된 구체적인 생산물들에게 과연 계층을 규정할 수 있는가이다. 가령 망치는 몇 단계의 생산물인가를 결정할 수 있는가?

이 문제는 '망치' 그 자체에서 규정되는 것이 아니다. 인간의 인격 계층과 결속된다. 가령 개인의 자격으로서 활동하는 인간과 결부되면 0단계의 생산물이지만, 단체로서 제조업을 영위하는 공장(원료나 재료를 가공하여 물건을 만들려고 갖춘 설비)의 구성부분일 때는 2단계의 생산물이다. 또 주택이 결혼으로 가족 단계에 이르지 못한 개인이 사용하는 경우는 0단계의 생산물이지만, 결혼을 하여 가족을 구성한 부부가 사용하는 경우는 1단계의 생산물이다. 또 요즘 아파트 등 공동주택의 경우는 2단계의 생산물이라 할 수 있다. 싫든 좋든 공동주택에서 '입주자대표회의'라는 단체를 구성하고 있기 때문이다.

이와 같이 구체적 생산물은 인격의 계층과 결부되어 그 단계가 결정된다. 이는 또한 '몇 단계의 도구인가?'에 대한 규정이기도 하다. 전투기나 항공모함, 군대, 각종 병기는 3단계의 생산물이지만 호신용 개인의 총기는 0단계의 생산물이다. 인격의 계층이 이를 규정하는 기준이 되는 것이다.

계층적 인간과 결부된 생산물은 그 결부와 관련해서 상위나 하위의 생산물로, 계층적으로 드러난다. 그렇다고 경제학적으로 가격을 결정하는 질을 의미하거나 법률적으로 가(家)를 구성하느냐와 결부된 것은 아니다. 생산물의 계층은 '완성물이 어떤 계층의 인격과 결합되어 있는가?'로 결정되는 것이지, '어떤 계층의 인격이 생산했는

동일성

가?'로 결정하는 것이 아니다.

의상과 액세서리는 보통 개인과 결부된다. 물론 단체와 결부된 의상은 유니폼으로서 개별 의상보다 상위의 생산물이다. 한 개인이 입는 단수의 개별적 의상은 동일성을 가진 다수의 의상으로서 유니폼과는 양적 · 질적으로 다르다. 책상도 이와 같다. 개인의 것과 학교의 것은 서로 다른 계층을 갖는다.

이상과 같이 자연, 인간, 생산물은 계층적으로 통일되어 있으며 또한 서로 상호작용하는 통일체다.

〈2〉 존재양식의 통일성

존재양식에 대하여는 이미 '02. 통일체계'에서 자연과 인간과 생산물을 서술하는 방식으로 다루었다. 여기에 대한 정리의 수준에서 존재양식의 통일성을 말하고자 한다.

존재양식의 통일이란, 자연의 존재양식이 인간의 사고방식을 구축하고 인간의 존재양식을 결정하며 나아가 생산물의 존재양식을 결정한다는 전제하에 모든 존재자들은 자연과 본질적으로 동일한 형태의 존재양식을 가진다는 것이다. 존재양식의 통일은 세계의 통일을 입증하는 또 하나의 실질적인 근거를 제시하는 것이다.

즉, '통일체계'의 요소로서 모든 대상은 각기 상태와 형태는 다르더라도 존재양식의 측면에서 보편성을 보여 준다. 존재양식이란 '사물이 어떻게 존재하는가?'이다. 변증법적 유물론에 따르면 세계는 운동하는 물질뿐이다. 이것은 역학적으로 보면 물질은 질량을 가지고 시공간 속에서 운동함을 의미한다. 이것이 물질이 존재하는 존재양식이다. 존재양식은 인간에 의한 조작적 구성이 아니라 스스로 그런 것이다.

통일체계는 자연으로부터 인간을 주체로 상승시키고, 그로부터 발생한 인간 의식과 노동의 산물로서 생산물의 3항 간에 이루어지는 단순한 상호작용만을 의미하지는 않는다. 그 속에서 이루어지는 본질적인 흐름을 가지고 있다. 그것이 '자연의 존재양식에 의해 인간의 사유방식이 구축되며, 인간과 생산물의 존재양식을 결정하고, 또 생산물의 구성양식을 결정한다.'는 것을 의미하며, '생산물을 생산하는 보편적 과정'을 내포하고 있는 것이다.

우선 자연의 존재양식은 자연과학의 역학적 고찰을 통해 명백하게 드러나고, '02. 통일체계'에서 전개했듯이 인간의 존재양식과 생산물의 존재양식은 원천적으로 자연의 파생물이므로 자연의 존재양식으로부터 결정되며, 법학이나 사회학, 경제학적 등의 다양한 개별과학의 고찰에서 당연한 귀결로서 동형의 양식으로 드러난다. 즉, 개별적인 존재자가 존재하는 공간(물질에 있어서는 시공이라 하고 인간에게는 시공사회, 생산물에 있어서 시장이다) 속에서 구체적으로 드러난다. 이것은 체계의 통일로서 확인된 바와 같이 세계는 시간과 공간 그리고 에너지(물질의 운동)의 체계이기 때문이다. 나아가 인간과 생산물의 체계 또한 물질체계의 다른 모습일 뿐이다.

존재자	존재양태	존재형식	존재방식
자연의 존재양식은 인간의 존재양식은 생산물의 존재양식은	질량을 가지고 권리를 가지고 가치를 가지고	시공 속에서 시공사회 속에서 시장 속에서	운동한다. 행위를 한다. 통용된다.

'존재자 = 존재양태×존재형식×존재방식'의 등식이 성립되는 존재양식은 모든 존재자가 존재하기 위해 반드시 갖추어야 하는 세계의 조건이요, 속성이다. 존재양식은 자연히 그렇게 정해진 공통의 구성이고, 존재양태는 존재자가 존재하는 현실적 모습을, 존재형식은 존재자가 존재하는 마당(場)을, 존재방식은 존재자가 상호작용하는 방식, 즉 운동형태를 의미한다.

(1) 존재양태

존재양태는 존재자가 다른 존재자와의 관계(상호작용) 속에서 가지는 특성이다. 통일체계에서 자연(물질), 인간, 생산물의 존재는 질량, 권리, 가치의 성질을 가진다. 이 존재양태는 단적으로 힘이다. 이 힘은 존재방식과 결합될 때만 실현된다.

질량은 만유인력의 법칙에서 $F = \dfrac{GM_1 M_2}{R^2}$ 의 형태로 나타나며, 두 물체의 힘은 질량의 곱에 비례하고 거리의 제곱에 반비례한다. 두 질량은 상호작용하는 힘의 크기를 의미하고 질량의 크기는 힘의 크기와 비례한다.

물질은 질량에 따른 힘에 의해 평형운동을 한다. 천체나 인공위성이 일정한 궤도를 유지하게 하는 힘이다. 또 성간물질이 한곳으로 집중되어 중심을 향해 거대한 압력을 형성하고, 이로써 물질의 천이과정에 존재하는 에너지장벽을 넘어 새로운 물질(원소)을 합성하면서 에너지를 방출하는 별을 만든다. 이와 같이 질량은 스스로 부여된 힘이다.

인간의 권리는 힘이다. 권리는 인간과의 관계 속에서 드러나는 특성이며, 인간의 권리가 자기의 의사를 관철하는 모습은 무엇보다 계약과 같은 상호작용에서 보인다. 계약의 내용에 따라 정당한 권리는 타자(他者)에게 요구할 수 있고, 이로써 타자를 구속한다. 인간의 삶은 법학적 관점에서 보면 모두 권리의 행사로서 법률행위이다.

권리는 중력과 같이 가산적(加算的)이다. 물질의 증가가 곧 힘의 증가이듯 개별인간의 증가는 권리의 증가이고, 권리의 증가는 힘의 증가이다. 이것이 관철되는 모습은 선거에서 보인다. 선거를 통해 특정한 정책을 가진 지도자가 결정되고, 이 지도자는 유권자를 구속(통치)할 수 있는 힘(권력)을 부여받는다. 또 여론이 지도자의 정책을 바꿀 때도 실증된다.

생산물의 가치는 힘이다. 생산물의 가치는 인간과의 관계에서 드러나는 특성이다. 자연 자체에는 가치가 없다. 다만 자연에 가치를 가지는 특징이나 요소가 있을 뿐이다. 생산물의 가치는 구조·성질·과정·형태·상태 등의 특징으로서 인간 삶을 직접 지배한다. 의식주의 경우만으로도 실증된다. 먹을거리의 경우, 화학적 구조와 성질 및 천이과정은 생체가 삶을 유지하는 에너지를 안정적으로 변화시킨다. 의상의 경우도 위험으로부터 어느 정도 차단할 수 있는 구조와 성질을 가지고 있으며, 매력이나 권위를 돋보이게 함으로써 타자의 부러움을 사거나 굴복시킬 수 있다. 또 생산물 자체는 필연적으로 노동의 결과이고 노동력의 변형으로서 힘이다.

(2) 존재형식

존재형식은 존재자가 자기의 방식을 표현하는 자유도를 가진 장(場)이다. 자연(물질)의 경우 자연과학에서 시공간이라는 개념으로 정립되어 있고, 인간은 사회가 시공간이며, 생산물은 시장이 시공간이다. 이들에게 적용되는 존재형식은 4차원의 시공간으로서 3차원의 입체와 1차원의 시간이 합체된 것이다.

공간은 절대 무가 아니다. 물리적 공간이 무(진공에너지)의 기반 위에 성립하듯이 인간과 생산물도 지표와 그 상하로서 보통물질을 기반으로 존재한다. 물리학적으로 보면 물질은 전후, 좌우, 상하의 자유도를 가지고 시간과 합체된다. 인간과 생산물의 경우는 지표를 기반으로 역시 물리적 공간과 시간과 합체된다. 공간은 절대 무는 아니다. 절대 무는 어떤 자유도도 가질 수 없기 때문이다.

공간이 포착되는 모습은 질량에 의해 왜곡된다는 점, 팽창과 수축이 가능하다는 점, 생성과 소멸이 일어난다는 점이다.

우선 공간은 기하학적으로 변형이 일어난다. 이것은 유클리드의 3차원 입체공간이 아니라 리만 기하학의 곡면(구면)이다. 우리우주도 구형으로서 시작도 끝도 없는 닫힌 3차원이다. 이때 평면기하학적인 직선으로 이루어진 공간이란 있을 수 없고, 평행선을 그을 수도 없다.

또 공간이 왜곡된다는 것은 질량에 의해서이다. 아인슈타인의 해석에 따르면, 공간은 아무것도 없는 상태이지만 질량에 의해 휠 수 있으며 이것은 거대 천체에 의해 빛의 경로를 바꿀 수 있다. 하지만 공간은 보통물질의 주변에 암흑물질이 있으며, 보통물질과 암흑물질을 담는 공간은 물질의 근원이자 또 다른 형태의 물질인 진공에너지이다. 공간이란 물질의 서로 다른 상태로 이루어지며, 여기에서 존재자는 자신의 모습을 표현한다. 이와 같이 공간은 서로 다른 물질적 기반에서만 존립하는 것이다. 물고기가 바닷물 속에서 활동하듯.

공간은 팽창과 수축이 가능하다. 공간은 특정한 존재자의 운동과 상관관계를 지닌다. 존재자의 운동이 증가하면, 그만큼 공간의 증가가 일어난다. 보일의 법칙은 이를 단적으로 보여 준다. 우리우주도 우주 속에서 일어나는 물질의 운동에 의해 공간이 팽창하고 있다. 인간의 활동 공간도 기계에 힘입어 팽창하고 있다. 이와 같이 공간은 존재자의 운동성과 관계되며 고정되어 있는 것이 아니라, 수축과 팽창이 가능하다.

공간은 생성과 소멸이 이루어진다. 우리우주의 생성은 공간도 같이 생성한다. 그리고 우리우주의 소멸은 공간과 함께 소멸한다. 또 인간이 사라지면 공간으로서 사회와 시장도 사라진다. 공간은 존재자에 부종성(附從性)을 지닌다. 그렇다고 공간을 형성하던 존재마저 사라진다는 의미는 아니다.

(3) 존재방식

존재방식은 존재자의 자기표현으로서 운동이다. 모든 존재자는 운동하는 방식으로 존재한다. 고정되거나 절대적 부동(不動)의 방식은 없다. 물질의 존재방식을 운동이라 하면, 인간의 존재방식은 사회학(특히 법학)적으로 행위이다. 생산물의 경우는 인간에게 소용되기를 찾아 떠돌아다니는 통용이다. 이 모두는 철학적으로 운동이며 변화이다.

존재방식은 존재자에게서 분리할 수 없는 본질적 성질이다. 이 성질을 제거하면 더 이상 그 존재가 아니다. 인간에게서 행위(활동)를 제거하면 주검이고, 물질에서 운동을 제거하면 불변하고 영원한 절대물질(물질 자체는 제거할 수 없으므로 특이성이 없는 물질)이고, 생산물에서 통용을 제거하면 효용 없는 사물일 뿐이다.

존재방식은 일반적으로 운동이다. 운동은 양적·질적 변화이고, 변화의 원리는 상호작용이다. 상호작용의 근거는 부여된 조건으로서 '부족함'이다. 존재자의 부족함은 상호작용의 형태로 충족할 것을 조건 지으며, 이로써 체계(구조)를 형성하고 전체가 하나로 짜이고 얽히게 만든다.

이것은 카오스인 무질서나 혼돈 상태를 거부하며, 겉보기가 그렇다고 하더라도 논리법칙이 비껴가는 영역을 설정하지 않는다. 거기에도 통계나 확률 등이 적용될 수 있기 때문이다. 자연과 사회 속에서 집단적으로 발생하는 무차별적 현상 속에서도 예측가능성은 있다. 인간의 평균수명, 집단의 평균소득, 불량률, 사고(事故)의 패턴(하인리히 법칙), 기후 등에서 일정한 법칙성과 그로부터 유추되는 미래는 예측가능하다. 세계는 확률의 법칙이 지배하고 있기 때문이다.

〈3〉 상호작용의 통일성

세계의 모든 상호작용은 근원적으로 존재자의 '부족함'을 원인으로 하며, 보편적 메커니즘을 가진다.

세계를 구성하는 가장 기초적인 물질은 불안정(不安定)하다. 또 생명체도 불안정(不安靜)하다. 안정이란 일반적으로 일정한 상태를 유지하는 것, 구조·성질·과정 등의 한 상태를 계속 유지하려고 하는 것이다. 화학적으로는 화학변화를 쉽게 일으키지 않거나 반응속도가 충분히 느린 상태다. 사회학적으로는 정치적·경제적으로 그 체계가 일정한 상태를 유지하는 것이다. 생물학적으로 안정(安定)은 안정(安靜)이다. 육체적·정신적으로 편하고 고요한 상태, 즉 평안한 상태로 유지하는 것이다.

하지만 안정된 상태는 일시적이다. 이것은 동적평형상태로서 끊임없이 내외적인 교란을 감수하고 유지하다가 일정한 한계(임계점)를 넘으면 양적·질적으로 전화된다.

세계는 근원적으로 불안정하기 때문에 세계는 언제나 안정을 향해 나간다. 한 상태의 안정이 깨지면 다시 다른 상태의 안정을 취하고, 다시 안정이 깨지면 다른 상태의 안정을 찾아나서는 것이다. 이런 끊임없는 과정은 안정과 불안정의 무한하고 연속적인 반복이다.

물질과 생명체의 불안정(不安靜과 不安定)은 성질·구조·과정적으로 항상성을 유지하지 못한 상태(부족함)이다. 이런 존재자는 필연적으로 만족을 향해 나아가는 것이다. 물질에게 만족함은 안정 상태이고, 생명체에게 만족함은 심신이 평안한 안정(安靜)된 상태로서 모자람이 없는 만족(滿足)이다. 물론 안정(安靜)과 만족(滿足)에는 차이가 있다. 안정이 만족의 하한선이라면, 만족은 이를 능가하여 쾌(快)의 감정이 이루지는 넉넉한 상태이다.

만약 물질이 안정된 상태라면, 그 어떤 변화도 없을 것이다. 물질의 불안정성은 물질이 계층적으로 구조를 형성하고 발전시키는 원인이며, 나아가 생명체를 탄생시키고 진화시키는 것은 물론 사회의 형성과 발전의 원인이다.

(1) 근원적 불안정성(부족함)

세계를 기초 짓는 궁극의 물질이 근원적으로 불안정성을 가지고 있다. 이것은 두 가지 마디점에서 고찰할 수 있다. 하나는 에너지 준위의 차원에서, 다른 하나는 보통물질의 상전이 과정에서이다.

에너지준위의 차원에서 보면, 원물질은 보통물질과 비교해 보았을 때 $2m_0 c^2$의 에너지 준위 아래의 방에서 당해 에너지 준위에서 수용할 수 있는 양이 꽉 찬 상태로 안정되어 있다. 원자의 궤도전자를 비교하여 생각하면 된다. 그리고 그 위의 에너지 준위에 보통물질이 존재한다. 보통물질이 물질이 존재하는 계층적 에너지 준위의 가장 밖에 있는 것인지도 모른다. 왜냐하면 매우 불안정된 상태로 운동하는 것 같기 때문이다. 대통일 이론이 예측하는 무로의 환원이 그런 가능성을 담고 있다.

원물질이 에너지준위에서 보통물질의 아래계층에서 안정되어 있다고는 하나, 분명한 것은 $2m_0 c^2$이상의 에너지(빛)를 주면, 에너지에 상응하는 반물질을 튕겨 올려 보낸다는 것이다. 그 후 서로 반물질인 정물질(보통물질)과 만나면 쌍소멸을 일으키고 사라진다. 이렇게 보면 원물질도 완전히 안정되어서 없는 것처럼 아무런 반응도하지 않는 절대물질은 아니다.

원물질도 가분성을 가지고 있고 에너지를 주면 요동친다. 이럴 때 더 큰 세계는 여러 계층의 에너지 준위로 이루어진 것인지도 모른다. 세계는 단순히 보통물질의 현상계이거나 좀 더 나아가 원물질에서 생겨나고 다시 원물질로 환원하는 과정을 끝없이 되풀이하는 두 에너지계층이 아니라, 많은 에너지 계층 중에서 두 계층에 대한 인식이 우리의 인식인지도 모른다.

또 원물질은 아래의 에너지준위에서 얼어 버린 상태로 가만히 있는 것이 아니라, 일렁이면서 물에 빠진 빵 덩어리 같은 우리우주 사이로 밀려들면서 팽창시키고 있다. 우리우주가 팽창하는 힘의 원인이다.

또 다른 관점은 원물질에서 상전이해 온 보통물질의 궁극입자들의 부족함(불안정성)이다. 우주론적으로 원물질(무)에서 상전이한 물질은 시간적으로 태극(太極)인 빛의 에너지가 가득한 불덩어리의 빅뱅에서 엑스입자와 반엑스입자가 만들어지고, 어떤 이유로 반엑스입자보다 많이 남은 엑스입자가 우리의 보통물질 세계를 만든다. 다시 엑스입자가 부서져서 보통물질의 최소 소립자인 쿼크와 렙톤과 그들의 반입자를 만든다. 이것을 도식으로 표현하면 다음과 같다.

〈성질의 체계〉

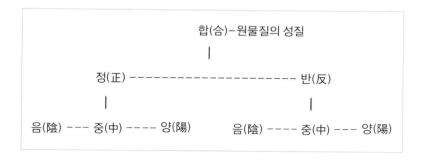

우리우주의 탄생과정으로 보면, 불안정성의 계통도이며 그 불안정성을 구조로 보면 체계도다. 특히 이것은 전하에 따른 것으로 성질의 체계도다. 정물질(보통물질)과 반물질은 질량과 스핀 등 다른 모든 것은 같지만, 오직 하나 기본전하가 반대이다. 이후 이 입자

통일성

들이 붕괴되어 만들어진 소립자들은 음(−)과 양(+)과 중(0)의 전하를 갖는다.

이러한 부족함에 의해 보통물질은 상호작용하며 우리가 아는 세계의 계층적 구조를 건설한다.

(2) 상호작용의 기구

모든 상호작용은 둘 이상의 대상 간에 에너지장벽을 넘어 매개자를 통해서 일어난다. 이 상호작용이 일어나는 계에는 상태변경자를 포함하고 있으며, 상태변경자는 대상 간의 상호작용을 더 어렵게 하거나 더 쉽게 하도록 만들어 준다. 즉, 에너지장벽을 조절하는 기능을 한다.

상호작용은 대상과 매개자 및 에너지장벽과 상태변경자의 네 요소로 구성되며, 세계에 보편적으로 적용된다. 자연은 물론 인간, 생산물에까지 적용된다.

① 상호작용의 대상

상호작용의 대상은 존재하는 모든 개별자들이다. 개별자들의 형태에 따라 특정한 매개자에 따른 특정한 상호작용이 이루어진다. 자연에서 무기물질과 유기물질의 상호작용과 사회에서 개인과 가족, 단체 및 국가의 상호작용은 물론, 생산물과 인간의 상호작용, 생산물과 생산물의 상호작용이다.

② 매개자

상호작용에는 반드시 매개자를 요구한다. 매개자는 둘 이상의 상호작용 속에서 그 상호작용으로 이루어진 체계의 일부를 형성하는 것이다. 글루온, 광자, 전자. 중력자, 통일체계의 인간(주체), 생산물에서 동력전달장치, 허브, 경첩, 거멀못, 마우스와 키보드, 리모컨 등도 이에 해당한다. 인간과 인간 사이에는 언어, 문장 사이의 접속사, 수(數) 사이에는 연산자, 경제적 관계에서 화폐, 감정으로서 사랑과 증오 등이다. 사랑이 고착적 상호작용이라면, 증오는 파괴적 상호작용이다. 상호작용을 매개하는 존재는 유형의 것과 무형의 관념적인 것도 있다.

매개자는 특수한 대상이 특수한 상호작용을 가능케 하는 것으로, 배타성과 특수성을 지닌다. 즉, 특정한 상호작용은 특정한 매개자에 의해 이루어진다. 전하에 의해 매개되는 상호작용은 중력상호작용이나 강한 상호작용을 일으키는 데에는 작용하지 않는다. 원자를 형성하거나 분자를 형성하는 데에는 반드시 전하에 의해서만 가능하지, 색소전하나 중력자에 의해서는 불가능하다. 물론 중력자는 모든 입자에 작용을 하지만, 위치적 불안정성에만 가능하기 때문에 핵자를 만들거나 원자나 분자를 결합시키는 것이 아니라 행성계나 은하계 및 우주체계를 형성한다. 그래서 매개자의 종류는 특정한 상호작용만을 가능케 한다.

사랑은 부족함(결여나 결핍)의 상태를 극복하여 만족을 향하려는 인간의 작용이다. 상호작용은 무차별적 수평적으로 이루어지지 않는다. 상호작용은 부족함의 형태에 따라 몇 단계의 계층으로 이루어진다. 물질의 상호작용에서는 글루온에 의해 쿼크의 상호작용, 원자의 상호작용에서 광자가, 천체의 상호작용에서 중력자가 특수한 계층에 배타적으로 작용한다. 하위 계층일수록 특수성이 강하고,

상위 계층으로 이행할수록 일반성이 강해진다.

인간에게 있어서 이성 간의 사랑(성애), 혈연이나 지연 및 결사체에서 이루어지는 단체의 사랑, 국가애, 민족애, 인류애로서 애인은 계층적으로 이루어진다. 이런 계층적 사랑도 배타성과 특수성을 지닌다. 특히 하위 계층의 사랑일수록 배타성이 강하고 상위 계층으로 이행할수록 보편성을 띤다. 국가애를 인류 전체에서 보면 다른 국가에 대한 배타성과 특수성을 지니고, 인류애는 유기체 전체에서 보면 배타성과 특수성을 지니고 있다.

유기체는 무기체와의 관계에서 배타성을 띠며 특수성을 지닌다. 나아가 우리 우주 전체도 더 큰 세계 무(Nothing)에 관계하여 보면 배타성과 특수성을 지닌다. 그렇다면 우리 우주 전체는 근원적으로 부족함을 갖는다. 그러므로 우리 우주 전체는 상호작용을 통해 만족(행복 또는 안정)을 추구한다.

③ 에너지장벽

모든 상호작용은 일정량 이상의 에너지가 있어야 대상 간의 상호작용이 이루어진다. 에너지 준위를 넘나들 때도 같다. 이것은 화학적으로 말하면, 반응계와 생성계 사이에 천이상태가 존재하며 반응계와의 에너지 차이를 가지는 것이다. 이때 이 에너지 차이를 극복할 수 있는 활성화 에너지가 필요하다. 이런 에너지장벽은 모든 대상들 사이에서 보편적이다.

물리학적 대상과 화학적 대상, 생물학적 대상, 인간들 사이의 상호작용(사회학적·경제학적 등)에도 일정한 에너지, 일정한 대가, 일정한 노력, 기계에서는 마찰에 대한 극복 등이 없으면, 어떤 상호작용도 일어나지 않는다. 물론 양자역학이 작용되는 영역에서는 에너지장벽이 있음에도 터널효과가 일어나기도 한다.

이런 경우 쿨롱장벽, 쇼트키장벽, 퍼텐셜장벽, 전위장벽, 에너지장벽 등 모든 영역에서 드러난다.

④ 상태변경자

상태변경자는 상호작용에서 에너지장벽을 조정하여 상호작용을 더 어렵게 하거나 더 쉽게 하는 데 작용하는 요소로, 고착적 상호작용에서 매개자와는 달리 당해 체계의 일부를 형성하지 않는 요소다.

부족함은 만족을 향해 있다. 이것은 아무런 지불 없이 이루어지는 것은 아니다. 이는 상호작용에서 에너지장벽이 있음을 의미한다. 모든 상호작용이 에너지장벽(energy barrier)을 넘어야 이루어진다. 인간의 부족함에 대한 충족도, 설득이나 구애, 장소의 이동이나 생산과 소비 등 대상을 변형시키는 노력 없이는 이루어지지 않는다.

에너지장벽을 넘기 위해서는 만족을 추구하는 성질만으로는 부족하다. 계의 상태변화가 일어나기 위해서는 에너지를 필요로 한다. 에너지장벽을 넘어야 하기 때문이다. 이때 이 에너지장벽을 극복하는 데 도움을 주거나 장애를 주는 요소가 존재한다. 이를 총괄하여 '상태변경자'라 한다.

상태변경자에는 효소·촉매·열 등의 에너지, 전자관의 그리드(grid), 도구와 방법, 중매쟁이, 선물, 윤활유 등을 들 수 있다. 물론 상호작용을 더 어렵게 하는 요소도 있다.

상태변경자는 인간과의 관계에서 형평성의 문제나 공정의 문제를 유발시켜 사회문제를 일으킨다. 불공정한 형태로서 로비스트, 뇌물, 지연(地緣) 등이다. 집단적 인간관계 속의 상태변경자는 헌법이 정하는 평등의 문제를 훼손한다. 단순히 둘 사이의 인간관계의 개선을 위해 제공하는 물건은 선물이 되겠지만, 다수의 관계에서 자기만의 목적성취를 수월하게 하는 물건이라면 공정성을 파괴하는 뇌물이 된다.

(3) 상호작용에 대한 결어

상호작용은 근원적으로 부족함에 의해서 발생한다. 물리학적·화학적·생물학적·사회학적으로 발생하는 부족함의 성질(불안정성)은 다르지만, 그 발생과정을 보면 물리학적으로 환원된다.

그렇다고 생물학적 부족함이나 사회학적 부족함이 물리학적 부족함과 질적으로 동일하다는 것은 아니다. 그 이행과정을 보면 물리학적 부족함에 귀착한다는 뜻이다. 쿼크의 색소전하에 의해 핵자가 만들어지고, 핵자의 전하에 의해 상위의 원자가 만들어지며, 원자의 원자가에 의해 분자가 만들어진다. 그리고 이로써 생명체의 기초가 되고, 생명체의 사회학적 부족함이 발생하는 과정에서 그 근원이 물질의 부족이라는 의미이다.

상호작용을 통해 저차원의 불안정성을 해소하면 이로써 형성된 상위차원의 새로운 불안정성이 나타나고, 다시 이를 해소하면 그 상위차원의 불안정성이 반복하여 계층적으로 나타난다. 이것이 물질의 발전 원인이고, 생명체의 발생과 진화의 원인이며, 사회형성과 발전의 원인이라는 것이다.

상호작용은 만족을 지향한다. 부족함을 속성으로 하는 세계의 계층적으로 존재하는 개별자는 자신의 부족함을 해소하기 위한 속성 또한 지닌다. 이 방법이 상호작용이며, 이를 통해 만족하는 방향으로 나아가려고 한다.

　이것을 인간에게 적용하면, 만족은 행복이다. 이럴 때 인간이 추구하는 것을 행복이라 규정할 수 있는 것이다. 사랑이 부여된 것, 관계 속에서 저절로 발생한 것이라면, 행복은 추구하는 것, 대상을 변화시켜 획득한 것이 된다.

　상호작용의 기구는 모든 상호작용에 적용되는 보편성을 가진다. 계층적으로 존재하는 세계의 개별자들은 그 자체가 가지고 있는 부족함을 원인으로 상호작용을 통해서 만족을 획득하는데, 반드시 천이과정에서 에너지장벽을 극복하기 위해 활성화 에너지(노력)를 투여해야 한다. 그리고 에너지장벽을 뛰어넘는 활성화 에너지를 낮추거나 높이는 데 관여하는 요소로서 상태변경자가 존재하여야 한다.

〈4〉 법칙의 통일성

세계를 전면적으로 지배하는 법칙은 인과법칙(因果法則)이다.

(1) 인과법칙

　모든 현상에는 원인이 있고 원인 없이는 어떠한 현상도 일어나지 않는다. 물질의 운동은 물론 인간의 행위나 생명체 전반에 적용된다.

　인과법칙은 단순히 원인이 결과로 바로 이행함을 의미하는 것은 아니다. 원인이 있고 결과가 나타나는 사이에 관여하는 과정을 내포하고 있다. 그래서 인과법칙은 법칙의 체계이다. 원인에 있어서는 원인을 지배하는 법칙이 존재하며, 변화 방향에 있어서는 방향을 지배하는 법칙이 존재하고, 변화 과정에 있어서는 과정을 지배하는 법칙이 존재하며, 결과에 있어서는 결과를 지배하는 법칙이 존재한다.

인과법칙은 단순히 모든 현상에 원인 없이는 현상(결과)이 일어나지 않음을 뜻하는 것이 아니다. 현상에 있어 원인과 결과의 연관성만을 말하는 것이 아니라, 현상과 결과 사이에 관여하는 보편적 법칙의 체계를 의미한다.

인과법칙은 개방형 선형법칙이 아니다. 이것은 폐쇄형 선형법칙이다. 개방형 선형법칙은 현상의 한 시점에서 무한히 이어지는 과거로의 원인을 추적한다는 것은 불가능하며, 또 현상의 최초 원인으로서 궁극인(窮極因)을 요구할 수밖에 없다. 이때 궁극인은 신(神)에게 자리를 내주는 것이 된다. 신이야말로 그 자신이 원인이 될 수 있기 때문이다.

그러나 신을 배제한다면, 유물론적으로 물질이 원인이고 결과가 되어야 한다. 그렇다면 인과법칙은 폐쇄형인 순환법칙이어야 한다. 한 원인에서 과정을 거쳐 결과로 이어지고, 결과는 새로운 원인으로 과정을 거쳐 결과로 이어지는 것이다.

이렇게 될 때 원인은 무(無)의 세계에 이른다. 이때 무는 아무것도 없는 것이 아니라 보통물질과 암흑물질이 아닌 상태의 원물질을 말한다. 상전이한 우리 우주의 근원이 무라면, 무는 우리 우주의 모든 현상의 원인인 것이다. 무는 보통물질과 암흑물질의 덩어리인 우리 우주가 태어나고 침잠해 있는 곳을 채운 원래의 물질(원물질)이다.

이 물질은 전자(電子)의 경우로 볼 때 $-2mc^2$(1MeV)의 에너지를 가지고 있어 우리의 관측에는 걸려들지 않으나, 무(진공 또는 원물질)에 $2mc^2$ 이상의 에너지를 주면 어떠한 입자도 발생시킬 수 있다. 진공 속에서 소립자의 출몰은 진공 또는 무가 아무것도 없음을 말하는 것이 아니라, 우리 우주에 존재하는 모든 것을 만들어 낼 수 있음을 말한다. 또 우리 우주를 품고 있으며 침투되어 있는 더 큰 존재이자, 암흑물질과 보통물질이 나온 근원적인 존재임을 말한다.

그러므로 우리 우주와 무의 세계는 일정한 $2mc^2$ 이상의 에너지 장벽을 두고 존재하면서 상호작용하고 있다. 또 원물질은 진공에너지로서 우리 우주의 팽창을 일으키는 힘이다. 우리 우주는 후일 에너지 상으로 더 이상 떨어질 수 없는 안정된 상태의 원물질로 환원할 것이며, 다시 언젠가는 우리 우주와 같은 현상을 일으키는 존재를 만들어 낼 것이다. 무는 궁극인이며 결과이다.

인과법칙에 대해 통일체계를 상정하면, 물질을 지배하는 인과법칙의 형태와 인간 행위를 지배하는 인과법칙의 형태 및 생산물을 지배하는 인과법칙의 형태를 생각할 수 있다.

지배법칙의 종류	인간의 행위	물질의 운동	생산물의 통용
원인의 지배법칙 (부족의 법칙)	필요와 욕구의 법칙	필요의 법칙	필요와 욕구의 법칙
방향의 지배법칙 (만족의 법칙)	이기(利己)의 법칙	엔트로피증대법칙	기호(嗜好)의 법칙
과정의 지배법칙	자유의 법칙	보존법칙	노동(勞動)의 법칙
결과의 지배법칙	사회규범	확률의 법칙	무제약(無制約) 법칙

(2) 자연을 지배하는 법칙

자연을 지배하는 인과법칙은 원인을 지배하는 필요의 법칙과 방향을 지배하는 열역학 제2법칙(엔트로피증대법칙), 과정을 지배하는 법칙으로서 보존법칙, 결과를 지배하는 법칙으로서 확률의 법칙이 체계적으로 작동하고 있다.

원인을 지배하는 필요의 법칙은 우리 우주의 뼈대를 구성하는 보통물질이 스스로 부족함을 가지고 있으며, 이 원인에 의해 안정된 상태를 취하려는 필요성을 가지고 있음을 의미한다. 물질은 물리적·화학적으로 불안정한 상태를 취한다. 쿼크는 3분의 1이나 3분의 2의 전하를 가지고 나머지 부족분에 대해 불안정함·부족함을 갖고 있다. 이를 극복하기 위해 상위의 체계로 이행하면, 양성자는 +1의 전하를 가지게 되어 여전히 불안정하다. 더 이상 분해되지 않는 소립자로서 전자는 −1의 전하를 가지고 있어 반대의 전하에 대한 부족함을 갖고 있다. 다시 원자의 형태로 이행하게 되면, 이젠 궤도전자의 부족함에 의해 구조적 불안정을 가지게 된다.

그리고 다시 상위의 안정 상태를 찾아 분자로 이행하게 되면, 극성공유결합과 같이 극성이 큰 원소에 의해 부분적으로 전하를 띠게 되든가 반데르발스 힘 등에 의해서도 불안정성을 나타낸다. 물론 질량을 가진 존재라면, 위치의 불안정성을 지니게 된다. 중력에 의해 가장 낮은 에너지상태를 취하려는 것이다. 또 원자구조에서 궤도전자의 경우도 그렇다. 이와 같이 물질은 스스로 전하와 구조 및 위치의 불안정성을 가지고 있음으로 인해 더 안정된 상태로 이행하려는 근원적인 성질을 소유하고 있다.

이런 근원적인 물질의 부족함(불안정성)은 물질의 변화를 일으킨다. 이때 물질의 변화는 일정한 방향성을 띤다. 아무렇게나 되는 대로 운동하는 가역적이고 카오스적인 운동이 아니다. 이렇게 물질의 방향을 지배하는 법칙이 존재한다. 이 방향을 결정하는 것은 근원적으로 보면 우리 우주는 원물질에서 어떤 양(量)의 에너지를 가지고 들뜬 상태를 취하고 있으며 다시 안정된 상태(원물질로 회귀)로 찾아가는 과정으로, 엔트로피증대의 법칙(열역학 제2법칙)이 적용되는 것이다.

무(원물질)에서 왔음으로 다시 무로 돌아가는 것은 지극히 당연할 것이다. 무는 현상의 원인이며 결과이다. 그러니까 이 엔트로피 법칙은 우리 우주의 모든 현상이 자발적으로 일어나며, 결과적으로 다시 사라진다는 우주의 종말을 예고하고 있다. 시작이 있는 것은 반드시 끝이 있다.

인과법칙에서는 원인과 결과 사이에 존재하는 과정이 있으며, 이 과정을 지배(제어)하는 법칙이 있다. 이것이 '보존법칙'이다. 보존법칙은 상태가 변화하더라도 변화(현상이나 운동)의 전후에 물리량은 변화하지 않음을 말한다. 에너지(질량), 운동량, 각운동량, 전하량, 바리온 수, 렙톤 수 등의 형태가 있다. 이것은 자연과학의 공리와 같다. 결과가 보존법칙에 벗어나면 오류가 있음을 의미하며, 다시 검토되어야 한다.

보존법칙을 만족하더라도 결과를 지배하는 법칙이 있다. '확률의 법칙'이다. 현대물리학은 자연의 모든 현상은 보존법칙을 만족하는 한, 어떠한 현상도 가능하다고 한다. 그래서 어떤 한 원인에 의해서 어떤 한 가지 결과만을 기대해서는 안 되고, 그 과정이 보존법칙을 만족하는 한 다른 수많은 현상도 가능함을 의미한다. 이때 어떠한 현상이 일어날지에 대해서는 확률적으로만 예측할 수 있다는 것이다.

확률은 임의의 시점인 원인에서 임의의 시점인 결과로 일어날 가능성에 대해 수치화한 것이다. 하나의 원인에 의해 하나의 사건이 특정하게 일어날 가능성, 하나의 원인에 의해 동시다발적 사건이 특정하게 일어날 가능성, 하나의 원인에 의해 반복적 사건이 특정한 결과를 가져올 가능성 등이다.

사건이 하나의 임의의 시점에서 또 하나의 임의의 시점까지 특정하여 특정한 사건이 일어날 가능성이다. 이때 우연과 필연의 문제가 제기된다. 필연은 어떤 조건에서 어떤 일이 당연히 일어나야 하는데 일어났을 때를 말하고, 우연은 어떤 조건에서 어떤 일이 당연히 일어나야 하는데 그렇지 않은 어떤 일이 일어났을 때를 말한다.

만약 모든 일이 어떤 원인에 의해 반드시 특정한 한 결과만 일어난다면 확률은 의미가 없다. 이럴 때 고전 역학적 사고방식으로, 인생은 운명이 있으며 어떠한 방법으로도 이를 극복할 수 없다는 숙명이 된다. 하지만 현대역학(양자역학)에 의하면 어떤 하나의 원인에 의해서 예측하기 어려울 정도의 다양한 결과가 나타나며, 인간의 운명은 결정되어 있지 않다는 것이다.

세계는 양적 · 질적으로 무한히 다양한 존재가 동시에 존재하며, 무한히 많은 사건이 동시에 연속적으로 연쇄적으로 일어나는 곳이다. 존재자들은 계층적(계층적 물질)으로 존재하며, 어떤 존재는 어떤 존재에게 영향을 크게 또는 작게 또는 결과에 변화를 일으키지 못하는 상호작용의 세계이다. 한 사건의 원인과 결과 사이에 무수히 많은 존재들은 어떠한 영향이라도 미치게 되며, 이로 인한 필연적 결과는 영향을 받아 우연적 사건으로 변할 수 있는 것이다.

가령 야구공이 투수의 손을 떠나 포수에 잡히는 것이 필연적인 결과이다. 그러나 타자와 자연환경은 이를 바꿀 수 있다. 타자가 공의 방향을 바꾸어 안타나 홈런, 파울 및 포수의 수비를 방해할 수 있는 것이다. 또 새가 날아가다 공에 맞아 방향을 바꿀 수도 있고, 순간적인 강풍이 공의 방향과 비거리를 바꿀 수 있다. 공의 방향은 최초의 원인과 결과 사이에 존재하는 다른 원인에 의해 얼마든지 달라질 수 있다. 우연과 필연은 모두 인과법칙에서 벗어날 수 없으며, 결과는 확률적이다. 하나의 원인과 결과 사이에 무수히 많은 원인(변수)이 개입될 수 있다.

(3) 인간 행위를 지배하는 법칙

인간 행위를 지배하는 법칙에는 원인을 지배하는 법칙에 필요와 욕구의 법칙이 있고, 방향을 지배하는 법칙에 이기의 법칙이 있고, 과정을 지배하는 법칙에는 자유의 법칙이 있고, 결과를 지배하는 법칙에 사회규범이 있다.

우선 인간의 행위를 지배하는 법칙에서 원인을 지배하는 법칙이다. 이것은 물질과 같이 자기 자신의 부족함에 의해 발생한다. 인간은 살아가는 동안 끊임없이 생리적·물리적·사회적 부족함에 부딪히게 된다.

생리적 부족함이란, 신체 내외의 변화에 대한 자각으로 발생하는 욕구들이다. 혈당치의 변화에 대한 식욕, 성호르몬에 의해 성욕, 복부팽만감에 의한 배설욕, 표피의 습도에 의한 불쾌감 등과 같은 것이다.

물리적(기계적) 부족함이란, 신체의 기계적 구조나 조성 물질 및 감각기 등에 의해 대상에 대한 작용에 있어 한계이다. 신체를 보호하는 표피가 외부 온도의 변화에 대한 극복에서 취약함과 기계적 작용에서 대상을 변화시키는 능력의 한계, 감각기의 수용 한계 등에 따라 발생하는 상황의 파악 등이다.

사회적 부족함은 인간이 사회 구성원으로서 살아가야 할 운명에서 필연적으로 발생하는 타자와의 충돌에서 발생하는 문제들이다. 이들은 자유의 문제, 평등의 문제, 평화의 문제로 제약을 받거나 박탈당하기도 한다. 이러한 문제는 인간에게 필요와 욕구의 문제를 발생시키며 인간의 행위를 발동시키는 원인이며, 나아가 이를 만족시키는 생산물을 생산해야만 하는 원인이 된다.

인간 행위를 지배하는 법칙에서 그 방향을 결정(지배)하는 법칙이 있다. 이것이 '이기법칙(利己法則)'이다. 이것은 인간에게 있어서 순수한 의미의 이타적 행위란 존재하지 않는다는 의미이기도 하다. 모든 인간 행위는 의식적·무의식적으로 또 계승된 문화적 형태로 이루어진 이기적 행위만 있을 뿐이다.

단적으로 모든 인간 행위는 실질적으로 자기나 자기집단의 이익을 위해 이루어질 뿐이다. 즉, 자기의 생존을 위해 만족을 추구하는 것이다. 이것은 '너의 생존을 위해 만족을 추구하라!'는 당위로서 의지에 대한 무조건적 명령이다. 행위는 이로써 이루어지고, 생존을 위해 좋음·이익·만족을 추구하는 것이다. 이것이 인간 행위의 목적인 한, 추구하는 가치인 한 목표로서 선(善)이다. 선은 좋음·이익·만족의 심리상태를 말한다. 이를 포괄적으로 말하면 '행복'이다. 그래서 선행이란, 자신의 심리적 불안감을 해소하거나 만족감을 추구하는 행위이다.

이렇게 되면 인간 행위가 추구하는 가치는 행복으로 표현된다. 행복을 얻는 구체적인 가치는 정신적(생리적)·생체적(물리적)·공간적(사회적) 가치로서 드러난다. 정신적 가치로서는 진선미 등이고, 생체적 가치는 편리와 건강과 안전과 쾌적과 여가 등이다. 공간적 가치로서는 자유와 평등 및 평화를 들 수 있다. 이러한 가치를 추구하고 실현함으로써 포괄적으로 행복을 가져올 수 있다.

이기법칙에 따라 이루어지는 인간 행위에서 선(善)의 규정과 당위(當爲)의 규정이 가능하다.

다음으로, 인간 행위에서 과정을 지배하는 법칙이 있다. 이것은 '자유의 법칙'이다. 자유의 법칙은 인간에게 자유는 주어진 것으로, 죽음으로밖에는 제거할 수 없음을 말한다. 다시 말해, 생존하는 동안 주체를 아무리 억압하더라도 자유를 완전히 제거할 수 없다. 자유란 주체가 자기 마음대로 하는 것이다. 자기가 하고 싶은 것은 하고, 하기 싫으면 하지 않는 것이 자유이다. 이때 자유는 선택의 문제임이 드러난다.

선택은 무엇의 선택인가? 인간의 행위는 실천으로서 반드시 생산물을 생산한다. 생산물의 정의를 살펴보면 물질적·관념적·행위적·인격적인 것으로, 어떤 목적(추구하는 가치)에 의해 어떤 대상을 어떤 기술을 통해 변형시킨 것이다. 이때 인간의 실천으로서 행위는 어떤 형태로든 생산물을 내놓는다.

단순히 고개를 돌리는 것도 행위적 생산물이다. 싫은 것이나 보고 싶은 것, 자극이 오는 곳으로 방향을 트는 것이 그 목적에 해당하고, 변형의 대상은 자신의 생체이고, 근육을 이용해서 순차적으로 방향을 바꾸는 것이 기술에 해당한다. 고개만 돌리든 몸 전체를 틀든 고개를 젖히든 기술은 다양하다. 그러므로 선택은 생산의 규정에 따라 본다면, 목적(추구하는 가치)의 선택에 이어 변형시킬 대상의 선택이고, 나아가 기술의 선택이다.

인간 행위를 지배하는 법칙으로서 결과를 지배하는 법칙은 '사회규범'이다. 사회규범은 관습(습속)과 도덕 및 법률 등이다. 여기에서 앞선 단계의 인간 행위에 대한 평가가 이루어진다. 사회규범을 기준으로 인간 행위를 평가하는 것이다.

인간이 사회 구성원으로서 살아가야 할 운명이므로 다른 구성원과의 이해관계가 충돌되는 것은 불가피하다. 이때 이를 조정하기 위해 만들어진 사회규범도 불가피하다. 필연적으로 요구되는 것이다. 그런데 그 내용은 시대와 장소 등에 따라 다르고 변화된다. 사회규범 자체는 사회 속에서 절대적인 성격을 가지지만, 그 내용은

과학의 통일 통일의 과학

상대적이다.

이러한 사회규범은 인간 행위를 제약하거나 행위가 완성된 경우 제재, 제거(죽임)하기도 한다. 상과 벌이 구체적 형태이다. 상이 사회규범에 잘 맞는 표준이나 모범에 대해 구성원의 행동방향을 자발적으로 유도하는 것이라면, 벌은 표준이나 모범에 대한 설정(사회규범)에 적합하도록 강제로 유도하는 것이다.

사회규범을 통해 당위로서 행위가 그 목표인 선을 향할 때 그 행위는 평가된다. 선은 추구하는 목표로서 자신의 행복이고, 당위는 마땅히 행복을 따라야 할 인간 행위로서 사회규범을 통해 평가되고 선별되는 것이다. 당연히 자유로운 선택에 따른 결과에 대해서는 책임을 져야 한다.

(4) 생산을 지배하는 법칙

인간의 행위는 단적으로 생산행위다. 그 어떤 행위든 결과적으로 생산물을 내놓기 때문이다. 이런 생산에 있어서도 인과법칙은 적용된다. 생산원인을 지배하는 법칙과 생산방향을 지배하는 법칙, 생산과정을 지배하는 법칙은 물론, 생산 결과를 지배하는 법칙이다.

우선 생산원인을 지배하는 법칙은 인간의 행위를 지배하는 법칙과 같다. 생산행위는 인간의 실천행위로서 동일하기 때문이다. 생리적 부족함, 물리적(기계적) 부족함, 사회적 제한(부족함)은 생산을 하지 않으면 안 되는 원인이다.

이러한 원인에 의해 생산은 그 방향성을 가진다. 당연히 인간의 만족을 추구하는 것이다. 이것이 '기호의 법칙'이다. 인간의 모든 생산물은 단순히 그 부족함을 해소하는 데 그치는 것이 아니다. 어떤 생산물이든 결과적으로 보면 생산자나 소비자가 즐기고 좋아하는 요소가 반드시 존재한다. 모양·색깔·상태·크기·냄새·질감·맛·재료·움직임·소리·선택사항 등의 요소를 추가하여 소비하는 것이다.

이런 차원에서 소비는 단순히 써서 없애거나 본질적 부족함의 해소에 그치지 않고, 문화 활동으로서 상승시켜 즐기고 좋아하는 것으로 나아가는 것이다. 그래서 인간의 소비 활동은 곧 문화 활동이다. 그래서 기호의 법칙은 문화를 창조하는 원인이며 생산물의 다양성을 산출하는 원리이다.

생산을 지배하는 법칙에서 과정의 법칙은 '노동의 법칙'이다. 노동이 인간의 실천 활동으로서 생산 활동이며, 이는 필연적으로 인간의 노력을 요구한다. 인간의 노동에 의하지 않은 것이라면, 생산물이 아니다. 직접적이든 간접적이든 그 형태를 막론하고 인간의 노력이 원인이 되어 목표로서 이루어지는 모든 것이다. 어떠한 형태로든 인간의 노력이 가해지지 않은 것은 자연물이다.

노동은 실천행위로서 생산과정을 반드시 포함한다. 어떤 대상에 대한 해석과 관념적 선취로서 계획 과정을 거쳐 실제로 적용하는 과정에서 생산물을 산출하는 것이다. 해석은 대상이 지닌 특징(구조·성질·상태·과정 등)에 대한 쓸모를 아는 것이고, 이로써 이 쓸모를 현실화시키기 위해 관념적으로 도구를 찾고 변형방법을 모색하는 계획을 세우며, 계획을 실제로 대상에 작용하는 적용 과정을 거치면 생산물이 이루어지는 것이다.

생산에서 결과를 지배하는 법칙은 '무제약의 법칙'이다. 모든 생산물의 생산은 그 어떤 제약도 없다. 어떤 생산물을 생산하든 자유인 것이다. 이를 제약하는 지배법칙은 없다. 하지만 생산물이 인간의 소비 활동에서 소비되는 과정에서 제약이 따른다. 이것은 인간 행위를 지배하는 법칙으로, 결과를 지배하는 법칙인 사회규범이 적용될 때이다. 자연법칙 이외에는 생산물을 만들어 내는 결과까지는 아무런 제약이 없다.

하지만 인간이 사회 구성원으로서 살아가는 동안 타인과의 관계 속에서 필연적으로 충돌이 발생한다. 타인의 이익을 해하지 않는다면 제약을 할 수 없지만, 그렇지 않을 때는 제약이 따를 수밖에 없다. 범죄나 안전사고 등 사회적 이익을 해하는 경우에는 구체적으로 생산물은 생산이나 소비에 제약을 받는다. 이럴 때 무제약의 법칙은 유보적 법칙이다.

[2] 주체의 통일성

객관적으로 실재하는 대상이 구조와 성질과 과정, 그 법칙성을 가지므로 생명체의 인식 내용과 사유방식도 그러하다는 전제를 가진다. 만약 생명체가 생존을 위해서 자연을 자기화할 때 생명체의 인식 내용이 자연의 구조 · 성질 · 과정 등과 일치하지 않다면 자연은 생명체에게 자기화 되지 않을 것이고, 그렇다면 생명체는 생존할 수 없다는 결론에 도달한다. 반대로 생명체가 생존을 하고 있다는 사실은 자연의 구조 · 성질 · 과정 등을 올바로 이해하고, 실천적으로 적합하게 자기화하고 있음을 의미한다.

 그렇기 때문에 객관적 실재의 존재양식과 생명체의 인식내용 및 사유방식은 통일되어 있다는 것이다.

 〈1〉 인식내용의 통일성
 인식내용의 통일성은 인간을 비롯하여 모든 생명체에게 사물의 인식내용이 동일하다는 것이다. 이는 동일한 자연 속에서 모든 생명체는 저마다의 인식체계를 지니면서도 잘 생존하고 있다는 사실이 증명하고 있다. 객관적 실재로서 사물이 무규정적인 것이 아니라, 일정한 조건에서 일정한 결과를 드러내기 때문이다. 자연의 존재양식이 인간의 사유방식을 구축한다고 할 때, 자연은 인간과 모든 생명체에게 일정한 조건에서 일정한 결과를 반복적으로 제시해야 한다.

 철학적으로 인식이란 사물의 구조, 성질, 과정 등과 그 법칙성에 대한 것이고 이것이 객관적 실재의 불변적 특징이다. 이로써 모든 인간의 인식내용이 규정되는 것이고, 나아가 모든 생명체의 인식내용이 규정되는 것이다.

 사물의 구조 · 성질 · 과정 등은 인간이 자연을 변형하여 생산물로 이루어 내기 위해 발의체로부터 포착해야 하는 특징이자 요소들이다. 이러한 특징이 의의를 거쳐 이해에 도달될 때 계획과 적용을 거쳐 생산물이 되는 것이다. 이때 모든 생명체가 생산을 한다는 것은 인식의 내용이 같다는 실증이 된다. 또한 그 복잡도의 차이는 있을지라도 생산과정에 대한 이해도 유사하거나 같을 수밖에 없음을 실증한다.

구조는 상호작용하고 있는 요소들의 동적체계에 대한 정적 상태에 주목한 인식이다. 또 성질은 사물의 존재양태로서 관계 속에서 드러나는 고유한 특성에 주목한 것이다. 과정은 사물의 운동 행태(行態)에 주목한 것으로, 사물이 어떤 상태·위치·형태·구조·성질 등이 새로운 상태·위치·형태·구조·성질 등으로 천이하는 것을 말한다. 그리고 이들에 대한 법칙성은 일정한 사물의 집합에서 요소들이 가지는 구조·성질·과정 등의 일반성을 말한다.

인식내용이자 생산에 있어 근거로서 사물의 특징인 구조와 성질과 과정은 서로 아무런 연관도 없이 독자적인 것이 아니라, 서로 밀접하게 관계되어 있으며 서로가 원인이고 결과로서 통일되어 있음이 드러난다.

구조는 성질의 원인이고 성질은 구조의 원인이다. 원소들이 원소주기율표를 구성하는 최외각 전자에 의한 원소구조에 따라 18족 7주기로 분류된다. 이때 같은 족의 원소들은 화학적 성질이 비슷하다. 이때 구조가 성질을 결정한다고 규정할 수 있다. 이성질현상(異性質現象)에서도 이와 같다. 분자식은 같으나 구조가 다르기 때문에 그 화합물은 물리적·화학적 성질이 달라진다.

반대로 성질이 구조의 원인이 된다. 쿼크의 전하는 핵자를 만들고, 핵자와 전자의 전하(電荷)는 원자를 만들고 원자의 전자가(電子價)는 분자를 만든다. 또 모든 물질은 전자기력에 한정되지 않고 힉스입자에 근거한 질량이라는 성질에 의해 행성계나 은하계 등의 거시적인 동적체계(구조)를 형성한다.

이제 어떤 특징이 궁극의 원인이 되느냐고 묻는다면, 현대물리학에서 표준모델을 근거로 보았을 때 구조보다는 성질이 더 궁극의 원인이 된다. 왜냐하면 쿼크는 어떤 구조도 없는 입자로서 전하라는 성질을 갖기 때문이다.

그리고 원인과 결과의 관계 속에는 필연적으로 과정이 존재한다. 성질과 구조는 상호작용하며 변화하는 한 시점과 그 시점에서의 요소가 가지는 특성을 말하므로 연속적으로 이행하는 과정을 포함하고 있다. 과정은 사물의 천이(遷移)를 의미한다. 사물의 천이에서 존재하는 보편적인 요소는 매개자와 일정한 에너지장벽과 상태변경자이다. 자연과 사회에도 예외 없이 존재하는 구성이다. 에너지장벽은 자연에서 결합에너지와 해리에너지이며 생산에서는 노동력이다. 인간을 비롯한 모든 생명체에게 생존은 고통스러운 노동을 통해서만 가능하다는 것을 입증한다. 상태변경자는 자연에 존재할 때는 인간이 노동의 고통을 저감할 수 있는 요긴한 요소이지만, 사회 속에서는 정의를 해하는 요소가 될 때 사회적 안정성을 위협하게 된다.

법칙성은 일정한 사물들이 한 집합을 구성할 때 이 집합에 보편적으로 적용할 수 있는 구조·성질·과정 등에 관한 것이다. 구조는 사물에 보편성을 드러낸다. 세계에 존재하는 요소들의 무진장한 결합형태(구조)에도 불구하고, 세계는 만델브로트(Mandelbrot)가 밝힌 바와 같이 단적으로 프랙털(fractal)이다.

또 구조는 기하학적으로 하나 이상의 대칭성을 갖는다. 성질은 물질에 있어 그 궁극적 요소로 볼 때 안정 또는 만족으로서 합(合)의 파괴로서 정(正)과 반(反)으로 구분되고 이들은 각기 양성(陽性), 음성(陰性), 중성(中性)을 가진다. 이것은 궁극의 차림표인 표준모델에서 입증된다. 양전하 입자, 음전하 입자, 중성입자와 이들의 반입자들이 보통물질의 세계를 구성하고 있다고 밝히고 있다. 이들 또한 대칭성을 갖는다. 대칭성은 이와 대응하여 보존되는 물리량을 가진다는 것을 의미하므로 미래를 예측하는 능력을 가지게 된다.

과정도 '발생−변경−소멸'의 무한한 이행이다. 한 사물의 발생은 특정한 질이 보존되는 상태에서 일정 기간 존재하다가 어떤 임계점을 지나면서 새로운 질로 이행하게 된다. 자연의 현상에서나 사회현상에서나 일반적이다. 마르크스는 자신의 변증법적 유물론에서 '양적 변화의 질적 변화로의 법칙'에서 설명하고 있으며, 토머스 쿤이 말하는 패러다임의 변혁도 이와 상통하고 있다. 즉, 자연현상이나 인간의 사고는 물론 인간행위에 있어서도 보편적으로 통하는 과정이다.

이와 같이 객관적 사물은 일정한 조건에서 어떤 특징을 가지며, 이 특징은 모든 인간과 생명체의 사고 속에서 보편적 인식내용을 구성하며 생존을 유지하기 위한 조건을 형성한다.

〈2〉 사유방식의 통일성

당연히 모든 생명체는 보편적인 사고방식을 가지고 있다고 말할 수 있다. 그가 가지고 있는 생존조건에 따라 양적 · 질적으로 다소 차이는 있더라도, 본질적으로 자연을 자기화하기 위해서는 자연이 가지고 있는 구조 · 성질 · 과정 · 법칙성 등에 대한 인식과 방법은 다를 수 없는 것이다. 만약 다르다면 자연은 생명체가 각자 인식하는 대로 각기 다르게 존재하며, 생명체의 작용에 부응한다. 또 아무렇게나 작용을 가해도 원하는 대로 자기화가 될 수 있는 무규정적인 존재일 것이다. 그렇다면 자연의 구조·성질·과정· 그 법칙성에 대한 인식이 필요 없을 것이다.

우리는 경험을 통해 자연은 아무렇게나 마음대로 작용을 가해서는 자기화 될 수 없는 존재라는 것을 잘 알고 있다. 그렇다면 자연은 다양한 사물의 형태로 존재하는 것으로, 어떤 특정한 구조와 그 구조에 따른 성질, 변화의 과정 등이 특정한 구조·성질·과정으로 존재한다는 것이 된다. 이럴 때 모든 생명체의 사고방식은 특정한 자연과 같은 특정한 형태로 구축되었을 것이고, 그렇다면 모든 생명체의 사고방법의 기본적인 틀은 같을 것이다. 즉, 사고방식이 통일되어 있을 것이다. 이것을 식(式)으로 정리하면 다음과 같다.

$$\text{사고방식} = \frac{\text{재구성}-\text{일반화}-\text{확인}}{\text{비교}}$$

우선 비교는 사고방식 전체에 적용되는 방법 또는 절차이다. 재구성 과정, 일반화 과정, 확인 과정을 모두 성립시키는 일반자다.

비교에는 두 가지 목적이 있다. 우선 하나는 차이를 발견하는 것이고, 다른 하나는 동일성을 발견하는 것이다. 이를 대비와 대조로 바꿔 말할 수 있다. 여기에서 대비는 차이를 발견하는 방법이고, 대조는 동일성을 발견하는 방법이다.

그러나 구체적인 방법엔 통일을 이룬다. 즉, 같은 방법으로 다른 목적인 차이와 동일성을 인식하는 것이다. 비교는 측정이나 감각 및 사유를 통해 이루어지기 때문이다. 다시 말해, 비교란 둘 이상의 대상을 정밀하게 수량화해서, 또는 감각을 통하여 어림으로 견주어 보아서, 추상을 통해서 같은지 다른지를 파악하는 것을 의미한다.

과정의 첫 번째로 '재구성'이란, 인식하려는 대상을 분석과 종합을 하여 그 요소를 획득하고 이 요소를 다시 전체로 구성하는 과정이다. 여기에서 대상은 요소와 구조 및 성질과 과정을 드러낸다. 왜냐하면 정적인 대상에서 보면 그 요소와 구조를 파악할 수 있고, 동적인 대상에서 상호작용을 본다면 대상이 가지고 있는 성질과 변화 과정을 볼 수 있기 때문이다. 요소·구조·성질·과정의 차이와 동일성은 비교를 통해 구별된다. 이것을 수학적으로 보면 이진법 혹은 '같다', '다르다'이다. 컴퓨터로 보면 '예', '아니요'나 0, 1로서 1비트(bit)이다.

다음 과정으로 '일반화 과정'은 개별적인 것과 특수한 것을 일반적인 것으로 만드는 과정이다. 가령 다양한 다수 속에 존재하는 동일하고 불변하는 법칙을 파악하는 과정이다. 이 과정에서 사용하는 방법이 연역(환원)과 귀납이다. 여기에서 연역적 방법이란 하나에서 다수나 전체를 인식하는 것이고, 귀납적 방법이란 다수 또는 전체에서 하나를 인식하는 것이다.

하나와 다수 또는 전체에 대한 일반성도 비교를 통해 이루어진다. 가령 전체집합의 요소 a, b, c가 있을 때 a가 b와 같고, b와 c가 같으면 a와 c가 같고 a, b, c는 모두 같다는 일반화가 이루어지기 때문이다. 또 전체집합에서 확인된 원소의 성질이 전체집합의 모든 원소에 적용된다는 방법적 추론을 한다면, 전체집합의 한 요소 a 성질은 전체집합의 모든 요소 a, b, c의 성질과 같고 전체 요소 a, b, c들의 성질과도 같다는 비교에 따른 것이다.

　하지만 일반화 과정은 생산물의 형태와 관련해 보면 사회적 합의 등을 통해 표준화나 통일화, 사회화, 체계화, 규격화 등으로 이행한다. 언어 · 동작 · 행위 · 활동 · 상품 · 부품 · 도량형 · 자격(증)을 갖춘 전문인, 방법, 법과 도덕 등 모든 대상에 적용된다.

　가령 표준화는 언어의 표준화(표준어), 통일화는 도량형의 통일화, 사회화는 교통질서나 도덕적 행위 등 인간 활동을 통일하는 것이며, 체계화는 린네의 동식물 체계나 원소주기율표에 의해 하나로 통일하는 것이고, 규격화는 생산물의 품질이나 모양 및 크기와 성능 등을 표준이나 격식에 맞게 통일하는 것이다.

　마지막으로 '확인의 과정'이다. 이 과정은 앞선 과정 속에서 이루어진 제 생산물을 자연과 인간 및 생산물에 적용(실천)을 통해 적합성을 가리거나 가설 없이 새로운 인식을 하는 과정이다. 일반화 과정이 아무리 그럴듯해도, 현실에서 적합하지 못한 결과를 드러낸다면 잘못된 것이라는 증명이다. 즉, 확인의 방법은 생산물과 현실(존재하는 영역)에서 기대한 바와 같은지를 비교하는 것이다.

　따라서 인간 사고방식의 과정은 피드백 과정을 포함한다. 검증의 과정에서 잘못이나 부족이 있으면, 앞선 과정으로 이행하여 새로이 실행된다. 이때 잘못이나 부족함의 이해는 새로운 발견이다.

　이 인간(생명체)의 사고방식 속에 또는 과학을 하는 방법 속에 존재하는 한계는 과학철학에서 잘 말해 주고 있다. 절대적 기준이 없기 때문에 온전하게 정당화시켜 줄 수는 없지만, 이렇게라도 출발해야 진보할 수 있는 것이라면 어쩔 수 없이 가야만 한다. 이는 시간에

따라 차츰 보완될 것이다. 즉 무한히 절대성에 수렴할 것이다. 좀
더 상세한 것은 생산물의 통일성에 대해 다룰 때 말하기로 한다.

〈3〉 가치의 통일성

인류 전체가 지향하는 것은 이상향이다. 이상향은 인류의 중심가
치로서 인류를 하나로 묶는 통합가치이다. 이것은 인류의 본유적
관념(생득적 관념)으로 다른 생명체들에게도 보편적이라 믿는다. 그들
도 인간이 생각하는 것과 같이 고통도 없고 부족함이 없는 만족한
삶을 살고 싶을 것이기 때문이다.

(1) 통합가치이며 중심가치이다

이상향은 시대나 민족, 국가와 이념 등 모든 것을 초월하여 받아
들여지고 갈망한다. 인류 역사 전체에 흐르는 이상향에 대한 열망은
신화나 종교, 문학과 정치적으로 순차적으로 현실에 나타나 있다.

현실의 인류는 개별적으로나 전체적으로나 이상적인 세계를 그리
워하며, 이를 향해 다양한 방법으로 나아가고 있다. 이것은 인류 전
체가 합의하거나 선언한 것이 아니라 본유적인 것이다. 우리는 죽
음을 무릅쓰고 마법에 걸린 듯 행진하고 있다. 그래서 인류의 중심
가치는 이상적 세계(이상향)임을 의미하고, 이를 목표로 우리는 잠재
의식 속에서 통합되어 있다.

계층적 인격으로 존재하는 인간은 물질적 사랑의 바탕에서 개별
적이고 구체적으로 추구하는 가치를 구현함으로써 언제나 당 시대
가 요구하는 이상적 세계를 건설하고자 한다. 혁명적으로 뛰어넘고
급진적 선회를 하기도 하며, 또 점진적으로 제도를 통해 내적 불비

를 개선하면서 진보해 왔다.

(2) 이상향의 조건

이상향은 우선 인간이 긴밀하게 화합하고, 물질적으로 정신적으로 만족하며, 욕심을 내려놓아 사소유가 최소화되고 낭비나 자연 파괴가 없다는 점을 조건으로 한다. 물론 착취가 없는 생산성이 증가되어야 한다는 점도 무엇보다 중요하다.

긴밀하게 화합한다는 것은 구성원 간에 사랑이 넘치고 있음을 말한다. 사랑은 정도의 차이는 있지만 생명체에겐 부여된 것이다. 특히 인간에게는 더 다양하고 강력한 힘으로 작용한다. 타자와 동일시하는 능력을 가지고 있고, 계층적 인격을 형성하여 살아가는 사회성을 지니고 있다.

또 이상향에서는 삶의 공간이 가져야 할 조건을 제시하고 있다. 자유롭고 평등하며 평화로운 곳이다. 과거 시대적으로 드러나는 신화나 종교 및 문학작품은 물론 정치에서는 계급적 불평등 등의 요소가 강하게 남아 있지만, 이상향에 대한 본질을 훼손시킬 의도는 없는 듯하다. 시대적으로 인권에 대한 인식이 그 정도에 이를 뿐이라 보인다.

물질적 · 정신적으로 만족한다는 점은 의식주 등을 해결하는 필요와 욕구에 부응할 수 있는 생산물이 넉넉함을 의미하고, 진리를 추구하고 아름다움을 추구하며 선함을 실천하고 성스러움을 가지고 기술을 익히는 등에서 부족함이 없다.

사소유가 최소화되고 낭비나 자연 파괴가 없다는 점은 물질적 · 정신적으로 만족한 결과이며, 불화가 없고 친애한 결과라고 본다.

정신적으로 성숙하고 물질적으로 풍부하지 않으면, 사소유의 절제, 자연 보존, 친애 등의 이상향 조건을 충족시키기 어려울 것이다. 사소유가 강력하게 인정될 때, 인간은 나중에 부족할 때를 대비하여 많은 물질적 생산물을 저장해 둘 것이다. 이런 욕심은 물질적 생산물이 부족할 때 강력하게 나타나며, 불필요한 과시로서의 소비는 정신적 공허함에서 비롯되며 자연의 보존과 친애를 생각할 여력을 상실하게 만든다.

착취가 없는 생산성의 향상은 유토피아의 건설에서 매우 중요하다. 물질적 풍요 없이 유토피아는 그림의 떡이다. 또 사소유의 합리적인 제한과 분배의 공정성이 반드시 보장되어야 한다.

이상향을 향해 구체적으로 실현되어야 할 것으로서 자연법적 정의(正義, justice)는 '자유, 평등, 평화'이다. 이것은 사상가들에 의하여 입법자(立法者)나 위정자(爲政者)가 인간활동의 시공인 그 사회에서 궁극적으로 실현해야 할 규범적 가치로 여겨 온 것이다. 아리스토텔레스에 따르면 정의(正義, justice)는 한 정치적 공동체가 행복을 창출하고 보존하기 위한 것으로 집단의 행복을 위해 갖추어야 할 절대적 조건이다.

현대사회에서는 경제발전의 성과 속에서 정의의 실현과 더불어 복지를 추가하고 있다. 우리헌법 제34조가 복지에 대해 규정한다. 지상낙원으로 가는 초급적(初級的) 수준이라 본다. 사회적 조건과 물질적 조건의 중요성을 말하는 것이다.

그런데 지상낙원이란 도대체 어떤 곳인가? 지금 생각해 볼 수 있는 지상낙원의 조건은 정의(사회적 조건)와 복지(물질적 조건)의 실현은 물론이고 무한한 다양성을 인정하는 제도를 요구한다. 자유와 평등 그리고 평화의 실현과 복지를 실현하더라도 모든 사람이 행복할 수 있는 추가적인 조건은 개인이 가지는 행복의 기준이 모두 다르기 때문에 이를 만족시킬 수 있는 다양성을 보장하는 제도를 실현하는 것이다.

이렇게 볼 때 유토피아는 정신적·육체적으로 완벽한 만족을 실현하는 것이지만, 그것은 언제나 존재하는 인격의 정신적·육체적 결핍을 스스로 채울 수 있는 여지를 남겨 두는 것에 있다. 즉, 유토피아는 균일하게 완전히 만족한 상태를 제공하는 사회가 아니라(그럴 수도 없지만) 완전히 만족한 상태로 나아갈 수 있는 조건을 계층적 인격에게 제공하는 사회다. 여백의 미라고 할까.

만약 그렇지 않고 일괄적으로 물질적 풍요만을 보장한다면 인간은 우리 속의 돼지이며 금방 쾌락적 타락을 할 것이다. 성취하는 쾌락이어야 하지, 누리는 쾌락이어서는 안 된다. 그래도 발생하는 좌절은 개인의 몫이지만, 그렇다고 해서 사회가 간과해도 되는 것은 아니다. 교육을 시키고 인도해야 한다. 유토피아는 공존의 세계다.

자유와 평등 및 평화와 복지 등을 포함하는 국가적 행복은 우리의 헌법이나 다른 나라의 헌법에도 그리고 세계 전체 인격으로서 유엔 헌장에도 정도의 차이는 있지만 자유권, 평등권, 행복추구권, 복지권, 평화에 관하여 내용이 규정되어 있다.

자유권(自由權, right to freedom)에는 생명권, 신체를 훼손당하지 아니할 권리, 신체의 자유 등 인신에 관한 자유권, 사생활의 비밀과 자유의 불가침, 주거의 자유, 거주·이전의 자유, 통신의 자유 등

사생활에 관한 자유권, 양심의 자유, 종교의 자유, 언론출판의 자유와 집회결사의 자유, 학문과 예술의 자유 등 정신적 활동에 관한 자유권, 직업선택의 자유, 재산권 등 경제생활에 관한 자유권이 있다. 또 헌법에 특별히 규정하지 않는다는 이유로 기본적인 권리가 제약되어서는 안 된다.

헌법상의 원칙으로서 법 앞의 평등은 평등권을 뜻한다. 이것은 기회, 조건, 결과산출, 분배 등에서의 평등이다. 모든 국민은 법 앞에 평등하며 성별·종교 또는 사회적 신분에 의하여 정치적·경제적·사회적·문화적 생활의 모든 영역에 있어서 차별을 받지 않고, 사회적 특수계급의 제도는 어떠한 형태로도 창설할 수 없으며, 훈장(勳章) 등의 영전은 받은 자에게만 효력이 있고 어떠한 특권도 따르지 않는다(헌법 제11조). 그밖에도 여성근로자의 부당한 차별의 금지, 혼인과 가족생활의 양성(兩性)의 평등(36조), 교육의 기회균등(31조), 선거권과 투표권의 평등(41·67조) 등은 모두 법 앞의 평등의 기본원칙을 구체화한 것이다.

평화에 관하여 우리 헌법은 제5조 1항에서 '대한민국은 국제평화의 유지에 노력하고 침략적 전쟁을 부인한다.'라고 규정하고 있다. 평화(平和)의 좁은 의미는 전쟁을 하지 않는 상태이지만 현대 평화학에서는 이것을 넘어 이해하고 우호적이며 조화로운 상태를 말한다. 집단으로서의 인류가 목표로 하는 가장 이상적인 상태이다.

전통적으로 평화는 세력의 균형으로 전쟁이 없는 상태를 의미한다. 인류 역사를 살펴보면, 평화의 시기는 거의 존재하지 않았거나 극히 짧았다. 세계 어디선가는 끊임없이 전쟁이 이루어지고 있다. 그러므로 단순히 전쟁이 없는 상태를 유지하려면 타인으로부터 공

통일성

격당하지 않기 위한 전쟁 억지력이 반드시 필요하다. 지금의 평화는 강자가 약자를 억압함으로써 유지되는 평화이거나 힘의 균형상태다.

간디는 평화를 단순히 전쟁이 없는 상황이 아니라, 정의가 구현된 상황으로 보았다. 같은 맥락에서 마틴 루터 킹도 정의가 실현되는 것을 말한다. 장 치글러도 테러리스트들이 가난과 자아실현의 좌절로 인한 사회 불만이 많은 경우라는 사실을 근거로, 복지사회가 건설될 때에 실현될 수 있다고 지적한다. 그렇다면 이들을 종합할 때, 정의와 복지는 이상향의 기초조건이다. 그도 그렇듯이 계층적 인격이 존재하는 공간과 그 존재 자체에 요구되는 가치가 전부 실현될 때 최고선, 즉 최고의 좋음, 최고의 행복이 아닐까.

행복한 사회(이상향)는 정의의 구현과 복지의 실현, 다양성의 보장 등으로 이루어진다. 이것은 사회 전체에 구현되어야 하는 가치이다. 국가 내적인 문제로서만 보아서는 안 된다. 이제 실질적인 국제연합(UN)이 탄생되어서 이를 실현하는 것이 온전한 상위체계로 나아가는 길이다. 즉, 강력한 세계정부의 실현이다. 이렇게 될 때 세계는 유토피아로 나아가는 데 필요한 불안정을 억제하는 능력을 가진다.

요즘 동북아시아에서 한국 · 일본 · 북한 · 중국 · 대만 · 필리핀 · 미국 등이 이념, 경제, 자원 영토 분쟁과 이와 관련된 힘겨루기에서 일촉즉발의 위기가 고조되고 있다. 이때 세계정부 내지는 이 역할을 담당하는 유엔이 진실에 의해 합리적으로 조정하여야 한다.

이 문제는 구체적으로 정치와 경제의 문제부터 향상시켜야 할 것이다. 한 국가에서나 전 세계적으로 생산과 분배에 대한 정의의 실현은 매우 중요하다. 개인적·국가적으로 자원의 편중과 분배의 불균형은 항상 분쟁의 씨앗이 된다. 정치의 불안정도 매우 중요하다. 아직도 몇몇 국가는 집권자들이 자신의 유토피아적 상태를 달성하고자 국가 구성원을 착취의 대상으로 인식하고 있고, 국제사회도 교묘하게 약소국을 침탈하여 자국의 유토피아를 건설하려 하고 있다.

인간 활동의 공간에 실현되어야 할 정의가 무엇보다 먼저 실현되어야, 유토피아를 이룩할 수 있을 것이다. 유토피아의 건설은 정치와 경제를 통해 현실의 문제를 조금씩 해결하면서 다가가는 인내의 과정이다. 한순간 집권자의 의지에 의해 무리한 실천은 폭력이며, 진보가 아니라 후퇴이며, 사회자체를 혼란에 빠뜨리거나 붕괴시키는 지름길이다.

(3) 이상향에 이르는 법

신화나 종교 및 문학작품과 정치적으로 나타나는 이상향에 도달할 수 있는 방법은 네 가지 정도로 축약된다. 첫째, 이상향은 다른 세계에 있으며, 죽어서 육체를 벗어나 다른 형태로 간다고 이야기한다. 지금은 죽을 수밖에 없지만, 나중에 메시아가 나타나서 세계를 심판하고 이상향을 만든 후 환생시켜 준다는 것이다. 둘째, 이상향은 이 세계 어딘가에 있으며, 우연히 또는 노력하면 찾을 수도 있다. 셋째, 세계는 그냥 두고 마음을 다스리면 이 세계가 이상향이다. 넷째, 현실을 노력하여 개조하면 언젠가 이상향이 될 수 있다는 등의 방법론적 주장이다.

고대로부터 인간은 자연의 거대한 힘에 압도되어 자연을 숭배하고, 지금 겪는 고통은 전생이나 인간의 원죄 등에 의한 것이므로 어쩔 수 없이 고통 속에서 살아갈 수밖에 없으며, 이 세상에서 그 죄를 씻음으로써 또 그 시대가 요구하는 선한 삶을 살게 되면 내세(來世)의 극락 또는 천국 등이라 불리는 이상적 세상에서 살 수 있을 것이라는 믿음을 갖게 한다. 종교적으로 그 믿음은 다음의 세상은 악한 자와 선한 자가 가는 극단적으로 다른 세상이 있으며, 현세에서 어떻게 하느냐에 따라 다음 세상에 인도(引導)되는 것이다.

인간은 오랫동안 이어 온 종교적 세계관에 그치지 않고, 이상적 세계에 대하여 현실 속에서 적극적으로 상상을 펼친다. 우연히 이상적인 세상에 도달하거나 그런 세상을 만들어 부족함 없이 행복하게 사는 모습을 문학작품으로 창조하는 것이다. 기원전 46년경 플라톤의 〈국가〉로부터 시작하여 세계 곳곳에서 수많은 철학자나 정치가, 문학가 등에 의하여 이상향의 모습이 저술되었다. 토마스 모어의 〈유토피아〉, 1623년 캄파넬라의 〈태양의 나라〉, 1627년 베이컨의 〈뉴아틀란티스〉, 1657년 시라노 드 베르즈락의 〈달 여행기〉, 1887년 벨라미의 〈돌아보면〉, 1872년 버틀러의 〈에레혼〉 등 파악하기 어려울 정도로 많다. 우리나라의 경우, 1600년경 허균의 〈홍길동전〉에 등장하는 율도국도 이상향이고, 전설의 이어도도 이상향이다.

문학작품은 인간의 상상을 현실화시키려는 원동력이 되었다. 이로써 인간은 이상향을 찾아 탐험에 나서게 되었고, 결국에는 신대륙을 발견하고 지구 구석구석 밝혀냈다. 또 정치적으로 세계를 적극적으로 변형시키면서, 단계적으로 이상세계를 현실에서 이루어 낼 수 있을 것이라는 강력한 믿음을 갖고 온건한 추진으로서 제도를 고치고 국민을 통합하여 발전을 꾀하는가 하면, 새로운 철학적 세계상을 만들어 혁명적인 개혁을 통해 과거의 체제를 혁파하여 추진하기도 한다.

현실적으로 중국 홍수전의 태평천국 건국, 순수한 의미의 공산국가, 우리나라를 비롯한 세계 각국에서 이루어지는 복지국가는 현실을 개조하여 유토피아로 나가자는 것이다.

(4) 가치체계

인류의 중심가치는 이상향이다. 이상향을 현실세계에 구현하기 위해서는 사랑과 행복을 정치적으로 사회 속에서 실현해야 한다. 죽어서 이상향에 가거나 미래에 메시아가 오기까지, 또 마음을 다스리는 방법은 소극적인 태도이다. 이러한 태도는 현실을 그냥 두는 것이므로, 할 수 있는 우리의 노력을 보여 주지 않은 것이다. 인간에게 부여된 사랑을 실천하고, 할 수 있는 한 행복을 추구하여 이 땅에 이상향에 버금가는 세계를 만들어 나가야 할 것이다.

이상향에 도달할 수 있는 가치를 체계화하면, 인간에게 부여된 본성이 있고 추구하고 노력해야 얻을 수 있는 것으로 나눌 수 있다. 전자는 부여된 것으로 사랑이요, 후자는 추구해야 하는 것으로 행복이다. 인간의 심성에 이미 사랑이라는 조건이 부여되어 있다.

사랑은 인간을 비롯한 생명체에게 부여된 최고의 가치다. 이 사랑엔 인격적인 것과 물질적인 것이 있다. 인격적인 것은 자기애를 바탕으로 계층적 인격에서 나타나는 애인의 형태이다. 자기애·가족애·단체애·국가애·민족애·인류애 그리고 세계 전체에 대한 범애이다. 범애는 사랑의 가장 광범위한 대상에 대한 인간의 애정이다. 범애가 없으면 이상향에 이를 수 없다.

물질적인 사랑은 자연과 생산물에 대한 것이다. 자연은 무기물과 생물들로 구성된 현실에서 이루려는 이상향의 터전이 되고, 이상향을 이루어 내는 물질적·정신적 원재료가 된다. 또 생산물은 인간으로서 품위 있는 문화 활동(소비 활동)의 소재가 되며, 생명 영위의 재료다.

행복은 이 땅에서 인간과 생명체가 수고로이 노력하여 추구해야 할 최고의 가치이다. 인간이 살아갈 세계(공간)가 갖추어야 할 것과 주체가 구비해야 할 것이 있다. 공간적 가치는 자연법적 정의로서 자유·평등·평화 등이고, 주체적 가치는 포괄적인 복지로서 육체적으로 구비해야 할 것과 정신적으로 얻어야 할 것이 있다. 육체적인 것은 건강·안전·편리·여가·쾌적함 등이다. 정신적인 것으로는 진리·착함·아름다움·성스러움·기술 등이 있다.

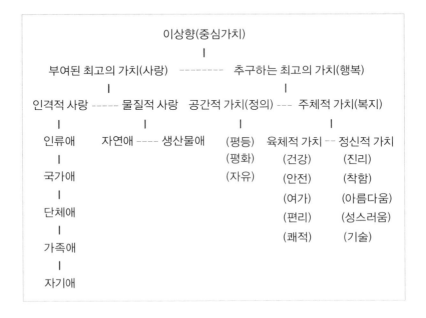

인간이 가치와의 관계에서 필요와 욕구를 만족하는 상태를 추구하는바 인간의 최고 목표요 가치를 행복이라 할 수 있다. 개인의 행복, 가족의 행복, 단체의 행복, 국가의 행복, 세계의 행복으로 보편으로의 '행복'을 말할 수 있다. 개인의 행복은 생체적 만족과 정신적 만족을 생각할 수 있으며, 국가는 정치집단으로서 국가적 공동체의 행복을 창출하고 보존하여야 할 것이다. 이를 위해 정의와 복지 등이 목표가 되는 가치라고 말할 수 있다.

이것은 유기체로서 국가적 단계에서 각국의 헌법으로 규정한다. 주체적 인격으로서의 국가가 자기 자신의 공간으로서 정의를 구현하기 위한 요소는 자유, 평등, 평화로서 집단의 행복을 창출하고 보존하는 요소라 할 수 있다. 세계적 행복을 위해서도 정의는 매우 중요한 요소이며 UN헌장에 적시되어 있다. 국가적 단계나 세계적 단계에서도 역시 정의의 구현과 복지에 대해서 말할 수 있다. 그러나 국가와 세계는 차원이 다르다. 국가는 국가 공동체의 정의와 복지를 실현하여 이상향을, 세계는 인류 전체의 항구적 존속과 정의와 복지를 실현하여 지구상의 낙원을 성취하는 것이다.

물론 자유·평등·평화·복지 등 상위의 가치로서 행복을 실현하기 위해서는 상위의 인격들이 물질적·관념적·행위적·인격적 생산물을 만들어 내야 한다. 인간 최고의 체계인 인류의 행복을 위해서 UN(현재 이루어진 최상위의 인격)도 자유·평등·평화·복지 등을 이루기 위해 세계적 차원의 물질적·관념적·행위적·인격적 생산물을 이루어 내야 함은 자명하다.

가치의 실현은 인격이 추구하는 목적으로서 당해 인격의 존속과 결부된다. 가치의 실현이 완전히 불가능할 때 각 계층의 인격은 파탄에 이른다. 가치실현의 불능은 생존의 불능을 말한다. 가령 가장 기초적인 물질적 가치를 실현하지 못하면 곧 생체의 보존이 불가능하다. 가치실현(목적)의 불능은 아사(餓死)나 자살과 이혼, 단체의 해체, 국가는 패망하고, 세계는 멸망할 수 있다.

사랑은 계층적 인격을 형성하는 부여된 최고의 가치이고, 행복은 그 인격이 추구하는 최종의 상태로서 최고의 가치다. 그러므로 사랑을 통하여 행복에 도달할 수 있다. 계층적 인격(조직)이 불안정한 상태는 목적(가치의 실현)의 달성으로 나아가기는 어렵다.

개인의 최고 가치로서, 즉 개인의 목표로서 행복(happiness, 幸福)이란 심리적으로 혹은 신체적으로 또는 심신의 양면에 걸쳐 욕구가 충족된 상태를 말한다. 어느 누구도 이런 상태를 거부하지는 않을 것이다. 또 인간의 존재형식(시공)으로서의 사회는 전체가 행복한 상태로 나아가야 한다. 이런 '집단 행복'을 위해 요구되는 것이 정의다. 아리스토텔레스(BC384~BC322)에 따르면 정의는 공동체의 행복을 창출하고 보존하기 위한 실천적 가치이다. 그래서 사회적 가치이며 공간적 가치이다.

아리스토텔레스는 만물이 지향하는 가장 좋은 상태를 행복이라 규정했다. 키레네학파의 아리스티포스(BC435~BC355)는 순간적 쾌락만이 행복이며 가능한 한 많은 쾌락을 취하는 것이 중요하다고 하였다. 그러나 에피쿠로스(BC341~BC270)는 최고의 선은 정신적인 것이라 했다. 더 나아가 종교적 세계관에서는 현실을 초월한 기쁨과 즐거움을 진정한 행복이라고 한다. 누가 무어라 하든 각 개인과 계층적 인격은 그 자신이 목적한 바가 충족된 상태를 행복이라 규정하고 추구하는 것이 틀림없다. 행복은 자기 자신에 대한 사랑(자기애·결사애·국가애·인류애)을 바탕으로 이루어지며, 개인적 행복과 집단의 행복은 서로 구별된다. 집단은 현 사회에서 구성원의 정제된 상호작용이 일어나는 곳이며, 유기적으로 작동하고 있는 가정과 단체와 국가와 세계(UN)를 의미한다.

가치는 정신이 추구하는 정신적 가치와 육체가 추구하는 생체적 가치로 나누어 볼 수 있다. 가치는 생산과정의 계획 단계에서 보면 목표를 형성한다. 그리고 문화의 영역을 규정하고, 학문의 체계를 규정한다. 그리고 실천과정에서는 인간행위의 목적으로 나타난다.

목표는 관념적 과정으로서 인간과 목표라는 두 항과의 관계이지만, 목적은 실천적 과정으로서 인간과 기술 그리고 목표라는 세 항과의 관계를 가진다. 실천엔 기술이 요구된다. 기술은 '어떤 지침에 따라 어떤 도구를 사용하여 어떤 방법으로 어떤 대상을 변형시킬 것인가'에 대한 것이다.

정신이 추구하는 가치는 정신의 작용영역과 결부된다. 정신의 작용을 사유·감정·의지로 구분한다면, 정신이 추구하는 가치는 진리·아름다움·선이라는 가치를 가지고 문화형태로서는 과학(학문)·예술·도덕 등으로 나타난다. 이때 개별적 문화형태들은 각기 체계를 형성하고 있음은 명백하고, 이들은 개별과학들에 의해 대체로 체계화되어 있다.

가령 학문의 경우 자연과학·인문과학·사회과학·형식과학·응용과학으로 대별되며, 각기 해당되는 개별과학을 포함하고 있다. 또 각 분야는 공통의 구조나 성질 그 법칙성을 지니고 통일되어 있다. 통일은 계층적으로 독자성을 가지고 있으므로 계층적으

통일성

로 이루어져야지, 전체를 수평적으로 동질적으로 취급해서는 불가능하다. 그렇기 때문에 학문의 통일은 어떤 기준 그러니까 목적과 대상, 기술에 따라 분류작업을 먼저 수행하고 그 내적 연관을 찾아 계층적 · 체계적으로 통일을 추구해야 할 것이다. 이때 내 이야기의 탐구대상인 통일체계에 따라 학문을 구분하면 자연학, 인간학, 생산물학이 될 것이다. 또 탐구목적인 가체체계로 분류할 수도 있다. 과학은 가치체계에서 오직 진(眞)을 목적으로 하고 통일체계의 모든 대상을 성취하려고 한다. 또 진의 성취는 진 자체뿐만 아니라 가치체계에 구성된 모든 가치에 대한 진이다. 가령 선에 대한 진, 미에 대한 진, 성(聖)에 대한 진 등이다. 그래서 학문을 가치체계에 따라 분류하면 모든 학문의 기본으로서 모든 대상을 탐구대상으로 하는 범애학 또는 유토피아학에서 갈라진다. 범애학은 학문의 총체로서 사랑에 대한 학문이라는 뜻이 된다. 학문은 인간의 상호작용(사랑)에 대한 것이고 범애는 모든 사랑의 총체다. 범애가 실현된 상태를 유토피아라고 하며 범애학은 곧 유토피아학이다.

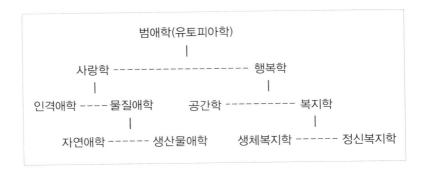

생체적으로 추구하는 가치는 역사적으로 가볍게 여겼다. 그러나 유물론에 따르면 육체 없는 정신이란 없으며, 오히려 육체가 근본이다. 물질적 바탕을 제거한 정신이란 없으며 행복도 없다. 육체는 자연에서 파생된 형태로서 끊임없는 생리적 활동이 이루어지는 가운데 육체의 소진이 이루어지고 이를 보충하기 위한 영양의 공급과, 환경으로서 육체의 내외부에서 가해지는 파괴에 대한 방어로서 신체의 안전과 영양공급은 정신적 가치와 마찬가지로 무엇보다 중요하다(항상성 유지). 또 유한한 생명을 영구적으로 보존하기 위한 종족 보존도 가장 기본적인 욕구이면서 항구적인 생존을 위한 중요한 가치이다.

그리고 인간의 미약한 신체의 능력은 그 자체로서는 생존에 불리하다. 그래서 이를 보충하는 도구는 매우 중요한 가치를 가진다. 따라서 생체적으로 추구하는 가치는 의식주와 신체의 안전인 개체와 집단의 생존과, 성(性)으로서 자손을 남기는 방법으로 생명을 연속시키는 것, 그리고 집단과 신체능력의 향상 등이다. 이것은 문화형태로서 의식주를 해결하는 생활, 생명의 연속성을 유지시키는 자손의 획득(한 개인은 사회가 만들어 낸 유기체인 문화형태다)과 다한 생명을 자연으로 환원시키는 의례인 관혼상제, 신체적 능력을 향상시키는 수단 등과 결부된다.

인간사회는 어디로 가는가? 나는 '인류역사는 이상향을 향해 무한히 근접해 가는 과정'이라 생각한다. 고대로부터 끊임없이 이어져온 사회운동과, 위정자들의 끊임없는 주장들과, 사회제도와 국가형태의 변화가 이를 입증한다. 현대에서는 사회주의와 자본주의의 대립을 거쳐 그 부족함에 대한 수정으로서 중간 형태를 향해 취하는 경향이 있다. 자본주의 사회는 사회보장제도를, 사회주의 사회는 자본주의 제도를 도입하고 있다.

　현재의 절충적이고 안정된 시기가 지나면 다시 현실에 대한 반발로 새로운 정치적 · 경제적 사조가 대립을 일으키는 점진적이고 반복적인 과정 속에서 시행착오와 반성과 반영을 통해 지상낙원은 이루어지리라고 믿는다. 즉 세계 속에서 정치적 · 경제적 이념의 대립은 시행착오와 절충 및 개선을 통해 지상낙원으로 점진적으로 나아간다는 것이다.

[3] 생산물의 통일

　생산물은 그 생산과정과 그 내용에서 통일을 이룬다. 이것은 학문의 두 가지 방법적 통일을 함축한다. 학문을 포함한 모든 생산물은 보편적인 생산과정에 의해 통일되며, 그 결과물로서 생산물의 성립 요소인 목적 · 대상 · 기술의 체계로 통일된다.

　〈1〉 생산과정의 통일성
　생산과정의 통일이란 모든 생산물이 생산되는 유일한 과정을 말한다. 그렇게 되면 모든 생산물은 하나의 과정 속에서 통일성을 지닌다. 이것은 통일체계에서 상호작용의 밑바닥이 되는 흐름이다.

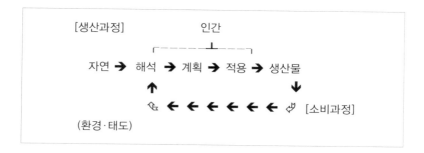

생산행위는 자연과 사회적 환경이 생산자의 태도에 끊임없이 작용하는 바탕 위에서 '해석-계획-적용'이 피드백을 포함한 과정으로 이루어진다.

통일체계 속에서 인간은 자연과 생산물 사이에서 매개자의 역할을 한다. 하지만 그보다 중요한 것은 이것의 자연을 인간의 필요와 욕구를 충족시키기에 적합하게 변형시킨다는 것이다. 이 변형의 과정이 위의 도식에서 볼 수 있는 생산·소비의 순환과정이다. 자연을 인간의 욕구와 필요를 충족시키기 위해 변형시킨 가치의 결정물을 '생산물'이라 하고, 이러한 창출행위를 '생산행위'라 한다.

생산행위는 생산과정과 소비과정을 포함하는 순환과정이다. 왜냐하면 생산과정은 자연을 발의체로 하고 소비과정은 생산물을 발의체로 하는 차이가 있을 뿐 '해석-계획-적용'의 동일한 과정을 수행하고 있기 때문이다.

'해석-계획-적용'의 과정에서는 환경과 태도가 전 과정을 지배한다. 환경과 태도로 인해 생산물이 양적·질적으로 무진성(無盡性)을 가질 수 있게 된다. 왜냐하면 주체성과 자유가 활동하는 공간을 확보해 주는 것이기 때문이다.

생산 과정 속에서 바탕에 깔려 있는 무한한 역동성을 가지는 상황과 조건인 환경과, 대상을 대하는 인간의 태도(인간의 사유방식의 표출 형태)는 언제나 중요한 요소다. 환경(環境)과 태도(態度)는 생산행위를 하는 주체에겐 끊임없이 주시되고 고려되는 변수로서 주체에겐 능력의 척도가 된다.

생산과정의 통일은 인간이 이루어 내는 모든 관념적 생산물, 물질적 생산물, 행위적 생산물, 인격적 생산물이 하나의 보편적 과정(생산과정)을 통해 성립된다는 것이다.

(1) 생산행위

생산행위는 단적으로 노동이다. 대상을 기술을 통해 목적에 맞게 변형시키는 인간행위이다. 생산행위는 그 목적에 따라 보면 물질적 자연을 변형시켜 생활필수품을 생산하는 전형적인 노동과 예술영역의 창작활동, 행위적 영역의 훈련이나 서비스, 인격생산의 교육 및 정치, 진리의 탐구활동 등으로 드러난다. 이런 생산행위를 생산과정에 주목해서 본다면 다음 식과 같다.

$$생산행위 \ = \ \frac{(해석-계획-적용)}{(환경 \cdot 태도)}$$

① 환경

상황과 조건은 단적으로 어떤 일이 일어나는 사건 주변의 환경이다. 이것은 포괄적으로 자연과 사회이다. 자연과 사회는 자기의 운동성으로 인해 끊임없는 변화를 하고 있으며 주체에게 끊임없는 판단을 하도록 요구한다. 그래서 주체의 태도에서 구체적인 절차를 수정하도록 요구한다.

상황을 분석하면 어떤 일을 이루게 하거나 이루지 못하게 하기 위하여 갖추어야 할 상태나 요소가 있다. 그리고 조건은 일반적으로 어떤 일이 성립되는 데 필요한 원인을 말한다.

상황(狀況, situation)은 우리가 삶을 영위할 때 판단해야 하는 우리 우주(자연)가 지니는 속성에 대한 주시(注視)이다. 우리 우주는 자발적으로 운동하는 물질들이 계층체계를 가지고 끊임없이 상호작용하면서 밀접하게 관련되어 있는 현실을 이루고 있다. 운동은 곧 변화다. 환경은 항상 변하고 있다. 그렇기 때문에 해석하고 계획을 세우고 적용하는 일, 더 나아가 태도에 이르기까지 제약을 가한다.

그것은 단순히 자연법칙적인 세계가 아니라 의미를 가지며, 물리적이면서 동시에 심리적이기도 한 구체적이고 역사적인 현실이다. 상황은 한편으로 개인의 존재를 제한함과 아울러, 한편으로는 그 활동공간을 이루고, 한편으로 우연적인 소여(所與 또는 與件)임과 동시에 다른 한편으로는 행위에 따라 바꿀 수 있는 계기이기도 하다. 상황은 실존철학(實存哲學)에서 중요시되며, 칼 야스퍼스나 J.P.사르트르는 인간을 상황 속에 있는 존재로 파악하였다.

우리는 2012년 런던올림픽을 보면서 상황이 시시각각으로 변하는 것을 보았다. 가령 양궁경기에서 경기장에 부는 바람의 세기와 방향이 시시각각 돌변한다. 이때 운동선수는 바람이 없는 조건에서 맞추어 놓은 정조준 점을 자신의 경험에 따라 적절히 오조준을 하여 과녁에 정확히 맞추어야 한다. 이때 바람은 상황을 변화시키고 선수의 경험은 능력으로 발휘되어, 오조준이라는 조건으로 변화시켜

465
통일성

서 목표를 지향한다.

상황은 언제나 생산조건을 변화시킨다. 가령 땅이 꽁꽁 언 겨울철에는 식목(植木)을 하지 않는다. 엄동설한에 용접을 할 때는 모재의 온도를 올리고(예열) 난 다음에 해야 균열이 발생하지 않는다.

현상이 일어나게 되는 원인은 일반적으로 여러 가지이다. 원인 중에서 별로 주목되지 않는 원인을 조건(條件)이라고 한다. 이것은 주된 원인과 종 된 원인으로 구별하고 있음을 의미하며, 종 된 원인은 특별히 필요하지 않으면 제시하지 않는다.

예를 들면 스위치를 넣었을 때, 전등에 불이 켜졌다는 사실의 원인은 스위치를 넣었다는 데 있지만, 전기가 공급되지 않았다면 불은 켜지지 않았을 것이다. 또 전구가 불량이라면, 역시 불이 켜지지 않았을 것이다. 이렇게 되면 전기가 공급되고 있었다는 것도, 전구가 불량이 아니라는 것도 모두 불이 켜지게 된 원인이라고 할 수 있다.

이와 같이 스위치를 넣었을 때, 그 행위를 원인이라 하고 다른 원인에 대하여는 특별히 필요한 경우를 빼고 설명을 하지 않는다. 그래서 원인 중에서 특별히 주목되지 않은 원인을 '조건'이라고 한다. 물론 같은 현상에 대해서도 어느 것을 주원인으로 하고, 어느 것을 조건(종 된 원인)으로 하는가에 대하여는 논하는 사람의 입장에 따라 달라진다.

현대 논리학에서는 'A이면 B'라는 형식의 문장이 옳은 것이라면, A로 표현되는 사항을 B라고 표현되는 사항의 충분조건, B로 표현되는 사항을 A라고 표현되는 사항의 필요조건이라고 하며, 이 두 개를 합하여 조건이라고 한다. 예를 들면, 민법에서 정한 대로 결혼한 남성이라는 사실과 성인이라는 사실을 두고 본다면, 앞의 것은 뒤의 것의 충분조건, 뒤의 것은 앞의 것의 필요조건이다.

또한 'A이면 B'라는 형식의 문장과 'B이면 A'라는 문장이 모두 옳은 것이라면, A로 표현된 사항과 B라고 표현된 사항은 서로 상대방의 필요하고 충분한 조건이 된다. 예를 들어 세 개의 각이 동일한 삼각형이 있다는 것과 세 개의 변이 같은 길이의 삼각형이라는 것은 상호 간에 상대방의 필요하고 충분한 조건이다. 수학에서는 필요와 충분한 조건을 찾는 일이 중요한 문제가 되는 경우가 많다.

② 태도(態度)

태도4)는 인간이 대상을 자신의 생존과 결부해서 인식하고 생산하고 사고하는 방법적인 마음가짐 또는 준비 자세다. 이것은 자연이 그렇게 존재함으로써 인간이 그렇게 응대하는 것이므로 자연의 존재양식이 인간의 사고방식과 행동양식을 구축한다는 것을 의미한다. 결국 인간의 사고방식은 자연을 인식하고 자기화하는 방법적 자세로서, 근본적으로 보면 인간이 자연을 대하는 태도이다.

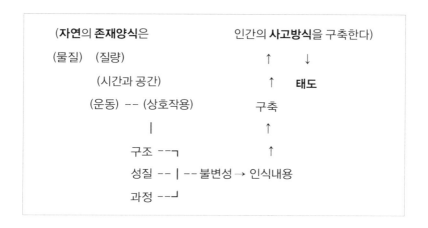

자연의 존재양식은 수많은 생물 중에 인간에게만 유일하게 작용하는 것이 아니라면, 인간의 사고방식은 다른 수많은 생물에게도 그 정도의 차이는 있을지언정 보편적이어야 옳다. 특히 인간이 가지고 있는 감각기관과 다른 생물이 가지고 있는 정보의 수용 기관으로서 감각기관의 차이가 있다 치더라도 결과적인 방법적 태도에는 다를 바 없다. 태도는 모든 생물이 가지는 보편적인 것이다. 왜냐하면 자연의 존재양식이 모든 생물에게 결과적으로 동일하게 작용되기 때문이고, 모든 생물은 자신의 삶과 결부해서 자연을 파악하기 때문이다.

　　모든 생물은 물질적·정신적으로 자연을 자기화함으로써만 생존할 수 있다. 그리고 자연의 구조·성질·과정과 그 법칙 등이 생물에 따라 다르게 인식되거나 다르게 작용하지 않는다. 그렇다면 모든 생물이 자연을 자기화하기 위한 태도가 다를 수 없다. 이를 통해 자연을 대하는 태도는 모든 생물에게 보편적이며 동일하다는 결론에 이른다. 당연히 자연의 존재양식은 동일하게 모든 생물의 사고방식을 구축하고 태도를 결정한다.

　　가령 백스터(Cleve Backster)효과5)에서 우호적 인간과 적대적 인간을 파악하는 식물을 본다면, 그것은 정보수용기관이 다르더라도 구별할 줄 안다는 것이다. 이것은 비교를 통해서 가능하며, 구체적인 방법상의 차이는 존재하더라도 태도의 차이는 없다는 것이다.

　　태도는 어떤 사물이나 상황 따위의 대상을 대하는 자세이다. 즉, 인간에게 있어 근원적인 대상으로서 자연을 대하는 자세다. 자연은 인간의 인식 내용을 결과 짓고 사고방식을 구축한다. 이 사고방식은 정신 속에 구축되고, 이 정신 속에 구축된 사고방식은 태도를 통해 겉으로 드러난다. 사고 속에서만 존재하는 것은 인간 삶에 있어서 대상을 변화시키는 데에 아무런 도움을 줄 수 없는 것이다.

이미 자연의 존재양식에서 보았듯이 자연은 자발적으로 상호작용하는 체계의 체계로서 부단히 변화하는 집합체 또는 체계로서 속성과 특성을 가지고 있다. 이러한 구조와 성질과 과정과 그 법칙성의 인식은 인간이 자연을 인식하는 내용의 틀을 구성하며, 이것으로 인간은 삶의 기초와 미래를 예측하는 발판을 마련한다.

생산행위 속에서 태도는 발의체를 대하는 마음가짐이라 할 수 있다. 발의체에 대해 알고자 하는 감정이나 생각 등이 겉으로 나타난 모습이다. 발의체는 통일체계에서 보듯이 자연과 주체 및 생산물이다.

인간이 대상을 대하는 태도는 다양하다. 앞에서 언급한 태도는 과학적 인식 태도로서 대상을 인식하고 변형시키는 사고방식이고 실천방식이다.

하지만 태도는 여기에서 그치는 것이 아니다. 종교적인 사고방식과 실천방식은 순종이다. 즉, 종교적 태도다. 또 예술은 창작성이 중요한 요소로 작용하므로 '낯설게 하기'가 예술가의 태도다. 예술가의 태도에서 낯설게 하기를 반추하여 본다면, 인간이 아름다움으로 느끼는 것이 균형이나 색의 조화(낯익게 하기)에만 한정되지는 않는다. 정신은 낯섦도 아름다움으로 느낀다. 이것은 여행에서 낯선 자연을 바라볼 때 자주 느낀다. 태도에는 미신적 태도도 있다. 객관적 인과관계는 고려치 않고 자의적으로 대상을 파악하고 설명하려는 것이다. 배우자의 외도 원인을 그가 사는 집 구조 때문이라고 하듯이.

태도는 생산과정에 보편적으로 적용되는 요소로, 행동과 밀접한 관계가 있다. 태도는 주로 외적인 행동에서 추론할 수 있다. 태도는 행동하려는 의도로, 행동방식을 결정한다. 태도는 표출되지 않는 사고방식의 준비 자세이다. 즉, 대상을 자기화하려는 준비이다. 그래서 사고방식은 대상을 자기화하려는 인간의 행동양식으로서 근거이며, 인식하려는 방법의 근원이다.

그렇기 때문에 과학자에게는 과학자의 태도로서 비교를 통해 대상을 분석·종합하고 구조와 성질·과정 및 그에 대한 법칙성을 인식하려는 의도를 가지고, 종교인은 종교인으로서 전지전능한 신에 순종함으로써 신의 보호 속에서 안녕을 구하는 것이다. 그렇기 때문에 태도는 생산물의 영역을 결정하고 창출한다.

태도는 후천적으로 형성된다. 살아가면서 자연과 부딪히는 직접적인 경험의 반복, 교육을 통한 간접적인 언어적 학습이 대표적이다. 따라서 태도는 지식이 증가하거나 사회적 작용에 따라 변화할 수 있으나, 일단 한번 형성되면 장기적인 지속성을 가진다. 또 신념을 형성하며 가치판단의 기준이 되고, 그 결과물인 생산물의 질을 규정한다. 이로써 동일한 대상을 서로 다르게 해석하는 계기가 되고, 사고의 전환을 가져오기도 한다.

태도에서 특히 중요한 것은 비교, 재구성, 일반화, 확인이다. 이것은 과학적 태도로서 모든 영역으로 나아가는 중요한 요소다. 왜냐하면 생산물이 무엇을 목표로 추구하든 어떤 결과물(생산물)이 나오든 생산과정은 객관적 법칙에 지배되기 때문이다. 가령 공상과학 소설을 쓰든, 공상과학 영화를 만들든, 마술을 하든, 예술을 하든,

이를 실현하는 과정은 객관적 법칙을 따르지 않는다면 생산될 수 없기 때문이다. 태도는 모든 생명체에게 적용된다.

'비교'는 동일성과 차이를 인식하는 방법적 태도이다. 자연은 존재형태, 구조형태, 운동형태, 발전형태를 가지고 무한히 다양하게 존재한다. 자연은 자발적으로 운동하는 존재로서 개별적이고 구체적으로 언제나 변화하고 있으며, 우리의 인식은 이 변화에 대한 인식이다. 자연에 어떠한 변화도 없다면, 우리의 뇌는 어떠한 인식도 할 수 없다. 단순한 공간 이동에서부터 계절의 변화, 생로병사, 기분의 변화 등 모든 인식의 조건은 변화이다. 인식은 바로 이러한 변화 속에 존재하는 차이와 동일성의 발견으로 가능해진다. 비교는 재구성·일반화·확인의 전 과정에 있어서 보편적으로 중요한 방법으로 사용된다.

비교의 태도는 무한히 다양한 사물과 현상 및 과정 등에서 개별적이고 구체적인 것을 구별해 낸다. 이는 생산물을 만들어 내는 중요한 요소다. 사물과 현상에서 수많은 식물들의 이름과 동물들의 이름이 지어진다. 개불알꽃, 초롱꽃, 며느리 밥풀꽃, 무당벌레, 비단뱀, 크레인, 음곡(淫谷), 와룡(臥龍)마을 등……. 이는 어떤 특징에 따라 다른 것과 구별된다.

비교의 태도는 위험을 회피하는 데에 유용하다. 병아리가 매의 그림자를 발견하면 숨거나 부동자세로 있으면서 사라지기를 기다린다. 사람도 위장을 한 습격자(자객이나 동물 등)들이 도사리는 상황에서 유용하다. 이처럼 매우 유사한 어떤 형태를 발견할 때 긴장하고 주위를 살피는 것이 생존에 도움을 주기 때문이다. 천적을 구별하고, 부모를 다른 존재와 구별하며, 먹을 것과 못 먹을 것을 구별하는 등이 이를 말해 준다. 이는 생존에 절대적인 것이다.

비교의 태도는 경쟁을 일으킨다. 사회생활에서 부(富), 스포츠 기록, 생산성 등에서 우열을 확인시킴으로써 향상을 독촉한다. 이것이 발전에 기여할 수 있지만, 대체로 착취의 수단이 되는 것이 현실이다. 그러나 기꺼이 자발적 분위기로 이어 갈 조건이 마련된다면, 유토피아 건설의 원동력이 될 수 있다.

비교는 인식의 발달을 촉진시키는 것으로, 현대에 와서는 측정을 가장 뚜렷한 특징으로 한다. 양적인 것의 측정은 손쉬운 것이지만, 질적인 것의 측정은 획기적인 것이며, 질적인 것의 측정을 가속화시키는 것은 고무적이다. 가령 인간의 정신영역의 측정이다. 따뜻함의 정도(온도), 지식(학습평가시험), 의지(태도측정), 기쁨과 슬픔(행복지수), 불쾌감(불쾌지수), 수명(평균수명), 부유함(엥겔계수), 능력(생산량) 등 모든 질적인 것을 양적으로 수치화할 수 있다.

비교의 태도는 배우자 선택에서 종의 유지 발전에 기여한다. 진화의 조건이다. 더 튼튼하고 더 똑똑하고 더 성실한 배우자의 선택은 더 우수한 자손의 생산과 위험에서 벗어나 생존에 유리하다.

비교의 태도는 모방의 원천이다. 인간은 각자가 동경하는 모범형태가 설정되면 '따라 하기'를 한다. 이로써 된 사람, 난 사람, 든 사람 등을 모방하여 빠른 시간 내에 근접하는 효과를 볼 수 있다. 또 새를 모방한 비행기의 발명, 다양한 동식물의 미세한 형태를 관찰하고 응용하는 등 모방기술의 발달을 가져온다.

'재구성'은 자연적으로 인위적으로 이미 구성된 대상을 요소들로 분해하고, 다시 다양한 요소들을 전체로 구성하려는 방법적 태도다. 즉, 분석과 종합의 합이다. 이것은 자연과 생산물 등을 실재적으로 또는 관념적으로 요소로 분해하고, 이를 다시 전체로 구성함으로써 대상의 요소와 체계를 인식하고, 세계를 인식하고 모방함으로써 인위적인 생산물을 만들어 내려는 방법적 태도를 말한다.

재구성은 당해 대상의 요소와 구조 및 성질을 인식하고 이용하려는 태도이다. 우리의 물질우주인 자연은 어떤 집합체 또는 체계의 체계로서 당해 대상에서는 더 이상 분해되지 않는 요소를 가지고 있고, 이 요소들의 상호작용으로서 속성과 특성을 나타내며, 또 어떤 구조를 형성하고 있기 때문에 재구성으로 인한 인식은 삶에 가치 있는 요소이다.

비교와 재구성이라는 태도는 관념적으로 또 실재적으로 행하는 것이다. 물질적인 대상을 직접 견주어 보거나 실재적으로 쪼개 보고 구성해 볼 수 있고, 관념적인 대상이나 인간의 행위는 체계나 과정들을 실재적으로 조작해 볼 수 있는 존재는 아니지만, 관념적으로 견주어 보거나 쪼개 보고 다시 구성해 볼 수 있다. 물질을 쪼개어 원소로, 기계를 분해해서 부품으로, 사회를 분석하여 가족으로, 원단을 재단하여 기초 부분으로, 철판을 절단하여 기초 부재로…….

대상은 체계로서 존재하며, 대상을 구별하는 데는 비교가 중요하다. 대상을 요소로 분해하기 위해서는 분해된 요소들에 대해 그 차이를 인식하여야 한다. 반대로 요소들을 구성함에 있어서는 연관을 인식하여야 한다. 아무런 연관 없이 요소들이 하나로 구성되지 않는다. 연관은 통일로 나아가는 데에 매우 중요하다. 학문이나 생산물 그리고 자연의 통일은 계층적으로 존재하는 대상들 사이에 연관을 찾는 작업이다.

'일반화'는 개별적이고 특수한 것을 일반적인 것으로 만드는 과정이며, 방법적 태도이다. 일반화는 불변성을 파악하거나 확립함으로써 미래를 예측하거나 능률성을 올리거나 호환성을 증대하거나 인간 활동과 행동방식에 질서를 부여하는 등의 목적으로, 표준화 · 통일화 · 규격화 · 방정식화 · 사회화 · 규범화 등의 형태로 확보하는 과정이다. 가령 도량형의 통일, 표준어 제정, 심볼의 국제적 통일, 통일법과 세계법의 제정, 재난 시 행동요령, 연역법과 귀납법, 교통질서 등이 이에 해당한다.

일반화는 추상을 통하여 사고 상으로만 대상을 대하는 태도이다. 사물과 현상 뒤편에 존재하는 불변성과 속성 및 특성, 보편적 연관을 이끌어 내려는 방법적 태도다. 이것을 통해 인간은 거대한 자연과 같은 대상에 대한 매우 겁 없고 당돌한 모습을 드러낸다. 만약 그렇지 않다면, 이 거대한 대상인 자연에 대해 무조건적인 복종만을 맹세하던 고대 신앙적 태도만을 보일 것이다. 안다는 것은 힘이고 능력이다.

이것은 구체적이고 무한히 다양한 개별적인 것에서 보편자를 인식함으로써 한 부류를 규정한다. 사람 · 나무 · 뱀 · 집 · 책 · 자동차 등을 하나하나를 보면 동일한 것은 하나도 없다. 그런데 보편자를 확인하는 순간, 크고 작고 예쁘고 추하고 두껍고 얇고 화려하고 초라하고 등의 개별적인 구별은 사상(捨象)하고 사람 · 나무 · 뱀 · 집 · 자동차라 할 수 있다. 무한히 다양한 모든 것을 하나하나 인식한다는 것은 불가능할 뿐만 아니라 생존에 큰 부담을 준다. 따라서 한 부류로 인식하게 된다면 매우 편리하다.

이와 함께 특별히 언급하고 싶은 '직관'은 개념의 매개 없이 대상을 직접 인식하려는 방법적 태도다. 직관으로서 대상의 구조 · 속성 · 필연 · 관계 · 법칙 등을 인식하려는 것으로, 표상이나 개념으로부터 어떤 요소(성질이나 관계 등)를 분리시키는 추상과는 다르다.

직관이 직관으로 그친다면, 직관은 미신에 이를 수 있다. 따라서 반드시 확인의 단계를 거쳐야 진정한 직관에 도달할 수 있다. 직관도 확인의 단계는 뛰어넘을 수 없다.

직관은 끊임없이 갈구하는 목표지향적인 정신적 상태에서 매우 단편적인 경험 등에 의해 촉발된다. 뉴턴이 사과가 떨어지는 것을 보는 순간, 만유인력의 법칙을 발견하였다. 사과가 떨어지는 것으로 온 우주의 거시적 세계의 운동을 설명해 낸 것이다.

직관이라고 해서 무상무념의 상태에서 대상의 인식에 도달할 수 있는 것은 아니다. 대상의 앎에 도달하려는 집요한 의식 없이는 성립되기 어렵다. 모르긴 해도 직관은 잠재의식 속에서 탐구과정을 거치는 것 같다. 의식되지 않으면서 끊임없이 자연과 사회 속에서 자료를 축적하며 존재하다가, 어느 순간 정리되면서 명료해지기 때문이다. 만약 그렇지 않다면 무엇인가?

직관은 잠재의식역에서 끊임없이 탐구과정을 실행하고 결과를 도출한다. 그런 후 현실적인 어떤 계기가 있을 때, 그 무의식의 결과를 튕겨 올려 한순간 아무런 과정도 없이 명쾌한 결과를 내놓는 것처럼 인식된다. 그렇기 때문에 직관도 집요한 추궁과 풍부한 경험 없이는 불가능하다. 특히 직관은 위급하거나 즉각적인 행동에서 매우 중요하게 작용한다. 사고의 순간이나, 결투의 과정 속에서 무매개적인 반응을 통해 이를 회피하는 것이다.

내가 이 이야기를 함에 있어 대상의 통일(통일체계)이나 과정의 통일 및 내용의 통일을 들고 나올 수 있는 것도 순전히 논리적 과정만으로 귀착된 것이 아니다. 모든 것을 통일해야겠다는 집요한 질문과 탐구 및 갈망 속에서 의식하지 않은 때에 불현듯 스치고 지나가는 그 무엇에서 순간적으로 도달한 것이다. 이 과정이 넋 놓고 있던 가운데 일어나는 것이 아니라, 무수히 많은 노력의 산물이라는 것이다. 초능력도 아니고, 도술도 아니고, 신의 계시도 아니다.

　직관은 각성된 상태에서 이성적인 인식방법을 쓰지 않는다. 잠재되어 있던 모든 의식들에 의해 또 진화역사 속에 기록되어 있는 유전자 속에 있는 것, 단편적으로 얻은 경험 등을 자료로, 집요한 질문과 추궁 속에서 재구성되어 순간적으로 드러나는 것 같다.

　또한 직관은 어떤 판단도 할 수 없는 순간적인 사건 속에서 행동을 유발시킨다. 건축 현장을 지나는 상황에서 옆에서 또는 주변에서 경고성 소리를 질렀다고 가정하자. 그때 머리 위에서 무엇이 떨어지는지를 확인하고 피할 수는 없다. 멈추든가 혹은 더 빨리 앞으로 달리든가, 옆으로 피하든가 아니면 부동적인 방어자세로 위험을 회피하여야 한다. 직관은 반사적 행동을 유발하여 생존율을 높일 수 있다. 이런 것이 유전자 속에 있는 것이리라. 사람(영장류)이 깜짝 놀랄 때 두 손을 번쩍 든다. 이것은 수상(樹上)생활을 하던 과거의 진화과정에서 습득된 것이다. 나무에서 떨어지는 가운데 가지를 붙잡을 확률을 높인다.

　마지막으로 '확인'은 비교 · 재구성 · 직관 · 일반화로 인한 태도에 대한 결과로서 생산물의 내용과 기능 등이 현실에 적합성을 갖는지를 확립하려는 방법적 태도이다. 이것은 단순히 아무런 가설도 없이 결과를 인식하려는 것과, 가설에 대한 결과를 인식하려는 것이 있다. 전자가 단순 확인이라면 후자는 검증이다.

확인의 태도는 무엇보다 획기적인 태도다. 참인지 거짓인지를 확정하지 않는다면, 수많은 설(說)만이 존재하는 카오스적 세계를 형성할 것이다. 확인이 없는 결과는 사이비를 정당화시켜 준다. 그러면 더 이상의 진보는 없고 피비린내 나는 논쟁과 갈취, 착취만이 있을 뿐이다. 이 확인은 오직 자연이나 사회, 인간의 마음 등 적용할 대상에 대해 실천해 봄으로써 가설과 현실을 비교한다. 동일하다면 참이요, 차이가 존재한다면 거짓이거나 부족함이 있는 것이다. 우리에게 있어서 오직 확인만이 진리로 나아갈 수 있는 길이다.

이러한 태도는 어떤 목적에 따라 어떤 이해를 하고자 하는 내용에 따른 어떤 방법에 의하여 실현된다. 이 방법은 우리가 말하는 과학적인 방법이다. 과학의 방법은 일정한 한계가 없다. 대상에 대하여 객관적으로 올바른 앎을 제공하는 실천적인 비교 방법이면 된다.

이상의 다섯 가지 태도를 각각 고립적으로 이해해서는 안 된다. 대상을 인식하는 과정에서 전면적·유기적으로 작동하고 있기 때문이다. 비교가 단순히 이것과 저것의 구별, 과정의 진행 등의 구별은 물론 재구성에서나 일반화, 확인에 있어서 전면적으로 사용되는 태도이자 방법이기 때문이다. 그렇기 때문에 비교와 재구성, 일반화, 직관, 확인은 상호침투하고 제약하며 고무하는 가운데 존재하는 유기적인 태도다.

이상의 몇 가지 태도는 다음에 말하는 생산과정과 소비과정의 바탕을 형성하는 표출된 인간의 사고방법이요, 인식방법이며 생산방법이다.

(2) 생산과정

생산물은 생산과정과 소비과정의 무한한 반복 속에서 무한한 양적 증가와 무한한 질적 상승을 이루면서 인간의 찬란한 문화를 형성할 것이다. 그리고 전 우주로 인류가 확산되는 발판을 마련하며, 우주가 존재하는 한 영원히 존재하게 될 것이다. 이것이 진정한 나의 바람이다.

① 발의체(發意體)

발의체는 자체에 포함된 특징으로 인간에게 어떤 의의(意義)를 불러일으키는 원인된 존재이다. 이것은 궁극적로 자연(사물과 현상 등)을 의미한다. 발의체는 객관적 실재로서 인간이 생존을 위해 필요와 욕구에 따라 변형시켜야 할 대상이다. 즉, 생산 활동의 궁극적 대상이다.

소비과정에서는 생산물이 발의체가 된다. 생산물은 이미 해석과정에서 파악된 내용을 계획과 적용을 통해 이루어진 결과물이지만, 그 자체로 종결되는 것이 아니라 소비를 위한 생산과정을 통해서 소비의 종결을 이루어 내는 것이다. 그러니까 소비를 위해서도 해석과 계획 및 적용의 과정은 필연적으로 이루어져야 한다는 사실이다.

소비과정은 단순히 소비과정의 성격만 가지는 것이 아니다. 이 과정은 생산물에 대한 새로운 해석이며, 새로운 계획이며, 새로운 적용을 통해 이루어지기 때문에 새로운 생산물을 이루어 낸다. 원칙적으로는 최초로 생산과정에서 해석된 의의를 동일하게 해석해서 그 목적에 따른 필요와 욕구를 구현하는 것이지만, 주체의 주체성과 자유의 공간 안에서는 얼마든지 새로운 해석을 통해 새로운 계획이 설정되며, 새로운 적용을 통해 소비를 종결지을 수도 있다.

물론 여기에서 생산의 목적과 소비의 목적은 분명히 같다. 인간의 필요와 욕구를 충족시키기 위한 것이다. 또 결과로서 생산물을 내민다. 이런 의미에서 소비과정도 생산과정의 다른 형태이다.

사실 소비과정도 새로운 생산과정이다. 공장에서 라면(중간생산물)을 만드는 과정이 생산과정이라면, 소비과정에서 조리 과정을 거쳐 조리된 라면(최종생산물)도 생산물이다. 또 생산과정에서 이루어진 생산물을 변용하는 경우, 그 자체로서도 생산이다. 가령 선풍기의 목적은 바람을 발생시켜 시원함을 얻는 것이다. 하지만 선풍기의 변용은 가능하다. 환풍(換風)을 하는 데 이용할 수도 있고, 청소 용구로서 먼지를 불어내는 데 이용할 수도 있고, 타작할 때 곡식 알갱이에서 가벼운 이물질을 불어내는 데 사용할 수도 있고, 빨래를 말리는 데 사용할 수도 있다.

생산과정과 소비과정은 무한히 이어지는 순환과정으로서 이를 통해 생산물의 다양성과 질적 증가가 무한히 이루어진다(생산물의 무진성과 발전성). 이런 연유로 현대 사회는 극적인 생산물의 다양성과 질적 증가를 확보함으로써 찬란한 문화를 이룩한 것이다.

그래서 발의체는 최초로 생산과정에서는 자연이지만, 이차적 생산과정이나 소비과정에서는 생산물이다. 발의체로서 자연은 개별적이고 구체적인 사물과 현상, 발의체로서 생산물은 물질적 생산물, 관념적 생산물, 행위적 생산물 및 인격적 생산물이다.

② 해석(解釋)

해석은 대상(발의체)에 포함된 다양한 특징에 대해 그 의의(意義)를 파악하는 과정이다.

특징(特徵)은 개별적인 어떤 것이 다른 것들과 차이점으로서 표징(標徵)과, 일정한 사물이 공통으로 가지는 필연적인 성질로서 하나의 사물을 다른 사물로부터 구별하는 것으로 징표(徵表)이다. 즉 특징은 개별적으로 존재하는 것과 어떤 부류의 사물에 공통으로 나타나는 것이 있다. 전자를 '개별적 특징'이라 하고 후자를 '집단적 특징'이라고 한다.

대상(사물과 현상)이 가지는 특징은 둥글고 뾰족함, 매끄럽고 까끌까끌함, 크고 작음, 달고 씀, 밝고 어두움, 오목하고 불룩함, 빨강과 파랑, 힘차고 부드러움 등과 같이 구조, 모양, 크기, 성질, 색깔, 밝기, 동작, 맛, 풍기는 감정, 냄새, 소리, 무게 등 무한히 다양하다. 세계에는 계층적으로 무한히 다양한 사물과 현상이 존재하며, 그와 함께 무한히 다양한 특징을 가지고 있다. 똑같은 것이란 존재하지 않는다. 객관적으로 어떠한 차이든 가지고 있다.

특징은 특징 그 자체이지, 어떤 의의를 가진 것은 아니다. 특징 자체에는 인간의 그 어떤 관념과 결합되어 있는 것은 아니다. 의의는 인간의 관념으로서 대상의 특징 자체에는 없기 때문이다.

의의(意義)는 동작이나 기호 속에 포함시켜 놓은 속내(뜻), 사물과 현상이 지닌 쓸모(용도)나 중요성, 어떤 정황 속에서 드러나는 느낌, 어떤 사물이 가지고 있는 기능이나 효과 등이다. 의의는 해석자에 의해 이미 부여된 것이거나 새로이 부여하는 것이다. 생산물과 같은 경우는 인간에 의해 이미 의의가 부여된 것이고, 자연의 경우는 이제 부여하는 것이다.

특징이 사물과 현상이 가지고 있는 객관적인 독특한 점 그 자체라면, 의의는 관념으로서 특징이 가지는 가치 자체이다. 뾰족함이나 날카로움이 상처나 흠을 낸다는 것, 둥근 것이 구른다는 것, 어두움이 무섭다는 것, 오목한 사물에 물이 담긴다는 것, 불이 뜨겁다는 것, 허브가 향기를 풍긴다는 것, 어떤 물질이 어떤 맛을 낸다는 것 등이다. 이것은 어딘가에 쓸모를 지니고 있다. 아직 '어떤 생산물을 만들 수 있다'는 인식에는 이르지 않았다. '무엇이 어떻다'는 것이다.

의의는 발의체(자연과 생산물)가 지니는 어떤 의미이고 뜻이다. 또 중요성이나 쓸모다. 의의는 기호 속에 들어있는 뜻과 감정, 사물과 현상 속에 들어 있는 중요성과 쓸모, 어떤 정황 속에 들어 있는 감정, 어떤 사물이 가지고 있는 기능 등으로서 생산을 할 수 있는 근원적 근거이다. 의의는 포괄적으로 가치이다.

의의를 어떻게 파악하느냐에 따라 생산물의 범주가 결정된다. 불(火)이라는 현상에 대해 '불이 타는 이유는?', '불은 어둠을 밝힌다', '불은 뜨겁다', '불꽃은 아름답다', '불은 신성하다' 등과 같이 의의를 파악한다면, 학문·기술·예술·신앙 등으로 문화의 형태를 달리하여 귀착될 것이다. 이렇게 될 때, 의의는 의의를 거머쥐는 동시에 생산물의 범주에 대한 결정이 이루어지는 것이다. 나아가 의의는 생산의 목표를 결정한다. 의의는 가치로서 가치체계에 따라 인간이 보편적으로 추구하는 바에 따라 결정된다. 의의의 종류가 감정이냐 사유냐 의지냐에 따라 생산물의 종류가 결정되기 때문이다.

의의는 해석자의 환경과 태도에 따라 다양하게 드러난다. 환경은 상황과 조건이고, 태도는 대상을 대하는 자세다. 상황과 조건은 자연의 상황과 조건일 수도 있지만, 해석자가 처한 심리적 상황과 조건도 포함된다. 교육의 정도, 현재의 감정상태, 지적 능력, 목표의식, 경험의 정도, 사회적 문화적 조건 등이다.

의의(意義)는 생산행위를 촉발시키는 노리쇠뭉치다. 의의는 모두 인간의 필요와 욕구를 충족시킬 수 있는 가치다. 가치는 강도(強度)를 가지는 인간이 지니는 대상에 대한 관심의 정도다. 관심은 대상에 대한 사로잡힘이다. 사로잡힘의 대상은 일정한 한계가 없다. 사물이나 현상, 사람이나 다른 생명체, 다양한 생산물, 추상적인 개념과 명제 및 이론 등이다. 어떤 대상에 대해 사로잡히는 정도는 다르다. 대상에 대한 가치가 다른 이유는 여기에 있다. 측정은 어렵지만, 그 정도의 차이는 있다.

파악(把握)은 앎, 아는 것, 이해하는 것을 의미한다. 해석 과정에서 안다는 것은 발의체가 가지고 있는 어떤 특징이 어떤 의의를 가지고 있는데, 이것이 구체적으로 어떤 욕구와 필요를 충족시킬 수 있는가를 인식하는 것이다. 즉, 특징이 가지고 있는 의의 그 자체를 구체적인 필요와 욕구를 충족시킬 수 있는 생산물과 결합시키는 것이다. 어떤 특징이 어떤 의의를 가지고 있는데 어떤 생산물로 생산할 수 있는가에 대한 인식이다.

가령 뾰족함이나 날카로움(특징)이, 긁히거나 찔리거나 잘리거나 상처를 낼 수 있는 것(의의)으로, 이 의의는 요리를 하거나 전쟁을 하는 도구인 칼이나 창, 화살촉을 만들 수 있다는 것을 파악(이해)하는 것이다. 이해는 특징과 의의와 생산물을 관념적으로 결합시키는 것이다.

안다는 것은 반드시 '왜 그렇게 되는가?', '왜 이런 결과가 나올 수밖에 없는가?'에까지 이르는 것은 아니다. 무엇이 무엇에 소용될 수 있다는 것이면 된다. 수동적 경험에 의하든 탐구에 의하든 직관에 의하든 학습을 통하든 문제 삼지 않는다. 이 이해(앎)는 차후의 과정으로서 계획과 적용을 거치면서 객관적 법칙의 지배를 받는 가운데 현실적으로 수정된다.

이로써 해석은 다음 과정인 계획 과정으로 이행할 수 있다. 계획 과정에서 처음 이루어져야 할 '목표'를 설정할 수 있는 준비가 되었기 때문이다.

③ 계획(計劃)

계획은 해석을 통해 얻는 발의체에 대한 이해를 바탕으로 목표를 설정하고, 현실적으로 실현시키기 위해 먼저 관념적으로 이루어 보는 실천적 단계인 적용의 앞선 단계로, 사고생산(思考生産)이다. 이것은 어떤 이해를 실현시키기 위해 어떤 도구를 사용하여 어떤 대상에 어떤 절차를 수립할 것인가(방법을 찾는 것)에 대한 것이다. 계획은 생산의 종착점(목표)을 설정하고, 변화시킬 대상을 결정하며, 사용할 기술에 대해 모색하고 결정해야 한다.

계획은 목표가 정해지면, 우선 어떤 대상에 어떤 도구를 사용할 것인가를 결정하고 주변 환경을 고려하여 어떤 절차로 실현할 것인가를 확정하여야 한다. 즉, 변형대상과 도구와 방법을 찾는 것이다. 도구를 사용하여 방법을 찾는 것을 다른 말로 하면 '기술의 모색' 내지 '개발'이라 한다. 그렇다면 계획은 관념적으로 이행하는 기술의 모색 내지 개발 과정이라고 할 수 있다.

우선 도구는 자연에 의해 이루어진 1차적 도구로서 생체(生體)와 자연물이고, 인간에 의해 이루어진 2차적 도구로서 생산물, 그리고 미래 어느 시기에 이루어질지 예측하기는 어렵지만, 인조인간 자체의 '해석-계획-적용'에 의해 이루어진 생산물인 3차적 도구가 있다. 수단은 대상을 변형시킬 수 있는 '주체-수단-대상'의 관계 속에 존재하는 상호작용의 관점에서는 매개자다. 인간의 실천적 차원으로서는 작용자이다.

과거 인간은 1차적 도구를 사용하는 데에 주력함으로써 기술의 발전이 매우 더디게 이루어졌다. 이후 각종 기구가 개발되고, 다음 단계로 장치가 개발된 후, 그다음 단계로 기계가 개발됨에 따라 급격하게 진보되었다. 기계는 동력발생장치와 동력전달장치 및 작업장치가 있는 것으로, 유용성과 능률성이 매우 높다. 그렇다고 기계는 그 자체로서 작동되지 않는다. 앞서 생산물의 존재양식에서 언급되었듯이 '인간-생산물 체계', 구체적으로는 '인간-기계 체계', '주체-수단 체계'를 형성하여야 한다. 인간의 조작 없이 작동되지 않는다. 생산물은 인간의 것이다.

도구가 결정되면 이 도구를 통해 이해(해석 과정에서 이루어진 앎)를 실현할 절차를 수립하여야 한다. 이때 수립된 절차의 집합이 '방법'이다. 방법은 계획 과정에서 이루어진다. 관념적으로 이루어진 절차의 집합은 객관적 법칙에 따라 이루어져야 대상인 자연을 변형시킬 수 있다. 계획 과정에서 이루어진 방법은 적용의 과정에서 실천적으로 이행될 때, 미비한 점은 보완되고 불비한 부분은 보충되어 다시 적용의 과정에서 비교적 온전히 이행된다. 계획과 적용은 단순히 일방적·순차적으로 이행되는 과정이 아니라, 항상 피드백을 통해 상호작용하면서 목표를 실현하는 동반자적 관계다.

계획은 해석 단계에서 거머쥔 이해를 필요와 욕구에 근거해서 원하는 미래 상태(목표)를 관념적으로 선취하는 것이다. 즉, 해석된 앎을 현실에 구현하기 위하여 적용에 앞서 이루어지는 과정으로, 원하는 상태를 미리 생각(관념) 속에서 획득해 보는 것이다.

이것은 아무리 치밀하게 한다고 해도 개략적인 밑그림이라 보면 된다. 왜냐하면 계획이란 미처 예측하지 못한 측면(상황과 조건)을 항상 가지고 있고, 이를 객관적으로 아직 반영하지 못했기 때문이다. 그래서 실제로 계획을 실천하는 가운데 수정되고, 새로이 실천으로 옮기는 과정을 반복하면서 최종적으로 생산물에 이르게 된다. 여기엔 탐구가 포함되어 있다. 즉, 공부가 요구된다.

사용 순서, 공정의 집합, 절차의 집합 또는 조작의 집합인 방법은 보편적인 것이 없다. 왜냐하면 도구의 선택에 따라 달라질 수 있고, 방법을 실현하는 환경 등에 따라 얼마든지 달라질 수 있기 때문이다. 도구의 선택과 환경은 기술개발의 중요한 변수로 작용한다. 가령 용접을 하는 방법도, 동일한 물건이라도 여름철에 하는 것과 영하(零下)의 온도로 내려가는 겨울철에 하는 것이 다르다. 겨울철에는 모재(母材)의 온도가 차가우므로 모재와 용가재(鎔加材)가 반발력을 가지게 되어 용가재가 용착되기 어렵고, 또 급격하게 식으면서 균열이 쉽게 발생하기 때문에 예열을 하는 절차와 한 번에 이루어지는 채우기를 여러 번에 걸쳐 채우는 등 절차가 복잡해

485

지고 추후에 열을 가하는 후열(後熱)이라고 하는 절차까지 많이 달라진다. 환경의 변화는 많은 예측하기 어려운 변수를 가지고 있어, 기술자의 경험과 결단을 필요로 한다. 이처럼 환경은 무궁무진한 변수를 부른다.

일반적으로 계획을 인간만이 세우는 것으로 오해하기 쉽다. 우리는 들판에 나가 놀다 보면, 작은 도랑을 건너 서로 다른 나뭇가지에 걸쳐 쳐진 거미줄을 볼 수 있다. 한 나뭇가지에 쳐진 거미줄이라면 그리 의심하여 보지는 않았을 것이다. 언젠가 나는 혼자서 수십 분을 지켜본 적이 있다. 거미가 한 나뭇가지에 올라 건너편 나뭇가지에 도달하기 위해 바람을 타고 그네를 타다(방법)가 도달하는 것을…… 거미는 건너편의 나뭇가지를 목표로 자신의 몸(1차적 도구)을 바람에 싣고 건너서(자연법칙을 이용한다) 기초가 되는 세 지점 이상을 설정하여 멋진 거미줄(생산물)을 치는 것이었다.

이것은 목표와 계획을 세우지 않고는 불가능하다. 거미가 기초가 되는 세 지점을 선정하는 것은 상황과 조건에 따라 모두 다르다. 이 점이 바로 우리가 깊이 생각해 봐야 할 부분이다. 나는 모든 생명체의 사고방식(대상을 대하는 태도로 표현되기도 한다)은 정도의 차이는 있어도 본질적으로는 같다고 생각한다. 만약 그렇지 않다면 객관적 법칙이 작용하는 자연을 자기화할 수 없고, 그렇게 되면 결국 죽음뿐이기 때문이다. 자연은 자연법칙에 의해서만 변형된다.

여기서 "인간 외에 도구를 만드는 생명체는 있는가?"라는 질문에 "분명히 많이 있다."고 대답할 수 있다. 그중 대표적인 것이 거미다. 거미줄은 거미가 먹이를 잡기 위한 도구이기 때문이다. 마치 인간이 고기를 잡을 때 그물을 치듯이 말이다.

계획(plan, 計劃)6)은 일반적으로 배치계획과 활동계획으로 나눈다. 배치계획이 일정한 공간에서 지형적·위치적 관계를 인식하여 가장 효율적인 인간 활동을 세워주는 것에 비해, 활동계획은 인간의 의식적 활동을 일정한 절차로 수립하는 것을 과제로 한다.

배치계획은 어떤 위치에 어떤 역할을 하는 무엇(또는 누가)이 있는가를 말해 준다. 이에 비해 활동계획은 인간의 활동을 통하여 세계를 실천적으로 변형시키는데 기여한다. 계획은 어떤 일을 하기에 앞서서 어떤 도구를 사용하여 어떤 절차로 실행할 것인가를 미리 생각하여 세운 내용이다. 계획은 아직 실천적으로 완성되지 않은 것으로, 기술을 모색하는 과정이다.

배치계획은 가정이나 가게 등의 가구나 기구 등을 쾌적하고 편리하고 아름답게 배정하거나, 공장 등의 경우 생산성과 안전성 등을 고려하여 시설·기계·기구·장치를 배정하는가 하면, 도시의 경우에는 인간의 주거와 활동기능을 능률적이고도 효과적으로 공간에 배치한다. 운동경기에서 각각의 기능을 수행하는 운동선수를 경기장에 배치(포지션)하여 효과적인 경기를 펼치게 하는 것도 이에 속한다.

이와는 달리 활동계획은 어떤 대상을 어떤 도구를 사용하여 어떤 방법으로 변형시킬 것인가에 대한 것이다. 이것은 모든 형태의 실천적인 인간 활동이 포함된다.

활동계획이 대상을 내 필요와 욕구를 충족시키도록 변화시키는 유효성을 목표로 한다면, 배치계획은 활동의 경제성과 능률성을 목적으로 한다. 그러니까 활동의 능률성 등을 최대화하기 위해서 배치계획은 매우 중요하다. 생산도구를 적재적소에 배치함으로써 배

통일성

치된 생산도구를 생산 활동에 기여하게 하여 능률성을 최고로 높이는 것이다. 즉, 생산라인의 인적·물적 배치, 가정의 방(房)과 가구 및 설비 등의 배치, 작업장의 공구 및 설비의 배치, 운동장에서 선수의 배치, 도시의 지리적 조건에 맞추어 산업, 교통, 위생, 사회시설, 교육시설, 주거시설, 레크리에이션 시설 등 최적조건을 형성하도록 배치하는 것이다.

목표7)는 '인간-목표'의 2항 간의 관계이고, 목적은 '인간-수단-목표'의 3항 간의 관계다. 목표에서 인간이 사고 상으로만 관계한다면, 목적에서는 인간이 의지를 가지고 실천적으로 관계한다. 목적은 인간이 이루려고 하는 최종 도달점으로, 해석에서 파악된 이해의 실현이다. 이것은 자연을 인간의 필요와 욕구를 충족시키기 위한 변형을 종착점으로 한다. 그리고 수단(도구와 방법)은 인간이 이루어 낸 모든 생산물을 포함한다. 계층적 인간의 행위일 수도 있고, 물질적인 기계·기구·장치·의식주·도시나 국가 등일 수도 있고, 기호일 수도 있다.

수단은 자연을 변형시키기 위한 매개물이다. 도구는 기술의 한 요소로서 반드시 방법과 결합된다. 기술은 인간의 실천을 바탕으로 지침과 수단의 결합상태를 말한다.

방법8)을 가장 포괄적으로 규정하면 '절차의 집합'이다. 좀 더 구체적으로 보면, 방법은 공정(계층적·순차적인 절차의 집합의 집합)의 집합이요 조작의 집합, 순서의 집합이다. 어떤 일을 할 때마다 완성하기 위해 하게 되는 행동순서 또는 인위적 단계의 집합이다. 이런 의미로 보면, 일정한 절차가 곧 방법이다. 그러나 방법은 적합한 환경

(상황과 조건)에서 이루어져야 한다. 그래서 방법은 적합한 환경을 형성하면서 또는 적합한 환경 속에서 이루어지는 절차적 집합이다. 방법은 정형화시킬 때 프로그램이며, 수립된 규칙(매뉴얼)이 된다.

사회규범으로서 규칙이 방법을 유도하거나 결정하기도 한다. 규칙은 인간의 행위나 절차 및 조작을 결정할 수 있기 때문이다. 반복적인 생산 작업에서 불필요한 행위나 절차 및 조작을 제거하여 능률성을 높일 수 있다. 교통질서는 통행의 방향을 정하면, 흐름의 저항과 사고율을 낮출 수 있다. 활동 규칙을 넘어 반복적인 패턴을 파악하면, 수준 높은 예술품이나 동질적인 생산물을 만들 수 있다.

소비과정에 있어서는 생산물에 이미 정보가 제공된다. 물건의 사용법, 음식물의 조리법 등과 함께 부작용이라든가 위험성을 표시하는 경우가 많다. 또 민사소송법, 형사소송법, 부동산등기법 등 절차법에서는 권리·의무의 실질적 내용을 실현하는 절차의 규정이 방법이다. 절차법은 권리의 실행을 하기 위한 방법을 제시하고 있다.

또 공연이나 연극 등의 진행계획도 방법이 될 수 있다. 희극(개그)에서 장기적으로 이어지는 코너의 경우, 그 소재(대상 또는 내용)는 달라도 진행되는 절차가 같거나 극히 유사함을 볼 수 있다. 이러한 절차도 방법이 될 수 있는 것이다. 그 외 긴급조난 시 행동요령법, 기계의 조작법, 학생을 가르치는 교수법, 동물을 길들이는 조련법 등 방법은 무한하다.

인간이 해야 할 공정이나 조작을 자동기계를 통해 이루려고 할 때, 그 처리 방법과 순서를 기술(記述)하여 컴퓨터와 같은 자동기계(하드웨어)에 주어지는 일련의 명령문 집합체로서의 프로그램도 절차로서 방법이다. 자동기계의 발명과 프로그램(소프트웨어)은 인간에게 고도의 작업 혹은 반복되는 작업을 일부 해방시키고 능률성을 향상시킬 것이다.

기술(技術)은 어떤 대상을 목적에 적합하게 변형시키는 데 어떤 도구를 통하여 실현시킬 수 있는 모든 방법이다. 현실적으로 실현시키든 관념적으로 실현(관념적 생산)시키든 가리지 않는다. 기술은 대상을 목적에 적합하게 실현시킬 수 있는 것이면 된다. 그러므로 학문을 하든, 산업적 생산을 하든, 정치나 경영을 하든 그 기술에 있어서는 그 어떤 제약도 없다.

기술이 수단을 사용한다는 사실에서 인간은 수단을 잘 다룰 수 있는 능력을 갖추어야 한다. 수단을 잘 다루지 못한다면, 변형의 대상을 원하는 대로 변형시키는 데에 제한을 받게 된다. 대상에 대해 도구와 방법을 제시한다고 해서 언제나 모두 원하는 결과를 성취하지는 못한다. 만일 목수가 망치와 대패 및 톱 등을 잘 다루지 못한다면, 변형의 대상인 나무는 원하는 상태로 변형되지 않아 나무의 표면은 거칠고 마구리는 비뚤 것이다. 그리고 용접공이 용접기를 잘 다루지 못한다면, 비드는 고르지 않을 것이고 용착이 잘 안 될 것이다.

이럴 때 기술의 향상은 공부를 통해 극복할 수 있다. 공부는 '왜 이렇게 되지? 저렇게 하려면 어떻게 하지?' 하는 질문을 던지고 그 원리를 찾는 탐구 활동을 포함하는 정신적 · 육체적 훈련이기 때문이다. 인간은 모두 기술자다. 그리고 생존을 영위하는 모든 생명체는 기술자다. 어떤 도구를 이용하여 어떤 대상을 어떤 방법으로 실현(변형)시키기 때문이다. 기술은 인간이 목표로 하는 가치 중의 하나이다. 이것은 생존과 직결된다.

　기술이 능률성과 유효성을 목표로 한다면, 합리성을 가진 방법을 반복적으로 이행하는 과정에서 습관화를 통해 능률성을 확보할 수 있다. 합리성은 자연과 사회에 대한 실천으로 객관적 법칙을 확보하고, 한 개인의 능률성은 훈련으로 확보될 수 있다. 요즘처럼 대량생산체제에서는 한발 더 나아가 물적·인적(시설과 노동자) 배치를 통해서 확보할 수 있다.

　기술이 능률성을 목표로 하는 한, 배치도 기술이다. 어떻게 도구를 배치하느냐에 따라 작업이나 삶의 능률성 차이는 크다. 가령 가정의 가구나 싱크대의 배치, 생산현장에서 나를 중심으로 한 공구와 작업대 및 도면과 의자 등의 배치는 무엇보다 중요하다. 물론 이렇게 배치된 가정이나 공장도 생산물이다. 더 나아가 한 도시나 국가도 마찬가지다.

　④ 적용(適用)

　적용은 발의체에 대하여 해석하고 계획된 내용을 실천하는 인간활동이다.

　인간활동으로서 적용은 단적으로 사회활동이다. 이것은 궁극적으로 사회에 영향을 미치고 사회를 변혁시키기 때문이다. 자연에 적용할 때 생산활동이고, 주체에 적용할 때 결연활동이고, 생산물에 적용할 때 문화활동이다. 문화활동은 생산물을 음미하고 즐기며 또 창조하는 활동이다. 그리고 사회활동은 확인과정이다. 단순히 문의하는 것이기도 하지만 가설을 검증하는 것이다.

　인간활동으로서 적용은 세 가지 요소에 의해 성립한다. 활동목적과 변형대상, 생산기술이다. 그래서 목적을 가진 인간과 적용하는 기술 그리고 변형 대상의 3항과의 관계가 이루어진다.

인간활동의 세 요소는 결과로서 생산물에 고스란히 전이(轉移)된 다. 모든 생산물은 어떤 목적의 결과물이며, 어떤 대상을 변형시킨 것이며, 대상을 변형시키기 위해 어떤 기술을 사용했다. 그래서 모든 생산물은 보편적으로 세 요소로 성립되고 모두는 통일된다.

적용은 구체적으로 객관적 법칙에 따라 작용하여야 하는 현실적 단계다. 인간의 행위에 수반되는 도구와 방법의 적용에 있어서는 객관적 법칙에 충실해야 한다.

하지만 그 주관적 내용에 있어서는 제한이 없다. 가령 다양한 문화형태 중 주술(呪術)의 경우, 어떤 도구와 방법을 사용하는 것은 객관적 법칙에 따라야 하겠지만 그 염원은 그럴 필요가 없다.

예를 들어, 특정인을 저주하여 그와 닮은 인형을 만들어 인형을 괴롭히면서 동시에 그가 병에 걸려 죽으라고 주문을 외운다고 할 때, 인형을 만들고 괴롭히는 것은 자연법칙에 따라야 만들어지고 또 인형에 흠이 생길 것이다. 하지만 인형을 괴롭힌다고 주관적인 염원인 특정인이 고통을 느끼면서 괴로워하지는 않는다.

적용과정은 계획 과정을 거처 생산된 모든 생산물이 '내용의 통일' 로 실현되는 과정이다. 앞에서 나는 모든 '대상의 통일'과 모든 생산물의 '과정의 통일' 등을 이야기했고, 다음에 모든 생산물의 '내용의 통일'을 말할 것이다. 이는 제각기 다른 모든 생산물에 내재되어 있는 보편적인 내용이 있음을 의미한다. 모든 생산물은 어떤 목적으로 어떤 기술을 사용하여 어떤 대상을 변형시킨 것이다.

내용의 통일은 논리실증주의자들이 말하는 물리 개념을 통한 전체 학문만의 통일도 아니고, 라이프니츠가 말하는 명제를 기호로 표시하는 보편기호법에 의한 통일도 아니다. 그리고 융합과학과 같이 하나의 목표실현을 위한 관련분과의 일시적 협동도 아니며, 학제 간 과학과 같이 복잡한 이슈나 질문에 대한 각각의 학문적 데이터·방법·이론·개념 등으로 통합적 연구도 아니다. 이것은 모든 생산물이 가지고 있는 보편적 구성내용이다.

내 이야기는 동서고금을 막론하고 앞으로도 영원히 인간이 무엇을 이루어 내든 그 결과물은 예외 없이 동일한 구성 내용을 가지고 있다는 사실을 말한다. 즉, 모든 생산물이 보편적으로 가지고 있는 구성내용을 발견함으로써 이루어진 통일이다. '내용의 통일'은 관념적 생산물인 이론 또는 학문만의 통일을 넘어 인간이 이루어 낸 그리고 앞으로 이루어 낼 모든 결과물에 대한 통일이다. 자연으로서의 인간이 교육을 통해 제빵사가 되었다면 목적이 제빵사이고, 변형대상이 자연으로서의 인간이며 변형기술은 교육이다.

(2) 생산물 내용의 통일성

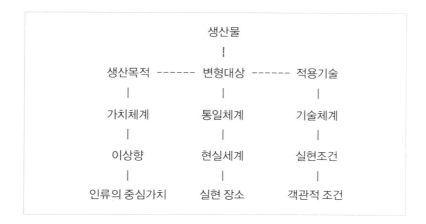

생산물 내용의 통일은 모든 개별적 생산물에는 생산 목적과 변형할 대상과 적용된 기술의 세 요소가 보편적으로 존재하며, 이들은 각각 체계화되어 있고, 체계화된 세 요소들에 모든 생산물이 하나로 통일되어 있음을 말한다. 그리고 이 자체가 모든 과학의 통일이다. 이들 각 요소들과 그 체계에 대해서는 이미 앞에서 설명하였다.

생산 목적은 실현하려는 가치를 의미하므로 목적의 체계는 가치의 체계와 같고, 이 체계의 가치들을 모두 실현한다면 그곳은 유토피아가 될 것이다. 이럴 때 유토피아는 인류의 중심가치가 되며, 인류는 명시적으로 묵시적으로 이를 향해 가고 있다.

변형대상은 목적으로서의 가치를 실현시키기 위해 변형시켜야 할 사물이다. 이것의 통일형태가 통일체계이다. 통일체계는 자연과 인간 및 생산물의 상호작용의 체계로서 객관적으로 존재하는 현실의 세계다. 결국 이 세계는 살아서 유토피아를 실현해야 할 곳이다.

적용기술은 지침과 수단 및 공부의 체계로서 대상을 변형시켜 목적을 실현할 수 있는 조건이다. 기술은 객관적 세계를 변형시킬 수 있는 객관적 조건이어야 한다. 공상만으로는 객관적 세계를 변형시킬 수 없다.

생산에 있어 무엇보다 중요한 것은 생산 목적의 설정이다. 실현시킬 가치가 무엇인가가 먼저 이루어져야 한다. 이때 유토피아의 세계상이 구체적으로 결정되어야 한다. 이를 위해서는 문학과 정치 및 종교의 역할이 매우 중요하다. 세상에 존재하는 종교는 그 종교의 수만큼 이상향이 존재한다. 또 지구상에 존재하는 국가의 수만큼 추구하는 이상향의 형태가 존재한다.

이들 세계상들은 서로 상호작용을 통해 최고의 형태(모델)로 발전하여야 하고, 그런 형태로 현실세계는 변형되어야 한다. 이상향에 나아가는 과정과 도달한 그곳에서는 자유롭고 평등하고 평화롭고 풍요로우며 사랑이 넘쳐야 한다. 이상향에 어떻게 도달해야 하고 어떤 곳인지에 대해서 각 개인에게 충분히 이해되어야 하며, 폭력적인 강요나 혼미하게 만드는 사술(詐術)은 없어야 한다.

내용의 통일은 모든 생산물이 가지고 있는 내용이 동일하다는 것이다. 즉, 모든 생산물은 보편적 내용을 가진다. 물질적 생산물이든, 관념적 생산물이든, 행위적 생산물이든, 인격적 생산물이든 가리지 않고, 모든 생산물의 내용을 구성하는 요소는 똑같다. 모든 생산물은 생산 목적, 변형대상, 적용기술의 세 요소가 보편적으로 존재한다. 여기에서 생산 목적의 최종 형태는 유토피아이고, 변형대상은 현실세계이며, 이것을 가능케 하는 것이 기술임을 말한다.

통일체계의 발견으로 모든 대상을 하나의 체계로 구성할 수도 있고, 또 통일체계로부터 생산물의 생산과정의 통일이 드러난다. 그리고 생산물의 내용의 통일은 과정의 통일로부터 나온다. 그것은 인간에 의해 이루어 놓은 모든 것, 생산물은 어떤 목적을 가지고 있고, 어떤 대상을 변화시킨 것이며, 어떤 기술을 사용한 것이라는 점이다. 즉, 모든 생산물은 '생산 목적'과 '변형의 대상'과 '적용된 기술'이라는 세 요소 또는 세 가지 내용을 포함하고 있다는 보편성을 띠고 있다. 이것으로 생산물의 내용의 통일이 이루어진다.

① 생산 목적

모든 생산물은 목적을 가지고 있다. 사용 목적, 탐구 목적, 생산 목적, 소비 목적, 행동 목적, 제정 목적, 설립 목적, 교육 목적, 정치 목적, 활동 목적, 창작 목적, 소송 목적(청구취지) 등으로 일컬어지며, 모든 생산물에 부여되어 있다. 그래서 모든 생산물은 가치를 실현시킨 목적물이다.

생산물의 목적이라 함은 명백하다. 생산물은 인간에 의해 인간을 위한 인간의 것이다. 당연히 생산물은 무엇보다 인간의 필요와 욕구를 충족시키는 것(가치)이다. 이것은 '모든 생산물은 인간의 필요와 욕구를 충족시키기 위해서 어떤 대상을 어떤 기술을 통해 변형시킨 것'이라는 생산물의 정의를 되새겨 봄으로써 명확해진다.

생산행위의 목적은 특정 가치의 실현이므로 목적의 체계는 단적으로 가치의 체계다. 특히 추구하는 가치의 체계다. 이 체계는 앞서 가치의 통일성에서 살펴보았다. 통일된 학문의 최종 목적은 사회를 구성하고 사는 인류의 최고가치인 중심가치를 확인하고 이를 실현하는 것이다. 사랑의 관점에서 최고가치인 범애의 체계로도 구성할 수 있다. 이것은 가치체계이자 생산에서 목적의 체계이고, 인간 행위에 있어서 최종·최고의 목표이며, 이로써 인류는 하나의 목적(실현가치)으로 통일된다.

인류에게 생산의 목적체계에서 최고의 가치이자 중심가치는 이상적 세계의 현실적 실현이다. 이를 위해 계층적 인격을 형성하여 지혜와 힘을 결집하고 추구하는 구체적인 가치를 모두 실현한다면, 이런 세계야말로 이상적인 세계가 될 것이기 때문이다. 그래서 우리 인류의 중심가치는 유토피아이다. 세계 곳곳에서 정치적으로 저마다의 상황과 조건에서 다양하게 시도되고, 성공적인 표본은 세계 곳곳으로 전파될 것이다. 그리고 끝내 유토피아는 실현될 것이다.

정치적으로 이상향의 건설은 과거 최고 권력자와 그 집권 무리들이 오직 자신들의 유토피아만을 고려하고, 살아서 권력을 통해 백성을 착취하고 갈취하고 죽어서도 유지하기 위해 순장이나 분묘 상으로 재구성했다. 역사적 자료와 발굴을 통해 이루어지는 강력한 권력자들의 분묘가 이를 입증한다. 이것은 소수 권력집단이 자기들만의 유토피아를 실현하려는 것이었다.

그러나 여기에서 제외된 백성들의 항거 속에서 세계는 조금씩 변화하고 권력자만이 유토피아를 실현하려는 열망을 벗어나 인류의 열망으로 차츰 현실화되어 가고 있다. 인류사는 이상향을 향해 가는 거대한 행진이다.

종교적으로도 수많은 종교들이 저마다의 인도자(신이나 메시아)들에 의해 이상향(유토피아)으로 인도된다. 신이나 메시아는 자신이 건설하거나 인도하려는 이상향에 어떻게 해야 도달할 수 있으며, 그곳의 삶은 어떻게 이루어지며, 그 세계는 어떻게 가능한가에 대해 매우 구체적으로 설명해 줄 필요가 있다. 이것은 현실에서 정치적으로 이루려는 유토피아에 대해서도 마찬가지다.

② 변형 대상

변형의 대상은 궁극적으로 객관적으로 실재하는 세계로서 자연이다. 자연은 사물과 현상, 과정 등으로서 단순히 무기물질만이 아니라 모든 유기체와 그 행위 및 정신현상까지도 포함한다. 생산물이란 이러한 대상을 변화시킨 것이다. 이러한 현실세계는 인류가 유토피아를 건설하기 위한 토대가 된다. 객관적 세계에 인류는 살아서 유토피아를 건설하려는 것이다.

변형대상은 포괄적인 자연이고, 통일체계이다. 좁은 의미의 자연과 주체로서의 인간, 그리고 그 생산물까지 포함한다.

우리 인류가 유토피아의 건설을 위해 구체적으로 실현해야 할 목표는 신적 능력이나 죽음을 통과해야 이르는 것이 아니다. 포괄적인 자연의 변형을 통해 현실에서 이룩할 수 있다.

주체로서의 인간이 행위를 절제함으로써 공간적 가치인 정의를 실현할 수 있다. 이루어질 수 없는 무제한적 자유에 대한 미련을 버리고, 합리적으로 공존적 범위의 점근적 자유를 확보해야 한다. 이 것은 이미 버지니아 권리장전 등에서 역사적으로 검증되었다. 이것은 주체를 변형하지 않는다면 공간적 가치인 정의(자유 · 평등 · 평화)는 생산될 수 없다는 사실을 입증한다.

인간이 기왕의 목적대로 자연을 변형시킨 생산물은 그 자체로서 필요와 욕구를 충족시킬 수도 있지만, 여기서 멈춘다면 유토피아를 향한 걸음도 멈춘다. 생산물의 거듭된 진보 속에서 고도의 생산이 이루어지고, 이를 통해 유토피아에 한걸음 더 다가설 수 있을 것이다. 그러므로 기왕의 생산물도 변형(생산)의 대상이 되어야 한다.

③ 적용기술

기술의 결과로서 발생되는 변화는 내적 구조나 외적 형태를 변화시키는 것, 기능이나 성질을 변화시키는 것, 공간을 변화시키는 것, 양을 변화시키는 것 등을 확인할 수 있다. 내적 구조나 외적 형태의 변화는 기능이나 성질의 변화와 밀접한 관계를 가지고 공간의 변화와 양의 변화와도 서로 관계한다.

현실적으로 기술은 생산기술, 운수기술, 통신기술, 과학연구기술, 군사기술, 교육과정의 기술, 문화생활상의 기술, 의료기술, 정치기술, 행정기술 등 사실상 인간 삶의 모든 분야에 깃들어 있다.

가. 기술의 규정

기술은 지침과 수단의 결합으로 공부를 통해 사물을 목적에 적합하게 변형시키는 실천적 활동이다. 즉, 기술은 공부와 지침과 수단이라는 3항의 결합체계이다.

기술의 요소로서 수단은 사물에 직접 작용시키는 도구와 방법의 통합체이며, 지침은 지식 · 규범 · 매뉴얼 등의 정형화된 형태로 수단을 인도하는 기준이다. 그리고 공부는 탐구 활동을 포함하는 정신적 · 육체적 훈련 및 그 결과로서 부단히 변화하는 환경(상황과 조건)을 수시로 제어하여 목적을 달성케 하는 실천적 능력이다.

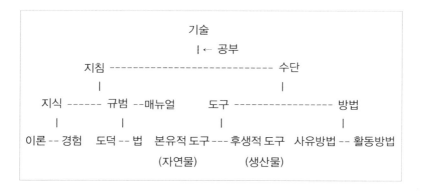

기술은 유효성과 능률성을 목표로 한다. 우선 기술의 유효성(有效性)은 기술을 대상에 작용했을 때 목적에 맞도록 효과적으로 변화시킬 수 있는 가능성을 말한다. 이것이 기술의 본질이다. 변화시킬 수 없다면 기술이 아니기 때문이다. 그리고 세계가 확률의 법칙에 지배되고 있으므로 유효성은 가능성이다.

기술의 본질은 일정한 지침에 따라 수단을 대상에 작용했을 때 대상이 인간의 목적에 부합하도록 변화시킬 수 있는 것이어야 한다. 이때 지침과 수단의 결합이 매우 중요하다. 지침이 객관적으로 합리성을 가지고 있어야하고, 수단에 있어서는 적절한 도구의 선정과 올바른 절차로 구성되어야 한다. 만약 그렇지 못하다면 대상은 목적에 부합되도록 변화시킬 수 없다.

다음은 능률성이다. 능률성은 유효성의 향상이다. 이것은 수단을 잘 다루게 만드는 공부에 의해 이루어질 수 있다. 탐구활동을 포함하는 정신적 · 육체적 훈련은 능률성을 향상시키는 데 매우 중요하다. 물론 도구의 개발과 함께라면 더욱 좋다.

나. 수단

수단은 사물을 변형시키는 직접적인 매개체로서 도구와 방법의 통합체다. 도구는 대상에 직접 작용을 가해 변형시키거나 대상을 관념적 · 행위적으로 구성하는 요소다. 따라서 물질적인 도구일 수도 있고, 개념이나 동작과 같은 관념적인 것일 수도 있다. 방법은 대상을 변화시키기 위한 공정이나 절차로서 사유가 거쳐야 할 과정, 행동이 따라야 할 과정이 있다.

도구는 대상을 변형시키는 매개체다. 도구는 '신체의 연장(延長)으로서 신체에 결합되어 인간이 자기의 필요와 욕구를 충족시킬 목적으로 대상에 작용을 가하는 매개체'라고 규정할 수 있다. 도구는 생체기능을 능가하는 섬세함, 정밀함, 증폭, 확대, 증대 등을 실현한다. 도구는 '인간-도구체계'를 형성한다. 이 도구는 대상을 변형시키는 데 직접 사용하는 것이면 모두 해당된다. 가령 철사를 자르기 위해 니퍼를 사용하든 망치를 사용하든 역학적 도구는 물론이고, 동판을 부식시킬 때 염산인 화학물질도 도구가 된다. 또한 향기도 기분을 전환시키는 데 사용하는 기체적 도구가 된다.

의도적으로 전환된 기분 또한 생산물이다. 의사전달을 하기 위한 기호나 동작, 표정, 목소리도 도구다. 인간의 생체도 생득적 도구다. 음식물을 익히기 위한 열에너지도 도구다. 물론 인간이 사회 속에서 공생을 위해 인간의 행동을 규제하는 법률이나 도덕도 규범적 도구가 된다. 도구는 대상에 작용을 가해 변화시키는 모든 형태의 것이다.

도구는 본유적 도구와 후생적 도구로 구분할 수 있다. 본유적 도구는 본래부터 존재하는 도구다. 단적으로 자연물을 의미한다. 생체는 물론 천체, 지형지물, 자연력 등이다.

모든 생명체가 그러하듯이 인간의 생체는 사물을 변형하여 자기화하기 위한 타고난 도구이다. 처음부터 타고난 본유적 도구로서 생체는 각각의 생명체가 가지고 있는 생존방식에 따라 다르다. 초식동물과 육식동물 및 잡식동물에서 보듯이 먹이의 종류나 먹이를 소화하는 기관은 물론 섭식도구로서 구강구조는 확연히 다르다. 또한 동물과 식물과 균류에서도 그 영양방식(영양을 획득하는 방식)이나 번식방식 등 다른 면이 분명하다. 인간에게 있어서 본유적 도구는 이목구비와 수족 그리고 경골로 떠받치는 몸통 등 외형적으로 타고난 기관이다. 외부의 자극을 수용하고 반응하며 중추신경계의 판단

통일성

과 명령을 수행하므로, 생존에 필요한 갖가지 생산 활동을 하는 것이다.

또 자연물로서 천체·지형·지물·자연력도 도구다. 이들도 그 자체로서 도구로 사용된다. 시간 인식의 도구, 위험 회피의 도구, 동력 등이다.

후생적 도구는 모든 생산물이다. 물질적·관념적·행위적·인격적 생산물은 도구로서 전환이 가능하다. 당초에 도구로서 생산된 것은 당연하지만, 그렇지 않은 것도 변용·응용 등을 통하여 목적 달성을 위한 매개체로 사용할 수 있다.

개념은 이론을 추구하는 도구, 동작은 실재적 작용과 의사전달의 도구, 인간 집단도 분업을 통한 생산도구이다. 또 '인간−생산물 체계'는 질적으로 고도로 상승된 도구가 될 수 있다. 자동기계라고 하더라도 자체로서는 일을 수행하지 못한다. 인간과 결합(인간−기계 체계)된 후에야 비로소 인간의 목적에 적합한 작업을 수행할 수 있다.

후일 인간을 대체하는 기계의 부분이 생산되면 '기계 체계'는 자기를 위해 독자적으로 목적을 수행할 수 있을 것이다. 하지만 기계가 인간을 위한 것인 한, 인간으로부터 완전히 독립해서는 안 된다. 만일 그렇게 된다면 인간에겐 재앙이며, 우주로선 새로운 생명체의 탄생이 될 것이다.

방법은 대상을 변형하기 위해 사유와 행동이 거쳐야 할 단계적 절차다. 방법은 실현하려는 가치인 목적을 이루기 위해 사고와 행동이 거쳐야 할 절차나 과정, 공정 또는 그것들을 체계화시킨 것이다. 도구와 일체로서 대상에 작용하여 변화시키는 일련의 절차나

과학의 통일 통일의 과학

과정이다.

방법은 인간사고와 행위가 수행하는 절차의 집합이다. 아무리 단순해 보여도 방법은 다수의 절차적 단계가 한 집합으로 구성된다. 가령, 눈앞의 먼지를 입김으로 멀리 날리기 위해서 '공기의 흡입－입모양 형성－조준－공기의 분사'라는 일련의 '절차의 집합'을 구성한다.

구체적으로 방법은 분석과 종합, 연역과 귀납, 비교, 실험·관찰·측정·설문·문헌조사·모형실험 등이 있다. 이들은 서로 아무런 연관도 없이 개별적으로 존재하는 것이 아니다. 분석과 종합은 서로 연관을 맺고 상호작용하면서 비교의 도움을 받아, 대상을 요소로 나누고 요소를 구성하여 실재적으로 또 관념적으로 체계를 형성하게 한다. 그래서 이것은 '새롭게 재구성하기'다.

연역과 귀납은 추리로서 역시 비교의 도움을 받아 일반적인 것과 특수한 것의 개연적인 확실성을 통해 법칙성에 도달할 수 있게 한다. 그래서 이것은 일반적인 인식에 이르게 하는 '연관성 찾기'다. 또 매우 중요한 것은 실험·관찰·측정·설문·문헌조사·모형실험 등은 이제까지 알고 있던 것이나 알지 못한 궁금한 것이 과연 어떤지 확인하는 것이다. 이제까지 몰랐던 것에 대한 것은 새로운 앎을 터득할 수 있게 해 주며, 지금까지 알고 있던 것에 대해서는 진위를 명료하게 해 준다. 그래서 이것은 '확인하기'이다.

비교는 둘 이상의 대상들이 가지고 있는 구조·성질·과정·연관 등에 대하여 차이와 동일성을 발견하는 것으로, 재구성과 일반화 및 확인 과정 전체에 적용되는 것이다. 비교 없이는 그 어떤 인식도 이루어지지 않는다. 이것이 인간의 사고방식을 구성한다. 사고방식은 방법의 체계이며, 태도의 체계다.

방법은 크게 사유의 방법과 활동의 방법으로 나눌 수 있다. 이것은 습관적인 것으로, 사실상 이 둘은 분리불가능하다. 왜냐하면 이 둘은 서로 다른 방법이 아니라 같은 방법의 순차적 이행에 불과하기 때문이다. 관념적 이행을 '사유의 방법'이라 하면, 실재적 이행을 '활동의 방법'이라 한다. 사유와 활동의 관계는 사유가 선행(先行)이고 활동이 그 명령의 이행인 것이다. 이럴 때 활동을 사유로부터 분리한다면, 두뇌와 팔다리는 서로 분리된 것과 같다. 그렇게 되면 사유는 활동과 무관한 것이라는 논리가 된다.

그러나 사유방법이란 추론방법을 의미하기도 한다. 이것은 논리학에서 중요하다.

다. 지침

지침은 수단을 선택하고 대상에 적용하는 기준, 지도적 방법, 올바른 활동방향, 합리적 활동범위, 적정한 활동 수준, 사물의 적합한 취급 등을 제시하여, 유효하고 능률적인 목적 달성을 이루도록 인도하여 주는 준칙이다.

지침의 종류에는 지식(이론과 경험 등)과 사회규범(법·도덕·관습·교리 등) 그리고 매뉴얼(정형화된 행동요령·강령 등)이 있다.

지식은 사물에 대한 아는 작용에 의한 결과로서 알게 된 내용이다. 이런 지식의 종류로는 이론적 지식과 경험적 지식이 있다. 여기에서 이론적 지식은 추리를 통해 알게 된 것이고, 경험적 지식은 감각을 통해 알게 된 것이다.

이론은 사물에 대한 지식을 논리적인 체계로 세운 것이다. 이론은 개념과 명제를 통하여 이루어진다. 따라서 이론은 곧 학문이다. 이론은 관념에 관한 것과 사물과 그 현상에 관한 지식체계로서 곧 학문이다. 그렇다면 모든 학문의 위치와 역할이 기술체계에서 결정된다. 학문은 기술의 한 요소이며, 기술을 위해 봉사하는 것이다. 물론 기술은 학문을 위해 기여하므로 더 높은 기술을 창출해낸다. 기술의 자기작용이다. 기술체계에서 보면, 학문은 기술을 구성하는 한 요소일 뿐이다. 그렇다면 학문은 기술의 요소로서 통일된다.

이론은 논리적으로 사물에 대한 앎을 체계화시킨 것으로, 아직 알 수 없는 대상에 대해 경험을 통하지 않고도 비교적 정확한 예측을 할 수 있다. 그래서 이론은 수단을 인도하는 지침이 된다. 만약 미래에 대한 예측이 이루어질 수 없다면, 우리는 무엇을 어떻게 해야할지에 대해 방향을 설정할 수 없을 것이다. 오직 시행착오를 통해서만 도달할 것이다.

경험은 감각과 지각을 통해 직접 얻어지는 지식이다. 경험적 방법의 종류에는 관찰이나 측정, 직관과 실험 등이 있다.

모든 동식물에서 경험은 보편적으로 지식을 형성하고 본유적 도구를 활용하는 지침이 된다. 단세포생물에게도 일정한 방향이나 위치에서 전기적 자극을 주면, 다음에는 이를 회피한다. 바이러스에선 변종을 일으키며, 식물의 경우는 저항능력을 갖게 된다. 우리의 생체도 백신에 의해 저항능력을 가지게 된다.

이러한 지식은 모든 생명체들에게 매우 중요한 것이다. 그들 나름대로 기억장치에 이론을 형성하고, 적어도 직접 감각을 통해 그들

통일성

의 생체를 활용하는 방법을 인도(引導)하는 지침이 된다는 사실은 명확하다.

　사회규범은 집단이나 그 구성원들에게 요구하는 준칙이다. 철학적으로 사유나 의지 및 감정이 일정한 목적을 이루기 위해 당연히 따르고 지켜야 할 법칙과 원리이다. 법률과 관습, 도덕, 교리 등이 이런 역할을 한다. 법률과 관습이 물리력에 의한 굴복을 통해 이행된다면, 나머지는 개인의 양심에 의해 강제된다.

　법은 국가권력에 의해 강제되는 사회규범으로, 우리나라는 기본법으로서 헌법과 이를 구체적으로 실현하려는 개별법과 이를 보충하는 시행령(대통령령), 시행규칙(부령) 그리고 지방의회가 제정하는 조례의 계층적 구조를 가진다. 더 나아가 상위의 인격으로서 국제연합은 유엔헌장을 제정했으며, 회원국의 조약으로서 국제관계의 주요 원칙을 규정했다.

　관습은 과거로부터 이어 온 전통적인 행동양식이다. 관습은 그 강제성의 정도에 따라 몇 가지로 구별되며, 사회규범으로서 구성원들에 의해 강제성을 띤다. 관습은 단순히 관행과 같은 것이 아니라 법률행위의 해석에 있어 중요한 구실을 하며, 우리 민법에서 법원(法源)으로서 명확히 규정하고 있다.

　도덕(윤리)은 사회규범으로서 사회 구성원들이 양심이나 여론, 관습 등에 비추어 마땅히 지켜야 할 바람직한 행위기준이다.

　그리고 교의(敎義)는 종교에서 공인된 신조(信條)다. 신조는 종교의 신앙규준으로서 일차적으로는 성서이지만, 이차적으로는 신조다. 교의는 같은 신앙을 가진 사람들을 결합시키고 교의에 따른 언행과 마음가짐을 갖도록 요구한다.

　매뉴얼(manual)은 인간 조직이나 그 구성원에게 활동순서에 따라 할 것을 구체적으로 문서로 정형화(定型化)한 것이다. 이것은 원활한 조직 활동과 안전하고 편리한 기계적 조작, 사유적 업무의 체계적 절차, 서비스와 품질의 일정수준의 유지, 정확하고 신속한 사건과 사고의 대책 등을 목적으로 한다.

　매뉴얼에는 국가, 기업이나 정당, 노동조합 등에서 규정하는 행동요령, 강령이나 기업의 절차서(節次書, procedure) 등이 있다. 우리 국가는 재난 시 국민행동요령을 권장하고 있다. 절차서는 기업에서 생산 활동을 효율적으로 실행하기 위해서 처리기준이나 순서 등을 정한 문서이고, 기계의 조작 매뉴얼은 오작동이나 고장을 최소화하고 안전하게 작업을 수행할 수 있도록 하기 위한 작동순서이다.

라. 공부

　공부(工夫)란 다양한 상황과 조건에서 이를 극복하는 정신적 · 육체적 훈련이나 실전에서 그 결과로서 함양된 능력을 말한다. 수단과 지침을 적절하게 조합하여 유효하게 또는 능숙하게 이루어 내는 능력을 함양하는 것이다.

　기술체계에서 드러나는 공부는 정신적 · 육체적 훈련과 실전에서의 결과, 환경(상황과 조건)을 제어하여 목적을 달성하는 실천적 능력이다. 그래서 기술은 단적으로 대상과 수단에 대한 지식을 가지고 대상에 수단을 잘 활용하는 능력이다. 그래서 수단을 있는 그대로 잘 활용하는 것은 물론, 응용이나 변용을 하기도 한다.

공부는 실전에서도 터득할 수 있으므로 한 주체의 경험적 이력(경력)은 공부의 양을 측정하는 기준이 되기도 한다. 진정한 공부는 실전에서 복잡하고 변화무쌍한 상황과 조건을 극복하면서, 더욱 생생한 경험적 지식과 함께 능력의 함양이 이루어질 수 있다. 우리는 종종 자격증은 대단한데, 일을 제대로 못하는 경우를 흔히 본다. 이것은 지침과 수단의 부조화와 공부의 부족이다.

공부는 지침에 의해 인도되는 수단체계를, 끊임없이 변화하는 환경 속에서 대상을 변형시키는 유효성과 능률성을 유지하거나 향상시킨다. 공부를 통해 일면 지식(특히 경험적 지식)을 획득하기도 하지만, 진정한 목적은 능력의 함양에 있다. 지침·수단·공부의 체계로서 기술이 유효성과 능률성을 목적으로 한다고 정의하는 것은 공부의 요소에 주목한 것이며, 수단체계나 지침에 주목하여 일면적으로 기술을 규정하는 경우도 있다. 기술은 지침을 따르는 수단의 적용을, 공부를 통해 잘 이루어 내는 능력이며 생산조건이다.

일상적으로 공부란 학문과 기술을 배우고 익히는 것이다. 학문이 정신적인 것이라면, 기술은 육체적인 것이다. 기술은 능률성과 유효성을 조건으로 한다. 능률성으로서 능하고 익숙해지고자 한다면, 반복된 훈련을 통해 획득하여야 한다. 항상 반복적인 과정은 습관화를 필요로 한다. 동일 과정의 반복은 필연적으로 무의식적이며 습관화로 이행한다. 이것은 능률성을 이룩해 낸다.

만일 반복되는 동일한 과정이 항상 새로운 과정을 이행하는 것과 같이 주의와 긴장을 동반한 과정으로 이행된다면, 엄청난 피로를 줄 것이다. 그렇다면 능률성에는 문제가 있다. 습관은 인간의 효과적인 능력이기도 하다. 유효성은 합리성을 바탕으로 한다. 합리적으로, 즉 객관적으로 적합한 기술이 아니라면 대상을 변형시킬 수 없기 때문이다. 바위를 가르려고 아무리 기도해도 안 된다. 기도는 여기에 적용할 수 있는 기술이 아니다.

기술은 인간이 대상을 변형시키려는 실천의 도구이고, 유효성과 능률성을 이루어 내는 절차나 방법이며 능력으로서 공부를 통해 완성된다. 공부는 탐구 활동을 포함하는 또는 탐구 활동을 바탕으로 하는 정신적 · 육체적 훈련으로, '왜 이렇게 되지?', '왜 저렇게 되었지?', '저렇게 되려면 어떻게 하면 되지?' 하는 질문과 답을 상황과 조건의 변화에 따라 수시로 시행착오를 통해 찾아야 하며, 반복적으로 수행하여 습관화가 되도록 하여야 한다.

여기에서 맹목적인 반복행위는 목적 실현과는 거리가 멀다. 반드시 반성적 사고 속에서 탐구 활동을 포함하여야 한다. 공부란 탐구 활동을 포함하는 정신적 · 육체적 훈련이며 기술의 창조과정이다.

공부의 한 측면은 반복적인 훈련, 즉 반복적인 기존 기술을 실천하는 가운데 더 유효하고 더 능률적인 절차나 방법을 얻어 내는 것이다. 기술의 목표는 유효성과 능률성으로, 이것은 어떤 절차나 방법을 통해 이루어진다. 그리고 더 나은 도구의 개발로 나아가며, 이 새로운 도구를 사용하는 새로운 방법으로 기술은 진보된다.

기술은 탐구 활동과 함께 정신적 · 육체적으로 반복하는 가운데 우연히 또는 필연적으로 인식됨으로써 이루어지는 어떤 절차나 방법의 터득으로, 새로운 기술의 탄생을 가져온다.

인류역사를 되돌아보면, 수많은 우연한 사건들로 이루어져 있다. 의욕(意慾) 하지 않은 상태에서 많은 발견이 이루어졌다. 이것을 정확히 말하면, 매우 드물게 일어나는 자연현상의 발견(인식)이다. 연금술사에게서, 산업분야의 노동자들에게서, 일상생활에서 드러나는 경우가 허다했다. 그러나 우연이라고 해서 단 한 번의 사건으로 사라져 간 것도 많이 있을 것이나 '왜 이렇게 되었지?' 하고 원인과 과정을 탐구함으로써 우연적인 사건을 기술로 이끌어 낸 것이다.

탐구 활동 없이 우연한 사건은 기술로 확립될 수 없다. 유리의 발견, 인조염료의 발견, 양은의 발견, 카바이드의 발견, 엑스선의 발견, 라듐의 발견, 우주배경 복사의 발견 등 그 발견은 우연이었지만, 탐구 활동을 통해 기술이나 가설 등(생산물)으로 태어났다. 다시 말하면, 전자와 같은 자연현상의 발견은 그 의의(가치)를 파악하여 목표를 설정하고 계획을 거쳐 적용됨으로써 생산물로 생산되는 것이다.

공부의 형태로서 훈련이나 학습, 연습, 운동, 수련, 드릴(drill) 등이 다양하게 말하여지고 있다. 이들 속에 들어 있는 일반적인 것은 탐구 활동을 기초로 하는 정신적 훈련이자 육체적 훈련으로서 유효성과 능률성을 목표로 하는 기술의 개발에 있다는 것이다. 또 공부는 인류 기술역사 전체를 압축하여 단시간에 답습하고 미래를 개척하는 것이기도 하다.

인류 역사는 인간에게 공부의 부담과 함께 그 기간을 증대시켰다. 현재 우리나라는 인생에서 거의 25년 이상을 교육기간에 할애하고 있다. 자연으로서 인간을 사회에서 쓸모 있는 생산물로 만들어 내는 기간인 것이다.

인간이 생산물을 생산 가능한 기간을 생각해 본다면, 이는 많은 문제를 가지고 있으므로 해결해야 할 과제다. 건강한 상태로의 수명을 연장하거나 교육기간을 줄이는 방법 등이 이루어져야 하는 것이다. 이를 통해 부양기간을 줄이고 노동기간을 충분히 확보해야 한다. 노동은 고통스런 과정에서는 저주이지만, 결과의 측면에서는 환희다.

여러 형태의 공부는 시행착오 속에서 반성적인 탐구 활동을 통해 개발된다. 공부가 성공에 이르는 반복적인 과정의 연속이라면, 수많은 시행착오를 감내해야 한다. 설령 한 번만의 성공이라도 이것이 확신을 얻게 되기까지는 반복적인 검증의 절차가 필요하다. 이 과정에서 실패의 원인을 찾고 성공으로 이끌기까지 실패에 대한 반성적인 사고를 바탕으로 탐구 활동이 이루어져야 한다. 무차별적인 반복은 공부가 아니다.

공부의 목적은 기술의 개발, 이해의 향상, 일정한 기능의 습득, 특정한 습관의 형성 등에 있다. 우리나라의 현실에서 보통 말하는 공부는 이해를 향상시키고 시험의 성적을 올리는 데 목적이 있다. 공부가 성적을 넘어 이루고자 하는 목표를 향해 가기보다는, 즉 현실과 이론의 결합관계를 이해하기보다는 이론 그 자체의 파악에 중점을 두는 관계로 매끄럽게 실천으로 나가지 못한다. 이론 따로 현실 따로 존재하는 이상한 지식이 나타난다. 그렇다 보니, 아는 내용은 많아도 현실의 적용은 별개다.

주변에서 나는 많은 천재나 영재들을 본다. 학습능력이 뛰어나거나 학습의 성과가 큰 인재들이다. 하지만 비상한 관심을 받고 있던 이런 인재가 과연 무슨 결과들을 내놓았단 말인가? 진정한 천재요 영재는 결과로 말한다. 학습능력이 뛰어나고 많이 아는 인재가 천

재나 영재는 아니다. 진정 역사적으로 부각된 천재와 영재는 학습
능력과는 상관관계가 크게 없다. 즉, 천재나 영재라고 불리던 인재
가 그렇지 않은 인재와 비교했을 때, 학습능력에서 특출한 경향성
을 보이지 않는다.

공부는 기능의 습득이다. 각종 기술에 대한 능력의 배양으로서 반
복적인 과정은 능숙함을 이루게 한다. 사회적으로 인정되는 기술로
부터 나에게만 필요한 기술에 이르기까지 반복적인 과정은 매우 중
요하다. 이것은 특정한 습관을 형성하게 만든다. 일어나서 옷 입고
세수하고 밥 먹고 신발 신고 문을 열고 나가는 출근시간이 언제나
일정하다면, 이런 일련의 과정을 정형화시키면 출근시간을 줄이고
정신을 안정적으로 만든다.

공부는 자발적 의지 없이는 이루어지지 않는다. 소를 물가에까지
끌고 갈 수 있어도, 물을 마시게 하지는 못한다. 즉, 공부할 의지가
없는 사람에게는 효과가 없다는 의미다. 또 기계적 반복으로는 별
로 기대할 것이 없고, 반복에는 오직 끊임없는 반성적 사고가 이루
어져야 한다. 공부란 본질적으로 계층적 주체의 능력을 향상시키는
것이므로 개인이 스스로 노력하지 않는다면 아무런 성과도 기대할
수 없다.

공부란 목적을 향해 지침이 이끄는 수단을 잘 활용하는 능력의 함
양이다. 그래서 그 결과로 보면 실행능력이다.

공부는 다양한 상황과 조건이 자연적으로 주어지거나 인위적으로
형성하여 이루어지는 탐구 활동을 포함하는 정신적 · 육체적 훈련이
기 때문에 기존에 이루어 놓은 이론의 습득이나 지혜의 습득뿐만 아
니라, 실재적인 사물을 목적에 알맞게 잘 다루는 능력이다. 주어진

어떤 상황과 조건에서 관념적·실재적으로 대상을 목적에 맞게 변형시키는 능력이다.

세계는 부단히 변화한다. 상황과 조건의 변화는 수시로 도구와 방법의 변용이나 응용, 도구와 절차의 추가 또는 생략을 요구한다. 항상 동일한 상황과 조건이 주어지지 않으므로 수시로 변화하는 환경에서 수단을 잘 활용하지 않는다면, 대상을 원하는 대로 바꿀 수 없을 것이다.

공부는 학습능력과 활동능력으로 구분하여 볼 수 있다. 학습능력이 기왕의 지식을 배우는 지적능력이라면, 활동능력은 배운 지식을 실천하는 능력이다. 공부에서 중요한 것은 무엇보다 활동능력이다. 행동으로 나타나지 않는다면 대상은 변형되지 않을 것이고, 그러면 자기의 생존은 불가능하기 때문이다. 관념만으로는 현실세계를 변혁시킬 수 없다.

공부는 환경에서 주어지는 변수들을 극복 하는 실천적 능력으로, 변형대상과 수단에 대한 기왕의 지침에서 오류는 수정하고 부족은 보충하는 등 새로운 인식을 얻을 수 있다. 즉, 사유방식에서 확인과정이 이루어진다.

생명체가 살아가면서 이루어 놓은 경력은 능력을 함양하는 것은 물론, 구체적으로 지침과 수단을 향상시키는 계기가 된다. 목적에 따라 변형시키는 가운데 대상에 대한 지식(이론과 경험)의 검증작용에서 진위를 결정하는 것은 물론, 새로운 인식을 얻게 되는 계기가 된다.

미주

1) 〈철학대사전〉(한국철학사상연구회 엮어 옮김, 동녘, 1989)의 표제어 '인식'을 참고하기
바란다.

2) '세계는 운동하는 물질이다'는 〈철학대사전〉(한국철학사상연구회 엮어 옮김, 동녘,
1989)의 표제어 '세계의 통일성"과〈변증법적 유물론〉(F. Fiedler 외 지음, 문성화 옮
김, 계명대학교 출판부, 2009)을 참고하기 바란다.

3) 〈철학대사전〉(한국철학사상연구회 엮어 옮김, 동녘, 1989)의 '물질' 항목과 〈변증법적
유물론〉(F. Fiedler 외 지음, 문성화 옮김, 계명대학교 출판부, 2009)을 읽어 보면 좋
겠다.

4) '태도'에 대해서는 〈변증법적 유물론〉(F. Fiedler 외 지음, 문성화 옮김, 계명대학교 출
판부, 2009)의 198쪽 이하 '4. 과학적 인식작용방법'을 읽어 보기 바란다.

5) '백스터 효과'에 대해서는 〈식물의 정신세계〉(피터 톰킨스 · 크리스토퍼 버드저, 황금용 ·
황정민 역, 정신세계사, 1996)를 읽어 보기 바란다.

6) 〈철학대사전〉(한국철학사상연구회 엮어 옮김, 동녘, 1989)의 '계획' 항목을 참고하기 바
란다.

7) 〈철학대사전〉(한국철학사상연구회 엮어 옮김, 동녘, 1989)의 표제어 '목표'를 참고하기
바란다.

8) '방법'은 〈철학사전〉(엘리자베스 클레망 외 3인 지음, 이정우 옮김, 동녘, 1996)의 '방법'
항목을 참고하기 바란다.

참고문헌

ㅇ 차인석 외 2인. 〈철학 개론〉. 한국방송통신대학 출판부, 1985.

ㅇ 박이문. 〈과학철학이란 무엇인가〉. 민음사, 1993.

ㅇ 김준섭. 〈철학의 여러 문제〉. 백록, 1992.

ㅇ F. Fiedler 외. 〈변증법적 유물론〉. 문성화(역). 계명대학교 출판부, 2009

ㅇ 에드워드 윌슨. 〈통섭〉. 최재천 · 장대인(역). 사이언스 북스, 2005

ㅇ 김경용. 〈기호학이란 무엇인가〉. 민음사, 1994

ㅇ Keith Devlin. 〈수학:양식의 과학〉. 허민 · 오혜영(역). 경문사, 1996

ㅇ 서정철. 〈기호에서 텍스트로〉. 민음사, 1998

ㅇ 최재천 · 주일우. 〈지식의 통섭〉. 이음, 2007

ㅇ 장 피에르 샹제 · 알랭콘느. 〈물질, 정신 그리고 수학〉. 강주현(역). 경문사, 2002

ㅇ Howard Eves. 〈수학의 기초와 기본개념〉. 허민 · 오혜영(역). 경문사, 1995

ㅇ 〈소법전〉. 현암사, 2003

ㅇ 권태환 외. 〈사회학 개론〉. 한국방송통신대학, 1985

ㅇ 제임스 코올먼. 〈상대성 원리〉. 장문평(역). 현암사, 1981

ㅇ G. 가모브. 〈중력〉. 박승재(역). 현대과학신서, 1990

ㅇ Y. 데이먼 외. 〈소립자를 찾아서〉. 김재관 외(역) 미래사, 1993

ㅇ 뉴턴 하이라이트. 〈블랙홀 우주〉. 계몽사, 1994

ㅇ 뉴턴 하이라이트. 〈상대성 이론〉. 계몽사, 1994

ㅇ G. 가모브. 〈미지세계로의 여행〉. 정문규(역). 전파과학사, 1993

○ S. 와인버그. 〈처음 3분간〉. 김용래(역). 전파과학사, 1992

○ 하랄드 프리쯔쉬. 〈철학을 위한 물리학〉. 이희건 외(역). 가서원, 1995

○ 프레드 A. 울프. 〈과학은 지금 물질에서 마음으로 가고 있다〉. 박병철 외(역).
　고려원 미디어, 1992

○ 히로세 타치시게 외. 〈진공이란 무엇인가〉. 문창범(역). 전파과학사, 1995

○ 히로세 다치시게. 〈질량의 기원〉. 임승원(역). 전파과학사, 1996

○ G. 가모브. 〈물리학을 뒤흔든 30년〉. 김정흠(역). 전파과학사, 1993

○ 리처드 파인만. 〈물리법칙의 특성〉. 이정호(역). 전파과학사, 1992

○ 데이비드 달링. 〈시간의 비밀〉. 김현근(역). 소학사, 1994

○ 아이작 아시모프. 〈아시모프의 물리학〉. 박승재(역). 웅진출판사, 1993

○ 나단 스필버그 외. 〈우주를 뒤흔든 7가지 과학혁명〉. 김충호(역). 새길, 1994

○ P. 데이비스 외. 〈슈퍼스트링〉. 전형락(역). 범양사, 1995

○ 고야마 게이타. 〈빛으로 말하는 현대물리학〉. 손영수(역). 전파과학사, 1992

○ 하라카와 킨시로. 〈중성자 물리의 세계〉. 한명수(역). 전파과학사, 1990

○ 사토 후미타카. 〈양자우주를 엿보다〉. 한명수(역). 전파과학사, 1993

○ 혼마 사부로. 〈초광속 입자 타키온〉. 조경철(역). 전파과학사, 1990

○ 스티븐 와인버그. 〈현대물리학이 탐색하는 신의 마음〉. 박배식(역). 한뜻, 1994

○ 스티븐 호킹 . 〈시간의 역사〉. 현정준(역). 삼성출판사, 1993

○ 미하엘 드리슈너. 〈자연철학 개론〉. 채창기(역). 전파과학사, 1992

○ 〈월간 뉴턴〉. 계몽사, 1996년 2월호

○ 존 보슬로우. 〈스티븐 호킹의 우주〉. 홍동선(역). 책세상, 1993

○ 사또오 후미다까. 〈우주의 시초〉. 서기환(역). 대광서림, 1992

○ 장회익 외 2인. 〈자연과학개론〉. 한국방송통신대학 출판부, 1984

○ 도모나가 신이찌로. 〈양자역학적 세계상〉. 권용래(역). 현대과학 신서, 1992

○ 우에노 게이헤이. 〈우리주변의 화학물질〉. 이용근(역). 전파과학사, 1993

○ 하이즈 페이겔스. 〈우주의 암호〉. 이호연(역). 범양사, 1992

○ 히로세 다치시게. 〈반물질의 세계〉. 박익수. 전파과학사, 1989

○ C. 폰 바이츠 제커 외 1인.〈물리학이란 무엇인가〉. 문인형(역). 현대과학신서,
　1993

○ 난부요이치로. 〈쿼크〉. 김정흠(역). 전파과학사, 1992

과학의 통일 통일의 과학

○ 폴 데이비스. 〈초힘〉. 전형락(역). 범양사, 1994

○ F. 카프라. 〈새로운 과학과 문명의 전환〉. 이성범 외 1인(역). 범양사, 1993

○ 레온, M. 레더만 외 1인. 〈쿼크에서 코스모스까지〉. 이호연(역). 범양사, 1993

○ 스티븐 와인버그 외. 〈우주와 생명〉. 장희익 외(역) 김영사, 1996

○ 스티븐 호킹. 〈시간과 화살〉. 김성원(역). 두레, 1992

○ 제레미 리프킨. 〈엔트로피〉. 김용정(역). 원음사, 1993

○ 쓰즈키 다쿠지. 〈시간의 불가사의〉. 손영수(역). 전파과학사, 1992

○ 오글 저, 소현수 역, 1993년〈생명의 기원〉. 전파과학사, 1993

○ 우에다이라 히사시. 〈물이란 무엇인가〉. 오진곤(역). 전파과학사, 1990

○ 이석영. 〈모든 사람을 위한 우주론 강의〉. (주)사이언스북스, 2010

○ 로버트 A. 윌리스 외, 〈생명과학의 이해〉. 이광웅 외(역). 을유문화사, 1996

○ 유진 오덤. 〈생태학〉. 이도원 외(역). 민음사, 1995

○ 로버트 어그로스, 조지 스탠시우. 〈새로운 생물학〉. 오인혜 외(역). 범양사,
  1994

○ 비투스 B. 드뢰서. 〈휴머니즘의 동물학〉. 이영희(역) 이마고, 2013

○ 호글랜드. 〈생명의 뿌리〉. 성기창 외(역). 현대과학신서, 1993

○ 김은수. 〈분자생물학 입문1〉. 현대과학신서, 1990

○ 아마호리 가즈토모. 〈생명의 물리학〉. 심상칠(역). 전파과학사, 1993

○ 오시마 타이로. 〈생명의 탄생〉. 백태홍(역). 전파과학사, 1991

○ 박상윤. 〈진화〉. 전파과학사, 1993

○ 과학세대(편). 〈생물은 모두 시계를 갖고 있다〉. 벽호, 1994

○ 나카무라 하코부. 〈생명이란 무엇인가〉. 강호감 외(역). 현대과학신서, 1991

○ 김우호. 〈바이러스의 세계〉 현대과학신서, 1993

○ 노다 하루히코 외. 〈새로운 생물학〉. 윤실(역). 전파과학사, 1992

○ 나가쿠라 이사오. 〈생명합성의 길〉. 박택규(역). 전파과학사, 1993

○ 최무영. 〈최무영 교수의 물리학강의〉. 책갈피, 2008

○ 뵈크너. 〈생활 속의 화학〉. 박택규(역). 전파과학사, 1992

○ 비나드. 〈우리가 먹는 화학물질〉. 박택규(역). 전파과학사, 1992

○ 마쓰모토 준지. 〈잠이란 무엇인가〉. 오영근(역) 전파과학사, 1993

○ 후루야 마사키. 〈식물의 생명상〉. 고경식(역). 전파과학사, 1993

○ 장순근. 〈화석, 지질학 이야기〉. 대원사, 1994

○ 그레이엄 케언스 스미스. 〈생명의 기원에 관한 일곱 가지 단서〉. 광재혹(역).
  동아출판사, 1991

○ 김창환. 〈몸과 마음의 생물학〉. 지성사, 1995

○ 러브록. 〈가이아〉. 홍욱희(역). 범양사, 1993

○ 프린터 외. 〈살아 있는 화석의 수수께끼〉. 조봉재(역). 조선, 1993

○ 2000년 〈브리태니커 백과사전 CD〉. 브리태니커 사

○ 엘리자베스 클레망 외 3인. 〈철학사전〉. 이정우(역). 동녘, 1996

○ 한국철학사상연구회. 〈철학대사전〉. 동녘, 1989

○ 전제학 외 3인(편). 〈이화학 대사전〉. 법경출판사, 1986

○ 〈한국민족문화대백과사전〉. 1995년 한국정신문화연구원, 1995

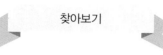

찾아보기

과학의 통일 통일의 과학

· ○ ·